Shimon Malin **Dr. Bertlmanns Socken**

Shimon Malin

Dr. Bertlmanns Socken
Wie die Quantenphysik unser
Weltbild verändert

Aus dem Amerikanischen
übersetzt von Doris Gerstner

RECLAM
LEIPZIG

Besuchen Sie uns im Internet:
www.reclam.de

This translation of *Nature Loves to Hide*, originally published in
English in 2001 by Oxford University Press, Inc., is published by
arrangement with Oxford University Press, Inc. U.S.A.
Diese Übersetzung von *Nature Loves to Hide*, ursprünglich veröf-
fentlicht in Englisch im Jahr 2001 von Oxford University Press,
Inc., wurde mit Genehmigung von Oxford University Press, Inc.
U.S.A. veröffentlicht.

© 2001 by Shimon Malin
© für die deutschsprachige Ausgabe Reclam Verlag Leipzig, 2003
1. Auflage, 2003
Umschlaggestaltung: Simin Bazargani unter Verwendung einer
Fotografie von Klaus Reinke
Autorenfoto Umschlagklappe: privat
Gesetzt aus ITC Slimbach und Futura
Satz: Reclam Verlag Leipzig
Druck und Bindung: Ebner & Spiegel, Ulm
Printed in Germany
ISBN 3-379-00809-5

Dieses Buch ist dem Gedenken
an meinen Lehrer und Freund
William C. Segal gewidmet

Inhaltsverzeichnis

Einführung

Als ich vor vielen Jahren, zu Beginn meines Studiums, eine Vorlesung über Quantenmechanik belegte, war ich augenblicklich von ihr fasziniert. Lange Nächte verbrachte ich mit dem Versuch, Paul Diracs Buch *Die Prinzipien der Quantenmechanik* zu verstehen, wobei ich zuweilen stundenlang über eine einzige Seite grübelte. Ich staunte über die darin enthaltenen tiefen Einsichten und hatte gleichwohl das Gefühl, vor einem Geheimnis zu stehen. Obwohl ich die Quantenmechanik recht schnell so weit beherrschte, dass ich sie anwenden konnte, wurde ich den Eindruck nicht los, dass mir nur ein Bruchteil des Geheimnisvollen zugänglich war. Dies war der Beginn einer Leidenschaft, die mich ein Leben lang in Bann hielt. Über die nächsten vierzig Jahre bemühte ich mich weiter, das Geheimnis zu erforschen. Die Ergebnisse meiner Forschung wurden in Fachzeitschriften publiziert und auf internationalen Konferenzen vorgetragen. Bis jetzt waren meine Veröffentlichungen aber ausschließlich auf ein Fachpublikum beschränkt.

Dieses Buch richtet sich dagegen an einen allgemeinen Leserkreis. Sein Gegenstand sind die Erkenntnisse, die die Quantentheorie über das Wesen der Wirklichkeit bereithält: Wenn es »die Natur liebt, sich zu verbergen«, wie Heraklit vor 2500 Jahren formulierte, welche Geheimnisse können wir dann hoffen, mit Hilfe der Quantenmechanik zu entdecken?

»Die Natur liebt es, sich zu verbergen.« Wie schon bei den alten Griechen schwingt diese Aussage in uns nach. Den vordergründigen Erscheinungen liegt eine verborgene Wirklichkeit zugrunde. Doch worin besteht sie? In welcher Beziehung steht sie zur sinnlich wahrnehmbaren Welt? Haben wir ein Weltbild, das sowohl die verborgenen als auch die offenkundigen Aspekte der Natur erfasst?

Vor 700 Jahren hätte Dantes Vision diese Fragen beantwortet. Sie schenkte dem abendländischen Menschen ein umfassendes Weltbild, das die verschiedenen Aspekte des Universums zu einem großartigen Ganzen zusammenfügte, einem Ganzen, in dem wir Menschen eine organische und zentrale Rolle spielten. Vor hundert Jahren wären diese Fragen vom Newton'schen »Uhrwerk-Universum« beantwortet worden, einem Modell des Universums, das vollkommen mechanistisch geprägt ist. Danach wird alles, was geschieht, von den Naturgesetzen und dem Zustand des Universums in ferner Vergangenheit vorherbestimmt. Die vermeintliche Freiheit unserer Handlungen, ja sogar der Bewegungen unseres Körpers, wäre demnach eine Illusion.

Das Weltbild, das in Dantes Werk zum Ausdruck kommt, ist ebenso wie das Newton'sche Weltbild vollständig und kohärent. In der Geschichte der abendländischen Zivilisation gab es jedoch auch Zeiten, in denen ein kohärentes und umfassendes Weltbild fehlte – in denen das alte zusammengebrochen und ein neues noch nicht gefunden war.

Dantes Kosmologie zerfiel um die Mitte des 16. Jahrhunderts mit dem Beginn der kopernikanischen Revolution. Diese Revolution erschütterte den abendländischen Geist nicht nur, weil sie Dantes Paradigma zerstörte, sondern weil sie es versäumte, eine Alternative anzubieten. Kopernikus entdeckte eine neue astronomische Theorie, aber kein neues und umfassendes Weltbild. Die Zeitspanne zwischen 1543, der Veröffentlichung von Kopernikus' *Über die Kreisbewegungen der Weltkörper*, und 1687, der Veröffentlichung von Newtons *Die mathematischen Prinzipien der Naturlehre*, war ein Zeitalter des Übergangs, ein Zeitalter, in dem die abendländische Zivilisation über kein kohärentes Gefüge von Anschauungen hinsichtlich des Wesens der Realität verfügte.

Auch heute befinden wir uns, wie der Theologe Thomas Berry es ausdrückte, »zwischen verschiedenen Geschichten«.

Die Newton'schen Vorstellungen von Raum und Zeit wurden mit dem Aufkommen der Einstein'schen speziellen und allgemeinen Relativitätstheorie hinfällig, und Newtons Auffassung von Materie wurde mit dem Aufkommen der Quantentheorie durch ein radikal neues Konzept ersetzt. Doch obwohl diese Theorien neue Paradigmen in die Physik einführten, schufen sie kein umfassendes neues abendländisches Weltbild.

Der menschliche Geist verabscheut die Leere. Wenn ein explizites, kohärentes Weltbild fehlt, legt er irgendein spekulativ angenommenes zugrunde. Ein solches Weltbild unterliegt jedoch keiner kritischen Bewertung und kann leicht Unstimmigkeiten aufweisen. In der Tat besteht unser spekulativ vorausgesetztes Gefüge von Anschauungen über das Wesen der Realität aus widersprüchlichen Fragmenten. Das beherrschende Element ist das Newton'sche »Uhrwerk-Universum«, ein Überbleibsel aus einer anderen Epoche. An diesem alten, abgenutzten Modell halten wir fest, weil wir nicht wissen, wodurch wir es ersetzen sollen. Unsere geistige Verfassung kann als die einer Kultur charakterisiert werden, die mitten in einem schmerzhaften Paradigmenwandel steckt.

Der Begriff »Paradigmenwandel« ist irreführend. Während ich ihn lese, entsteht vor meinem geistigen Auge das Bild einer sanften Bewegung. Ich stelle mir vor, ich treibe träge in einem Segelboot dahin, während der Wind fast unmerklich von West nach Nordwest dreht. In Wirklichkeit ist ein Paradigmenwechsel, der das Verständnis der Realität betrifft, ein welterschütterndes Ereignis. Er geht mit einer tiefen Krise für den Einzelnen und schwerwiegenden Umwälzungen für die Gesellschaft einher. Viel steht auf dem Spiel. Im Falle des gegenwärtigen Paradigmenwechsels geht es um das Schicksal der Erde.

Ein Paradigmenwechsel ist komplex und schwierig, denn ein Paradigma hält uns gefangen. Ohne dass wir uns dessen bewusst sind, beeinflusst es unsere Wahrnehmung der Wirklichkeit wie eine gefärbte Brille. Wir glauben jedoch, die Wirklichkeit so zu sehen, wie sie ist. Aus diesem Grund ruft ein neues und fremdartiges Paradigma zunächst häufig Unverständnis hervor. Jemand, der in der Überzeugung aufgewachsen ist, die Erde sei eine Scheibe, würde die Vermutung einer kugelförmigen Erde als absurd abtun. Denn wenn die Erde eine Kugel wäre, müssten dann nicht die armen an einem entgegengesetzten Punkt der Erde lebenden Menschen in den Himmel »herabfallen«?

Dennoch sind wir mit dem Beginn des neuen Jahrtausends gezwungen, uns der Herausforderung eines neuen Paradigmas zu stellen. Das Schicksal der Erde steht auf dem Spiel und die prekäre Lage, in der sie sich derzeit befindet, ist hauptsächlich eine Folge unseres Vertrauens in das Newton'sche Paradigma.

Das Newton'sche Weltbild muss fallen. Und wenn man genau hinsieht, lassen sich die wesentlichen Eigenschaften des neu auftauchenden Paradigmas bereits erkennen. Die Suche nach diesen Eigenschaften ist der Gegenstand dieses Buches. Wir werden vier verschiedene Wege einschlagen, um uns ihnen zu nähern.

Der erste Weg der Annäherung beruht auf Hinweisen, die uns die Quantenmechanik liefert. Obwohl sie kein umfassendes Weltbild darstellt, ist sie überreich an Andeutungen. Das neu auftauchende Paradigma wird also die Quantenmechanik notwendigerweise mit einschließen müssen. Die »seltsamen« Aspekte der Quantentheorie sind ein viel versprechender Ausgangspunkt, um unsere Suche zu beginnen. Dass sie uns befremdlich erscheint, deutet nämlich darauf hin, dass sie mit dem herrschenden Weltbild nicht in Einklang steht. Die Befremdung gegenüber der Quantentheorie sollte verschwinden, sobald sich das neue Weltbild durchgesetzt hat. Für jemanden, der glaubt, die Erde sei eine Scheibe, ist die Geschichte von Magellans Weltumsegelung rätselhaft. Wie ist es möglich, dass ein Schiff immer nach Westen segelt und ohne die Richtung zu ändern wieder an seinen Ausgangspunkt zurückkommt? Das Rätsel löst sich augenblicklich, wenn das Paradigma der flachen Erde durch das Bild von der kugelförmigen Erde ersetzt wird.

Die Gründerväter der Quantenmechanik waren sich der umwälzenden Auswirkungen ihrer Entdeckungen wohl bewusst. Als ich anfing, die philosophischen Aufsätze von Albert Einstein, Niels Bohr, Werner Heisenberg und Erwin Schrödinger zu lesen, war ich beeindruckt von der Tiefe ihrer Gedanken und überrascht von der Entdeckung, wie oft und wie leidenschaftlich sie gegensätzliche Auffassungen vertraten. Diese philosophischen Schriften und die aufschlussreichen Kontroversen zwischen ihren Verfassern stellen den zweiten Erkundungsweg dar. Heisenberg wird uns mit einer neuen und revolutionären Auffassung von der Natur der Atome und der subatomaren Teilchen bekannt machen; mit Schrödinger werden wir das »Prinzip der Objektivierung« analysieren, eine fundamentale Beschränkung der Wissenschaft, die man sich gemeinhin nicht eingesteht; und wir werden uns eingehend mit der berühmten Kontroverse zwischen Einstein und Bohr beschäftigen. Die Auseinandersetzung zwischen diesen beiden überragenden Gelehrten trug wesentlich dazu bei, die philosophische Botschaft der Quantentheorie zu erhellen.

Obwohl mich die Aufsätze der Gründer der Quantenmechanik zutiefst fesselten, empfand ich sie als unvollständig. Einstein, Bohr, Schrödinger und Heisenberg waren Physiker, keine Philosophen. Keiner von ihnen unternahm den Versuch, ein philosophisches System zu errichten. Ich hatte jedoch den Eindruck, dass die geheimnisvollen Aspekte der Quantentheorie auch nach einer Revolution der philosophischen Anschauung verlangten. Diese Lücke wurde geschlossen, als ich auf die Schriften Alfred North Whiteheads stieß. In den zwanziger Jahren des 20. Jahrhunderts, als die Quantenmechanik zur Reife gelangte, entwarf Whitehead ein ausgereiftes philosophisches System, das nicht nur auf einem wissenschaftlichen Ansatz, sondern auch auf nichtwissenschaftlichen Wissensmodi beruhte. Eine Untersuchung der Gedanken Whiteheads und ihrer Beziehung zur Quantenmechanik stellt den dritten Weg der Annäherung dar.

Der Einfluss eines Paradigmas geht über seine expliziten Behauptungen weit hinaus. Alle Paradigmen schließen versteckte Bereiche stillschweigender Annahmen ein, deren Einfluss das Paradigma selbst überdauert. So verbannte zwar Kopernikus die Erde aus dem Mittelpunkt des Universums, aber er glaubte weiterhin, dass sich die im Kosmos geltenden Naturgesetze von denen auf der Erde unterschieden. In unserem Fall ist die Überzeugung, nur die Wissenschaft halte den Schlüssel zu einem Verständnis des Wesens der Realität bereit, eine solche stillschweigende Annahme. Wie die Wissenschaftler und Philosophen der Aufklärung gehen wir davon aus, dass nichtwissenschaftliche Modi der Verarbeitung menschlicher Erfahrung vernachlässigt werden können, wenn es darum geht, das Universum zu begreifen. Poesie, Literatur, Kunst und Musik sind wunderbare Errungenschaften, aber für das Streben nach Erkenntnis des Universums irrelevant. Es war Alfred North Whitehead, der auf den Trugschluss dieser Annahme hinwies. In dieser wie in anderer Hinsicht war Whitehead seiner Zeit um Jahrzehnte voraus.

Whitehead zufolge bestehen die Bausteine der Realität nicht aus materiellen Atomen, sondern aus »Pulsen der Erfahrung«. Damit vollzieht Whitehead den Wandel von einem mechanistischen zu einem organischen Paradigma, »einem Universum der Erfahrung«. Obwohl Whitehead sein System in den späten zwanziger Jahren des 20. Jahrhunderts formulierte, war es den Begründern der Quantenmechanik meines

Wissens nicht bekannt. Erst 1963 wies der Physiker J. M. Burgers darauf hin, dass Whiteheads Philosophie die wesentlichen Eigenschaften der Quantenmechanik, insbesondere ihre »seltsamen« Aspekte, sehr gut zu erklären vermag.

Heisenberg war der Erste, der darauf aufmerksam machte, dass das sich aus der Quantenmechanik ergebende Konzept von Materie – ein Konzept, das sich von dem, was man gemeinhin mit dem Begriff »Materie« verbindet, sehr stark unterscheidet – im Wesentlichen platonisch geprägt ist. Es überrascht wenig, dass auch Whiteheads philosophisches System von seinem Grundtenor her platonisch ist. Die letzten drei Kapitel des Buches sind daher dem vierten und letzten Weg der Annäherung an unser Thema gewidmet. Wir werden die platonischen Ursprünge der Philosophie Whiteheads erforschen, insbesondere die Kosmologie Plotins, des großen Neuplatonikers des dritten nachchristlichen Jahrhunderts.

Dieser Ansatz wird es uns ermöglichen, wesentliche Fragen zu betrachten, die außerhalb des von Whitehead geschaffenen Systems liegen: Gibt es verschiedene Seinsstufen, das heißt sind manche Aspekte der Realität »höher« zu bewerten als andere, und wenn ja, wie ist diese Hierarchie beschaffen? Wo ist unsere Stellung im Universum? Und schließlich, in welcher Beziehung steht das Streben der Physik nach einer einheitlichen Theorie, die alle bekannten Fakten zu erklären vermag, mit den tiefsten Bestrebungen des menschlichen Geistes?

Dantes Vision wies jedem menschlichen Wesen einen Platz von großer Bedeutung und Würde zu. Die Reise des Dichters und Pilgers endete in der höchsten Himmelssphäre. Mit Kopernikus begann unser Abstieg. Er mündete in das gegenwärtige kosmologische Weltbild, wonach wir unbedeutende Bewohner eines unbedeutenden Staubkörnchens in einem Universum wirbelnder Galaxien sind. Jeder Versuch, uns in einem solchen Universum eine kosmologische Bedeutung zu geben, erscheint absurd. Gleichwohl ist dieses Universum nur ein Paradigma, nicht die Wahrheit. Wenn Sie am Ende dieses Buches angelangt sind, werden Sie vielleicht geneigt sein, sich meiner Auffassung anzuschließen, dass nämlich die Würde, die uns Dante verlieh, überraschenderweise wiederhergestellt werden kann, wenngleich in einem post-postmodernen Kontext.

Viele Bücher haben in jüngerer Zeit die philosophischen Implikationen der Quantenmechanik erforscht, wobei meist auf die Beziehung zwischen der Quantenphysik und fernöstlichen Religionen verwiesen wurde. Ich glaube, dass die Untersuchung solcher Beziehungen wichtig ist. In dem vorliegenden Buch geht es jedoch ausschließlich um die abendländische Tradition. Es sollen die Beziehungen zwischen der Quantenmechanik und der abendländischen Philosophie, von Platon über Plotin bis zu Whitehead und den Quantenphysikern, erforscht werden.

Einige Aspekte der hier vorgestellten Interpretation der Quantenmechanik drücken den Konsens der physikalischen Gemeinschaft aus. Andere Aspekte werden von manchen Wissenschaftlern vertreten und von anderen (gelegentlich vehement) abgelehnt. Wiederum andere Aspekte drücken meine eigenen Auffassungen und Überzeugungen aus. Ich habe mich bemüht, die jeweiligen Positionen deutlich zu kennzeichnen.

Dieses Buch zu schreiben, erwies sich als schwieriger und zugleich befriedigender, als ich es mir vorgestellt hatte. Bei dem Versuch, besonders schwierige Ideen zu erklären, entdeckte ich, dass eine Gesprächsform hilfreich wäre. Aus diesem Grund habe ich die fiktiven Charaktere Julie und Peter eingeführt. Sie lernten sich während ihres Psychologiestudiums kennen und wurden später Astronauten. Die Unterhaltungen, die sie untereinander und mit mir führten, haben mir beim Schreiben viel Freude gemacht. Ich hoffe, dass sie nicht nur zum Verständnis beitragen werden, sondern auch unterhaltsam zu lesen sind.

I Die Zwangslage

In Teil I werden die Kerngedanken der Quantenmechanik vor dem Hintergrund der berühmten Bohr-Einstein-Debatte vorgestellt.

Albert Einstein glaubte fest an ein Weltbild, das auf drei Grundannahmen beruhte: *Realismus*, *Lokalität* und *Determinismus*. Unter Realismus versteht man die Ansicht, dass die physikalische Welt aus Objekten besteht, die »an sich«, das heißt unabhängig vom Bewusstsein, existieren; *Lokalität* beschreibt die Annahme, dass ein Ereignis an einem Ort ein Ereignis an einem anderen Ort nur dann beeinflussen kann, wenn ein Signal genügend Zeit hat, um sich – nicht schneller als mit Lichtgeschwindigkeit – von einem Ort zum anderen fortzupflanzen. *Determinismus* bezeichnet die Position, dass jedes gegenwärtige und künftige Ereignis als die Wirkung vergangener Ursachen vollständig erklärt werden kann. Diese letzte Annahme wird durch Einsteins Ausspruch »Gott würfelt nicht« auf einen kurzen Nenner gebracht.

Die Verknüpfung der beiden ersten Annahmen wird als »lokaler Realismus« bezeichnet. Wenn die Quantenmechanik eine vollständige, fundamentale Theorie der Natur ist, dann verletzt sie nicht nur den lokalen Realismus, sondern auch den Determinismus. Einstein glaubte aus diesem Grund, die Quantenmechanik sei keine vollständige fundamentale Theorie der Natur.

Niels Bohr vertrat eine radikal andere Auffassung. Er war fest davon überzeugt, dass die Quantenmechanik vollständig sei und dass man ihre Folgerungen akzeptieren müsse, wohin sie auch führen mochten. Wie sich herausstellte, veranlasste die Quantentheorie Bohr zu weitreichenden Schlussfolgerungen, etwa zu seinem »Begriffssystem der Komplementarität«: Um ein Quantensystem vollständig zu beschreiben, benötigt man nicht ein Modell, sondern zwei. So wird zum Beispiel ein Elektron als Welle und als Teilchen beschrieben. Solche Modelle schließen sich nicht gegenseitig aus, sondern ergänzen sich, da sie sich auf verschiedene Zustände beziehen.

Die Bohr-Einstein-Debatte erstreckte sich über drei Jahrzehnte und war nach dem Tod der Kontrahenten keineswegs beigelegt. Ihre Kontroverse schien eher philosophischer Natur, sozusagen eine Glaubensfrage zu sein. Doch ganz unerwartet bewies im Jahre 1964 der irische Physiker John Bell, dass sich die Streitfrage durch ein Experiment beantworten lässt. Er schlug ein »Gedankenexperiment« vor, das zeigte, dass die Quantenmechanik unabhängig davon, ob sie vollständig ist oder nicht, den lokalen Realismus verletzt. Wenige Jahre später wurde es möglich, das Experiment tatsächlich auszuführen. Es bewies, *dass die Natur gegen den lokalen Realismus verstößt.*

Dies führt uns zum Kern des Problems. Der lokale Realismus ist eine außerordentlich nützliche Vorstellung. Er verkörpert in der Tat das Weltbild, das wir stillschweigend oder ausdrücklich vertreten. Was soll an seine Stelle treten, wenn es aufgegeben werden muss, wie dies die Quantenmechanik und Bells Experiment nahe legen?

1. Der Schatten Machs

Beim ersten Gespräch zwischen Albert Einstein und Werner Heisenberg äußerte sich Einstein kritisch über Heisenbergs »neue Quantenmechanik«. Heisenberg versuchte, seine neue Theorie zu verteidigen, indem er darauf verwies, dass er bei ihrer Formulierung den Forderungen Ernst Machs gefolgt sei, denselben Forderungen, die auch Einstein bei seiner Entdeckung der speziellen Relativitätstheorie geleitet hatten. Doch Einstein ließ sich dadurch nicht beirren. Sein erstaunlicher Kommentar, *»Erst die Theorie entscheidet darüber, was man beobachten kann«,* machte einen tiefen Eindruck auf den jungen Heisenberg. Diese Unterredung war ein Vorbote der berühmten Bohr-Einstein-Debatte.

> »Wir dürfen uns daher nicht wundern, dass sozusagen alle Physiker des letzten Jahrhunderts in der klassischen Mechanik eine feste und endgültige Grundlage der ganzen Physik, ja der ganzen Naturwissenschaft sahen … Ernst Mach war es, der in seiner Geschichte der Mechanik an diesem dogmatischen Glauben rüttelte; dies Buch hat gerade in dieser Beziehung einen tiefen Einfluss auf mich als Student ausgeübt.«   *Albert Einstein*

Die neue Quantenmechanik

Am 28. April 1926 hielt ein junger Privatdozent der Göttinger Universität einen Vortrag vor dem Berliner Physikalischen Kolloquium. Das Kolloquium war eine ehrwürdige Veranstaltung, zu der sich alle Professoren und Dozenten der Physik-Fakultät einfanden, einer Fakultät, die damals weit über die deutschen Grenzen den Mittelpunkt der physikalischen Forschung repräsentierte.

Der Name des Vortragenden war Werner Heisenberg, und er richtete sich an eine wahrhaft erlauchte Zuhörerschaft. Zu ihr gehörten Max Planck (der im Jahre 1900 mit seiner Entdeckung, dass Licht in diskreten Energiepaketen, den so genannten »Quanten«, emittiert und absorbiert wird, die Quantenrevolution eingeleitet hatte), Max von Laue (der das Wesen der Röntgenstrahlung enträtselt und die Untersuchung von Kristallen revolutioniert hatte), Walter Nernst (der den dritten Hauptsatz der Thermodynamik formuliert hatte) und Albert Einstein.

Heisenberg trug »die neue Quantenmechanik« vor, eine Theorie, die er 1924 und 1925 in Zusammenarbeit mit Max Born und Pascal Jordan entwickelt hatte. Das Adjektiv *neu* dient dabei zur Unterscheidung der Theorie von ihrem Vorgänger, der heute so genannten »frühen Quantenmechanik«, einer Sammlung verschiedener Theorien, die von Max Planck, Albert Einstein, Niels Bohr und anderen in den ersten zwei Jahrzehnten des 20. Jahrhunderts aufgestellt wurden.

Die neue Theorie lieferte ein »zusammenhängendes mathematisches Gebäude (...), von dem man hoffen konnte, dass es zu den vielfältigen Erfahrungen in der Atomphysik wirklich passte.«[1] Ihre Entdeckung stellte eine beeindruckende Leistung dar. Dennoch mutete die Präsentation geradezu bizarr an. Die Theorie sollte die atomaren Erscheinungen erklären, aber Heisenberg war sorgfältig darauf bedacht, eine Beschreibung der Vorgänge im Innern von Atomen zu vermeiden; insbesondere bemühte er sich, die brennenden Themen der Zeit – »Quantensprünge« und den »Welle-Teilchen-Dualismus« – nicht zu berühren.

Der Begriff »Quantensprünge« bezieht sich auf ein Modell des Wasserstoffatoms, das Niels Bohr mehr als ein Jahrzehnt zuvor, im Jahre 1913, aufgestellt hatte. Danach sind Atome wie kleine Sonnensysteme aufgebaut: Die leichten Elektronen umkreisen die massereichen Atomkerne wie Planeten die Sonne. Allerdings gibt es einen entscheidenden Unterschied: Im Falle des Sonnensystems ist es nicht nötig, dass die Planeten bestimmte Abstände von der Sonne einhalten. Sie befinden sich einfach zufällig auf den Umlaufbahnen, auf denen wir sie beobachten; ebenso gut hätten sie andere Umlaufbahnen besetzen können. Dagegen sind nach dem Bohr'schen Modell nur bestimmte Elektronenbahnen »erlaubt«. Nur auf diesen zugelassenen Bahnen und nirgendwo sonst sind die Elektronen anzutreffen. Da sie jedoch durchaus die Umlaufbahnen wechseln, müssen sie in der Lage sein, von einer zugelassenen Umlaufbahn auf eine andere zu »springen«. Genau bei diesen Sprüngen emittiert oder absorbiert ein Atom Lichtquanten, die auch als »Photonen« bezeichnet werden. Was bedeuten diese Quantensprünge? Muss man sich das Elektron als ein kleines Gebilde vorstellen, das im Innern eines Atoms auf einer erlaubten Umlaufbahn um den Atomkern kreist und unter gewissen Bedingungen in eine andere zulässige Umlaufbahn springt? Wenn ja, warum beobachten wir dann niemals Elektronen während des Sprungs? Dies war eine der Fragen, die Heisenberg sorgfältig mied.

Das andere wichtige Thema, das er umging, betraf den »Welle-Teilchen-Dualismus«. Im Alltagsleben sind Teilchen und Wellen vollkommen verschiedene Gebilde. Ein Teilchen ist ein *Objekt*, das sich durch den Raum bewegt, während eine Welle ein *Schwingungsmuster* ist, das sich von einem Ort zu einem anderen fortpflanzt. Das Muster wird durch ein Medium übertragen, aber die Teilchen, die das Medium bilden, bewegen sich nicht mit der Welle mit. Betrachten wir zum Beispiel was geschieht, wenn man einen Kieselstein in einen stillen Teich wirft. Eine Welle breitet sich kreisförmig um den Kieselstein herum aus, aber die Wasserteilchen selbst bewegen sich nicht von dem Stein fort. Sie schwingen vielmehr nur auf und ab, und diese Schwingungen sorgen dafür, dass sich das kreisförmige Muster immer weiter um den Ort, an dem der Kieselstein ins Wasser fiel, ausbreitet.

Im alltäglichen Leben kann etwas ein Teilchen oder eine Welle sein, aber nicht beides zugleich. Wenn sich ein Objekt fortbewegt, handelt es sich um ein Teilchen. Wenn sich ein Muster ausbreitet, während das Medium, in dem es sich fortpflanzt, nur schwingt, handelt es sich um eine Welle. Ein Tennisball ist ein Teilchen. Ein Geräusch ist eine Abfolge von Wellen. Diese klare Unterscheidung wurde jedoch durch die Ergebnisse von Experimenten mit Licht und Elektronen in Frage gestellt. So verhalten sich Licht und Elektronen unter manchen Bedingungen wie Teilchen und unter anderen wie Wellen. Was sind sie nun wirklich? Diese Frage wurde als »Welle-Teilchen-Dualismus« bekannt.

Als Heisenberg dem Physikalischen Kolloquium seine Theorie vortrug, unterließ er sorgfältig alles, was als Beschreibung oder anschauliche Darstellung eines Modells aufgefasst werden konnte. Er beschränkte sich darauf, eine mathematische Methode zur Berechnung der Ergebnisse von Experimenten vorzustellen. Dabei war er, so unglaublich dies klingen mag, fest davon überzeugt, eine vollständige Erklärung der von ihm diskutierten atomaren Vorgänge zu liefern! Der junge Heisenberg war mit seinem Denken und Arbeiten wie vor ihm der junge Einstein nachhaltig von Ernst Mach beeinflusst.

Das Vermächtnis Ernst Machs

Heute sind die Ideen Ernst Machs selbst unter Gebildeten kaum mehr bekannt. Sein Name taucht nur noch im Zusammenhang mit dem Begriff »Mach-Zahl« auf, einer Maßeinheit für die Geschwindigkeit von Flugzeugen. Diese

Bezeichnung wurde gewählt, um Machs Beiträge zur Erforschung der Aerodynamik zu würdigen, seine Beiträge zur Philosophie sind dagegen nahezu in Vergessenheit geraten. Um die Jahrhundertwende war Mach jedoch eine Figur von überragendem Einfluss, nicht nur in der Physik und der Philosophie, sondern auch in der Soziologie und der Politik. Kein Geringerer als Wladimir Iljitsch Lenin sah sich im Jahre 1908 genötigt, seine drängenden Pflichten als Führer der bolschewistischen Partei eine Zeit lang zurückzustellen, um ein umfangreiches Buch mit dem Titel *Materialismus und Empiriokritizismus* zu schreiben, das sich zum großen Teil der Aufgabe widmete, Machs Philosophie zu widerlegen. Lenin empfand den zunehmenden Einfluss Machs als Bedrohung für die von Karl Marx vertretene Philosophie des »dialektischen Materialismus«, die ihrerseits die theoretische Grundlage der von Lenin vorbereiteten kommunistischen Revolution darstellte.

Mit dem abschreckenden Begriff »Empiriokritizismus« wird das philosophische System Machs bezeichnet. Dieses System muss im ausgehenden 19. Jahrhundert »in der Luft« gelegen haben, da es mehr oder weniger gleichzeitig von zwei Philosophen, Ernst Mach und Richard Avenarius, begründet wurde. Der Empiriokritizismus repräsentiert sowohl ein philosophisches System, das sich mit dem Wesen der Realität befasst, als auch eine Wissenschaftsphilosophie. Die folgende Zusammenfassung der wichtigsten Gedanken des Empiriokritizismus vermittelt einen Eindruck des Mach'schen Denkansatzes.

Mach zufolge ist Wissenschaft nur eine Beschreibung von Tatsachen, wobei unter »Tatsachen« ausschließlich die Empfindungen und ihre Beziehungen untereinander zu verstehen sind. Allein die Empfindungen sind real. All die übrigen Begriffe sind etwas Zusätzliches; sie werden dem Realen, das heißt den Empfindungen, von uns nur zugeschrieben. Begriffe wie »Materie« und »Atom« sind nichts anderes als stenografische Kürzel für Empfindungskomplexe; sie bezeichnen nichts, was wirklich existiert. Das Gleiche gilt für viele andere Begriffe wie zum Beispiel »Körper«.

Mach verfolgte seine Philosophie bis zu ihrer logischen Konsequenz. Betrachten wir zum Beispiel einen Bleistift, der teilweise in Wasser eingetaucht ist. Es sieht so aus, als ob er zerbrochen wäre, aber in Wirklichkeit ist er es nicht, wie wir feststellen können, wenn wir ihn berühren. Mach vertrat eine andere Auffassung. Der Bleistift im Wasser und der Bleistift außerhalb des Wassers sind zwei verschiedene Tatsachen. Was die reale Empfindung des Sehens betrifft, so ist der Bleistift im Wasser wirklich zerbrochen, und mehr ist darüber nicht zu sagen.

Da die Wissenschaft nach Auffassung Machs nur eine Beschreibung von Tatsachen darstellt, strebt sie nicht danach, etwas über das wahre Wesen der Wirklichkeit herauszufinden. Ja, sie strebt überhaupt nicht nach Erkenntnis der Wahrheit. Ihre einzige Aufgabe besteht vielmehr darin, eine Ökonomie des Denkens zu erreichen, das heißt, die größtmögliche Anzahl von Tatsachen mit dem geringstmöglichen geistigen Aufwand zu beschreiben. Ein Naturgesetz ist wertvoll, nicht weil es in irgendeinem Sinne wahr ist, sondern weil es eine kompakte Beschreibung einer großen Anzahl von Tatsachen liefert. Betrachten wir zum Beispiel das Phänomen des freien Falls. Eine Methode, dieses Phänomen zu beschreiben, besteht darin, eine riesige Menge von Daten zu sammeln, in der die Ergebnisse aller Experimente mit fallenden Körpern zusammengefasst sind. Eine andere Möglichkeit besteht darin, das Gesetz des freien Falls zu formulieren, das besagt, dass die Geschwindigkeit des fallenden Objekts mit konstanter Rate zunimmt. Mach zufolge ist die letztere der ersteren Methode nur deshalb überlegen, weil sie ökonomischer ist. Was das »Verständnis« betrifft, sind beide gleichwertig.

Der Empiriokritizismus entstand als eine Reaktion auf die spekulative deutsche Philosophie des 19. Jahrhunderts, die als ein verworrenes Sammelsurium komplizierter »Weltbilder« erschien, die weder durch empirische Beweismittel belegt waren noch mit Klarheit des Denkens etwas zu tun hatten. In dieses geistige Klima brachten die Einfachheit, Direktheit und zwingende Logik von Machs Ausführungen frischen Wind. Viele Wissenschaftler waren davon fasziniert. Machs Ansatz überwand hartnäckige Dichotomien wie etwa die Trennung zwischen Geist und Materie, und setzte eine bis dahin beispiellose gedankliche Strenge voraus. Jeder in der Wissenschaft benutzte Begriff musste eine »operationale Definition« besitzen: Es war nicht gestattet, eine Größe zu benutzen, solange nicht angegeben werden konnte, wie sie zu messen sei. Dies führte zu einer fruchtbaren Überprüfung grundlegender Begriffe wie Raum, Zeit und Energie. Trotzdem war diese Forderung nach gedanklicher Strenge höchst problematisch. Sie war, wie wir noch sehen werden, das Resultat einer auf falschen Voraussetzungen beruhenden Metaphysik.

Lenin hatte meines Erachtens Recht mit seiner Einschätzung, Mach sei ein bedeutender Physiker, aber ein unbedeutender Philosoph. Auf die eklatanten Fehler in Machs philosophischer Beweisführung haben viele, darunter Lenin und Einstein, aufmerksam gemacht. Einstein akzeptierte Machs System in seiner Jugend und verwarf es in der Mitte seines Lebens. Auf das, was Einstein dazu zu sagen hatte, werden wir im nächsten Abschnitt eingehen. An dieser Stelle werde ich mich darauf beschränken, selbst einige kritische Einwände zu machen.

Eine Aufgabe der Wissenschaft besteht darin, Phänomene zu erklären, und eine Erklärung ist etwas anderes als »Denkökonomie«. Betrachten wir zum Beispiel die Gezeiten. An vielen Orten der Welt erstellten die Menschen korrekte Tabellen über das Einsetzen von Ebbe und Flut, doch ein Verständnis des Phänomens der Gezeiten erlangte man erst, als Newton sie mit der Wirkung der Gravitationskräfte von Sonne und Mond auf die Wasserhülle der Ozeane erklärte. Gleichwohl ermöglichte es diese Entdeckung nicht, das Eintreffen von Ebbe und Flut für bestimmte Orte vorauszusagen, denn dies hängt von vielen komplizierten Faktoren wie der Form der Küstenlinien und Tiefe der Ozeane an anderen Orten ab. Die Komplexität dieser Faktoren macht es unmöglich, Gezeitentabellen auf der Grundlage der Newton'schen Gesetze zu erstellen. Newtons Entdeckung führte also nicht zu einer Denkökonomie; die Gezeitentabellen wurden auch weiterhin auf der Grundlage von Aufzeichnungen der lokalen Beobachtungen erstellt. Aber seine Entdeckung erklärte das Phänomen der Gezeiten.

Die Auffassung, die Wissenschaft sei nur ein System zur Erzielung einer Denkökonomie, widerspricht außerdem der Erfahrung vieler großer Wissenschaftler. Sie erleben ihre Entdeckungen nämlich als Einblicke in das verborgene Wirken der Natur und nicht als das Bemühen, große Datenbestände auf »ökonomische« Weise zu komprimieren. So beschrieb Heisenberg seine Empfindungen, als er die neue Quantenmechanik entdeckte, mit folgenden Worten:

> »Im ersten Augenblick war ich zutiefst erschrocken. Ich hatte das Gefühl, durch die Oberfläche der atomaren Erscheinungen hindurch auf einen tief darunter liegenden Grund von merkwürdiger innerer Schönheit zu schauen, und es wurde mir fast schwindlig bei dem Gedanken, dass ich nun dieser Fülle von mathematischen Strukturen nachgehen sollte, die die Natur dort unten vor mir ausgebreitet hatte.«[2]

Besonders unzulänglich erscheint mir an Machs Auffassung, dass er »das Wirkliche« auf die Sinnesempfindungen beschränkt. Dies impliziert, dass jeder Versuch, das tiefere Wesen der Wirklichkeit zu erforschen, bedeutungslos sei, da die Wirklichkeit kein tieferes Wesen besitze! Trotzdem haben wir zuweilen, wenn wir Musik hören, das Gefühl, dass Klänge nur ein Ausdrucksmittel für das sind, was sie uns vermitteln, für etwas, das in uns auf einer Ebene nachschwingt, die tiefer liegt als die gewöhnliche Sinneswahrnehmung.

»Erst die Theorie entscheidet darüber, was man beobachten kann.«

Als Heisenberg seinen Vortrag beendet hatte, lud Einstein den jungen Dozenten ein, ihn nach Hause zu begleiten. Die Gelegenheit, mit Einstein zu sprechen, dürfte Heisenberg in freudige Aufregung versetzt haben, und er muss wohl anerkennende Worte erwartet haben. Schließlich beruhten seine Errungenschaften in der Atomphysik auf demselben Ansatz, den Einstein zwei Jahrzehnte zuvor bei seiner Entdeckung der speziellen Relativitätstheorie verfolgt hatte, jener Theorie, die die Vorstellung von Raum und Zeit revolutionierte! Einstein war zu seiner Theorie gelangt, indem er in Übereinstimmung mit Machs Ansatz die operationale Bedeutung der Aussage »Zwei Ereignisse an weit voneinander entfernten Orten finden gleichzeitig statt«, einer kritischen Überprüfung unterzog. In ähnlicher Weise gelangte Heisenberg zu einem neuen Verständnis der Quantenmechanik, indem er kritisch überprüfte, was bei Experimenten mit Atomen tatsächlich gemessen wurde. Dabei ließ er sich von der Auffassung leiten, dass Physiker nur solche Größen als »die Bestimmungsstücke des Atoms« betrachten sollten, die direkt beobachtbar waren, so wie dies der Forderung Einsteins entsprach.[3]

Zu Heisenbergs Überraschung und Bestürzung war Einstein mit dem, was er in dem Kolloquium gehört hatte, nicht einverstanden. Er kritisierte Heisenberg ausgerechnet dafür, dass er seinem Rat gefolgt war!

»Aber Sie glauben doch nicht im Ernst«, entgegnete Einstein, »dass man in eine physikalische Theorie nur beobachtbare Größen aufnehmen kann.«

Darauf erwiderte Heisenberg: »Ich dachte, dass gerade Sie diesen Gedanken zur Grundlage Ihrer Relativitätstheorie gemacht hätten? Sie hatten doch betont, dass man nicht von absoluter Zeit reden dürfe, da man diese absolute Zeit nicht beobachten kann. Nur die Angaben der Uhren, sei es im bewegten oder im ruhenden Bezugssystem, sind für die Bestimmung der Zeit maßgebend.«

»Vielleicht habe ich diese Art von Philosophie benützt«, antwortete Einstein, »aber sie ist trotzdem Unsinn. ... vom prinzipiellen Standpunkt aus ist es ganz falsch, eine Theorie nur auf beobachtbare Größen gründen zu wollen. Denn es ist ja in Wirklichkeit genau umgekehrt. Erst die Theorie entscheidet darüber, was man beobachten kann.«[4]

»Erst die Theorie entscheidet darüber, was man beobachten kann!« Was meinte Einstein damit?

Betrachten wir nebenstehende Abbildung. Was sehen Sie? Ich zeigte das Bild zwei Freunden, Alan, einem Musiker, und Jane, einer Elektrotechnikerin. Alan meinte: »Das sind irgendwelche Linien. Ich habe keine Ahnung, was sie bedeuten.« Jane dagegen warf einen Blick auf das Bild und antwortete: »Das muss die Aufnahme von Elektronenspuren in einer Nebelkammer sein. Die meisten dieser kurzen Linien stammen von langsamen Elektronen. Aber die gerade Linie dort, die durch das ganze Bild verläuft, muss von einem wirklich schnellen Elektron sein!«

Sowohl Alan als auch Jane sahen Tatsachen, aber verschiedene Sätze von Tatsachen. Alan interessierte sich nicht für Physik; er kannte die der Aufnahme zugrunde liegende Theorie nicht, so dass das, was er sah, ziemlich bedeutungs-

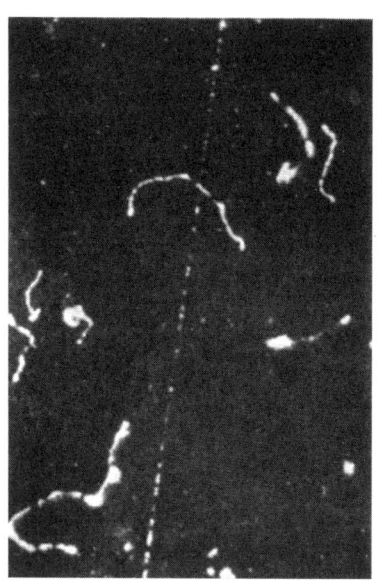

Was sehen Sie?

los für ihn war. Jane dagegen hatte sich in ihrem Studium mit Physik befasst und wusste nicht nur, dass eine Nebelkammer ein Detektor atomarer und subatomarer Teilchen ist, sondern auch, wie sie funktioniert. Eine Nebelkammer ist ein durchsichtiger Behälter, der ein unterkühltes Gas enthält, ein Gas also, das nicht kondensiert bzw. nicht in den flüssigen Zustand übergegangen ist, obwohl es kalt genug dazu wäre. Ein unterkühltes Gas ist instabil. Jede kleine Störung wie etwa ein Elektron, das die Nebelkammer durchquert, reicht aus, um Kondenströpfchen entlang der Bahn des Elektrons entstehen zu lassen. Die winzigen Flüssigkeitströpfchen, die in der Aufnahme zu sehen sind, zeigen also die Bahn des Elektrons an. Obwohl Jane beim Anblick der Aufnahme nicht an diese Theorie dachte, legte die Theorie fest, was Jane beobachtete.

Auch Alan beobachtete etwas: ein Bild mit irgendwelchen Linien. Schon um dies zu sehen, benötigte er eine Theorie. Sowohl Alan als auch Jane kennen die Grundprinzipien der

Fotografie; darüber hinaus begreifen sie das Sehen als einen Prozess, der dadurch ausgelöst wird, dass Licht auf die Netzhaut trifft, woraufhin Signale vom Nervensystem an das Gehirn übermittelt werden. Einstein erklärte dies so: »Auf diesem ganzen langen Weg vom Vorgang bis zur Fixierung in unserem Bewusstsein müssen wir wissen, wie die Natur funktioniert, müssen wir die Naturgesetze wenigstens praktisch kennen, wenn wir behaupten wollen, dass wir etwas beobachtet haben.«[5] Dabei muss das Verständnis des Fotografierens und des Sehens nicht explizit sein. Dies ist meines Erachtens die Bedeutung von Einsteins Formulierung »die Naturgesetze wenigstens praktisch kennen«. Vielleicht sollte man das Wort »Theorie« durch das Wort »Paradigma« ersetzen, das sowohl ausdrückliches Wissen als auch stillschweigende Annahmen einschließt. Jedenfalls besteht kein Zweifel daran, dass Theorien, das heißt explizites Wissen, ebenso wie auch Annahmen darüber, wie die Natur funktioniert, eine wesentliche Rolle beim Vorgang der Beobachtung spielen.

Wenn die Theorie darüber entscheidet, was man beobachten kann, wie ist es möglich, eine neue Theorie zu entwickeln und sie dann durch Beobachtungen zu bestätigen? Laut Einstein besitzt die Theorie, die entscheidet, was wir beobachten können, viele Elemente. Um eine neue Theorie zu entdecken, muss nur eines dieser Elemente verändert werden, während die anderen unangetastet bleiben. So kann zum Beispiel die Auswertung von Abbildung S. 29 zu einer neuen Theorie über das Elektron führen, während die Theorie unterkühlter Gase und die Theorie der Fotografie davon unberührt bleiben. Wie wir später sehen werden, erzielte Heisenberg seinen zweiten großen Erfolg, die Entdeckung der berühmten Unschärferelation, genau durch eine solche Neuinterpretation vermeintlicher Elektronenbahnen in einer Nebelkammer.

Während er Einstein zuhörte, schwankte Heisenberg zwischen seinem Glauben an Machs Doktrin, von der er sich nicht lösen wollte, und der Erkenntnis, dass Einstein Recht hatte. »Der Gedanke, dass eine Theorie eigentlich nur die Zusammenfassung der Beobachtungen unter dem Prinzip der Denkökonomie sei, soll doch von dem Physiker und Philosophen Mach stammen«, so wandte er ein, »und es wird immer wieder behauptet, dass Sie in der Relativitätstheorie eben von diesem Gedanken Machs entscheidend Gebrauch gemacht hätten. Was Sie jetzt eben gesagt haben, scheint mir aber genau in die entgegengesetzte Richtung zu gehen. Was soll ich nun eigentlich glauben, oder richtiger, was glauben denn Sie selbst in diesem Punkt?«[6]

Einstein erwiderte darauf, dass er kein Anhänger der Philosophie Machs mehr sei, da er sie für zu naiv halte. Er schlug vor, einfache, alltägliche Begriffe wie zum Beispiel das Wort »Ball« zu betrachten. Was bedeutet das Wort »Ball«? Ist es nur das Ergebnis einer Denkökonomie, eine Zusammenfassung aller Sinneseindrücke, die Bälle betreffen? Nein, so die Argumentation Einsteins. *Wir sind davon überzeugt, dass es den Ball wirklich gibt,* und dieses Gefühl der tatsächlichen Existenz geht über eine reine Denkökonomie hinaus. In ihm schwingt zum Beispiel unsere Erwartung mit, dass wir in Zukunft neue Erfahrungen mit Bällen machen; wir verbinden also mit dem Wort »Ball« Möglichkeiten und Erwartungen, die in einer reinen Zusammenfassung vergangener Erfahrungen nicht enthalten sind. Einstein hielt den Mach'schen Begriff der Beobachtung für zu naiv, weil Mach die Komplexität des Beobachtungsakts unberücksichtigt ließ und so tat, als ob man schon wisse, was das Wort »beobachten« bedeute. So erkannte Mach beispielsweise gerade nicht, »dass erst die Theorie darüber entscheidet, was man beobachten kann«.

Die Überwindung Machs

Im weiteren Verlauf des Gesprächs wandten sich Einstein und Heisenberg anderen Themen zu, darunter der Frage, was von einer annehmbaren Quantentheorie beschrieben werden könne und was nicht. Einstein glaubte, dass die von Heisenberg vorgestellte neue Quantentheorie unvollständig sei, da sie zu viele Fragen unbeantwortet ließ. Heisenberg gab zu, dass die Theorie noch zu jung war, um die schwierigsten Fragen in Angriff zu nehmen. Sie trennten sich, ohne eine Übereinstimmung erzielt zu haben, aber in der Erwartung, ihre Diskussionen fortzusetzen.

Das Gespräch mit Einstein muss für Heisenberg eine Enttäuschung gewesen sein. Dennoch hinterließ Einsteins Behauptung »Erst die Theorie entscheidet darüber, was man beobachten kann« einen tiefen Eindruck auf Heisenberg und führte ihn später zu seiner Entdeckung der Unschärferelation.

Keiner von beiden ahnte, dass diese Unterhaltung der Auftakt zur bedeutendsten Kontroverse der Physik des 20. Jahrhunderts war. Aufgrund des Altersunterschiedes und der unvergleichlich höheren Stellung Einsteins in der wissenschaftlichen Welt (Heisenberg war fünfundzwanzig Jahre alt und hatte gerade sein Studium beendet, während Einstein mit siebenundvierzig Jahren auf der Höhe seines Ruhmes stand), war Heisenberg nicht in der Position, Einstein mit einem neuen revolutionären Paradigma hinsichtlich der Aufgabe der Physik herauszufordern, zumal die Mach'sche Auffassung, die er zu verteidigen versuchte, in der Tat angreifbar war. Im Herbst 1927 traf Einstein jedoch auf einen Herausforderer, der es mit ihm aufnehmen konnte.

Niels Bohr, der Mann, der das erste erfolgreiche Atommodell vorgeschlagen hatte, war ungefähr in Einsteins Alter und wie dieser eine anerkannte Autorität in der Physik. Der fünfte

Solvay-Kongress in Brüssel im Jahre 1927 war der Schauplatz der ersten heftigen Auseinandersetzung zwischen diesen beiden großen Denkern, die einander zwar persönlich den höchsten Respekt entgegenbrachten, die aber über die in der Entstehung begriffene Quantenphysik in fast allen Punkten völlig entgegengesetzte Auffassungen vertraten. Es war ein Widerstreit der Paradigmen. Die Auseinandersetzung um die Quantentheorie offenbarte eine tief greifende Uneinigkeit darüber, wie die physikalische Wirklichkeit beschaffen ist und was man über sie in Erfahrung bringen kann.

In den Diskussionen zwischen Einstein und Bohr spielte Mach keine Rolle. Beide waren in ihrem Denken so weit, dass sie die Mach'sche Philosophie nicht mehr ernsthaft in Betracht zogen. Einstein hatte sich in den zwanziger Jahren des 20. Jahrhunderts von der Mach'schen Philosophie gelöst und sie durch seine eigene Version des Realismus ersetzt: die Überzeugung, dass eine objektive Welt unabhängig von der Wahrnehmung existiert. Bohr entstammte einer völlig anderen philosophischen Tradition. Beeinflusst von Harald Høffding, der seinerseits unter dem Einfluss Søren Kierkegaards stand, interessierte sich Bohr weder für Mach noch war er ein Anhänger des Realismus. Als klar wurde, dass Einsteins Realismus mit der Quantenmechanik unvereinbar war, unternahm Bohr heroische, aber vergebliche Anstrengungen, Einstein von seiner hartnäckig vertretenen philosophischen Haltung abzubringen. In der Überzeugung, dass die Quantenmechanik eine grundlegende Theorie sei, bemühte sich Bohr darum, Einstein die neuen philosophischen Perspektiven nahe zu bringen, die die Quantenmechanik eröffnete, aber es gelang ihm nicht. In den weiteren Ausführungen werden wir diese Perspektiven wie auch Einsteins brillante Verteidigung seiner philosophischen Haltung näher untersuchen. Die Darstellung der Einstein'schen Philosophie ist der Gegenstand des nächsten Kapitels.

Epigraph: P. A. Schilpp, *Einstein als Philosoph und Naturforscher,*
S. 7–8.

1 W. Heisenberg, *Der Teil und das Ganze,* S. 78.
2 Ebd., S. 78.
3 Ebd., S. 76.
4 Ebd., S. 79–80.
5 Ebd., S. 80.
6 Ebd., S. 81.

2. Einsteins Dilemma

In diesem Kapitel werden Einsteins spezielle Relativitätstheorie und die drei Grundannahmen seines Weltbildes erläutert: Realismus, Lokalität und Determinismus. Der Glaube an die Lokalität stützt sich auf die spezielle Relativitätstheorie, der Glaube an den Realismus auf alltägliche Erfahrungen. Doch warum hielt Einstein so hartnäckig am Determinismus fest? Um dem Ursprung seiner Überzeugung »Gott würfelt nicht« auf die Spur zu kommen, wollen wir kurz vom Hauptthema abschweifen und uns mit der Antwort des heiligen Augustinus auf die Frage »Was ist Zeit?« befassen.

>»Gegenwart und Vergangenheit
>sind vielleicht in der Zukunft enthalten
>und im Gewesenen das Künftige.
>Ist aber jegliche Zeit stets Gegenwart,
>wird alle Zeit unwiderrufbar.«
>
> *T. S. Eliot*

»Gott würfelt nicht«

Einsteins Glaube, die Quantenmechanik sei keine grundlegende Theorie der Natur, folgte aus dem von ihm vertretenen Paradigma, oder anders ausgedrückt, aus seinen tiefen Überzeugungen hinsichtlich des Wesens der Realität.

»Es muss etwa 1950 gewesen sein«, erinnert sich Einsteins Biograf Abraham Pais. »Ich begleitete Einstein auf dem Weg vom Institute for Advanced Study [in Princeton] zu seinem Haus. Plötzlich blieb er stehen und wandte sich an mich mit der Frage, ob ich wirklich glaube, dass der Mond nur dann existiere, wenn ich ihn betrachte.«[1]

Als Einstein den Trugschluss der Mach'schen Philosophie erkannte, wurde er Realist. (Mach war kein Realist. Für ihn wiesen die Bestandteile der Realität, das heißt die Sinneseindrücke, nicht auf eine über sie hinausgehende »reale« Welt hin.) Für Einstein war es offenkundig, dass es eine objektive Welt gab, die unabhängig von Bewusstseinsakten existierte. Aber er war kein naiver Realist. Er glaubte nicht, dass die Welt, die wir wahrnehmen, und die Welt, so wie sie ist, miteinander identisch sind. Vielmehr teilte er Kants Auffassung, dass die Welt, wie wir sie wahrnehmen, die Erscheinungswelt, weitgehend eine Schöpfung unseres Geistes ist. Allerdings war er davon überzeugt, dass die Eigenschaften der unabhängig existierenden realen Welt mit Hilfe der Wissenschaft entdeckt werden können und dass wissenschaftliche Theorien oder Begriffsmodelle unseren einzigen Zugang zur Wirklichkeit darstellen.

Einstein war nicht nur Realist, sondern auch ein Vertreter des Prinzips der Lokalität: Nichts kann sich schneller als mit Lichtgeschwindigkeit fortpflanzen. Wie wir sehen werden, folgt die Lokalität aus der speziellen Relativitätstheorie. Das Einstein'sche Weltbild beruhte somit auf dem Prinzip des »lokalen Realismus«, also der Verbindung von Realismus und Lokalität. Darüber hinaus war Einstein ein überzeugter Anhänger der strengen Kausalität, die auch als »Determinismus« bezeichnet wird. Der Determinismus besagt, dass es in der Natur keinen Zufall gibt. Gegenwart und Zukunft des Universums ergeben sich bis ins kleinste Detail aus dem Zustand des Universums in der fernen Vergangenheit. Diese Überzeugung drückt sich in Einsteins bekanntem Ausspruch aus: »Gott würfelt nicht.« Wie wir noch sehen werden, ist die strenge Kausalität eine Behauptung, der die Quantenmechanik widerspricht. Der Quantenmechanik zufolge sind die Naturgesetze statistischer Art; einzelne Ereignisse in der Gegenwart und der Zukunft sind durch die Vergangenheit nicht vollkommen vorherbestimmt.

Einsteins Eintreten für den Determinismus machte die Kluft zwischen seiner und Bohrs Anschauung unüberbrückbar. Für Bohr war die neu entdeckte Quantenmechanik die fundamentale Theorie der Natur. Er glaubte, dass man ihre Folgerungen akzeptieren und sein Weltbild entsprechend anpassen müsse. Für Einstein dagegen konnte eine nichtdeterministische Theorie wie die Quantenmechanik unmöglich eine fundamentale Theorie der Natur sein. Man musste die Quantenmechanik zwar akzeptieren, weil sie funktionierte, aber diese Anerkennung wurde nur widerwillig und unter Vorbehalt gewährt. Man musste weiterhin nach der wirklich fundamentalen Theorie der Natur suchen, einer Theorie, die zeigen würde, dass die Quantenmechanik nur ein Grenzfall, eine statistische Annäherung, war.

Realismus und strenge Kausalität sind verschiedene Ideenkomplexe. Man kann Realist sein und trotzdem ein gewisses Maß an Zufall bei der Bestimmung von Ereignissen gelten lassen. Einstein lehnte dies jedoch ab. Dieses hartnäckige Festhalten am Prinzip der strengen Kausalität verwunderte viele seiner Kollegen, zumal Einstein auf anderen Gebieten eine geradezu beängstigende Fähigkeit bewies, vertraute Vorstellungen aufzugeben. So lösten seine eigenen Entdeckungen weitreichende Paradigmenwechsel aus. Die Aussage »Gott würfelt nicht« ist zudem nicht unproblematisch: Die Doktrin der strengen Kausalität impliziert einen Gott, der keinen Zufall zulässt. Dies impliziert jedoch weiter, dass Gott nach dem ursprünglichen Schöpfungsakt keinerlei Wirkung mehr auf die Welt ausübt – eine wenig attraktive Vorstellung des Göttlichen!

Für den Realismus sprechen durchaus gewichtige Gründe. Er kommt nicht nur dem gesunden Menschenverstand entgegen, sondern er funktioniert im wissenschaftlichen Kontext auch bis zum einem gewissen Grad. Dagegen kann die Annahme der strengen Kausalität als willkürlich betrachtet werden. Warum hielt Einstein dennoch an ihr fest? Warum weigerte er sich so beharrlich, sie aufzugeben, obwohl Zufälligkeit ein wesentliches Merkmal der Quantenmechanik ist und er sich über den spektakulären Erfolg dieser Theorie durchaus im Klaren war?

Die folgenden Ausführungen spiegeln meine eigenen Gedanken zu diesem Thema wider. Zunächst einmal war die strenge Kausalität nur ein Merkmal des Einstein'schen Weltbildes, eines Weltbildes, das zum größten Teil auf den Erkenntnissen der speziellen Relativität beruhte. Wie wir sehen werden, sind diese Erkenntnisse und die strenge Kausalität miteinander verknüpft. Um diese Verknüpfungen zu erkennen, wollen wir uns im Folgenden mit Einsteins spezieller Relativitätstheorie auseinander setzen. Auf das Thema der strengen Kausalität werden wir dann im letzten Abschnitt des Kapitels zurückkommen.

Was ist wirklich?

Die Antwort auf die Frage »Was ist wirklich?« spiegelt das Weltbild einer Zivilisation, einer Kultur oder eines Denksystems wider. In den beherrschenden philosophischen Systemen der griechischen Antike wie auch in den meisten Religionen wurden auf die Frage »Was ist wirklich?« verschiedene »Seinsstufen« postuliert. Manche Bestandteile der Wirklichkeit sind realer als andere, und die Beziehungen zwischen den verschiedenen Bestandteilen sind hierarchisch gegliedert.

Für Platon verkörpert »das Gute« die höchste Wirklichkeit. Eine Stufe darunter sind die Formen angesiedelt, denen ebenfalls Realität zukommt, während die Sinnenwelt, die von uns sinnlich wahrgenommenen Gegenstände in Raum und Zeit, nur eine schattenhafte Realität besitzen. Dieser Gedanke wurde von den Neuplatonikern im zweiten und dritten nach-christlichen Jahrhundert weiterentwickelt. Für Plotin, den be-deutendsten Neuplatoniker, steht an der Spitze der Hierarchie das »Eine«, aus dem der Geist (Nous), die Weltseele, die Ein-zelseelen, die Natur und zuletzt die Sinnenwelt hervorgehen. Die Sinnenwelt ist die am wenigsten reale Welt – ihre Wirk-lichkeit ist nur geborgt.

In den westlichen Religionen steht Gott an oberster Stelle, gefolgt von himmlischen Wesen wie den Erzengeln und Engeln. Danach kommen die Menschen, das Tierreich, die Pflanzen und schließlich die unbelebte Materie. Der Gedanke der Hierarchie findet sogar auf das menschliche Individuum bezogen Anwendung: Sowohl in der platonischen Philoso-phie als auch im religiösen Denken kommt der Seele eine höhere Wirklichkeit zu als dem Körper.

Die griechische Philosophie zeichnet sich noch durch einen weiteren Gedankenstrang aus, den Materialismus. Er lässt sich bis zu Leukipp und Demokrit im fünften Jahrhun-dert v. Chr. zurückverfolgen. Leidenschaftlich vorangetrieben wurde er im zweiten Jahrhundert v. Chr. von Epikur und meisterhaft in Worte gekleidet um das Jahr 55 v. Chr. von dem römischen Dichter Lukrez. Dieser beschrieb das Wesen der materialistischen Doktrin wie folgt:

> »Wie ich erklärte, besteht das real existierende Weltall lediglich aus zwei Dingen, aus Körpern sowie aus dem Leeren. Letzteres birgt die Körper, die allseits in ihm sich bewegen ... Außerdem lässt sich nichts als verschieden vom Körper bezeichnen, ebenso nichts als getrennt von der Leere, demgemäß gar nichts, was man als dritten Grundbestandteil des Weltalls entdecken könnte.«[2]

Im Mittelalter galt diese Lehre als der Inbegriff der Ketzerei, und Epikur wurde von Dante ein Platz in der Hölle zugewiesen. Mit dem Aufkommen der modernen Wissenschaft im 17. Jahrhundert wurde der Materialismus jedoch allmählich wieder gesellschaftsfähig.

Das mechanistische Universum

»Nach all diesen Betrachtungen ist es mir wahrscheinlich, dass Gott im Anfange der Dinge die Materie in massiven, festen, harten, undurchdringlichen und beweglichen Partikeln erschuf, von solcher Grösse und Gestalt, mit solchen Eigenschaften und in solchem Verhältniss zum Raume, wie sie zu dem Endzwecke führten, für den er sie gebildet hatte, dass ferner diese primitiven Theilchen, weil sie fest sind, unvergleichlich härter sind, als irgend welche aus ihnen zusammengesetzte poröse Körper, ja so hart, dass sie nimmer verderben oder zerbrechen können, denn keine Macht von gewöhnlicher Art würde im Stande sein, das zu zertheilen, was Gott selbst bei der ersten Schöpfung als Ganzes erschuf.«[3]

Diese Äußerung Newtons zeugt von einem Wirklichkeitsbegriff, der zwei Ebenen umfasst: Gott und die Natur. Da Gott der Schöpfer der Natur ist, verkörpert er die höchste Realität, seine Realität ist ohne Zweifel höher als die der von ihm geschaffenen Natur. Allerdings war der Begriff »Gott« dem Newton'schen Paradigma logisch nicht inhärent, wie Pierre Simon de Laplace und andere in den nachfolgenden Jahrhunderten bemerkten. Zur Begründung und Aufrechterhaltung des Paradigmas war Gott nicht notwendig. Obwohl Newton selbst tief religiös war und er dem Studium der Theologie weitaus mehr Zeit und Energie widmete als dem Studium der Physik, schuf das von ihm eingeführte System die Grundlagen für ein

Weltbild, das nicht nur materialistisch, sondern auch mechanistisch war: die Natur als vollkommenes Uhrwerk. Damit wurde eine Realität postuliert, die durch die Regelmäßigkeit des Uhrwerks geprägt ist und keines Uhrmachers mehr bedarf.

Nachdem man sich der unnötigen Hypothese von der Existenz Gottes entledigt hatte, stand der Vorstellung vom Universum als einer bloßen Ansammlung von Teilchen, die sich durch den Raum bewegen, nichts mehr im Weg. An die Stelle der Unveränderlichkeit und Vorrangstellung Gottes trat die Unveränderlichkeit und Vorrangstellung der Newton'schen Naturgesetze. In der Physik des 18. und 19. Jahrhunderts besaß das Paradigma des Uhrwerk-Universums unumschränkte Gültigkeit. Die einzelnen Physiker mochten an Gott glauben oder nicht, das herrschende Paradigma der Physik war jedenfalls atheistisch und mechanistisch.

In der zweiten Hälfte des 19. Jahrhunderts vollzog sich in der materialistischen Vorstellung von der Natur ein Wandel, nachdem deutlich geworden war, dass das nüchterne, nur aus Teilchen und der Leere bestehende Newton'sche Universum nicht ausreichte. Am materialistischen Grundcharakter der Vorstellung änderte sich dadurch jedoch nichts. Der Natur wurde nur ein weiterer Bestandteil, das so genannte »Feld«, hinzugefügt. Die Notwendigkeit für diese Ergänzung ergab sich aus folgendem Grund:

Das Newton'sche Bezugssystem enthielt den problematischen Begriff der »Fernwirkung«. Wie übt zum Beispiel die Erde eine Anziehungskraft auf den Mond aus, wenn sich doch Erde und Mond an verschiedenen Orten im Raum befinden? Die Antwort lautete, sie übt einfach eine Fernwirkung aus. Diejenigen, die von der Vorstellung einer »Fernwirkung« beunruhigt waren, schlugen eine andere Erklärung vor. Angenommen, die Erde erzeugt in dem sie umgebenden Raum allein aufgrund ihrer Masse ein »Gravitationsfeld«, welches die Gravitationskraft zwischen Erde und Mond vermittelt, der Mond wird dann von der Erde angezogen, nicht weil er die Fernwirkung der Erde spürt, sondern weil er dort, wo er sich befindet, unmittelbar die Wirkung des Erdgravitationsfeldes wahrnimmt.

Aus dem Blickwinkel der Physik des 18. Jahrhunderts ist der Begriff des Gravitationsfeldes nicht unbedingt erforderlich. Wenn man die unbehagliche Vorstellung der Fernwirkung akzeptiert, braucht man das Gravitationsfeld nicht. Betrachtet man jedoch das komplexe Gebiet der elektromagnetischen Erscheinungen, so erweist sich die Vorstellung von elektrischen und magnetischen »Feldern« als unentbehrlich. In der Tat ist der von James Clerk Maxwell aufgestellte Satz von Gleichungen, der die komplizierten Beziehungen zwischen elektrischen und magnetischen Feldern sowie ihre Beziehungen zu den sie erzeugenden elektrischen Ladungen und Strömen beschreibt, die überragende Errungenschaft der Physik des 19. Jahrhunderts. Die meisten technischen Erfindungen der vergangenen Jahrhunderte, vom Stromgenerator über Radio und Fernsehen bis hin zum Computer beruhen auf diesen Gleichungen.

Was ist ein elektrisches Feld? Im Grunde handelt es sich dabei um die potenzielle Möglichkeit, die Bewegung elektrisch geladener Teilchen zu beeinflussen. Wenn in einer bestimmten Region im Raum ein elektrisches Feld vorhanden ist und sich dort zufällig ein geladenes Teilchen aufhält, dann wird es eine Kraft spüren. Und wenn in dieser Region kein Teilchen vorhanden ist? Dann passiert eben nichts. Dies ist der Grund, warum das Feld selbst im Wesentlichen eine Möglichkeit ist.

Dieser kurze Überblick über die Einführung von »Feldern« in das mechanistische Weltbild ist begrifflich und nicht historisch geprägt. Er profitiert von der rückblickenden Perspektive, denn die historische Entwicklung war keineswegs so einfach, wie die obige Darstellung vermuten lässt. Im 17. und 18. Jahrhundert gab es zahlreiche Versuche, den Begriff der Fernwirkung zu vermeiden, indem man die Gravitation als eine Übertragung von Kräften durch Druck und Stoß von Teilchen einer hypothetischen allgegenwärtigen Form von Materie erklärte, des so genannten Äthers. Im 19. Jahrhundert wurde der Äther erneut herangezogen, um die Einführung der als »Felder« bezeichneten neuen Größen zu vermeiden. So versuchte man, die Wirkung elektrischer und magnetischer Felder mit Hilfe materieller Teilchen zu erklären. Zahlreiche Modelle wurden konstruiert, um diese Effekte als die Wirkung von elastischen Spannungen im Äther zu veranschaulichen. Diese Modelle stießen jedoch auf Schwierigkeiten; die Eigenschaften, die dem Äther zugeschrieben werden mussten, damit er die beobachteten Phänomene erklären konnte, waren nicht sehr glaubwürdig. Alle diese Modelle wurden mit dem Aufkommen der speziellen Relativitätstheorie aufgegeben, denn es stellte sich heraus, dass die spezielle Relativität mit der Annahme eines allgegenwärtigen Äthers unvereinbar war.

Gegen Ende des 19. Jahrhunderts erreichte das mechanistische Paradigma der klassischen Physik seinen Höhepunkt: Die realen Größen im Universum waren Teilchen und Felder, die sich gemäß den Gesetzen der klassischen Newton'schen Mechanik und den Maxwell'schen Gesetzen des Elektromagnetismus verhielten. Um den freien Fall, die Gezeiten oder den Erdmagnetismus zu erklären, musste man zeigen, wie diese Phänomene aus dem Zusammenwirken von Teilchen und Feldern entstanden, die den Newton'schen und den Maxwell'schen Gesetzen unterworfen waren. In diesem Bezugssystem waren im Prinzip alle Phänomene erklärbar; so ließ sich die Chemie auf die Physik, die Biologie auf die Chemie und die Psychologie auf die Biologie reduzieren. Und das

Bewusstsein, das im Gesamtplan des weitgehend unbelebten Universums keine bedeutende Rolle spielte, stellte eben nur einen Untersuchungsgegenstand innerhalb der Psychologie dar.

Was ist Zeit?

Als Einstein sein Physikstudium begann, glaubten die meisten Physiker, dass das mechanistische Paradigma des späten 19. Jahrhunderts eine ewige Wahrheit verkörpere. Doch Einstein stand neuen Ideen aufgeschlossen gegenüber. Angeregt von der kritischen Haltung Machs hinterfragte er die Newton'schen Vorstellungen von Raum und Zeit und ersetzte sie durch neue »relativistische« Begriffe.

Eine vollständige Beschreibung der Einstein'schen Gedanken und Errungenschaften übersteigt den Rahmen dieses Buches. Wir wollen uns aber eingehend mit seiner ersten umwälzenden Erkenntnis beschäftigen, seiner Entdeckung, dass Gleichzeitigkeit ein relativer Begriff ist. Diese Entdeckung revolutionierte nicht nur das Verständnis von Raum und Zeit und warf neues Licht auf die Frage »Was ist wirklich?«, sondern sie hat auch Einfluss auf die Streitfrage, ob Gott würfelt.

Die Frage »Was ist wirklich?« hängt eng mit der Frage »Was ist Zeit?« zusammen. Dies gilt in besonderem Maße für das gegenwärtig gültige Paradigma der westlichen Zivilisation. Für Platon waren die zeitlosen Formen oder Ideen wie zum Beispiel Schönheit, Liebe oder die Zahl Drei »wirklich«. Für uns sind es dagegen vergängliche Dinge und Ereignisse wie zum Beispiel Tische und Stühle, Blitze oder unser Körper. Unsere Vorstellung von Wirklichkeit ist daher eng mit unserer Vorstellung von Zeit verflochten.

Was also ist Zeit? Augustinus leitet seine Untersuchung des Wesens der Zeit mit der scharfsinnigen Bemerkung ein: »Wenn niemand mich danach fragt, weiß ich es; wenn ich es jemandem auf seine Frage hin erklären soll, weiß ich es nicht.« Dann stellt er die folgenden Überlegungen an: Die Vergangenheit existiert nicht, da sie schon vorüber ist; die Zukunft existiert nicht, weil sie noch nicht stattgefunden hat. Nur die Gegenwart ist wirklich. Die Gegenwart hat jedoch keine Ausdehnung, da sie nur die Trennlinie zwischen Vergangenheit und Zukunft darstellt. Trotzdem haben wir ein Bewusstsein von längeren und kürzeren Zeiträumen. Wie ist eine solche Wahrnehmung möglich? Wenn doch das, was wirklich ist, nämlich die Gegenwart, keine Ausdehnung besitzt, wie können wir dann von »langer Zeit« sprechen? Augustinus' Antwort auf diese Frage gibt Einblick in das Wesen der Zeit. Im Hinblick auf unsere Erfahrung langer Zeiträume schreibt er: »Also ist nicht die zukünftige Zeit lang, da sie noch nicht ist, sondern eine lange Zukunft ist eine lange Erwartung des Künftigen. Und nicht die vergangene Zeit ist lang, da sie nicht mehr ist, sondern eine lange Vergangenheit ist eine lange Erinnerung an das Vergangene.« Und so kommt Augustinus zu dem Schluss: »In dir also, mein Geist, messe ich die Zeiträume.«[4]

Augustinus' scharfsinnige Ausführungen sind ein Vorläufer der tiefgründigen, wenn auch schwer verständlichen Untersuchung Kants, einer Untersuchung, die zu dem Schluss führte, dass die Zeit eine Kategorie des menschlichen Geistes ist. Unsere Vorstellung von der Beziehung zwischen Zeit und Wirklichkeit wird noch immer von der Erkenntnis des Augustinus beeinflusst: Weder Vergangenheit noch Zukunft existieren wirklich, nur der Gegenwart kommt Realität zu. Es gibt jedoch einen kritischen Unterschied zwischen Augustinus' Auffassung und der unserigen. Augustinus geht von der Prämisse aus, dass Gott das einzig Wirkliche sei.

Diese Grundvoraussetzung wird durch die Entdeckung, dass die Zeit unwirklich ist, nicht erschüttert. Gott ist dagegen kein Bestandteil des wissenschaftlichen Weltbildes. Wenn Vergangenheit und Zukunft nicht existieren, bleibt uns nur der Schluss, dass »*die reale Welt*« *die Welt des gegenwärtigen Augenblicks ist*. Daraus folgt, dass *die reale Welt keine Dauer hat*.

Wenn dies tatsächlich zutrifft, dann folgt daraus weiter, dass *wir uns der realen Welt niemals bewusst sind*. Wir können uns der realen Welt gar nicht bewusst sein, weil die Träger der Sinneseindrücke (Licht, Geräusche) stets eine gewisse Zeit benötigen, um unseren Körper zu erreichen – und sei diese Zeit noch so kurz. Selbst bei unmittelbaren Wahrnehmungen wie Berührungen oder Geschmacksempfindungen benötigt unser Nervensystem Zeit, um die Sinneseindrücke zu verarbeiten und Erfahrungen zu erzeugen. In unserem Bewusstsein der physikalischen Welt hinken wir der Realität also stets hinterher. Unsere Erfahrung der Welt ist stets eine Erfahrung der vergangenen Welt. Dennoch sind wir offenkundig überzeugt davon (und diese Überzeugung ist Teil unseres Weltbildes), dass es trotz der Kluft zwischen Dasein und Bewusstsein eine wirkliche Welt gibt, die Welt des gegenwärtigen Augenblicks. Sie besteht aus der Sammlung all jener Ereignisse, die genau jetzt stattfinden. *Die reale Welt ist folglich eine Sammlung gleichzeitiger Ereignisse.*

Die spezielle Relativitätstheorie: Die grundlegenden Postulate

Die Schlussfolgerung des vorigen Abschnitts erlaubt es uns, die Bedeutung des durch Einsteins spezielle Relativitätstheorie ausgelösten Paradigmenwechsels besser zu verstehen. Einsteins im Jahre 1905 eingeführte Theorie basiert auf zwei

Voraussetzungen: Die erste, das so genannte *Relativitätsprinzip*, geht auf Galilei und Descartes zurück.

Stellen Sie sich vor, Sie sitzen in einem Zug, dessen Fenster versiegelt sind, so dass man nicht nach draußen schauen kann. Stellen Sie sich weiter vor, der Zug bewegt sich so ruhig und gleichmäßig, dass Sie keine Vibrationen spüren. Als Sie im Abteil Platz nahmen, fuhr der Zug, deshalb nehmen Sie an, dass er dies noch immer tut. Nach einer Weile wollen Sie jedoch wissen, ob er wirklich noch in Bewegung ist, und Sie fragen sich, ob es eine Möglichkeit gibt, dies festzustellen, ohne das Abteil zu verlassen oder nach draußen zu sehen.

Das kommt darauf an. Wenn der Zug beschleunigt, spüren Sie, wie Sie in den Sitz gedrückt werden, so dass Sie daraus schließen können, dass sich der Zug bewegt. Wenn er um eine Kurve fährt, werden Sie seitlich an den Rand gepresst und verlieren vielleicht sogar das Gleichgewicht – kein Zweifel, der Zug fährt. Wenn der Zug dagegen mit gleich bleibender Geschwindigkeit geradeaus fährt, gibt es keinerlei Möglichkeit, dies festzustellen. *Wenn es jedoch noch nicht einmal prinzipiell möglich ist, festzustellen, ob er sich bewegt, dann ergibt die Frage »Bewege ich mich oder verharre ich im Ruhezustand?« keinen Sinn.* Wenn wir über Züge nachdenken, die auf der Erde verkehren, dann legt die überwältigende Größe der Erde den Eindruck nahe, dass die Erde »wirklich« im Ruhezustand verharrt. Dies ist jedoch eine Art optischer Täuschung. Was die Naturgesetze betrifft, so gelten auf dem Bahnsteig und in dem sich mit konstanter Geschwindigkeit bewegenden Zug dieselben Gesetze. Und die Bewegung ist wirklich relativ. Während ich auf dem Bahnsteig stehe und sehe, wie Sie sich mit konstanter Geschwindigkeit bewegen, befinde ich mich nach eigenem Dafürhalten in Ruhe. Mit dem gleichen Recht können Sie jedoch in Ihrem Zugabteil behaupten, dass ich mich mit konstanter Geschwindigkeit in entgegengesetzte Richtung bewege, während Sie selbst in

Ruhe verharren. Wer befindet sich nun wirklich »im Ruhezustand«? Die Antwort ist, dass es so etwas wie »wirklich« in Ruhe oder »wirklich« in Bewegung sein, nicht gibt. Relativ zu mir gesehen, bewegen Sie sich. Relativ zu Ihnen bewege ich mich. Mehr ist dazu für träge Beobachter, das heißt für Beobachter, deren Geschwindigkeit gleich bleibend ist, nicht zu sagen.

Während dieser erste Grundsatz der Relativitätstheorie, das Relativitätsprinzip, einleuchtet, gilt dies für den zweiten nicht. Das zweite Postulat, die Konstanz der Lichtgeschwindigkeit, besagt, dass die Lichtgeschwindigkeit stets dieselbe ist, gleichgültig, wie schnell die Quelle, die das Licht aussendet, und der Beobachter, der die Geschwindigkeit misst, sich bewegen.

Die Lichtgeschwindigkeit beträgt stets ungefähr 300 000 Kilometer pro Sekunde. Das Bemerkenswerte daran ist aber nicht, dass sich Licht so schnell ausbreitet, sondern dass dieser Wert konstant bleibt, auch wenn man ihn unter verschiedenen Bedingungen misst. Der gesunde Menschenverstand sagt uns, dass dies nicht wahr sein kann. Angenommen, ich sitze auf einem Zug, der eine Geschwindigkeit von 100 Stundenkilometer hat, und werfe einen Ball mit einer Geschwindigkeit von 30 Stundenkilometer in Richtung der Lokomotive. Nehmen wir weiter an, dass der Zug, ohne anzuhalten oder langsamer zu werden, durch einen Bahnhof fährt. Wenn der auf dem Bahnsteig wartende Bahnhofsvorsteher die Geschwindigkeit des Balles relativ zu sich messen wollte, wäre das Ergebnis seiner Messung die Summe von der Zuggeschwindigkeit und der Ballgeschwindigkeit relativ zum Zug, das heißt 130 Stundenkilometer. Das Prinzip der konstanten Lichtgeschwindigkeit besagt dagegen, dass es beim »Werfen« eines Lichtsignals statt eines Balls zu einem falschen Ergebnis führt, wenn man Lichtgeschwindigkeit und Zuggeschwindigkeit addiert; vielmehr würde der Bahnhofsvorsteher dieselbe Lichtgeschwindigkeit messen wie ein Passagier im Zug – so als ob sich der Zug also gar nicht bewegen würde!

Lichtsignale zu »werfen« könnte in einem Experiment durch etwas so einfaches realisiert werden, wie eine Taschenlampe an- und auszuschalten. Das Michelson-Morley-Experiment von 1866, welches zur Verblüffung der Physiker die Konstanz der Lichtgeschwindigkeit nachwies, war zwar weitaus raffinierter, aber die ihm zugrunde liegende Idee und seine Ergebnisse werden durch unser einfaches Beispiel korrekt wiedergegeben.

Die Relativität der Gleichzeitigkeit

Einstein akzeptierte die Konstanz der Lichtgeschwindigkeit nicht aufgrund des Michelson-Morley-Experiments, sondern aufgrund einer sorgfältigen Analyse der Maxwell'schen Theorie des Elektromagnetismus. In den Maxwell'schen Gleichungen erscheint die Lichtgeschwindigkeit nämlich als eine Konstante. Wenn man nun in Übereinstimmung mit dem Relativitätsprinzip annimmt, dass die Maxwell'schen Gleichungen in allen Bezugssystemen, die sich mit konstanter Geschwindigkeit bewegen, gleichermaßen gelten, dann muss die Lichtgeschwindigkeit wirklich konstant sein, das heißt, sie muss in allen solchen Systemen denselben Wert besitzen. Diese Überlegung führte dazu, dass Einstein die Annahme trotz ihrer scheinbaren Absurdität akzeptierte. Es war ein genialer Sprung ins Ungewisse. Er gestattete ihm, beide Postulate – das Relativitätsprinzip und die Konstanz der Lichtgeschwindigkeit – als wahr anzunehmen und zu zeigen, dass beide Postulate Teil eines konsistenten Weltbildes sein können, wenn wir bereit sind,

unsere Vorstellungen von Raum und Zeit radikal zu über-
denken.

Die erste Vorstellung, die von Einstein einer eingehenden
Prüfung unterzogen wurde, war die der Gleichzeitigkeit. Wie
stellen wir fest, ob zwei Ereignisse gleichzeitig geschehen
oder nicht? Bei Ereignissen in unserer Nähe ist die Frage
leicht zu beantworten: Sie finden gleichzeitig statt, wenn wir
sie beide gleichzeitig beobachten. Wie lässt sich die Frage jedoch für zwei Ereignisse beantworten, die weit voneinander
entfernt geschehen? Wenn zum Beispiel das eine Ereignis
hier auf der Erde und das andere auf dem Mond eintritt? In
diesem Fall gilt, dass sie sicherlich nicht gleichzeitig stattgefunden haben, wenn ich sie gleichzeitig beobachte: Das Ereignis auf dem Mond trat rund 1,25 Sekunden vor dem Ereignis auf der Erde ein, da dies die Zeit ist, die das Licht vom
Mond bis zur Erde benötigt. Die Definition von Gleichzeitigkeit muss diese Zeitspanne zwischen dem Eintreten eines Ereignisses und dem Eintreffen eines Lichtstrahls vom Ereignis
beim Beobachter berücksichtigen. Wir können also in Übereinstimmung mit Einstein sagen, dass zwei Ereignisse gleichzeitig stattfinden, wenn ein Beobachter, der sich *genau in der
Mitte zwischen den beiden Ereignisorten befindet,* sie im selben Augenblick beobachtet.

Mit Hilfe solcher »in der Mitte befindlicher Beobachter«
können wir zwei Uhren, die sich entfernt voneinander befinden, synchronisieren. Die Uhren müssen so gestellt werden,
dass ein Beobachter, der sich genau in der Mitte zwischen ihnen befindet, dieselbe Uhrzeit auf ihnen abliest. Wenn diese
Uhren identisch konstruiert sind und keine von ihnen kaputt
geht, können wir annehmen, dass sie, nachdem sie einmal gestellt sind, weiterhin synchron laufen. Diese Annahme gilt jedoch nur, wenn keine der beiden Uhren einer Gravitationskraft unterliegt, oder um es in der Sprache der *allgemeinen*
Relativitätstheorie auszudrücken, wenn beide Uhren sich in

Gebieten der Raumzeit befinden, die nicht gekrümmt, also flach sind. Wir werden unsere Betrachtung auf diesen Fall beschränken.

Wir sind nun so weit, dass wir die »Relativität der Gleichzeitigkeit« ableiten können. Dazu greifen wir auf eines der beliebtesten geistigen Hilfsmittel zurück, derer sich Einstein bediente, das Gedankenexperiment. Ein Gedankenexperiment ist ein Experiment, das im Prinzip durchgeführt werden kann (das heißt, dessen Durchführung nicht im Widerspruch zu den Naturgesetzen steht), das sich jedoch in der Praxis aufgrund der Beschränkungen unserer Technik nicht realisieren lässt. Aber selbst wenn wir das Experiment nicht durchführen können, hindert uns nichts daran, darüber *nachzudenken*, und ein solches Nachdenken kann zu weitreichenden Schlussfolgerungen führen, wie wir sehen werden. Das Gedankenexperiment, das wir durchführen wollen und das dem von Einstein nachempfunden ist, möchte ich in der Form einer Geschichte beschreiben.

Es waren einmal zwei Astronauten namens Peter und Julie. Weit entfernt von Sternen und Planeten flogen sie mit ihren Raumschiffen durch die Tiefen des Weltalls. Jede Rakete war mit jeweils zwei Uhren ausgestattet, die an entgegengesetzten Enden des Raumschiffs angebracht und miteinander synchronisiert waren. In der Mitte ihres jeweiligen Raumschiffs standen Peter und Julie, die die Position des »in der Mitte befindlichen Beobachters« einnahmen.

Die Raumschiffe bewegten sich aus entgegengesetzten Richtungen genau aufeinander zu und wären aufgrund einer Unachtsamkeit Peters beinahe frontal zusammengestoßen. Glücklicherweise entgingen sie der Katastrophe um Haaresbreite. Die Begegnung verlief jedoch noch aus einem anderen Grund denkwürdig. Julie schilderte mir das Ereignis wie folgt (siehe Abb. S. 52):

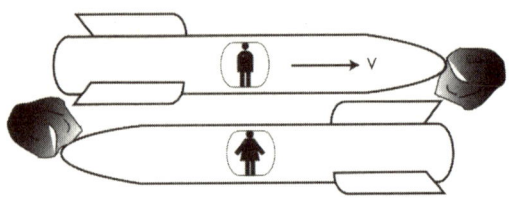

Die Situation um 12 Uhr aus Julies Sicht. Während Peter und Julie aneinander vorbeifliegen, werden die Enden ihrer Raketen gleichzeitig von Gesteinsbrocken getroffen. Peter und Julie stehen jeweils in der Mitte ihres Raumschiffs.

»Ich stand in der Mitte meines mit konstanter Geschwindigkeit dahinfliegenden Raumschiffs, als plötzlich Peters Raumschiff auftauchte und mit großer Geschwindigkeit auf mich zuraste. Ich war sehr erleichtert, als ich feststellte, dass er mein Raumschiff nicht rammen würde. Doch genau in dem Augenblick, als sich unsere beiden Raumschiffe auf gleicher Höhe befanden, geschah etwas Merkwürdiges: Die Enden unserer beiden Raketen wurden gleichzeitig von zwei kleinen Gesteinsbrocken getroffen. Zum Glück waren die Brocken nicht groß genug, um unsere Hülle zu durchschlagen, doch erschütterten sie unsere Raumschiffe so heftig, dass meine beiden Uhren stehen blieben. Später erzählte mir Peter, dass auch seine Uhren stehen geblieben waren. Das Seltsamste aber war, dass die Einschläge an Bug und Heck des Raumschiffes genau gleichzeitig stattfanden!«

Auf meine Frage, woher sie wisse, dass die beiden Einschläge genau gleichzeitig stattfanden, antwortete Julie:

»Meine beiden Uhren blieben, wie gesagt, genau zum Zeitpunkt des Aufpralls stehen und das war in beiden Fällen um Punkt 12 Uhr. Da sie immer noch kaputt sind, stehen beide noch immer genau auf 12 Uhr.«

»Das ist seltsam«, erwiderte ich. »Vorhin unterhielt ich mich mit Peter und er sagte mir, dass die beiden Kollisionen nicht gleichzeitig stattfanden. Die eine ereignete sich kurz vor 12 Uhr, die andere kurz danach.« (siehe Abb. unten)

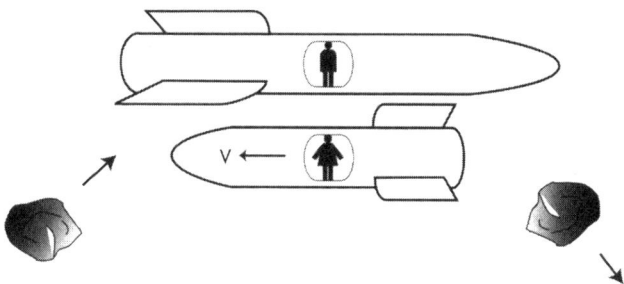

Die Situation um 12 Uhr aus Peters Sicht. Während Peter und Julie aneinander vorbeifliegen, wurde das vordere Ende von Peters Rakete und das hintere Ende von Julies Rakete bereits von einem Gesteinsbrocken getroffen, während der Einschlag am hinteren Ende von Peters Rakete und am vorderen Ende von Julies Rakete noch bevorsteht. Peter und Julie stehen jeweils in der Mitte ihres Raumschiffs.

Julie dachte lange über diese Information nach. Schließlich sagte sie: »Was ist mit den beiden kaputten Uhren vorne und hinten im Raumschiff? Sie blieben stehen, als die Gesteinsbrocken einschlugen. Welche Zeit zeigen sie an?«

Als ich ihr antwortete, traute sie ihren Ohren kaum: »Die Uhr im vorderen Teil des Raumschiffs blieb einen Sekundenbruchteil vor 12 Uhr stehen; die im hinteren Teil einen Sekundenbruchteil nach 12 Uhr. Seinen Uhren zufolge hatte also der Einschlag im vorderen Teil seines Raumschiffs um 12 Uhr bereits stattgefunden, während sich der im hinteren Teil noch nicht ereignet hatte.«

Nicht nur Julie tat sich mit dieser Vorstellung schwer. Es ist in der Tat schwer einzusehen, dass Gleichzeitigkeit ein relativer Begriff ist. Zur Erinnerung: Die Welt, die wir für real halten, ist »die Welt zum jetzigen Zeitpunkt«. Der speziellen Relativitätstheorie zufolge besteht »die Welt zum jetzigen

Zeitpunkt« jedoch für verschiedene Beobachter aus unterschiedlichen Sammlungen von Ereignissen. Julies »reale Welt um 12 Uhr« schließt die zwei Gesteinsbrocken im Augenblick ihres Einschlags im Raumschiff mit ein, während Peters »reale Welt um 12 Uhr« keines dieser Ereignisse enthält. In seiner »Welt um 12 Uhr« hat das eine Ereignis bereits stattgefunden, während das andere noch in der Zukunft liegt. Wie sieht nun *die wirklich reale Welt um 12 Uhr* aus? Einsteins Botschaft lautet, dass die Vorstellung einer wirklich realen Welt um 12 Uhr bedeutungslos ist. Wie im Anhang S. 469 ff. gezeigt ist, ergibt sich die Relativität der Gleichzeitigkeit als eine unvermeidliche Schlussfolgerung aus den zwei Grundannahmen der speziellen Relativitätstheorie.

In unserem Gedankenexperiment unterschieden sich die Uhren von Peter und Julie in ihrer Anzeige der Ereignisse A und B nur um Sekundenbruchteile. Dies liegt daran, dass die Ereignisse räumlich nah beieinander stattfanden. Die Zeitangaben können jedoch sehr stark voneinander abweichen, wenn die Ereignisse räumlich weit auseinander liegen. Nehmen wir zum Beispiel an, dass die Begegnung zwischen Peter und Julie viele Lichtjahre von der Erde und dem Sonnensystem entfernt stattfand. Wenn sie sich viele Jahre nach diesem Ereignis wiedertreffen und sich daran erinnern, werden sie den Zeitpunkt ihrer Begegnung vielleicht zu anderen Ereignissen auf der Erde in Beziehung setzen. So könnte Peter vielleicht zu Julie sagen: »Erinnerst du dich noch an unseren Beinah-Zusammenstoß am 30. Dezember 1989, demselben Tag, als mein Onkel starb?« Darauf könnte Julie erwidern: »Nein, nein, das war doch am 4. März 1990, als mein Neffe geboren wurde!«

Zum Abschluss dieses Abschnitts möchte ich noch auf Folgendes hinweisen: Wenn Sie die Abbildungen S. 52 und S. 53 vergleichen, fällt Ihnen vielleicht auf, dass sich die Längen der beiden Raumschiffe unterscheiden. In Abbildung

S. 52 sind sie gleich lang, während in Abbildung S. 53 Peters Raumschiff länger ist als das von Julie. Dies ist kein Versehen. Aus den zwei grundlegenden Postulaten der speziellen Relativitätstheorie folgt, dass die Länge relativ ist! Wenn Sie die Länge des Raumschiffs (oder eines beliebigen anderen Objekts) messen, während es sich relativ zu Ihnen bewegt, erhalten Sie ein kleineres Messergebnis, als wenn Sie dasselbe Objekt messen, während es sich relativ zu Ihnen in Ruhe befindet. Dies wird als »Längenkontraktion« bezeichnet. Wie das Phänomen der Längenkontraktion zustande kommt und in welcher Beziehung es zur Relativität der Gleichzeitigkeit steht, wird in Anhang S. 472 ff. erklärt.

Eine natürliche Höchstgeschwindigkeit

Die Relativität der Gleichzeitigkeit ist zwar ein faszinierendes Phänomen, doch was hat sie mit Einsteins Festhalten am Prinzip der strengen Kausalität zu tun?

Bevor wir diese Frage beantworten, wollen wir auf eine weitere Folgerung aus den zwei grundlegenden Postulaten der speziellen Relativitätstheorie eingehen: die Folgerung, dass die Lichtgeschwindigkeit die höchste Geschwindigkeit ist, die in der Natur vorkommt. Nichts kann sich schneller als Licht ausbreiten. Während jedoch das Licht und andere Strahlungsformen gar keine andere Wahl haben, als sich genau mit Lichtgeschwindigkeit fortzupflanzen – dies besagt das zweite Postulat der speziellen Relativitätstheorie –, können sich aus Materie bestehende Teilchen und Objekte, wie zum Beispiel Elektronen, Atome, Raumschiffe oder der menschliche Körper, der Lichtgeschwindigkeit nur annähern, sie aber nie erreichen. Weil alles in der Natur entweder aus Materie oder aus Strahlung besteht, kann also nichts schneller als Licht sein. Daraus folgt ferner, dass sich Informationen, da sie von einem Ort zu einem anderen durch irgendein Medium übertragen werden müssen, nicht schneller als mit Lichtgeschwindigkeit ausbreiten können.

Die Lichtgeschwindigkeit ist somit die höchste Geschwindigkeit, mit der eine Ursache eine Wirkung herbeiführen kann. Wenn ein Ereignis A die Ursache eines anderen Ereignisses B ist, dann muß zwischen beiden so viel Zeit liegen, dass ein Signal mit Lichtgeschwindigkeit von A nach B gelangen kann. Dies entspricht einer Art Separierbarkeit: Räumlich getrennte Ereignisse können nur dann kausal miteinander verbunden sein, wenn zwischen ihnen auch eine ausreichend große zeitliche Trennung besteht. Diese Eigenschaft der Natur wird als »Einstein'sche Separierbarkeit« oder »Lokalität« bezeichnet.

Die ewige Gegenwart

Die Relativität der Gleichzeitigkeit ist, um mit Alfred North Whitehead zu sprechen, »ein schwerer Schlag für den klassischen wissenschaftlichen Materialismus, der einen abgegrenzten gegenwärtigen Augenblick voraussetzt, in dem alle Materie gleichzeitig real ist«[5]. Was Whitehead »den klassischen Materialismus« nennt, ist das Weltbild, nach dem wir leben. Die Negation unserer intuitiven Vorstellung von »real« durch die spezielle Relativitätstheorie zeigt, dass das »Reale«, was auch immer dies sein mag, nicht das ist, was wir dafür halten. Wenn die »Welt zum jetzigen Zeitpunkt« nicht »die reale Welt« sein kann, was dann? Dies war Einsteins Dilemma.

Augustinus' Untersuchung des Zeitbegriffs wurde durch die unbequeme Frage ausgelöst: »Was machte Gott, bevor er

Himmel und Erde schuf?«»Ich gebe nicht das zur Antwort«, so schrieb er, »was jemand gesagt haben soll, der mit einem Witzwort der schwierigen Frage ausweichen wollte und sagte: ›Er baute eine Hölle für die Leute, die zu hohe Dinge erforschen wollen.‹«[6] Indem er über den Unterschied zwischen Zeit und Ewigkeit nachsann, gelangte Augustinus vielmehr zu dem Schluss, dass es vor der Schöpfung keine Zeit gab. An Gott gewandt, formuliert er seine Erkenntnis wie folgt:

> »Es gab also keine Zeit, in der du nichts gemacht hättest, denn du hast die Zeit selbst gemacht. Und keine Zeitabschnitte sind gleichewig mit dir, denn du bleibst. Würden hingegen sie bleiben, wären sie keine Zeitabschnitte.«[7]

Die menschliche Perspektive, die sich dadurch auszeichnet, dass Ereignisse nach vergangen, gegenwärtig und zukünftig unterschieden werden, ist aus der Perspektive der Ewigkeit, der göttlichen Perspektive, bedeutungslos:

> »Aber du gehst allem Vergangenen voran durch die Erhabenheit deiner immer gegenwärtigen Ewigkeit; du überragst alles Zukünftige … Deine Jahre gehen nicht und kommen nicht, während diese unsere Jahre gehen und kommen, damit so alle kommen. Deine Jahre stehen alle und sind zugleich.«[8]

Die scheinbare Unwirklichkeit von Vergangenheit und Zukunft stellt für Augustinus kein wirkliches Problem dar. Die Unterscheidung in Vergangenheit, Gegenwart und Zukunft ist eine Schöpfung des menschlichen Geistes. Aus der göttlichen Perspektive gibt es eine solche Unterscheidung nicht. Insofern sind alle Ereignisse – vergangene, gegenwärtige und zukünftige – gleichwertig, was ihre Realität betrifft. Gleichgültig, ob sie »wirklich real« sind oder nicht, zeichnen sich die Ereignisse der Gegenwart jedenfalls nicht durch eine höhere oder geringere Realität gegenüber den Ereignissen der Vergangenheit und der Zukunft aus.

Eine ähnliche Schlussfolgerung hinsichtlich der Realität von vergangenen, gegenwärtigen und zukünftigen Ereignissen ergibt sich aus der Relativität der Gleichzeitigkeit. Wenn Ereignisse, die für einen Beobachter in der Gegenwart stattfinden, für einen anderen Beobachter in der Vergangenheit oder der Zukunft liegen, dann lässt sich die Frage, ob sie »real« sind, nicht dadurch klären, dass man prüft, ob es sich um gegenwärtige Ereignisse handelt oder nicht. Die Berufung auf die göttliche Perspektive ist zwar kein Teil des heutigen wissenschaftlichen Paradigmas, aber der von Augustinus vertretene Standpunkt hinsichtlich der Realität oder Irrealität physikalischer Ereignisse folgt zwangsläufig aus der Relativität der Gleichzeitigkeit. Einstein löste dieses Dilemma, indem er den Schluss zog, dass alle Ereignisse der Vergangenheit, Zukunft oder Gegenwart gleichermaßen real sind. Die Zeit ist eine Illusion.

Einen Monat bevor er starb, erhielt Einstein die Nachricht vom Tod seines langjährigen Freundes Michele Besso. Sein Beileidsschreiben an die Hinterbliebenen enthält die folgende bemerkenswerte Aussage:

>»Nun ist er mir auch mit dem Abschied von dieser sonderbaren Welt ein wenig vorausgegangen. Dies bedeutet nichts. Für uns gläubige Physiker hat die Scheidung zwischen Vergangenheit, Gegenwart und Zukunft nur die Bedeutung einer wenn auch hartnäckigen Illusion.«[9]

Argumente für die strenge Kausalität

Wie Sie sich vom Beginn dieses Kapitels erinnern mögen, unternahmen wir diesen langen Exkurs über die spezielle Relativitätstheorie aus dem Wunsch heraus, Einsteins Festhalten am Prinzip der strengen Kausalität zu verstehen.[10] Jetzt sind wir besser in der Lage, seine Beweggründe zu begreifen.

Aus der speziellen Relativitätstheorie folgerte Einstein, dass allen Ereignissen der Raumzeit Realität zukommt. Alle Ereignisse, ob sie aus der Perspektive einzelner Beobachter vergangen, gegenwärtig oder zukünftig sein mögen, sind einander insofern gleichgestellt, als sie alle real sind. Die scheinbare Unwirklichkeit der Vergangenheit und der Zukunft ergibt sich lediglich aus der Art, wie unser Geist Sinneseindrücke verarbeitet.

Wenn wir uns überhaupt einer Sache sicher sind, dann dieser: *Die Vergangenheit ist vollständig determiniert.* Was geschehen ist, ist geschehen – und unterliegt keiner Zufälligkeit mehr. Wenn jedoch alle Ereignisse als gleichermaßen wirklich zu betrachten sind, dann muss sich diese ontologische Gewissheit auch auf die Gegenwart und die Zukunft erstrecken. Wenn Zeit lediglich eine Illusion ist, ein Ausdruck der menschlichen Perspektive, der Perspektive eines begrenzten Geistes im Angesicht der überwältigenden »ewigen Gegenwart«, *dann hat die Gegenwart und die Zukunft genau wie die Vergangenheit in gewissem Sinne bereits stattgefunden.*

Der Glaube an einen strengen Determinismus ist somit Teil eines konsistenten Weltbildes, das einerseits auf der Annahme einer unabhängig existierenden Realität und andererseits auf den Erkenntnissen der speziellen Relativitätstheorie beruht. Den Prinzipien der Quantenmechanik zufolge ist das physikalische Universum jedoch nicht deterministisch. Dies ist einer der Gründe für Einsteins Weigerung, die Quantenmechanik als eine grundlegende Theorie der Natur anzuerkennen.

Es gibt aber noch einen anderen Grund. Im Rahmen seiner dem Realismus verpflichteten Weltanschauung ging Einstein davon aus, dass zur Beschreibung eines physikalischen Systems nur ein einziges Modell erforderlich ist – eine Annahme, die dem gesunden Menschenverstand entspringt. Diese Vorstellung galt für alle Systeme, ob groß oder klein, ja sogar für Quantensysteme. In seinem Bemühen die Quantentheorie zu begreifen, erkannte Niels Bohr jedoch, dass dies nicht stimmt. Zwei Jahre nach Heisenbergs Vortrag an der Berliner Universität führte er sein berühmtes Begriffssystem der »Komplementarität« ein, demzufolge eine vollständige Beschreibung eines Quantensystems gemeinhin zwei – scheinbar widersprüchliche – Begriffsmodelle erfordert. Im Folgenden wollen wir uns mit dem Bohr'schen Weltbild und dem ihm zugrunde liegenden Begriffssystem der Komplementarität auseinander setzen und erläutern, inwiefern sie das Einstein'sche Paradigma in Frage stellen.

Epigraph: T. S. Eliot, Vier Quartette, S. 11.

1 A. Pais, »Raffiniert ist der Herrgott«, S. 2.

2 Lukrez, Vom Wesen des Weltalls, S. 22–23.

3 I. Newton, Optik oder Abhandlung über Spiegelungen, Brechungen, Beugungen und Farben des Lichts, S. 266.

4 Augustinus, Bekenntnisse, XI. 14, XI. 28, XI. 27, S. 314 ff.

5 A. N. Whitehead, Wissenschaft und moderne Welt, S. 143.

6 Augustinus, Bekenntnisse, XI. 12, S. 312.

7 Ebd., XI. 12, S. 314.

8 Ebd., XI. 13, S. 313.

9 A. Calaprice, Einstein sagt, S. 85.

10 Es wurde gelegentlich behauptet, dass Einsteins Widerstand gegen den Indeterminismus gegen Ende seines Lebens nachließ. Ein Brief, den W. Pauli im Jahre 1954 an M. Born schrieb, enthält die folgende Passage (zitiert in: M. Jammer, Einstein and Religion, S. 53; auf Deutsch in Albert Einstein - Max Born, Briefwechsel 1916-1955, S. 286): »Insbesondere hält Einstein (wie er

mir ausdrücklich wiederholte) den Begriff ›Determinismus‹ nicht für so fundamental wie es oft geschieht ... Ebenso bestreitet er, dass er ›als Kriterium für eine zulässige Theorie‹ die Frage benutzt: ›ist sie streng deterministisch?‹« Meines Wissens deutet jedoch nichts in Einsteins Schriften und Vorträgen auf eine mögliche Anerkennung des Indeterminismus hin. Auch A. Fine gelangte nach sorgfältiger Analyse der Bemerkung Paulis zu dem Schluss, dass dieser Einsteins Haltung falsch interpretiert haben müsse.

3. Der Ruf der Komplementarität

Der »Welle-Teilchen-Dualismus«, der Umstand, dass sich sowohl Licht als auch Elektronen manchmal wie Wellen und
manchmal wie Teilchen verhalten, bereitete sowohl Bohr als
auch Einstein Kopfzerbrechen. Im Gegensatz zu Einstein
näherte sich Bohr dem Problem jedoch unbelastet von aprio-
rischen metaphysischen Annahmen. Er löste den Widerspruch, indem er das Begriffssystem der »Komplementarität«
einführte, für das Heisenbergs »Unschärferelation« exemplarisch ist.

>   »Das Entgegengesetzte wirkt zusammen, aus dem Ver-
>   schiedenen ergibt sich die schönste Harmonie.« *Heraklit*

Bohr führt das Prinzip der Komplementarität ein

Bohrs erste öffentliche Präsentation des Komplementaritätsprinzips fand am 16. September 1927 im Rahmen einer internationalen Physikertagung in Como statt, an der Einstein
nicht teilnahm. Die Entdeckung dieses Begriffssystems bildete den Höhepunkt vierzehnjähriger intensiver geistiger Anstrengungen, und Bohrs in Como gehaltener Vortrag wird als
Meilenstein in der Geschichte der Physik betrachtet.

Doch so wie die Rede Abraham Lincolns in Gettysburg nur
langsam in ihrer vollen Tragweite verstanden wurde, erfass-
ten auch die Zuhörer Bohrs nur allmählich die Bedeutung dieser Vorstellung. Oskar Klein, Bohrs damaliger Assistent, wies
darauf hin, dass der Vortrag so kurz gehalten war, dass ihn
eigentlich niemand verstehen konnte.[1] Darüber hinaus war
Bohr berüchtigt dafür, dass er seine Gedanken mit größtmög-

licher Präzision formulieren wollte, was aber gerade dazu führte, dass seine Ausführungen häufig unverständlich waren. Es mag aber noch einen anderen, prosaischeren Grund für die zurückhaltende Reaktion gegeben haben. Im Mai 1958 hatte ich die Gelegenheit, einen Vortrag Bohrs am Weizmann-Institut in Rehovot in Israel zu hören. Die Aussicht, den bedeutenden Physiker reden zu hören, hatte viele Menschen angelockt und das Auditorium war bis auf den letzten Platz besetzt. Ehrfürchtig und in atemloser Stille lauschten wir einem langen auf Englisch gehaltenen Vortrag, von dem wir aber kaum mehr als ein paar Worte verstanden, weil Bohr mit starkem dänischem Akzent sprach.

Bohrs Idee der Komplementarität ist tiefgründig und schwer fassbar. Einstein äußerte 1949, dass ihm die scharfe Formulierung derselben nicht geglückt sei, obwohl er viel Mühe darauf verwendet habe.[2] In diesem Kapitel wird uns die scharfe Formulierung vielleicht auch nicht gelingen, aber wir wollen immerhin die Stoßrichtung dieses Gedankens herausarbeiten. Unsere erste Aufgabe besteht zunächst darin, zu verstehen, welche Schwierigkeit Bohr durch das Komplementaritätsprinzip zu überwinden glaubte.

Licht: Teilchen oder Wellen?

Was ist Licht? Newton stellte sich das physikalische Universum aus Teilchen bestehend vor, die sich im leeren Raum bewegen, und vermutete, dass das Licht aus sehr kleinen Korpuskeln zusammengesetzt sei. Wenn diese Lichtteilchen auf die Netzhaut des Auges träfen, lösten sie den Vorgang des Sehens aus. Die Wahrnehmung verschiedener Farben beruht dabei nach Newtons Auffassung auf Größenunterschieden der Teilchen. So seien Teilchen, die die Wahrnehmung von

Blau auslösen, größer als die, die zur Wahrnehmung von Rot führen.

Diese Theorie erklärte alle zur Zeit Newtons bekannten Eigenschaften des Lichts. So zum Beispiel den Umstand, dass Licht von einem Spiegel so reflektiert wird, dass der Einfallwinkel wie bei einem vom Boden abprallenden Ball gleich dem Ausfall- oder Reflexionswinkel ist (siehe Abb. unten). Andere Eigenschaften des Lichts können ähnlich erklärt werden, indem man das Verhalten kleiner Teilchen in vergleichbaren Situationen untersucht.

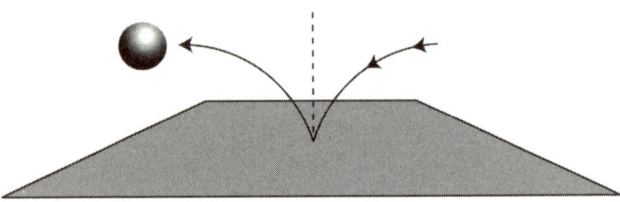

Für Licht ist der Einfallwinkel wie bei einem vom Boden abprallenden Ball gleich dem Reflexionswinkel.

Der Erfolg des Teilchenmodells veranlasste Newton und seine Anhänger zu der Behauptung, Licht bestehe aus Korpuskeln, doch wurde dieses Modell nicht allgemein anerkannt. Christian Huygens, ein Zeitgenosse Newtons, schlug ein völlig anderes Modell vor, in dem Licht als ein Wellenphänomen beschrieben wird. Lichtstrahlen, die sich durch den Raum bewegen, sind nach Huygens Auffassung winzige Wellen, die sich durch ein allgegenwärtiges Medium, den so genannten »Äther«, ausbreiten. Verschiedene Farben entsprechen Wellen verschiedener »Wellenlängen« (siehe Abb. S. 65 oben). So seltsam es erscheinen mag, auch dieses Wellenmodell war in der Lage, die im 17. Jahrhundert bekannten Eigenschaften des Lichts erfolgreich zu erklären. Das Reflexionsgesetz gilt zum Beispiel für Wellen ebenso wie für Teilchen (siehe Abb.

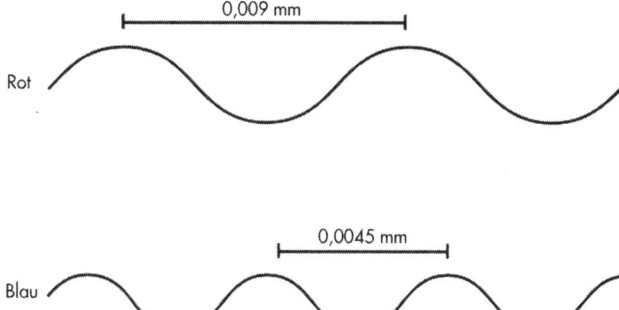

0,009 mm

Rot

0,0045 mm

Blau

Die »Wellenlänge« einer Welle ist der Abstand zwischen zwei Wellenkämmen. Nach dem Wellenmodell des Lichts entsprechen die verschiedenen Farben verschiedenen Wellenlängen.

S. 65 unten). Aber wie ist nun das Licht *wirklich* beschaffen, wenn seine Eigenschaften durch beide Modelle erklärt werden können?

Mehr als hundert Jahre lang gab es darauf keine endgültige Antwort. Niemand zweifelte daran, dass eines der beiden Modelle richtig war. Aufgrund des hohen Ansehens Newtons folgten die meisten Physiker der Korpuskulartheorie. Eine scheinbar endgültige Antwort lieferte zu Beginn des 19. Jahr-

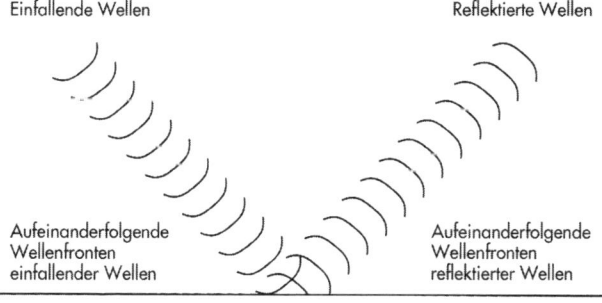

Einfallende Wellen

Reflektierte Wellen

Aufeinanderfolgende
Wellenfronten
einfallender Wellen

Aufeinanderfolgende
Wellenfronten
reflektierter Wellen

Für Wellen ist der Reflexionswinkel wie bei Teilchen gleich dem Einfallwinkel.

hunderts ein Experiment von Thomas Young, dessen Ergebnisse nur mit Hilfe des Wellenmodells und nicht des Teilchenmodells erklärt werden konnten.

In Youngs Versuch (Abb. unten) wird ein monochromatischer Lichtstrahl auf einen Blendenschirm geworfen, in dem sich dicht nebeneinander zwei schmale Spalte befinden. Das Licht durchquert den Doppelspalt und fällt auf einen dahinter befindlichen Auffangschirm. Die in der unteren Abbildung rechts wiedergegebene Kurve beschreibt die Helligkeit des Lichts auf dem Auffangschirm. Eine Fotografie des tatsächlichen Erscheinungsbilds auf dem Schirm ist in Abbildung S. 67 wiedergegeben. Wir sehen darauf eine Abfolge von hellen und dunklen Streifen. Wie lässt sich dieses Muster erklären?

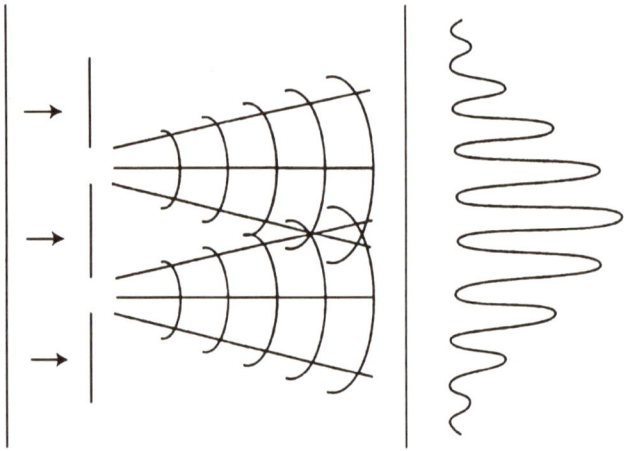

Das Experiment von Young: Ein monochromatischer Lichtstrahl trifft auf einen Blendenschirm, in dem sich dicht nebeneinander zwei schmale Spalte befinden. Das Licht, das die Spalte passiert, fällt auf einen dahinter befindlichen Auffangschirm. Die rechts abgebildete Kurve zeigt die Helligkeitsverteilung auf dem Auffangschirm.

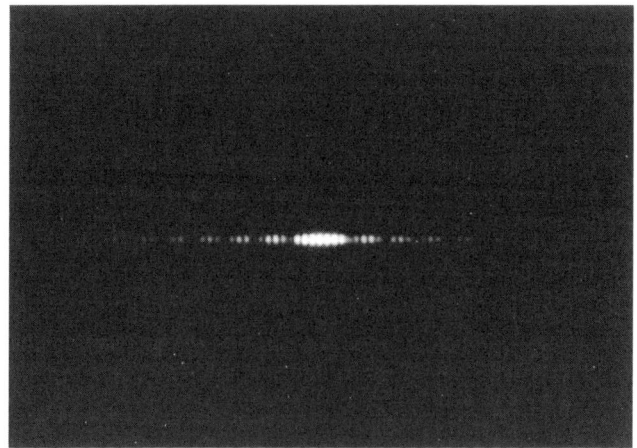

Eine fotografische Aufnahme der dunklen und hellen Streifen in einer modernen Version des Doppelspalt-Interferenz-Experiments. In dieser Version des Experiments wird das Licht von einem Laser emittiert. Mit freundlicher Genehmigung von Roger Williams.

Die dunklen und hellen Lichtstreifen sind das Ergebnis einer Welleneigenschaft, die als *Überlagerung* oder *Superposition* bekannt ist: Wenn zwei Wellen durch denselben Ort verlaufen, werden die an diesem Ort vorhandenen Teilchen in Schwingung versetzt und zwar dergestalt, dass die durch die beiden Wellen verursachten Auslenkungen sich in jedem Augenblick addieren.

Gestern war ein windiger Herbsttag im Norden des Bundesstaats New York. Nachmittags machte ich einen Spaziergang am Taylor-See, der auf dem Campus der Colgate University in Hamilton liegt. Obschon der See berühmt für seine Schwäne ist, achtete ich mehr auf die Blätter, die anmutig auf der wellengekräuselten Wasseroberfläche dahintrieben. Beim Beobachten der auf den Wellen treibenden Blätter fiel mir auf, dass manche Blätter sich auf und ab bewegten, während andere dicht daneben fast in Ruhe verharrten! Mein Interesse war geweckt; neugierig beobachtete ich, wie sich zwei Wellen aus verschiedenen Richtungen einem Blatt näherten, so dass es in einem bestimmten Augenblick dem Einfluss beider Wellen ausgesetzt war. Jede Welle für sich allein hätte das Blatt um ungefähr drei Zentimeter angehoben. Gemäß dem Überlagerungsprinzip wurde das Blatt aber tatsächlich um ungefähr sechs Zentimeter angehoben, da sich die Wirkung der beiden Wellen addierte. Die zwei Wellen »interferierten konstruktiv« miteinander: Sie bewegten das Blatt in dieselbe Richtung, so dass sich ihre Wirkung verstärkte. Dann beobachtete ich ein anderes Blatt unter dem Einfluss zweier verschiedener Wellen. Dieses Mal hätte die eine Welle das Blatt um drei Zentimeter angehoben, während die andere es um drei Zentimeter gesenkt hätte. In Übereinstimmung mit dem Überlagerungsprinzip hoben sich die Wirkungen der beiden Wellen in diesem Fall gegenseitig auf, so dass sich das Blatt überhaupt nicht bewegte. Dieses Phänomen wird als »destruktive Interferenz« bezeichnet. Einige der Blätter hoben und senkten sich also unter dem Einfluss zweier Wellen, die sich gegenseitig verstärkten, während andere Blätter unter dem Einfluss zweier Wellen, deren Wirkungen sich gegenseitig auslöschten, in Ruhe verharrten. Dies war der Grund dafür, warum sich manche Blätter bewegten und andere nicht.

Das Überlagerungsprinzip erklärt auch die Abfolge der dunklen und hellen Streifen in Youngs Experiment. Die hellsten Stellen auf dem Auffangschirm treten an den Orten auf, an denen zwei den Doppelspalt passierende Wellen konstruktiv miteinander interferieren, während die dunklen Streifen den Orten entsprechen, an denen die Wellen destruktiv miteinander interferieren. Und natürlich gibt es zwischen den hellsten Stellen und jenen, die vollständig dunkel sind, Gebiete verschiedener Grauschattierungen, entsprechend einer Interferenz, die nur teilweise konstruktiv oder destruktiv ist.

Der entscheidende Punkt hierbei ist folgender: Das Überlagerungsprinzip gilt für Wellen, nicht aber für Teilchen! Das geordnete Auftreten heller und dunkler Streifen in Youngs Experiment kann mit dem Teilchenmodell des Lichts nicht erklärt werden. Mehr als hundert Jahre nach dem Tod seines Begründers wurde das Wellenmodell Huygens somit experimentell bewiesen, und das Newton'sche Teilchenmodell musste aufgegeben werden.

Untermauert wurden die Ergebnisse von Youngs Experiment in den sechziger Jahren des 19. Jahrhunderts, als James Clerk Maxwell durch eine brillante mathematische Analyse die genaue Beschaffenheit der Lichtwellen aufklärte. Er zeigte, dass es sich bei Lichtwellen um Schwingungen elektromagnetischer Felder handelt, die so miteinander gekoppelt sind, dass sie sich im Vakuum mit der beachtlichen Geschwindigkeit von 300 000 Kilometer pro Sekunde ausbreiten.

Licht: Teilchen *und* Wellen?

In der Physik ist jedoch nichts endgültig. Gegen Ende des 19. Jahrhunderts wurde Maxwells elektromagnetische Wellentheorie des Lichts mit zwei Problemen konfrontiert, die sich einer Lösung hartnäckig widersetzten. Das erste betraf die Wärmestrahlung glühender Körper. Wenn zum Beispiel ein Stück Metall erhitzt wird, beginnt es zu glühen, das heißt, Licht abzustrahlen. Maxwells Theorie war aber nicht imstande, die charakteristischen Eigenschaften glühender Körper zu erklären. Berechnungen, die auf der Grundlage der Theorie angestellt wurden, führten zu der offenkundig absurden Schlussfolgerung, die von glühenden Körpern emittierte Energiemenge sei unendlich!

Das zweite hartnäckige Problem war der »fotoelektrische Effekt«: Unter bestimmten Bedingungen lässt ein Lichtstrahl, der auf eine Metallplatte trifft, Elektronen aus dem Metall austreten. Dies bedeutet, dass sich die Energie des Lichts auf einzelne Elektronen des Metalls konzentriert und ihnen einen gewaltigen Stoß versetzt – etwa so, als ob Wellen, die über eine Länge von mehreren Hundert Kilometern an den Strand schlagen, so geballt auf ein paar große Felsbrocken treffen, dass diese in die Luft geschleudert werden. Nach Maxwells Theorie breiten sich Lichtwellen jedoch kontinuierlich durch den Raum aus und es gibt keinen Grund, warum ihre Energie auf diese Weise gebündelt sein sollte. Mit anderen Worten: Nach Maxwells Theorie dürfte es den fotoelektrischen Effekt gar nicht geben!

Der Beginn des neuen Jahrhunderts war auch der Beginn der Quantenrevolution. Im Jahre 1900 zeigte Max Planck, dass das erste Problem gelöst wurde, wenn man annahm, Licht werde von Materie nicht wie Wellen kontinuierlich, sondern in diskreten kleinen Energiepaketen, so genannten »Quanten« emittiert und absorbiert. Fünf Jahre später zeigte Albert Einstein, dass sich der fotoelektrische Effekt erklären ließ, wenn man die Annahme der diskreten Natur des Lichts nicht nur auf die Emission und Absorption von Licht bezog, sondern auch auf seine Ausbreitung durch den Raum. Diese teilchenartigen Energiepakete wurden als »Photonen« bezeichnet.

Woraus besteht nun also Licht, aus Wellen oder aus Teilchen? Die Situation zu Beginn des 20. Jahrhunderts schien unhaltbar: Gewisse Eigenschaften des Lichts konnten nur erklärt werden, wenn man es als eine Wellenerscheinung beschrieb, während andere Eigenschaften einen schlüssigen Beweis für seinen Teilchencharakter lieferten!

Dieser »Welle-Teilchen-Dualismus« gab seit der Begründung der Quantentheorie im Jahre 1900 Rätsel auf. Der Weg, der schließlich zu einer Lösung führte, ergab sich vollkommen unerwartet: Im November 1924 stellte der französische Adlige Prinz Louis de Broglie der Universität von Paris seine Doktorarbeit in theoretischer Physik vor. Diese Arbeit unterstützte mit einer Reihe von Argumenten die Annahme, dass nicht nur Licht, sondern auch Dinge, von deren Teilchencharakter man überzeugt war, zum Beispiel Elektronen, diese rätselhafte Doppelnatur besitzen und sich also in mancher Beziehung wie Teilchen und in anderer wie Wellen verhalten.

Wenn de Broglies Vermutung zutrifft und sich Elektronen in der Tat manchmal wie Wellen verhalten, stellt sich die Frage, ob ein solches Verhalten experimentell beobachtet werden kann? De Broglie selbst schlug vor, Elektronen beim Durchtritt durch enge Öffnungen zu beobachten, zum Beispiel beim Durchqueren der von Atomlagen in einem Kristall gebildeten Zwischenräume. Solche Zwischenräume können für Elektronen dieselbe Rolle spielen wie Thomas Youngs Spalte für Licht. Dass man bei Elektronen auf Kristalle anstatt auf schmale Spalte angewiesen war, ergab sich aus den damaligen technischen Beschränkungen: In den zwanziger Jahren des 20. Jahrhunderts war es unmöglich, Spalte herzustellen, die schmal und dicht genug beieinander waren, um die Wellennatur des Elektrons nachzuweisen. Aber de Broglies Idee, Kristalle zu verwenden, erwies sich als ausgezeichnet. Ein Experiment, das seine Hypothese bestätigte, wurde zwei Jahre später von den amerikanischen Physikern Clinton Joseph Davisson und Lester Halbert Germer durchgeführt.

Weitere Bestätigung erfuhren die von de Broglie postulierten »Materiewellen« im Januar 1927, als Erwin Schrödinger eine ausgereifte mathematische Theorie vorstellte, die so genannte »Wellenmechanik«, die das Verhalten von Elektronen als Wellenphänomen erklärte. Wir werden Schrödingers Theorie im nächsten Kapitel (S. 91 ff.) erläutern. Zunächst wollen wir jedoch zu Niels Bohr und seinem Freund und Schützling Werner Heisenberg zurückkehren, die in Kopenhagen gemeinsam darum rangen, die widersprüchlichen Erkenntnisse, die in dem Begriff »Welle-Teilchen-Dualismus« zum Ausdruck kommen, zu entschlüsseln.

Was können wir über ein Elektron wissen?

Heisenberg verbrachte den Sommer und Herbst 1926 an Bohrs Institut in Kopenhagen. Gemeinsam überlegten sie, wie der Welle-Teilchen-Dualismus und andere rätselhafte Aspekte der jungen Quantentheorie zu deuten waren. Ihre Bemühungen setzten sie bis in den Winter 1926/27 fort. Viele Jahre später beschrieb Heisenberg diese Zeit so:

> »Da unsere Gespräche oft bis spät nach Mitternacht ausgedehnt wurden und trotz der über Monate fortgesetzten Anstrengungen nicht zu einem befriedigenden Ergebnis führten, gerieten wir in einen Zustand der Erschöpfung, der in Anbetracht der verschiedenen Denkrichtungen auch manchmal Spannungen hervorrief. Daher entschloss sich Bohr im Februar 1927, zu einem Skiurlaub nach Norwegen zu reisen, und ich war auch ganz froh darüber, nun in Kopenhagen einmal allein über diese hoffnungslos schwierigen Probleme nachdenken zu können.«[3]

Allein in Kopenhagen, unterzog Heisenberg die Situation noch einmal einer genauen Prüfung, um herauszufinden, was er und Bohr übersehen haben mochten. Er stand vor folgendem Dilemma: Betrachtete man Nebelkammeraufnahmen wie die in Abbildung S. 29, so stand außer Frage, dass Elektronen sich auf Bahnen bewegen. Die Bahnen der Elektronen waren wirklich zu sehen. Wohl definierte Bahnen sind jedoch eine Teilcheneigenschaft. Wellen neigen dazu, sich über den gesamten Ort auszubreiten. Andererseits ließ die Quantenmechanik solche Bahnen nicht zu, und die Quantenmechanik war eine Theorie, die in anderer Hinsicht zu erfolgreich war, als dass man sie einfach hätte abtun können. Nachdem Heisenberg tagelang über diesen Widerspruch nachgegrübelt hatte, gelang ihm schließlich der Durchbruch:

»Es mag an jenem Abend gegen Mitternacht gewesen sein, als ich mich plötzlich auf mein Gespräch mit Einstein besann und mich an seine Äußerung erinnerte: ›Erst die Theorie entscheidet darüber, was man beobachten kann.‹ Es war mir sofort klar, dass der Schlüssel zu der so lange verschlossenen Pforte an dieser Stelle gesucht werden müsse. … Wir hatten ja immer leichthin gesagt: Die Bahn des Elektrons in der Nebelkammer kann man beobachten. Aber vielleicht war das, was man wirklich beobachtet, weniger. Vielleicht konnte man nur eine diskrete Folge von ungenau bestimmten Orten des Elektrons wahrnehmen. Tatsächlich sieht man ja nur einzelne Wassertröpfchen in der Kammer, die sicher sehr viel ausgedehnter sind als ein Elektron. Die richtige Frage musste also lauten: Kann man in der Quantenmechanik eine Situation darstellen, in der sich ein Elektron ungefähr – das heißt mit einer gewissen Ungenauigkeit – an einem gegebenen Ort befindet und dabei ungefähr – das heißt wieder mit einer gewissen Ungenauigkeit – eine vorgegebene Geschwindigkeit besitzt, und kann man diese Ungenauigkeiten so gering machen, dass man nicht in Schwierigkeiten mit dem Experiment gerät?«[4]

Heisenberg erkannte, dass es die Quantentheorie nicht erlaubt, den Ort und die Geschwindigkeit von Elektronen gleichzeitig *genau* zu messen, dass sie es jedoch gestattet, sie gleichzeitig *ungefähr* zu bestimmen. Die mathematische Struktur der Theorie ist dergestalt, dass sich entweder nur die Frage »Wo befindet sich das Elektron?« oder die Frage »Wie schnell bewegt sich das Elektron?« genau beantworten lässt. *Gleichzeitig präzise Antworten auf beide Fragen zu erhalten, ist nicht möglich.* Wenn wir beide Fragen gleichzeitig beantwortet haben möchten, müssen wir uns mit ungefähren Antworten begnügen. Eine höhere Genauigkeit bei der Beantwortung der einen Frage ist nur auf Kosten einer geringeren Genauigkeit bei der Beantwortung der anderen möglich. Dies ist die wesentliche Aussage der berühmten Heisenberg'schen Unschärfe- oder Unbestimmtheitsrelation.

Betrachten wir noch einmal Abbildung S. 29. Was sehen wir? Jane, die Elektrotechnik studiert hatte, erkannte auf dem Bild Elektronenbahnen. Unter dem Blickwinkel des von Heisenberg entdeckten Unschärfeprinzips sehen wir jedoch vielleicht etwas anderes: eine Abfolge ungefährer Orte und ungefährer Geschwindigkeiten. Die Unschärfe der Punkte entlang der vermeintlichen Bahn ist nicht nur auf den fotografischen Aufnahmeprozess zurückzuführen, sondern auf Bedingungen, die die Möglichkeit der Beobachtung grundsätzlich einschränken. Dies ist jüngst durch hoch entwickelte Aufnahmetechniken bestätigt worden, mit deren Hilfe statt einzelner Wassertröpfchen einzelne Atome beobachtet wurden. Es ist also tatsächlich die Theorie, die darüber entscheidet, was wir beobachten können. Heisenbergs Unschärfeprinzip lässt uns dieselbe Aufnahme mit anderen Augen sehen.

Wir wollen einen Moment innehalten, um einen neuen Begriff einzuführen, der mit diesem Prinzip in Zusammenhang steht. Im alltäglichen Sprachgebrauch ist das Wort »Impuls« eher ungenau definiert, in der Physik besitzt es jedoch eine präzise Bedeutung: Der Impuls eines Teilchens ist das Produkt aus seiner Masse und seiner Geschwindigkeit. Intuitiv ist er also ein Maß für die »Bewegungsmenge« eines Teilchens. Da der Impuls das Produkt zweier Faktoren, Masse und Geschwindigkeit, ist, kann ein massereiches Objekt, das sich langsam bewegt, denselben Impuls haben wie ein leichtes Objekt, das sich schnell bewegt. Und natürlich besitzt ein massereiches Objekt, das sich schnell bewegt, »viel Impuls«, während ein leichtes Objekt, das sich langsam bewegt, nur »wenig Impuls« besitzt.

Wie die Geschwindigkeit ist auch der Impuls eine Vektorgröße, das heißt, er hat eine Richtung und einen Betrag. Wenn wir zum Beispiel einen Ball nach oben werfen (siehe Abb.), weist der Geschwindigkeitsvektor in die Richtung, in die der Ball geworfen wurde (die Richtung des fett gedruckten

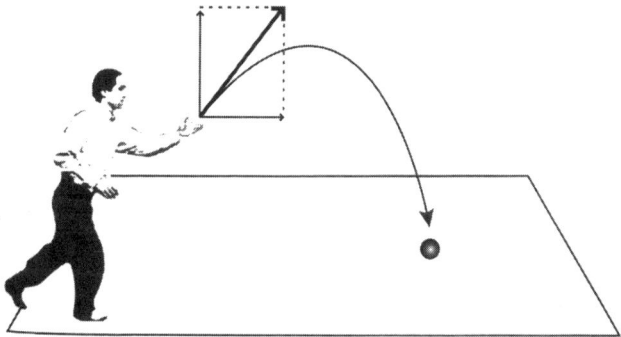

Der fett gedruckte Pfeil stellt die Geschwindigkeit eines Wurfgeschosses im Augenblick des Abwurfs dar. Die Geschwindigkeit ist eine Vektorgröße. Sie lässt sich mit Hilfe ihrer Komponenten darstellen. Die vertikale und die horizontale Komponente des Geschwindigkeitsvektors werden durch den vertikalen und den horizontalen Pfeil dargestellt. Der horizontale Pfeil ist ein Maß für die seitlich gerichtete Geschwindigkeit, der vertikale Pfeil ein Maß für die nach oben gerichtete Geschwindigkeit, während das Geschoss seine schräge Bahn beschreibt.

Pfeils), während die Länge des Pfeils auf einer entsprechenden Skala den Geschwindigkeitsbetrag angibt. Auch der Impuls kann mit einem Pfeil dargestellt werden. Der Pfeil gibt die Bewegungsrichtung an, seine Länge das Produkt aus Masse und Geschwindigkeit. Daraus folgt, dass bei einem Teilchen, dessen Masse bekannt ist, etwa beim Elektron, die Kenntnis seiner Geschwindigkeit äquivalent der Kenntnis seines Impulses ist.

Wie Abbildung S. 75 zeigt, kann eine Vektorgröße wie Geschwindigkeit oder Impuls mittels ihrer *Komponenten* dargestellt werden. Zum Beispiel besitzt die Geschwindigkeit eines in einem bestimmten Winkel nach oben geworfenen Balls eine vertikale und eine horizontale Komponente. Die Bewegung des Balls lässt sich somit als eine Kombination dieser beiden Komponenten veranschaulichen.

Der Impulsbegriff ist bedeutsam, weil der Impuls im Gegensatz zur Geschwindigkeit einem *Erhaltungssatz* unterliegt: Wenn ein System sich selbst überlassen bleibt, also keine äußeren Kräfte auf seine Teilchen einwirken, dann bleibt der Gesamtimpuls des Systems, das heißt der Impulsbetrag, den wir erhalten, wenn wir die Impulse aller Teilchen des Systems addieren, stets gleich, ungeachtet dessen, welche Veränderungen innerhalb des Systems stattfinden. Dies macht Messungen des Impulses so nützlich. Wie wir sehen werden, gestattet uns der Satz der Impulserhaltung nämlich, den Impuls eines Objekts indirekt – ohne Messung – zu bestimmen. Dies wird in der Bohr-Einstein-Debatte eine wichtige Rolle spielen.

Nun sind wir also so weit, dass wir den Faden wieder aufnehmen und zu Heisenberg zurückkehren können, der an Bohrs Institut in Kopenhagen die Rätsel der Quantenmechanik zu ergründen versucht. Wir haben gesehen, wie er an jenem denkwürdigen Abend im Februar 1927 entdeckte, dass es innerhalb der mathematischen Struktur der Quantentheorie eine Art komplementärer Unschärfe zwischen den gleichzeitig bestimmten Werten für den Ort und die Geschwindigkeit eines Teilchens gibt. Allerdings formulierte Heisenberg diese Komplementaritätsbeziehung über den Impuls und nicht die Geschwindigkeit: Eine geringere Unschärfe bei der Bestimmung des Ortes kann nur auf Kosten einer größeren Unschärfe bei der Bestimmung des Impulses erzielt werden und umgekehrt. Dabei entdeckte Heisenberg nicht nur das allgemeine Prinzip, sondern auch den mathematischen Ausdruck, durch den diese beiden Unschärfen zueinander in Beziehung gesetzt werden können. Dieser Ausdruck ist die mathematische Formulierung des Unschärfeprinzips.

Nachdem Heisenberg auf dieses Prinzip gestoßen war, kam ihm ein beunruhigender Gedanke: Was wäre, wenn es sich herausstellen sollte, dass *auf experimentellem Weg* bessere Ergebnisse erzielt werden konnten, als die Theorie zuließ? Wenn es eine Möglichkeit gäbe, gleichzeitig Ort und Impuls mit einer Genauigkeit zu messen, die nach dem Unschärfeprinzip ausgeschlossen war? Er begann damit, die gängigen Versuchsanordnungen zu prüfen und stellte zu seiner Freude fest, dass sie allesamt die von der Theorie vorhergesagte Grenze einhielten. Natürlich konnte er nicht absolut sicher sein, dass niemals eine Möglichkeit gefunden würde, sein Prinzip außer Kraft zu setzen, aber die Ergebnisse seiner Gedankenexperimente ermutigten ihn. Er freute sich darauf, Bohr nach dessen Rückkehr aus dem Skiurlaub in Norwegen von seiner Entdeckung zu berichten.

Bohr sucht nach den richtigen Worten

Die Archive zur Geschichte der Quantenphysik (Archives for the History of Quantum Physics) enthalten eine Reihe von Interviews, die Thomas Kuhn, der Verfasser des bahnbrechenden Buches *Die Struktur wissenschaftlicher Revolutionen*, in den frühen sechziger Jahren mit einigen der Vorkämpfer der Quantenrevolution führte. Zu den Befragten gehörte auch Heisenberg. Er schilderte 1963 die Reaktion Bohrs auf die Entdeckung des Unschärfeprinzips wie folgt: »Ich würde sagen, Bohr stand dem Ganzen ein wenig skeptisch gegenüber. Er hatte zwar das Gefühl, dass an der Idee etwas dran sein musste, gleichzeitig fand er, dass das Problem, die richtigen Worte zu finden, noch ungelöst war.«[5]

Die richtigen Worte finden. Was hat es damit auf sich?

Bohr und Heisenberg stimmten darin überein, dass das Ziel physikalischer Forschung darin bestehe, zu einem besseren Verständnis der beobachteten Naturphänomene zu gelangen. Doch was bedeutet es, Naturphänomene zu »verstehen«? Hier war Bohr dem jungen Heisenberg voraus. Heisenberg, der noch unter dem Einfluss Machs stand, nahm fälschlicherweise an, dass die Entdeckung eines mathematischen Verfahrens zur erfolgreichen Vorhersage experimenteller Ergebnisse gleichbedeutend mit einem Verständnis dieser Ergebnisse sei. Für Bohr dagegen bedeutete »verstehen« weitaus mehr, nämlich eine *Beschreibung* der beobachteten Phänomene. Dies erklärt seine Suche nach den »richtigen Worten«.

Heisenbergs Irrtum erwies sich jedoch als ein Glücksfall. Er schuf die geistigen Voraussetzungen für zwei Entdeckungen von großer Tragweite: für die mathematische Formulierung der Quantentheorie und das Unschärfeprinzip. Bohr genügte dies jedoch nicht. Er suchte nach einem begrifflichen Bezugsrahmen – »den richtigen Worten« – und fand sie in der Form seines Komplementaritätsprinzips.

Betrachten wir, mit Bohr, eine Versuchsanordnung zur Bestimmung des Ortes eines Elektrons in der vertikalen Richtung, das heißt zur Bestimmung seiner Höhe über einem Tisch. Die Versuchsanordnung besteht einfach aus einem schmalen Spalt, den das Elektron passiert. Beim Durchtritt durch den Spalt entspricht die Unschärfe seines Ortes der Ausdehnung des Spaltes: Wir wissen, dass sich das Elektron irgendwo im Spalt befindet, aber wir wissen nicht genau, wo. Folglich ist der Nachweis eines den Spalt passierenden Elektrons eine relativ genaue Messung der vertikalen Position dieses Elektrons, wenn der Spalt sehr schmal ist. Wie verhält es sich jedoch, wenn wir die vertikale Impulskomponente des Elektrons beim Durchtritt durch den Spalt genau bestimmen wollen? (Da der Impuls eine Vektorgröße ist, besitzt er sowohl eine horizontale als auch eine vertikale Komponente.) Wenn die Trennwand, in der sich der Spalt befindet, fest mit dem Tisch der Versuchsanordnung verbunden ist (Versuchsanordnung 1; siehe obere Abb.), dann ist dies nicht möglich. Aber

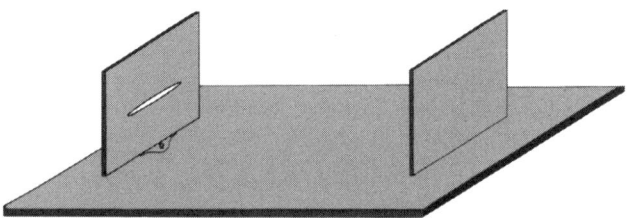

Eine Versuchsanordnung zur Ortsbestimmung eines Elektrons, während es einen Spalt durchquert (Anordnung 1).

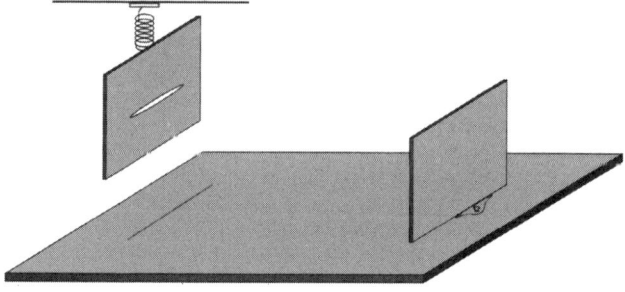

Eine Versuchsanordnung zur Impulsbestimmung eines Elektrons, während es einen Spalt durchquert (Anordnung 2).

wir können die Anordnung modifizieren und die Trennwand an leichten, empfindlichen Federn aufhängen (Versuchsanordnung 2, siehe untere Abbildung S. 79). Wenn das Elektron in dieser Anordnung den Spalt passiert, führt die vertikale Impulskomponente dazu, dass das Elektron an einer Kante des Spaltes abprallt, wodurch die Blende in eine Schwingung versetzt wird. Aus der Schwingung können wir die Größe dieser vertikalen Komponente ableiten. Allerdings, und dies ist der entscheidende Punkt, kann der Ort des Spaltes relativ zum Tisch nicht mehr genau bestimmt werden, wenn die Blende zu schwingen anfängt.

Bohr zog daraus den folgenden Schluss: Die Versuchsanordnung zur Bestimmung des Ortes (Versuchsanordnung 1) und jene zur Bestimmung des Impulses (Versuchsanordnung 2) schließen sich gegenseitig aus. Wenn wir bis an die äußersten Grenzen unserer Messfähigkeit gehen, erhalten wir entweder ein Elektron mit wohl definiertem Ort, aber nicht wohl definiertem Impuls (Anordnung 1) oder umgekehrt ein Elektron mit wohl definiertem Impuls, aber nicht wohl definiertem Ort (Anordnung 2). Die Eigenschaft, einen wohl definierten Ort zu haben, und die Eigenschaft, einen wohl definierten Impuls zu haben, sind somit komplementär und schließen sich gegenseitig aus. Ein Elektron kann nur eine der beiden Eigenschaften besitzen, aber nicht beide gleichzeitig.

Die zwei von Bohr vorgeschlagenen Versuchsanordnungen veranschaulichen das Heisenberg'sche Unschärfeprinzip und weisen auf seinen Ursprung hin: den fundamentalen Unterschied zwischen gewöhnlichen Messungen und Quantenmessungen. Eine gewöhnliche Messung macht lediglich eine Aussage über den Wert der gemessenen Größe, beeinflusst sie aber nicht. Wenn ich zum Beispiel die Länge meines Schreibtisches messe und feststelle, dass er 1,50 Meter lang ist, dann besitzt er diese Länge, ungeachtet dessen, ob ich sie abmesse oder nicht. Bei Quantenmessungen übt die Messapparatur dagegen einen tief greifenden Einfluss auf den Zustand des gemessenen Elektrons aus. Setzt man zum Beispiel das Elektron der Versuchsanordnung 1 aus, so wird ihm durch den Versuchsaufbau ein wohl definierter Ort und ein schlecht definierter Impuls zugewiesen; unterwirft man es stattdessen den Bedingungen der Versuchsanordnung 2, ist das Umgekehrte der Fall. Und da ein Elektron nicht gleichzeitig beiden Versuchsanordnungen ausgesetzt werden kann, sind die Eigenschaften eines wohl definierten Ortes und eines wohl definierten Impulses komplementär und schließen einander aus. Auf den schöpferischen Aspekt der Quantenmessungen gehen wir im nächsten Kapitel, S. 91 ff., ein.

Das Unschärfeprinzip ist ein Beispiel für eine bestimmte Art der Komplementarität. Exemplarisch für eine andere Art steht die Beziehung zwischen einem *im Messprozess befindlichen Quantensystem* und einem *isolierten Quantensystem.*

Um ein Quantensystem, etwa ein Elektron, beobachten zu können, benötigen wir eine Messapparatur. Ein Elektron ist zu klein, um direkt beobachtbar zu sein, so dass wir es indirekt durch seine Auswirkung auf den Messapparat beobachten müssen. Im Fall der Versuchsanordnung 2 beispielsweise beobachten wir die Schwingung der Blende. Diese wurde durch das Elektron verursacht, und so lässt die Beobachtung der Schwingung Rückschlüsse auf den Impuls des Elektrons zu.

Während des Beobachtungsprozesses stehen das Elektron und die Messapparatur miteinander in Wechselwirkung und bilden, solange die Interaktion andauert, ein untrennbares System, »ein ganzheitliches Phänomen«. Die Ergebnisse der Messung hängen nicht nur vom Zustand des Elektrons ab, sondern auch von dem anderen Teil des »ganzheitlichen Phänomens«, von der Art der gewählten Messapparatur. Versuchsanordnung 1 beispielsweise liefert einen wohl definierten Ort, Versuchsanordnung 2 einen wohl definierten Impuls.

Nach Beendigung der Messung ist das Elektron isoliert. Die Ergebnisse der Messung gestatten es uns, ihm eine Eigenschaft zuzuschreiben – einen wohl definierten Ort, wenn wir die Versuchsanordnung 1 verwenden, oder einen wohl definierten Impuls, wenn wir die Anordnung 2 benutzen. Doch nun wird die Sache abstrakt. Einerseits bezieht sich unsere Beschreibung auf eine Größe, die isoliert und somit unzugänglich ist. Andererseits können wir sie nur, weil sie isoliert ist, getrennt vom restlichen Universum beschreiben.

Wir haben hier also zwei Situationen, die sich gegenseitig ausschließen: Entweder wir messen das Elektron, oder wir lassen es in Ruhe. Im ersten Fall bezieht sich unsere Beschreibung zwangsläufig auf »das ganzheitliche Phänomen«. Wir sind nicht in der Lage, das Elektron an sich zu beschreiben, da es zwischen ihm und der Messapparatur keine Abgrenzung gibt. Im zweiten Fall können wir zwar das Elektron beschreiben, aber diese Beschreibung ist abstrakt. Sie kann nicht verifiziert werden, da sie sich auf eine Größe bezieht, die ja gerade nicht beobachtet wird.

Bohrs Komplementaritätsvorstellung ist komplex, da sie zwei Arten von Komplementarität umfasst. Die erste Art betrifft die Komplementarität, die zwischen verschiedenartigen Messungen – etwa Versuchsanordnung 1 und Versuchsanordnung 2 – besteht; die andere Art betrifft die Komplementarität zwischen der Beschreibung eines Systems, während es einem Messprozess unterworfen ist, und der Beschreibung eines isolierten Systems.

Durch dieses Wechselspiel verschiedener Arten von Komplementarität lösen sich scheinbare Widersprüche auf: Die Aussage »Das Elektron besitzt einen wohl definierten Impuls« und die Aussage »Das Elektron besitzt keinen wohl definierten Impuls« widersprechen einander. Dagegen sind die Aussagen »Eine Messung unter Verwendung der Versuchsanordnung 2 ergibt einen wohl definierten Impuls« und »Eine Messung unter Verwendung der Versuchsanordnung 1 ergibt keinen wohl definierten Impuls« komplementär. Und erst wenn die Messungen abgeschlossen sind, kann diese Eigenschaft eines wohl definierten oder nicht wohl definierten Impulses dem Elektron an sich – als isoliertem System – zugeschrieben werden, wenn auch nur in abstrakter Weise. Ebenso sind auch die Aussagen »Ein Elektron ist ein Wellenphänomen« und »Ein Elektron ist ein Teilchen« widersprüchlich. Im Begriffssystem der Komplementarität ist jedoch keine der beiden Beschreibungen erschöpfend. Vielmehr muss die Suche nach einer einzigen Beschreibung aufgegeben werden. Es sind zwei Beschreibungen notwendig, eine, die auf Wellen beruht, und eine andere, die auf Teilchen zurückgreift. Da sie sich auf verschiedene Bedingungen beziehen, widersprechen sie einander nicht, sondern ergänzen sich.

Die Bedeutung des Komplementaritätsbegriffs

Thales von Milet, der vom Ende des siebten bis in die Mitte des sechsten vorchristlichen Jahrhunderts lebte, wird gerühmt, der erste Naturwissenschaftler gewesen zu sein. Unsere Kenntnis seiner Lehren beschränkt sich auf vereinzelte Kommentare des Aristoteles, der ihm die Behauptung zuschrieb, Wasser sei das Urelement alles Bestehenden.[6] Dieser spärliche Beleg für Thales wissenschaftliche Leistungen kann kaum die Grundlage seines Ruhmes sein. Gleichwohl verdient er unseren Respekt – weniger aufgrund seiner Theorie an sich, als vielmehr aufgrund dessen, was sie impliziert. Thales war der Erste, der theoretische Überlegungen unter der Prämisse anstellte, die Natur könne rational erklärt und modellhaft nachgebildet werden; der also davon ausging, dass es die erreichbare Aufgabe der Wissenschaft sei, ein begriffliches Modell zu entdecken, das der Natur entspricht und die beobachteten Phänomene erklärt.

Diese Prämisse bildet seit mehr als 2500 Jahren die Grundlage jeglichen wissenschaftlichen Strebens. Die großen Wissenschaftler aller Epochen von Anaximander und Aristoteles bis zu Einstein und Schrödinger ließen sich von ihr leiten. Das von Bohr eingeführte Begriffssystem der Komplementarität widerspricht jedoch explizit dieser stillschweigenden Annahme des Thales. Bohr zufolge können die Größen der atomaren und subatomaren Welt nicht durch ein einziges Modell beschrieben werden. Diese an sich schon revolutionäre Behauptung verknüpfte er mit einem weiteren Gedanken: Das, was durch die zwei komplementären Modelle beschrieben wird, sind gar nicht die Quantengrößen selbst.

Bohr und Einstein stimmten zwar darin überein, dass es die Aufgabe der Wissenschaft sei, die Natur zu beschreiben, doch darüber, was unter einer »Beschreibung der Natur« zu verstehen sei, gingen ihre Ansichten auseinander. Wenn wir normalerweise von der Beschreibung der Natur sprechen, nehmen wir an, dass die Natur, die wir beschreiben, da ist. Für Bohr dagegen ist die »Beschreibung der Natur« *die Beschreibung der Sammlung der objektiven Pole unserer Erfahrungen.* Was bedeutet diese seltsame Formulierung?

Betrachten wir ein Beispiel: Ich schaue einen Nagel an, während ich ihn in ein Stück Holz hämmere. Der Nagel steht im Mittelpunkt meines Bewusstseins; er ist das Einzige, dessen ich mir voll bewusst bin. Meiner selbst, derjenigen Person, die den Nagel ansieht, bin ich mir nicht bewusst, obwohl ich offenkundig als derjenige, der die Erfahrung macht, da sein muss, damit die Erfahrung der Betrachtung des Nagels und des Zielens mit dem Hammer stattfinden kann. Jede normale Erfahrung besitzt diese »Subjekt-Objekt-Struktur«. Der objektive Pol der Erfahrung ist das, was erfahren wird; der subjektive Pol das, was die Erfahrung ermöglicht, einschließlich desjenigen, der die Erfahrung macht. Wenn wir einmal kurz darüber nachdenken, wird deutlich, dass die Trennlinie zwischen Subjekt und Objekt fließend ist. Während ich weiterhin auf den Nagel einhämmere, kann ich meine Aufmerksamkeit auf andere Gegenstände ausdehnen und neben dem Nagel auch den Hammer einbeziehen; ich kann sogar mich selbst betrachten, während ich hämmere und mich (oder besser gesagt, eines meiner Ichs – mehr darüber später) auf diese Weise in den objektiven Pol mit aufnehmen.

Offenkundig kann diese Trennlinie sogar die Unterscheidung zwischen Belebtem und Unbelebtem überschreiten. So wie der objektive Pol mich selbst, aus der Perspektive eines tieferen Selbst, einschließen kann, ist es möglich, dass der subjektive Pol Objekte wie den Hammer umfasst. Der Gehstock eines Blinden gehört fast immer zum subjektiven Pol dieser Person.

Im Fall der Quantenmessungen kann man die Messapparatur dem subjektiven Pol des Experimentators zurechnen, und das gemessene System dem objektiven Pol. Aber auch hier ist die Trennlinie zwischen dem gemessenen System und der Messapparatur variabel. Betrachten wir den Fall eines Photons, das mit einem Elektron zusammenstößt und dann auf eine fotografische Platte trifft. Was als das gemessene System angesehen wird, kann variieren: man kann ausschließlich das Elektron als das gemessene System betrachten; man kann das Elektron und das Photon in dieses System einbeziehen, man kann aber auch das Atom der fotografischen Platte, das von dem Photon getroffen wurde, als Teil des objektiven Pols ansehen, usw. *Bohr zufolge sollte eine »Beschreibung der Natur« eine Darstellung aller Ereignisse sein, die zwischen den als objektiv und subjektiv unterschiedenen Polen der Wahrnehmung und Messung stattfinden können.*

Aber wie, so werden Sie sich vielleicht nun fragen, ist die Natur an sich, unabhängig von diesen Unterscheidungen, beschaffen? Ist es nicht die Aufgabe der Wissenschaft, genau diese Frage zu klären? Nein, meint Bohr. Allein schon die Frage, ob es bedeutungsvoll ist, von der Natur an sich zu sprechen, liegt außerhalb des Zuständigkeitsbereichs der Wissenschaft. Bohrs Schüler A. Peterson zitiert Bohr so: »Es ist falsch zu denken, die Aufgabe der Physik bestehe darin, herauszufinden, wie die Natur beschaffen ist. Die Physik betrifft vielmehr das, was wir über die Natur sagen können.«[7] Ein tief greifender Unterschied zwischen den Auffassungen Einsteins und Bohrs hinsichtlich »der Beschreibung der Natur« liegt darin, dass der eine eine ontologische, der andere eine epistemologische Sichtweise vertritt. »Ontologisch« bedeutet »auf das Sein bezogen«; »epistemologisch« bedeutet »auf die Erkenntnis bezogen«. Einsteins ontologischem Verständnis zufolge besteht die Aufgabe der Wissenschaft darin, die Natur an sich zu beschreiben. Nach Bohrs erkenntnistheoretischer Auffassung besteht die Aufgabe der Wissenschaft dagegen darin, das zu beschreiben, was wir über die Natur wissen können.

Betrachten wir als Beispiel das Heisenberg'sche Unschärfeprinzip und wenden es auf den Zustand eines Elektrons an. Eine ontologische Interpretation besagt: »Ein Elektron hat nicht gleichzeitig einen präzisen Ort und einen präzisen Impuls.« Eine erkenntnistheoretische Deutung würde lauten: »Es ist unmöglich, gleichzeitig die präzisen Werte für den Ort und den Impuls eines Elektrons zu kennen.«

Wie scharfsinnig Bohrs Auffassung ist, zeigt sich an seiner Behandlung isolierter Quantensysteme. Der erkenntnistheoretische Ansatz scheint zu implizieren, dass wir über solche Systeme keine Aussagen machen können, da sie aufgrund ihrer Isoliertheit unserer Erfahrung nicht zugänglich sind. Dies entspricht aber nicht Bohrs Auffassung. Bohr erkennt an, dass der Mensch ein Bedürfnis nach einer Beschreibung hat, ein Bedürfnis danach, »die richtigen Worte« zu finden. Indem er darauf hinweist, dass die Beschreibung eines isolierten Systems »abstrakt« ist, distanziert er sich jedoch von der ontologischen Vorstellung, nach der eine solche Beschreibung ein konkretes Abbild der wirklichen Natur darstellt. »Es gibt keine Quantenwelt«, so behauptete Bohr. »Es gibt nur eine abstrakte Quantenbeschreibung.«[8]

Atome sind keine »kleinen Dinge«

Der Atomismus kann auf eine rund 2500-jährige Geschichte zurückblicken. Von Leukipp im 5. Jahrhundert v. Chr. bis John Dalton im 19. Jahrhundert haben unzählige Wissenschaftler Spekulationen über das Wesen der Atome angestellt und wichtige Entdeckungen gemacht. Alle diese Spekulationen beruhten jedoch auf derselben Prämisse – einer Prämisse, die so offensichtlich war, dass sie nicht einmal formuliert wurde: Atome sind *kleine Dinge.* Sie ähneln den großen Dingen. Der Hauptunterschied zwischen ihnen und den Dingen, die wir sehen und mit denen wir umgehen, ist ihre Größe. Über die Jahrhunderte durchlief der Atomismus viele verschiedene Phasen, aber diese Prämisse blieb unangetastet – bis Bohr sie in Frage stellte.

Wenn Atome »kleine Dinge« sind, können sie korrekt als Substanzen beschrieben werden, als Stücke von Materie, die eigene Attribute besitzen. Sie haben zwar vielleicht nicht alle Eigenschaften »großer Dinge«, aber sie besitzen immerhin die grundlegendsten Attribute (Lockes »primäre Qualitäten«): Größe, Gestalt, Lage, Geschwindigkeit und außerdem Undurchdringlichkeit. Wir können uns also, wenn wir wollen, ein Atom vorstellen und uns ein mehr oder weniger zutreffendes geistiges Bild von ihm machen.

Genau diesem Gedanken widerspricht jedoch das Begriffssystem der Komplementarität. Bohr zufolge sind Atome keine »kleinen Dinge«. Sie besitzen keine eigenen Merkmale. Sie weisen in verschiedenen Versuchsanordnungen verschiedene Eigenschaften auf, *aber diese Eigenschaften beziehen sich ebenso sehr auf die Versuchsanordnung wie auf die Atome.* Die Eigenschaften gehören zum »ganzheitlichen Phänomen«, wie Bohr es ausdrückte.

Dass das Substanz-Attribut-Schema zur Beschreibung von Atomen aufgegeben werden muss, gilt natürlich nicht nur für Atome, sondern auch für Elektronen, Protonen, Moleküle – kurzum für alle Systeme und Größen der atomaren und subatomaren Welt. Genau dieser konzeptionelle Durchbruch führte schließlich zur Auflösung des Welle-Teilchen-Dualismus. Wenn ein Quantensystem keine Attribute an sich besitzt, dann ist es auch nicht länger problematisch, dass es sich in der einen Situation scheinbar als Wellenphänomen verhält und in der anderen als Partikel.

Wenn wir die Komplementaritätsvorstellung für den atomaren Bereich akzeptieren, kommen wir nicht umhin, uns über die Gültigkeitsgrenzen dieser Vorstellung Gedanken zu machen. Was ist zum Beispiel mit Systemen, die größer als Atome sind? Wo verläuft die Grenze zwischen der Quantenwelt und der Welt des alltäglichen Lebens? Sind große Moleküle »Quantensysteme« oder »gewöhnliche Dinge«? Und wie verhält es sich mit Viren? Oder Bakterien?

Zunächst einmal gilt: Es gibt keine scharfe Grenze zwischen der Quantenwelt und der Alltagswelt. Gleichwohl dürfen wir nicht vergessen, dass der Impuls das Produkt aus Masse und Geschwindigkeit ist. Deshalb geht bei einem Teilchen, dessen Masse viel größer als die eines Atoms ist, eine große Impulsunschärfe mit einer sehr kleinen Unschärfe hinsichtlich der Geschwindigkeit einher. Wenn wir zum Beispiel den Ort einer Billardkugel mit größtmöglicher Genauigkeit messen, dann ist die entsprechende Unschärfe der Geschwindigkeit so gering, dass sie selbst mit den empfindlichsten Messinstrumenten nicht bestimmt werden kann. Im Prinzip gilt der Komplementaritätsgedanke also für alle Ebenen der Natur, nicht nur für den atomaren Bereich. Die »Dinglichkeit« aller Objekte, Tische und Stühle eingeschlossen, das heißt, ihre Substanz-Attribut-Beschreibung, ist im Prinzip nur eine Näherung; sie hält einer genauen Betrachtung nicht stand. Wenn wir ein Objekt wirklich zutreffend beschreiben wollen, gelangen wir letztendlich stets an einen Punkt, an dem wir erkennen, dass die Eigenschaften nicht nur dem Objekt, sondern »dem ganzen Phänomen« (das heißt dem Objekt und der Messapparatur) zuzurechnen sind.

Betrachten wir beispielsweise einen normalen Tisch. Er scheint eine eindeutige Form zu besitzen. Was geschieht jedoch, wenn wir diese Form präzise bestimmen möchten? Dazu müssen wir die präzise Grenze zwischen der Oberfläche des Tisches und dem darüber liegenden Raum ermitteln. Dies setzt voraus, dass wir den Ort der Atome auf der Oberfläche des Tisches bestimmen können. Die komplementären Eigenschaften dieser Atome wirken sich also letztendlich auf den gesamten Tisch aus, der somit hinsichtlich seiner Form, seines Ortes und seines Impulses komplementäre Eigenschaften aufweist.

Vorläufig haben wir uns darauf beschränkt festzustellen, was Quantensysteme nicht sind: Sie sind keine »kleinen Dinge«. Wenn sie nun aber keine kleinen Stücke von Materie mit eigenen Eigenschaften sind, *was* sind sie dann?

Bohr liebte das Gespräch; trotzdem schwieg er sich in seiner langen beruflichen Laufbahn beharrlich über dieses Thema aus. Er blieb bei seiner erkenntnistheoretischen Auffassung. Die Vorstellung, dass Quantensysteme Systeme sind, die komplementäre Beschreibungen erfordern, schien ihm zu genügen. Wir übrigen sehnen uns jedoch vielleicht nach einem ontologischen Begriff, der die Vorstellung von einem »Ding« ersetzt.

Unser Wunsch wird in Erfüllung gehen. Obwohl Bohrs Begriffssystem der Komplementarität großen Einfluss ausübte, wurde seine erkenntnistheoretische Haltung von vielen Physikern implizit oder explizit abgelehnt, darunter auch von Heisenberg. Heisenbergs Auslegung der von Erwin Schrödinger eingeführten »Wellenmechanik« (die flüchtig in diesem Kapitel auf S. 71/72 erwähnt wurde), führte zu einer ontologischen Interpretation, die in Einklang mit der Stoßrichtung des Komplementaritätsgedankens steht. Im Folgenden wollen wir uns der Schrödinger'schen Wellenmechanik und ihrer ontologischen Interpretation durch Heisenberg zuwenden.[9]

Epigraph: J. Mansfeld, *Die Vorsokratiker*, S. 259.

1　H. Folse, *Philosophy of Niels Bohr*, S. 107.

2　A. Einstein in: P. A. Schilpp, Hrsg., *Albert Einstein als Philosoph und Naturforscher*.

3　W. Heisenberg, *Der Teil und das Ganze*, S. 96.

4　Ebd., S. 96–97.

5　Zitiert in: H. Folse, *Philosophy of Niels Bohr*, S. 81. (In Ermangelung des deutschen Originalzitats wurde das Zitat rückübersetzt. A. d. Ü.)

6　M. C. Nahm, *Selections from Early Greek Philosophy*, S. 38–39.

7　Zitiert in: H. Folse, *Philosophy of Niels Bohr*, S. 8.

8　Ebd., S. 12.

9　W. Heisenberg, *Der Teil und das Ganze*, Kapitel 3. Heisenbergs Haltung in Bezug auf die Kontroverse um die erkenntnistheoretische und die ontologische Interpretation der Quantenmechanik ist komplex. Wir werden in Kapitel 4, S. 106 ff. näher darauf eingehen.

4. Wellen des Nichts

Die von Erwin Schrödinger entdeckte »Wellenmechanik« bot Einblick in die Natur von Elektronen und anderen subatomaren Größen. So sind Elektronen für sich genommen keine »Dinge«. Sie existieren nicht wirklich in Raum und Zeit. Ihre Existenz ist rein potenziell. Erst durch den Akt der Messung treten sie vorübergehend wirklich in Erscheinung. Im Gegensatz zu klassischen Messungen sind Quantenmessungen schöpferisch; sie bringen in einem wörtlichen Sinn die Größen hervor, die sie messen.

> »... und nichts ist, als was nicht ist.«
>
> *W. Shakespeare (Macbeth)*

Schrödingers Wellenmechanik

Die Universität Zürich nahm in den zwanziger Jahren des 20. Jahrhunderts keine führende Stellung in der theoretischen Physik ein. Erwin Schrödinger, der den dortigen Lehrstuhl für theoretische Physik seit 1922 innehatte, verfolgte die aufregenden Entwicklungen auf dem Gebiet gleichwohl mit Interesse. Am 23. November 1925 hielt er einen Kolloquiumsvortrag über die von de Broglie in seiner Dissertation vorgeschlagene These, dass der Welle-Teilchen-Dualismus nicht nur für Licht, sondern auch für Elektronen gelte. Peter Debye, ein Kollege Schrödingers, der sich unter den Zuhörern befand, hielt eine solche Ausdrucksweise für »ziemlich kindisch«, weil man, um richtig mit Wellen umgehen zu können, eine Wellengleichung benötige. Einen Monat später reiste Schrödinger über die Weihnachtsferien in die Alpen. Nach seiner Rückkehr hielt er einen weiteren Vortrag, den er mit den Worten einleitete: »Mein Kollege Debye war der Ansicht, dass man eine Wellengleichung haben solle; ich habe eine gefunden.«[1] Schrödinger hatte Sinn für Humor. Er wusste sehr wohl, dass die Gleichung, die er hier so beiläufig einführte, eine der größten Entdeckungen seiner Zeit darstellte. Im Gegensatz zu Bohr und Heisenberg, die sich ihre Entdeckungen über Monate und Jahre mühsam erarbeiteten, war Schrödingers Errungenschaft das Ergebnis einer extremen Konzentration in einer kreativen Schaffensphase, die nur wenige entscheidende Wochen in Anspruch nahm.

Was ist jedoch eine Wellengleichung, und warum brauchen wir sie?

Eine Wellengleichung ist eine knappe mathematische Ausdrucksweise dafür, wie sich die Form einer Welle von einem Augenblick zum nächsten ändert. Angenommen, wir haben »eine Wellenfunktion«, eine mathematische Formel, die die Form einer Welle *zu einem gegebenen Augenblick* beschreibt. Wie verändert sich diese Form mit der Zeit? Darauf gibt die Wellengleichung eine Antwort: Indem wir sie lösen, können wir aus den Eigenschaften einer Welle zu einem Zeitpunkt jederzeit auf ihre künftigen Eigenschaften (und wenn wir wollen, auch auf ihre vergangenen Eigenschaften) schließen.

Schrödinger gelangte zu seiner Gleichung, indem er eine bekannte Wellengleichung aus der Optik, die seit Jahrzehnten benutzt wurde, um das Wellenverhalten von Licht zu beschreiben, mit einer in den dreißiger Jahren des 19. Jahrhunderts von William Rowan Hamilton eingeführten Formulierung aus der Mechanik verband. So machte er aus der Idee de Broglies, die bis dahin nur eine verlockende Möglichkeit gewesen war, kurzerhand eine echte Theorie.

Wie aber überprüft man, ob eine Wellengleichung richtig ist? Schrödinger unternahm es zu diesem Zweck, mit Hilfe seiner Gleichungen die Eigenschaften von Wasserstoffatomen zu berechnen. Seine Berechnungen stimmten nicht nur mit den experimentellen Ergebnissen überein, sondern auch mit den Ergebnissen der als »*Matrizenmechanik*« *bekannten* »*neuen Quantenmechanik*«, die von Heisenberg, Born und Jordan mehr als ein Jahr zuvor eingeführt worden war (siehe Kapitel 1, S. 19 ff.). Dies war merkwürdig, da sich seine Wellengleichung stark vom Heisenberg-Born-Jordan-Formalismus unterschied, einer mathematischen Ausdrucksweise, die auf der Verwendung von »Matrizen« beruhte, also auf großen Zahlenanordnungen, in denen für die Vorstellung von »Wellen« kein Platz war. Innerhalb weniger Monate bewies Schrödinger, dass seine Wellengleichung und der Heisenberg-Born-Jordan-Formalismus entgegen allem Anschein mathematisch äquivalent waren. Dieses Ergebnis bot in der Tat Anlass zur Hoffnung. Wie bereits erwähnt, war »die neue Quantenmechanik« nichts anderes als eine Methode zur Berechnung der Ergebnisse von Experimenten. Sie verzichtete auf ein begriffliches Bezugssystem zur Erklärung der Ergebnisse. Nun schien es, als ob Schrödingers Ansatz genau diese Lücke füllen würde – er lieferte eine klare Beschreibung der atomaren Phänomene als Wellenerscheinung.

Doch die Natur liebt es, sich zu verbergen. So leicht gab sie ihre Geheimnisse nicht preis. Als Schrödinger die Wellen untersuchte, die ein freies Elektron beschreiben sollten, ein Elektron, das sich allein im leeren Raum bewegt, stellte er bestürzt fest, dass die Wellen auseinander liefen. Binnen kürzester Zeit verteilten sie sich über ein Raumgebiet, das viel größer war, als man vernünftigerweise mit einem Elektron in Verbindung bringen konnte. Er befand sich somit also in derselben Situation wie Heisenberg ein Jahr zuvor, als dieser bei seinem Kolloquiumsvortrag in Berlin »die neue Quantenmechanik« vorgestellt hatte: Die Theorie funktionierte zwar mathematisch, doch ihre Bedeutung entzog sich einem Verständnis.

In seinem Bemühen um eine Interpretation der Wellen-funktion ging Schrödinger davon aus, dass die Wellen so »real« waren wie Wellen im Wasser. Er betrachtete sie als »Materiewellen«, die tatsächlich existierten und sich kontinu-ierlich durch den Raum ausbreiteten. Bohr war von Schrödin-gers Entdeckung fasziniert, doch hielt er dessen Interpreta-tion gleichwohl für unmöglich. Elektronen, die um einen Atomkern kreisen, scheinen von einer Umlaufbahn in eine andere zu »springen«; sie besetzen erst eine Bahn und dann plötzlich eine andere. In den Zwischenräumen der Umlauf-bahnen sind sie dagegen nie anzutreffen. Diese Eigenschaft, die Bohr 1913 als integralen Bestandteil seines Atommodells einführte, war ein wesentliches Merkmal des Quantenver-haltens. Nach Bohrs Auffassung war es ausgeschlossen, ein solch diskontinuierliches Verhalten durch sich kontinuierlich verändernde »Materiewellen« zu erklären.

Die korrekte Deutung der Schrödinger'schen Wellenfunk-tion gelang schließlich Max Born. Im Juli 1926 veröffentlichte Born einen Artikel, in dem er vermutete, dass das Quadrat der Wellenfunktion die *Wahrscheinlichkeiten* angebe, mit denen das Teilchen an verschiedenen Orten anzutreffen sei. Wenn zum Beispiel der Wert der Wellenfunktion eines Elektrons am Ort A doppelt so hoch ist wie sein Wert an einem anderen Ort B, dann ist die Wahrscheinlichkeit, es bei einer Messung am Ort A anzutreffen viermal so groß wie die Wahrscheinlich-keit, es am Ort B zu finden. (Um es mathematisch korrekt auszudrücken, muss man das Quadrat des »Absolutwerts« nehmen, denn bei den Werten der Wellenfunktionen handelt es sich im Allgemeinen um komplexe Zahlen. Wer aber mit den komplexen Zahlen nicht vertraut ist, braucht sich darü-ber keine Gedanken zu machen.)

Bohr erkannte korrekt, dass Borns Vorschlag ein Schritt in die richtige Richtung war, doch Schrödinger selbst wollte da-von nichts wissen. Er war fest davon überzeugt, dass seine

Wellen »Materiewellen« und nicht »Wahrscheinlichkeitswellen« waren. Ein konsistentes Begriffssystem, das sowohl die »Quantensprünge« als auch das kontinuierliche Wellenverhalten erklärte, konnten im Jahre 1926 weder Bohr noch Schrödinger vorschlagen. Schrödingers Entdeckung der Wellengleichung und ihre wahrscheinlichkeitstheoretische Deutung durch Born gingen Heisenbergs Entdeckung des Unschärfeprinzips und Bohrs Präsentation des Komplementaritätsgedankens um mehr als ein Jahr voraus.

Um die Situation zu diskutieren, lud Bohr Schrödinger nach Kopenhagen ein. Der Besuch fand im Oktober 1926 statt. Die Entwicklung der Quantentheorie, die mit Plancks Hypothese im Jahre 1900 begonnen hatte, näherte sich einem entscheidenden Höhepunkt, was sich auch in der Intensität der Diskussionen zeigte. Heisenberg, der sich ebenfalls in Kopenhagen aufhielt, beschrieb die Situation folgendermaßen:

»Die Diskussionen zwischen Bohr und Schrödinger begannen schon auf dem Bahnhof in Kopenhagen und wurden jeden Tag vom frühen Morgen bis spät in die Nacht hinein fortgesetzt. Schrödinger wohnte bei Bohrs im Hause, so dass es schon aus äußeren Gründen kaum eine Unterbrechung der Gespräche geben konnte. Und obwohl Bohr sonst im Umgang mit Menschen besonders rücksichtsvoll und liebenswürdig war, kam er mir hier beinahe wie ein unerbittlicher Fanatiker vor, der nicht bereit war, seinem Gesprächspartner auch nur einen Schritt entgegenzukommen oder auch nur die geringste Unklarheit zuzulassen. Es wird kaum möglich sein wiederzugeben, wie leidenschaftlich die Diskussionen von beiden Seiten geführt wurden, wie tief verwurzelt die Überzeugungen waren, die man gleichermaßen bei Bohr und Schrödinger hinter den ausgesprochenen Sätzen spüren konnte.

... Nach einigen Tagen wurde Schrödinger krank, vielleicht als Folge der enormen Anstrengung; er musste mit einer fiebrigen Erkältung das Bett hüten. Frau Bohr pflegte ihn und brachte Tee und Kuchen, aber Niels Bohr saß auf der Bettkante und sprach auf Schrödinger ein: ›Aber Sie müssen doch einsehen, dass ...‹«[2]

Aufgebracht rief Schrödinger einmal aus: »Wenn es doch bei dieser verdammten Quantenspringerei bleiben soll, so bedaure ich, mich überhaupt jemals mit der Quantentheorie abgegeben zu haben.«[3] Obwohl Bohr und Schrödinger beide im Dunkeln tappten, was eine kohärente Interpretation der Quantenmechanik betraf, kritisierten sie scharfsichtig die Unzulänglichkeiten des jeweils anderen Standpunkts.

Wellen- und Teilchen-Aspekte in einer einzigen Versuchsanordnung: Das Doppelspalt-Experiment

Trotz der Einwände Schrödingers löste Borns Erkenntnis doch immerhin die Frage nach der Bedeutung der Wellenfunktion. Die Natur der Quantensysteme wurde dadurch allerdings nur noch rätselhafter. Betrachten wir den Welle-Teilchen-Dualismus noch einmal unter dem Blickwinkel der wahrscheinlichkeitstheoretischen Deutung Borns. In Kapitel 3, S. 62 ff haben wir gesehen, dass sich Wellen- und Teilchenaspekte in verschiedenen Situationen manifestieren. Dem Komplementaritätsprinzip zufolge können sie nicht in derselben Versuchsanordnung in Erscheinung treten, *wenn sich die Messung auf ein einzelnes Elektron, bzw. ein einzelnes Quantenereignis, bezieht.* Untersucht man dagegen die wahrscheinlichkeitstheoretischen oder statistischen Eigenschaften eines

Quantensystems, indem man dieselbe Messung an vielen Elektronen durchführt, können die Wellen- und Teilchenaspekte in einer einzigen Versuchsanordnung in Erscheinung treten. Die Versuchsanordnung, die wir im Folgenden betrachten werden, ist uns bereits von unserer Untersuchung des Lichts bekannt; wir wollen den Durchtritt von Elektronen durch schmale Spalte beobachten.

Betrachten wir die folgende Versuchsanordnung (siehe Abbildung): Eine als »Elektronenkanone« bezeichnete Quelle schießt einen Elektronenstrahl auf eine undurchlässige Trennwand, in der sich nah beieinander zwei sehr schmale Spalte befinden. Jenseits der Trennwand ist ein Aufzeichnungsgerät aufgestellt, zum Beispiel ein Leuchtschirm oder eine fotografische Platte. Wir beobachten nun, wie die Elektronen auf diesen Schirm auftreffen.

Wie die Abbildung zeigt, erzeugen die auf den Schirm treffenden Elektronen ein typisches Doppelspalt-Interferenzmuster. Ein solches Muster ist charakteristisch für Wellen. Es kann nicht durch Teilchen erklärt werden. Es scheint daher,

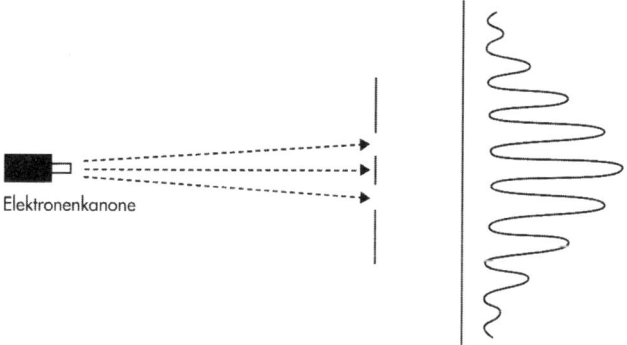

Das Doppelspalt-Interferenz-Experiment mit Elektronen. Die Wellenlinie rechts stellt die Helligkeitsverteilung auf dem Auffangschirm dar.

dass unser Experiment die Wellennatur von Elektronen beweist.

Doch halt! Das beobachtete Muster wurde unter Verwendung eines Strahls erzeugt, der viele Elektronen enthielt. Was geschieht, wenn wir versuchen, die Elektronen *einzeln* zu beobachten, während sie nacheinander auf dem Schirm prallen? Sollte uns dies nicht endlich in die Lage versetzen, die Frage nach der Natur des Elektrons ein für alle Mal zu beantworten? Wenn das Elektron eine Welle ist, dann können wir von jedem Elektron erwarten, dass es auf dem Bildschirm das gesamte Interferenzmuster erzeugt. Natürlich wäre das Muster eines einzelnen Elektrons extrem schwach, so dass wir es vielleicht kaum wahrnehmen können – schließlich ist der Energiegehalt eines einzelnen Elektrons in der Tat äußerst gering. Aber je mehr einzelne Elektronen nacheinander auf den Schirm treffen, umso klarer sollte das gesamte Muster zutage treten – anfangs vielleicht noch kaum erkennbar, aber mit der Zeit immer deutlicher.

In Wirklichkeit geschieht jedoch etwas anderes. Jedes einzelne Elektron, das den Doppelspalt passiert, hinterlässt irgendwo auf dem Bildschirm einen Punkt, so als wäre es ein Teilchen. Es scheint, als ob ein einzelnes Elektron den Teilchenaspekt, das gemeinsame Verhalten vieler Elektronen aber den Wellenaspekt verdeutlicht.

Lassen Sie uns den Versuch genauer betrachten (siehe Abb. S. 99). Beobachten wir, wie die Elektronen nacheinander auf den Leuchtschirm prallen. Was sehen wir? Zunächst nehmen wir nur einzelne Punkte wahr, die an scheinbar zufälligen Orten auf dem Schirm auftauchen. Nachdem jedoch etwa hundert Elektronen auf den Schirm geprallt sind, beginnt sich allmählich das Interferenzmuster abzuzeichnen. Die eintreffenden Elektronen scheinen sich zwar zufällig, doch gemäß einem Muster anzuordnen! Jedes einzelne Elektron verhält sich unvorhersagbar; wir wissen nicht, wo es

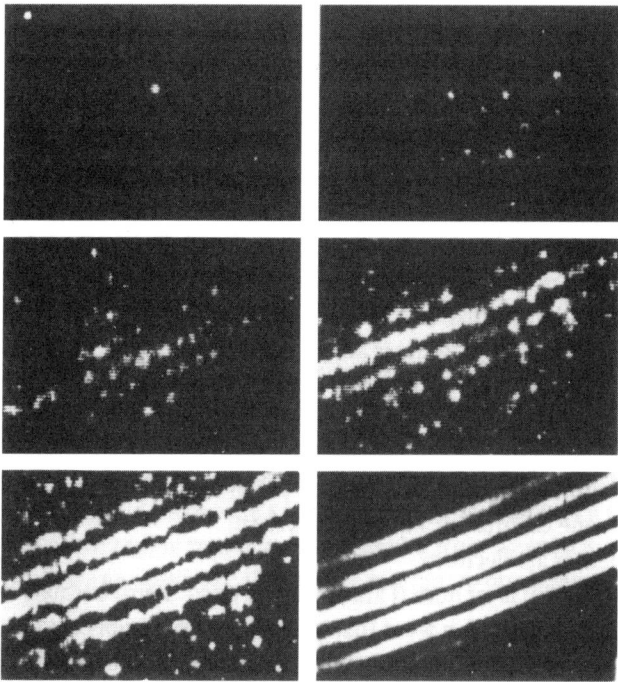

Das Doppelspalt-Interferenz-Experiment mit Elektronen. Die Aufnahmen zeigen das entstehende Interferenzmuster, während immer mehr Elektronen den Auffangschirm erreichen. Die Bilder stammen aus einem Artikel von P. G. Merli, G. F. Missiroli und G. Pozzi, *American Journal of Physics* 66 (1976), S. 306. Mit freundlicher Genehmigung der Autoren.

auftreffen wird, aber je mehr Elektronen den Schirm erreichen, umso klarer und deutlicher tritt das Interferenzmuster zutage!

Diese Kombination aus Ordnung und Zufall ist charakteristisch für statistische Ereignisse. Wenn wir eine Münze werfen, können wir nicht vorhersagen, welche Seite oben liegen wird, Kopf oder Zahl. Werfen wir jedoch tausend Münzen, wird bei ungefähr der Hälfte der Münzen der Kopf, und bei der anderen Hälfte die Zahl oben landen. Das Verhalten jeder Münze ist zufällig, doch gehorcht es einer *Wahrscheinlichkeitsverteilung*, die für Kopf und Zahl die gleiche Wahrscheinlichkeit angibt.

Mit unserem Interferenzmuster verhält es sich ähnlich, nur dass die Wahrscheinlichkeitsverteilung komplexer ist. Die Wellenlinie in Abbildung S. 97 gibt die relative Wahrscheinlichkeit an, mit der ein Elektron an verschiedenen Orten auftrifft. Wenn eine große Zahl von Elektronen auf den Schirm prallt, verwandeln sich die relativen Wahrscheinlichkeiten in relative Intensitäten: An Orten mit hoher Wahrscheinlichkeit treffen viele Elektronen auf, daher ist das Muster dort intensiver, während an Orten mit geringer Wahrscheinlichkeit nur wenige Elektronen auftreffen und das Muster folglich nur blass ausfällt.

Unser Versuch, das Elektron auf die Wellen- oder die Teilchennatur festzulegen, ist fehlgeschlagen. Wir stehen weiterhin vor einem Rätsel. Wenn ein Elektron auf den Schirm trifft, ist es wie ein Teilchen an einem Ort lokalisiert. Die Wahl des Ortes unterliegt jedoch einer Wahrscheinlichkeitsverteilung, die wellenartig ist! Wie sollen wir uns also ein Elektron vorstellen? Welche begriffliche Vorstellung umfasst beide Aspekte seines Verhaltens?

Was ist ein Elektron?

Wir sind nun bereit für einen Gedankengang, der zu einer neuen Vorstellung von der Natur des Elektrons führen wird. Diese neue Vorstellung spiegelt im Wesentlichen Heisenbergs ontologische Interpretation der Quantenmechanik wider.

Die Frage »Was ist ein Elektron?« läuft letztendlich auf die Frage »Was ist Materie?« hinaus. Schließlich ist ein Elektron nichts anderes als ein winziges Stück Materie, und all die merkwürdigen Aspekte seines Verhaltens sind auch den Protonen und Neutronen, den übrigen Bausteinen gewöhnlicher Materie eigen, aus denen Dinge wie Tische und Stühle bestehen. Wir beschränken uns hier nur deshalb auf das Elektron als ein Beispiel eines Quantensystems, um die Darstellung nicht unnötig zu komplizieren.

Was also ist ein Elektron?

Ein Elektron ist etwas, das in der Versuchsanordnung des Doppelspaltexperiments einen Punkt auf dem Leuchtschirm hervorruft, dessen Ort wiederum von einer wellenartigen Wahrscheinlichkeitsverteilung abhängt. (Ich verwende das Wort »etwas«, weil es das neutralste Wort ist, das ich finden konnte; ein Wort, das für sich genommen keine Rückschlüsse auf die Natur dessen zulässt, was es bezeichnet.) Die Wahrscheinlichkeitsverteilung ist eindeutig »wellenartig«, da sie auf dem Überlagerungsprinzip beruht, das heißt auf der Interferenz der zwei durch die Spalte tretenden Wellen. Das Teilchenmodell kann eine solche Verteilung nicht erklären, da Teilchen nicht dem Superpositionsprinzip gehorchen.

Können wir eine begriffliche Vorstellung des Elektrons entwickeln, die sowohl dem teilchenartigen Punkt auf dem Leuchtschirm als auch der wellenartigen Wahrscheinlichkeitsverteilung Rechnung trägt?

Was geschieht, wenn wir versuchen, uns ein Elektron »bildlich« vorzustellen? Zunächst ähnelt unser Bild wahrscheinlich einem winzigen harten Ball, doch fühlen wir uns in Anbetracht des Wellenaspekts möglicherweise bemüßigt, das Bild etwas zu verwischen, zum Beispiel indem wir den Ball unscharf zeichnen oder ihn mit einer Wolke umgeben. Unsere Vorstellung von »Materie« als einer »Sammlung kleiner harter Objekte« ist schließlich tief verwurzelt. Wenn wir nicht den ärgerlichen Wellenaspekt einbeziehen müssten, wären wir mit dem Bild eines winzigen Balls zufrieden. Das

Komplementaritätsprinzip besagt jedoch, dass es gar kein adäquates Bild gibt. Wenn wir überhaupt mit Bildern arbeiten möchten, müssen wir mindestens zwei komplementäre Bilder verwenden. Die Herausforderung besteht also vielleicht gar nicht darin, adäquate *bildliche* Vorstellungen, sondern eine adäquate *begriffliche* Vorstellung zu entwickeln.

Aber können wir uns eine begriffliche Vorstellung von einem Elektron ohne entsprechende Bilder machen? Die Antwort lautet, ja. Unsere Fähigkeit der Begriffsbildung ist stärker ausgeprägt als unser bildliches Vorstellungsvermögen. Unser Denken beruht in der Tat zum größten Teil auf Begriffen und nicht auf Bildern. Wir sprechen von Schönheit, Gerechtigkeit und Gleichheit; von Glück und Liebe; von einer Million – alles ohne Bilder. Aber wenn es um ein Elektron, ein Proton, ein Stück Materie geht, sind wir es gewohnt, nach einem Bild zu suchen.

Der Ursprung dieser Gewohnheit ist nicht schwer zu finden. Er geht auf Newton und andere Atomisten vor ihm zurück. Newtons Materiebegriff wurde in Kapitel 2, S. 40 ff., zitiert:

»Nach all diesen Betrachtungen ist es mir wahrscheinlich, dass Gott im Anfange der Dinge die Materie in massiven, festen, harten, undurchdringlichen und beweglichen Partikeln erschuf, von solcher Grösse und Gestalt, mit solchen Eigenschaften und in solchem Verhältniss zum Raume, wie sie zu dem Endzwecke führten, für den er sie gebildet hatte ...«

Das Newton'sche Paradigma bildet die Grundlage unseres heutigen Weltbilds. Gibt es dazu eine Alternative?

Zweitausend Jahre vor Newton schrieb Aristoteles: »Alles was wird, sei es durch Natur oder durch Kunst, hat eine Materie. Denn jegliches hat die Möglichkeit zu sein und nicht

102

zu sein, und das ist für jegliches seine Materie.« An anderer Stelle bemerkt er: »Denn das Seiende ist gedoppelt; teils ist es aktuell wie die Form, teils potentiell wie die Materie.«[4] Aristoteles spricht somit von Materie als einer Möglichkeit. Dieser Materiebegriff unterscheidet sich beträchtlich von den »massiven, festen, harten, undurchdringlichen und beweglichen Partikeln« Newtons. Könnte er für unsere Untersuchung bedeutsam sein?

Elektronen als Möglichkeitsfelder

Betrachten wir die Auffassung von Materie als einer Möglichkeit, oder besser gesagt, als einer Sammlung oder eines »Feldes« von Möglichkeiten. Um zu begreifen, was dies bedeutet, wollen wir zunächst den Begriff »Möglichkeit« einer eingehenden Prüfung unterziehen.

Wenn wir sagen, dass etwas die Möglichkeit oder das Potenzial hat, X zu werden, implizieren wir vor allem, dass es nicht X ist. Wenn zum Beispiel Tommys Mutter sagt, dass Tommy das Potenzial zu einem großen Komponisten besitzt, gibt sie damit zu verstehen, dass er, ungeachtet davon, ob er es künftig sein wird oder nicht, gegenwärtig kein großer Komponist ist. Ebenso gilt: Wenn wir sagen, dass ein Elektron eine Sammlung oder ein Feld von Möglichkeiten ist, dann sagen wir damit gleichzeitig, dass es keine Wirklichkeit besitzt – das heißt, dass es als »kleines Ding« nicht existiert. Aber natürlich ist dies absurd! Schließlich ist der kleine Punkt auf dem Leuchtschirm oder der fotografischen Platte ein deutlicher Nachweis der tatsächlichen Existenz des Elektrons an diesem Ort.

Damit nähern wir uns allmählich dem Kern des Problems. Nachdem sich Heisenberg im Vorfeld der Entdeckung des

Unschärfeprinzips wochenlang vergeblich um ein Verständnis der Situation bemüht hatte, erkannte er plötzlich, dass das Auftreten der Tröpfchen in den Nebelkammeraufnahmen nicht unbedingt auf die Existenz von Elektronenbahnen schließen lässt. Die Tröpfchen zeigen zwar, dass ein Elektron am Ort des Tröpfchens existierte, aber daraus folgt nicht, dass es auch zwischen einem Tröpfchen und dem nächsten existierte. In diesem Sinne wollen wir eine weitere Frage stellen: Angenommen, das Elektron existiert als wirkliches »Ding« am Ort der Elektronenkanone, wo sein Abflug registriert wird, und auf dem Bildschirm, wo sein Auftreffen einen sichtbaren Punkt herruft. Gibt es irgendeinen Grund zu der Annahme, dass es als wirkliches »Ding« irgendwo sonst existiert?

Heisenbergs ontologischer Interpretation zufolge existiert das Elektron als wirkliches Ding nur, wenn es gemessen wird. In dem Raum zwischen Elektronenkanone und Bildschirm, wo es nicht gemessen wird, ist es dagegen *lediglich als ein Feld von Möglichkeiten vorhanden*. Doch Möglichkeit wozu? Dazu, ein wirkliches »Ding« zu werden, das, *wenn es gemessen wird*, bestimmte Eigenschaften besitzt. Solange es jedoch nicht gemessen wird, gibt es kein Ding. Wir behaupten also, dass das Elektron am Ort der Elektronenkanone und auf dem Bildschirm wirklich existiert, *dass es dazwischen jedoch nur eine Sammlung von Möglichkeiten ist*.

Der Begriff »Messung« wurde im vorigen Abschnitt in einem sehr allgemeinen Sinn verwendet: Jede Wechselwirkung mit einem Elektron, die prinzipiell dazu benutzt werden kann, etwas über das Elektron zu erfahren, zählt als eine »Messung«. Folglich kann auch jede Wechselwirkung des Elektrons mit Materiestücken, die weitaus größer und komplexer als Atome oder Moleküle sind, als eine Messung angesehen werden.

Heisenbergs ontologische Interpretation löst einen echten Paradigmenwandel aus. Seine Auffassung erscheint uns

fremd und beunruhigend – bis wir sie begreifen. Die Stoßrichtung dieser Idee lässt sich anhand eines einfachen Beispiels erklären: Immer wenn wir den Kühlschrank öffnen,
sehen wir, dass drinnen das Licht brennt. Ein kleines Kind
schließt daraus, dass das Licht im Kühlschrank stets an ist.
Vielleicht erinnern Sie sich sogar noch an das Aha-Erlebnis,
als Sie als Kind plötzlich begriffen, dass das Licht im Kühlschrank nicht die ganze Zeit brennt! Was die Existenz oder
Nicht-Existenz von Elektronen betrifft, stehen wir vielleicht
vor einer ähnlichen Situation: Wenn wir Elektronen messen,
sind sie da. Unsere Annahme, dass sie auch dann noch da
sind, wenn wir sie nicht messen, entspricht der Annahme des
Kindes hinsichtlich des Kühlschranklichts.

Solange ein Elektron nicht gemessen wird, existiert es
nicht im Raum, trotzdem trifft man es irgendwo an, sobald
sein Ort gemessen wird. Ebenso ergibt sich ein bestimmter
Wert für seinen Impuls, wenn der Impuls gemessen wird.
Daraus folgt: *Erst die Messung bewirkt, dass das Elektron
wirklich existiert.* Zwischen gewöhnlichen Messungen und
Quantenmessungen besteht also ein fundamentaler Unterschied. Im Alltag und in der klassischen Physik macht eine
Messung Aussagen über den Zustand des gemessenen Systems, und dieser Zustand wird durch den Messvorgang nicht
signifikant beeinflusst. In der Quantenphysik sind die Messungen dagegen schöpferisch tätig: Sie bringen das Elektron,
das vorher als wirkliches Ding nicht existierte, hervor und
zwar in einem ganz wörtlichen Sinn.

Durch diese neue Vorstellung vom Elektron erhält die Beziehung zwischen teilchenartigen und wellenartigen Aspekten des Doppelspaltexperiments eine neue Bedeutung: Das
wellenartige Verhalten beschreibt das Feld der Möglichkeiten,
das teilchenartige Verhalten das Ergebnis einer Ortsmessung.
Wenn der Ort des Elektrons bestimmt wird, hört es auf, nur
eine Möglichkeit zu sein – es wird real. Die Komplementarität

von Teilchen und Wellen entspricht dem Wechselspiel zwischen zwei Arten des Seins: dem Möglichen und dem Wirklichen. Doch wie führt die Messung diesen geheimnisvollen Übergang vom Möglichen zum Wirklichen herbei? Mit dieser Frage wollen wir uns eingehend in den Kapiteln 10: S. 213 ff., 11: S. 238 ff., und 16: S. 335 ff., beschäftigen.

Beschreibung der Wirklichkeit oder Beschreibung unserer Kenntnis?

Gegen Ende des vorigen Kapitels stellte ich fest, dass Heisenbergs ontologische Interpretation in Einklang mit der Stoßrichtung des Komplementaritätsgedankens steht. Dies ist eine merkwürdige Behauptung. Das Bezugssystem der Komplementarität erfordert zwei Beschreibungen; wie kann eine einzige ontologische Beschreibung diesem Anspruch genügen?

Dies liegt daran, dass Heisenbergs ontologische Interpretation nicht dem entspricht, was man gemeinhin unter einer ontologischen Betrachtungsweise versteht. Auf die Frage »Was ist ein Elektron?« gibt sie im Wesentlichen zur Antwort: *»Ein Elektron ist nicht.«* Oder, genauer gesagt: »Ein Elektron existiert nur dann, wenn es gemessen wird; solange es nicht gemessen wird, ist es ein Feld von Möglichkeiten.« Die merkwürdige Übereinstimmung zwischen dieser ontologischen Beschreibung einerseits und den Anforderungen der Komplementarität andererseits liegt in der Unterscheidung zwischen tatsächlicher und potenzieller Existenz begründet: Ein Feld von Möglichkeiten kann komplementäre und sich wechselseitig ausschließende Eigenschaften besitzen, während dies für etwas, das tatsächlich existiert, nicht gilt. So kann ein Elektron das Potenzial haben, sich gleichzeitig an zwei verschiedenen Orten aufzuhalten. Solange es nicht gemessen wird, hat es die Möglichkeit, sich an den Orten A und B auf-zuhalten. Wird es jedoch gemessen, trifft man es entweder an Ort A oder an Ort B, aber nicht an beiden Orten an. Wir wer-den auf diese Unterscheidung zwischen dem Möglichen und dem Wirklichen in Kapitel 16, S. 335 ff., zurückkommen.

Auch wenn die von Heisenberg vorgelegte ontologische Interpretation der Schrödinger'schen Wellen[5] inzwischen zum Kanon der Physik gehört, ist seine Haltung in der Kon-troverse um die ontologische oder die erkenntnistheoretische Interpretation der Quantentheorie durchaus vielschichtig. Seine ontologische Interpretation kommt zum Beispiel in fol-gendem Abschnitt zum Ausdruck:

»Diese Wahrscheinlichkeitsfunktion stellt eine Mischung aus zwei verschiedenen Elementen dar, nämlich teilweise eine Tatsache, teilweise den Grad unserer Kenntnis einer Tatsache. Sie stellt ein Faktum, d. h. eine Tatsache dar, in-soweit sie der Ausgangssituation die Wahrscheinlichkeit 1, d. h. vollständige Sicherheit, zuschreibt. Es ist völlig sicher, dass das Elektron sich an dem beobachteten Ort mit der beobachteten Geschwindigkeit bewegt hat. Beobachtet heißt dabei allerdings: beobachtet innerhalb der Genauig-keit des Experiments. Sie stellt den Grad unserer Kenntnis dar, insofern ein anderer Beobachter vielleicht die Lage des Elektrons noch genauer hätte kennen können. Der experi-mentelle Fehler oder die Ungenauigkeit des Experiments kann, wenigstens bis zu einem gewissen Grad, nicht als Eigenschaft des Elektrons betrachtet werden, sondern ist ein Mangel in unserer Kenntnis des Elektrons. Auch dieser Mangel an Kenntnis wird durch die Wahrscheinlichkeits-funktion ausgedrückt.«[6]

Allerdings vertritt Heisenberg zumindest in einem Aufsatz, der 1958 erschien, eine erkenntnistheoretische Interpretation

»der Naturgesetze, die wir in der Quantentheorie mathematisch formulieren«[7].

Obwohl Heisenbergs Vorstellung von Quantensystemen als Möglichkeitsfeldern mit dem Begriffssystem der Komplementarität in Einklang steht, bleibt doch ein tief greifender Unterschied zwischen beiden bestehen. Heisenbergs Interpretation von Quantensystemen liefert eine einheitliche und in sich konsistente Beschreibung. Sie ist ontologisch und nicht erkenntnistheoretisch geprägt: Sie sagt uns, was Quantensysteme sind. Wie wir im letzten Kapitel gesehen haben, lehnte Bohr jedoch eine solche ontologische Interpretation ab. Da die zwei komplementären Beschreibungen das einzige sind, »was wir über die Natur sagen können«, ist nach seiner Auffassung mehr nicht erforderlich. Aber welche Interpretation ist nun richtig, die ontologische oder die erkenntnistheoretische?

Wie wir sehen werden, ist die erkenntnistheoretische Interpretation im Prinzip die richtige. Trotzdem stimmen beide Interpretationen in den meisten Situationen überein und so können wir uns nach Belieben für die eine oder die andere entscheiden. Der Bequemlichkeit halber werden wir uns vorerst die ontologische Beschreibungsweise zu Eigen machen, da ihre Sprache einfacher und direkter ist. Nehmen wir als Beispiel die Komplementarität von Ort und Impuls. Die ontologische Beschreibung dafür lautet: »Für jeden gegebenen Augenblick gilt: Je genauer der Ort eines Quantensystems definiert ist, desto ungenauer ist sein Impuls definiert.« Die erkenntnistheoretische Variante klingt dagegen recht kompliziert: »Wenn an einem Quantensystem gleichzeitig Messungen des Ortes und des Impulses durchgeführt werden, dann geht eine hohe Genauigkeit bei dem Ergebnis der Ortsmessung mit einer hohen Ungenauigkeit bei dem Ergebnis der Impulsmessung einher.«

Sowohl Bohrs als auch Heisenbergs Interpretation der Quantentheorie weisen auf ein in der Entstehung begriffenes neues Paradigma hin, das unser Bild von der Natur und der Erfahrbarkeit der physikalischen Welt grundlegend verändert. Schon im Herbst 1927 lag die Quantentheorie, die die Grundlage dieses Paradigmas darstellt, fertig vor. Albert Einstein, der größte Physiker des 20. Jahrhunderts, war jedoch von keiner der beiden Interpretationen überzeugt. Obwohl er die Erfolge der Quantenmechanik verstand und würdigte, weigerte er sich hartnäckig, sie als eine fundamentale Theorie der Natur zu akzeptieren. Wie wir in Kapitel 6, S. 121 ff., sehen werden, ließen sich die scharfsinnigen Argumente, die er zugunsten seiner eigenen Position anführte, nicht leicht entkräften.

Epigraph: W. Shakespeare, Macbeth, 1. Akt, 3. Szene

1 W. Moore, *Schrödinger,* S. 192; Rückübersetzung aus dem Englischen (A. d. Ü.).

2 W. Heisenberg, *Der Teil und das Ganze,* S. 92–94.

3 Ebd., S. 94.

4 Aristoteles, *Metaphysik,* S. 204, 464 (aus: Die digitale Bibliothek der Philosophie, S. 14792 und 15052).

5 Die in diesem Kapitel vorgestellte ontologische Interpretation wird als »Heisenberg'sche« Deutung bezeichnet, weil sie den meisten Physikern aus den Veröffentlichungen Heisenbergs bekannt ist. Shimony weist jedoch in *Search for a Naturalistic World View* (Band 2, S. 313) darauf hin, dass die Vorstellung, Quantenzustände stellten Möglichkeiten dar, zuerst von Henry Morgenau vorgeschlagen wurde, der dafür den äquivalenten Begriff »Latenz« benutzte [*Philosophy of Science* 16 (1949), S. 287].

6 W. Heisenberg, *Physik und Philosophie,* S. 68/69.

7 W. Heisenberg, *Daedalus* 87 (1958), S. 99.

5. Paul Dirac und der Spin des Elektrons

Dieses Kapitel soll den Leser mit dem letzten der Gründungsväter der Quantenmechanik, Paul Adrien Maurice Dirac, und
dem Begriff des »Elektronenspins« bekannt machen, einem
Begriff, der für die Diskussion von Bells Experiment in Kapitel 7, S. 139 ff., von entscheidender Bedeutung sein wird.

> »Eines der grundlegenden Merkmale der Natur scheint
> mir zu sein, dass fundamentale Naturgesetze durch eine
> mathematische Theorie von großer Schönheit und Kraft
> beschrieben werden.«   *Paul Dirac*

Diracs Transformationstheorie

Einige der großen Physiker, die wir in den vorangegangenen Kapiteln kennen gelernt haben, liebten das Gespräch
nicht nur, sondern es war ihnen geradezu ein unverzicht-
bares Hilfsmittel, um zu ihren Entdeckungen zu gelangen. Bohr und Heisenberg sind dafür herausragende Beispiele. Heisenberg ging sogar so weit zu schreiben, »dass
Wissenschaft im Gespräch entsteht«[1]. Dem steht ein anderer Typus Wissenschaftler gegenüber, für den Einstein stellvertretend steht: der Einzelgänger. Der Einzelgänger scheint
den größten Teil seiner schöpferischen Zeit wortlos zu verbringen und tief schürfenden Gedanken nachzugehen, die im
Wesentlichen nichtsprachlich sind. Bei ihm gehört die Verwendung von Worten nicht zur schöpferischen Tätigkeit.
Worte werden nur benutzt, um die Ergebnisse des nicht-
sprachlichen Denkens auszudrücken und anderen mitzuteilen.

Paul Dirac war ein solcher Einzelgänger. Seine knappen Formulierungen spornten viele Physiker, mich selbst eingeschlossen, dazu an, tiefer in die Gedanken der Quantenmechanik einzudringen. Seine Abneigung gegen das Reden resultierte zu einem gewissen Grade aus frühen Kindheitserfahrungen. Im Alter von sechzig Jahren erzählte er Thomas Kuhn in einem Interview:

> »Mein Vater stellte die Regel auf, dass ich nur Französisch mit ihm sprechen sollte. Er dachte, dass es für mich gut wäre, auf diese Weise Französisch zu lernen. Da ich fand, dass ich mich auf Französisch nicht ausdrücken konnte, sagte ich lieber nichts als Englisch zu sprechen. Und so wurde ich damals sehr wortkarg – dies fing früh an.«[2]

Als Dirac im Jahre 1929 die Universität von Wisconsin in Madison besuchte, erschien in der örtlichen Tageszeitung ein Interview mit ihm, dem folgende Bemerkung vorangeschickt war:

> »Ich hatte gehört, dass an der Universität in diesem Frühjahr ein Gastwissenschaftler zu Besuch ist – ein mathematischer Physiker oder so ähnlich –, der Sir Isaac Newton, Einstein und all die anderen überflügeln wird … Er heißt Dirac und ist Engländer. … Vor einigen Tagen klopfte ich also nachmittags an die Tür von Dr. Diracs Büro in Sterling Hall und eine angenehme Stimme sagt: ›Kommen Sie rein.‹ Um es gleich vorweg zu sagen, dies war so ziemlich der längste Satz, den Dr. Dirac während unseres Interviews äußerte.«[3]

Dirac war etwas jünger als Heisenberg und beträchtlich jünger als Bohr und Schrödinger. Er studierte in Cambridge, England, wo er sich rasch die von Born, Heisenberg und Jordan einge-

führte »neue Quantenmechanik« sowie Schrödingers »Wellenmechanik« aneignete. Als er später an Bohrs Institut in Kopenhagen arbeitete, entwickelte er eine eigene abstrakte und
tiefgründige Formulierung der Quantentheorie, die als »Transformationstheorie« bezeichnet wird. Sie verdeutlichte die Beziehung zwischen der klassischen Physik und der Quantenmechanik und rückte die neue Quantenmechanik und die
Wellenmechanik gewissermaßen in die richtige Perspektive.

Ich muss gestehen, dass ich eine Schwäche für Dirac habe.
Als ich zu Beginn meines Studiums den Wunsch hatte, die
Quantenmechanik *wirklich* zu verstehen, stellte ich fest, dass
Diracs Buch *Die Prinzipien der Quantenmechanik* die bislang
scharfsinnigste und schwierigste Darlegung des Themas war.
Mit Begeisterung und Ausdauer stürzte ich mich in die Lek-
türe und tat mehrere Wochen lang fast nichts anderes.
Manchmal verbrachte ich Stunden damit, einen einzigen Ab-
satz zu verstehen. Doch ich wurde nicht enttäuscht. Die prä-
zisen und prägnanten Formulierungen Diracs gewährten mir
tiefe Einsichten und erfüllten mich mit Dankbarkeit für jenen
Mann, der diese befriedigende Erfahrung ermöglicht hatte.

Die Transformationstheorie war Diracs erste große origi-
näre Leistung. Weitere wichtige Beiträge folgten. Anfang 1928
machte er seine berühmteste Entdeckung, die die aufblü-
hende Quantentheorie mit Einsteins spezieller Relativitätstheorie verband. Und genau hier kommt der Spin (der Eigendrehimpuls) des Elektrons ins Spiel.

Die Physik rotierender Objekte

Wie wir gesehen haben, unterscheidet sich ein Elektron erheb-
lich von den Objekten, mit denen wir es im Alltag zu tun haben.
Es überrascht daher wenig, dass wir uns rotierende Elektronen

ganz anders vorstellen müssen als etwa rotierende Fahrradreifen. Trotzdem muss sich unsere Erörterung des Elektronenspins auf ein Verständnis der Eigenschaften rotierender Objekte aus uns vertrauten, alltäglichen Situationen stützen.

In Kapitel 3, S. 72 ff., wurde der Impulsbegriff erläutert.
Der Impuls ist, wie wir gesehen haben, ein Maß für die Bewegung eines Objekts. Als eine Vektorgröße, die sowohl einen
Betrag als auch eine Richtung hat, kann er durch einen Pfeil
dargestellt werden. Er besitzt Komponenten in den Richtungen der x-, y- und z-Achsen. Außerdem ist der Impuls eine
Erhaltungsgröße: Solange ein System nicht gestört wird,
bleibt die Summe der Impulse seiner Bestandteile gleich, ungeachtet der Wechselwirkungen, die zwischen den Teilen des
Systems stattfinden.

Eine entsprechende Größe kann für Rotationen definiert
werden: der so genannte »Drehimpuls« oder »Spin«, der ein
Maß für die Rotation eines Objekts oder eines Systems von
Objekten ist (siehe Abb.). Ebenso wie der Impuls ist der Spin

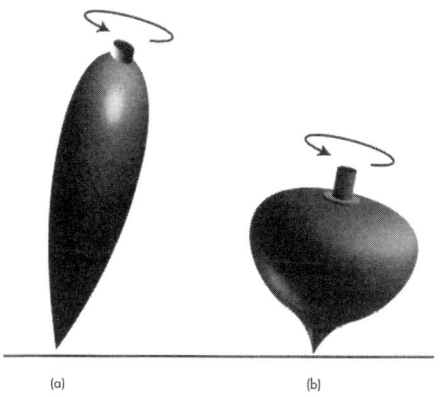

(a)   (b)

Vergleich der Drehimpulse von Kreisel (a) und Kreisel (b). Wenn
beide dieselbe Masse haben und mit derselben Geschwindigkeit
rotieren, dann besitzt Kreisel (b) einen größeren Drehimpuls als
Kreisel (a).

Darstellung des Drehimpulses durch einen Vektor. Die Länge des Pfeils ist ein Maß für die »Rotationsstärke«, während die Richtung des Pfeils die Lage der Rotationsachse angibt.

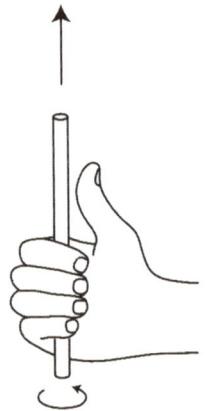

Die Richtung des Pfeils gibt an, ob die Rotation im Uhrzeigersinn oder entgegen dem Uhrzeigersinn erfolgt. Dabei gilt die folgende Konvention: Wenn die Finger der rechten Hand die Rotationsachse in der Bewegungsrichtung umfassen, dann gibt der Daumen die Pfeilrichtung an. Nach dieser Konvention werden Rotationen im Uhrzeigersinn und entgegen dem Uhrzeigersinn durch entgegengesetzt gerichtete Pfeile angegeben.

eine Vektorgröße, die Komponenten entlang der x-, y- und z-Achsen besitzt und durch einen Pfeil dargestellt werden kann. Die Länge des Pfeils entspricht der »Rotationsstärke« des Objekts, während seine Richtung durch die Rotationsachse vorgegeben wird (siehe Abb. S. 114). Darüber hinaus unterliegt der Spin wie der Impuls einem Erhaltungssatz: Solange das System nicht gestört wird, bleibt die Summe der Drehimpulse seiner Bestandteile gleich.

Um uns mit dieser neuen Vorstellung vertrauter zu machen, wollen wir überlegen, wie die Spins verschiedener Objekte addiert werden. Betrachten wir dazu die folgende Situation: Zwei Fahrradreifen drehen sich jeweils um eine vertikale Achse; der eine dreht sich im Uhrzeigersinn, der andere entgegen dem Uhrzeigersinn. Der Drehimpuls jedes Rades wird durch einen Vektor dargestellt. Die beiden Vektoren sind gleich lang, doch einer von beiden zeigt nach unten, entsprechend der Rotation im Uhrzeigersinn, während der andere, entsprechend der Rotation entgegen dem Uhrzeigersinn, nach oben weist. Betrachten wir nun diese beiden Teile als System (siehe Abb. S. 116). Wie hoch ist der Gesamtspin dieses Systems? Da die Rotation gleich stark, aber entgegengesetzt gerichtet ist, heben sich die beiden Rotationsbewegungen gegenseitig auf. Jedes Teilsystem, das heißt jedes Rad, besitzt einen Drehimpuls, doch zusammen haben sie keinen Spin. Dies ist auch der Grund, warum eine Schlittschuhläuferin, die vollkommen still steht und keinen Drehimpuls besitzt, ihren Rumpf in eine Rechtsdrehung versetzen kann, indem sie einfach ihre Arme nach links schwingt.

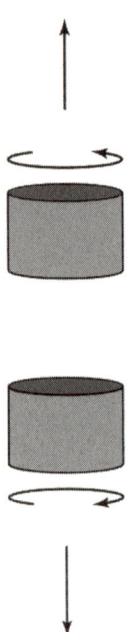

Um den Gesamtdrehimpuls eines aus zwei Teilchen bestehenden Systems zu ermitteln, muss man die Drehimpulse der zwei Teilchen addieren. Im Fall des oben abgebildeten Beispiels ist die Rotation der zwei Teilchen gleich groß, aber entgegengesetzt gerichtet, so dass sie sich gegenseitig aufheben. Jedes Teilsystem – das heißt jedes Teilchen – rotiert, aber die Summe der beiden Drehimpulse ergibt null.

Der Spin des Elektrons

Kehren wir nun zur Quantenebene zurück und betrachten ein Elektron. Besitzt ein Elektron einen Drehimpuls?

A priori gibt es weder Grund zur Annahme, das Elektron besitze einen Spin noch Grund zur Annahme, es besitze keinen. Untersuchungen zu den Eigenschaften des von Atomen emittierten Lichts zeigen jedoch, dass Elektronen in der Tat einen Spin besitzen. Da Elektronen aber keine »kleinen Dinge« sind, wäre es falsch, wenn man sie sich bildlich als »kleine rotierende Dinge« vorstellen wollte. Ein Elektron hat zwar einen Spin, aber dieser Spin besitzt zwei Quanteneigenschaften, die in der uns vertrauten Welt rotierender Kreisel und rotierender Fahrradreifen keine Entsprechung haben.

Erstens: Die verschiedenen Spinkomponenten besitzen nicht gleichzeitig wohldefinierte Werte. Wie in diesem Kapitel, S. 112 ff., erwähnt, kann der Spinvektor in Komponenten zerlegt werden, so dass die x-Komponente, die y-Komponente und die z-Komponente getrennt diskutiert werden können. Es stellt sich jedoch heraus, dass es bei einem Elektron – oder bei jedem beliebigen anderen Quantensystem – unmöglich ist, Messungen durchzuführen, die Aufschluss über mehr als nur eine einzige Komponente geben. Wenn man beispielsweise die z-Komponente präzise bestimmt, kann man nicht gleichzeitig die x-Komponente und die y-Komponente genau ermitteln.

Von dieser Regel gibt es eine Ausnahme: Wenn alle drei Komponenten gleich null sind, das heißt, wenn ein Quantenobjekt keinen Spin besitzt, dann kann festgestellt werden, dass alle drei Komponenten gleichzeitig den Wert null haben. Dies gilt zwar nicht für das Elektron, dessen Spin einen bestimmten von null verschiedenen Wert besitzt, aber es gilt für einige der anderen Elementarteilchen sowie für bestimmte Atomkerne und Atome.

Trotz dieser Ausnahme ist die Beziehung zwischen den einzelnen Spinkomponenten eines Systems analog der Beziehung zwischen Ort und Impuls. Dem Unschärfeprinzip zufolge kann ein Elektron, dessen Ort präzise bestimmt wurde, nicht gleichzeitig einen wohl definierten Impuls besitzen. Ebenso gilt, wenn eine der Spinkomponenten des Elektrons wohl definiert ist, sind die beiden anderen Komponenten nicht wohl definiert.

Die zweite Quanteneigenschaft des Elektronenspins ist die, dass der Spin »gequantelt« ist: Für einen rotierenden Kreisel kann die Messung der x-, y- oder z-Komponente des Spins jeden beliebigen Wert ergeben. Beim Elektron führt die Messung einer Spinkomponente – jeder beliebigen Spinkomponente – dagegen stets zu einem von zwei »erlaubten« Werten. Für manche Elementarteilchen, und für viele Atome, sind mehr als zwei Werte erlaubt. Auch sie sind »gequantelt«, aber die Anzahl der erlaubten Werte ist nicht hoch – in der Regel sind es drei, vier, fünf, manchmal sogar elf, nur in seltenen Fällen mehr. Für Elektronen, Protonen und Neutronen gibt es jedoch nur genau zwei erlaubte Werte, die sich bei jeder Messung einer Spinkomponente ergeben.

Betrachten wir zum Beispiel eine Messung der x-Komponente des Elektronenspins. Die Messung ergibt stets einen von zwei erlaubten Werten, die denselben Betrag, aber entgegengesetzte Richtung haben. Der positive Wert entspricht einem Spin, der die Richtung einer rechtsdrehenden Schraube entlang der x-Achse hat, und wird als »Spin nach oben« bezeichnet. Der negative Wert steht für einen Spin, der die Richtung einer linksdrehenden Schraube entlang der x-Achse hat, und wird als »Spin nach unten« bezeichnet. Und falls Sie sich für den Betrag interessieren: Natürlich ist der für eine Spinkomponente gemessene Zahlenwert – wenn man ihn in Einheiten angibt, die für die Messung alltäglicher Gegenstände entwickelt wurden – sehr klein. Im metrischen Einheitensystem, in dem Masse in Kilogramm, Länge in Metern und Zeit in Sekunden angegeben wird, wird die Einheit des Spins als »Joule-Sekunde« bezeichnet. Rotierende Fahrradreifen besitzen Spins, die sich in der Größenordnung einiger Joule-Sekunden bewegen. Dagegen hat eine Komponente des Elektronenspins entweder den Wert plus oder minus fünf Milliardel Milliardel Milliardel Milliardstel Joule-Sekunden.

Die relativistische Wellengleichung

Wir wollen an dieser Stelle noch einmal auf die im vorigen Kapitel eingeführte Schrödinger'sche Wellengleichung zurückkommen.

Schrödingers Gleichung war ein großer Erfolg. Allerdings hatte sie einen Schönheitsfehler: Sie stimmte nicht mit Einsteins spezieller Relativitätstheorie überein. Wäre die Gleichung vor der speziellen Relativitätstheorie aufgestellt worden – das heißt, wäre die Quantenphysik in einem Newton'schen Bezugsrahmen entwickelt worden –, so wäre an Schrödingers Wellengleichung überhaupt nichts auszusetzen gewesen. In den zwanziger Jahren des 20. Jahrhunderts hatte sich die spezielle Relativitätstheorie jedoch bereits weitgehend durchgesetzt und die Unzulänglichkeit des Newton'schen Bezugssystems war klar zutage getreten. Sein Mangel bestand darin, dass es nur auf solche Teilchen anwendbar war, die sich relativ zur Lichtgeschwindigkeit langsam bewegen. Nur in diesem Fall lieferte es Ergebnisse, die eine gute Näherung an die mit Hilfe der speziellen Relativitätstheorie erzielten exakten Resultate darstellten.

Schrödinger war sich dieses Mangels seiner Gleichung wohl bewusst. In seinem ersten Entwurf hatte er sogar eine relativistische Gleichung niedergeschrieben. Er verwarf sie jedoch aufgrund bestimmter Eigenschaften, die er für unerwünscht hielt, und beschränkte sich auf die nichtrelativistische Näherung. Die Frage nach der korrekten Wellengleichung, die mit der speziellen Relativitätstheorie in Einklang steht, blieb ungelöst.

Hier kam nun Dirac ins Spiel. Dirac erkannte, dass eine mit der speziellen Relativitätstheorie übereinstimmende mathematische Beschreibung des Elektrons mehr als nur *eine* Wellenfunktion benötigte. Schrödingers Wellengleichung musste daher durch mehrere Gleichungen ersetzt werden. Zunächst versuchte er es mit der Einführung zweier Wellenfunktionen und zweier Gleichungen, aber das funktionierte nicht. Nach erheblichen Anstrengungen führte er vier Wellenfunktionen und einen entsprechenden Satz von vier Gleichungen ein. Dies schien den Anforderungen zu genügen.

Diracs vier Gleichungen werden als »Dirac-Gleichung« bezeichnet, da die vier Wellenfunktionen gewöhnlich in einer Spalte geschrieben werden. Die Spalte wird als eine mathematische Größe behandelt, die vier Komponenten besitzt und »Spinor« genannt wird. Dies verhält sich analog zum Vektor, der über seine drei Komponenten definiert wird, und dennoch als *eine* mathematische Größe gilt.

Mögliche Zweifel, die Dirac an der Richtigkeit seiner Gleichung gehegt haben mochte, wurden ausgeräumt, als er entdeckte, dass die Gleichung ein rotierendes Elektron beschreibt, dessen Eigenschaften mit den experimentell beobachteten übereinstimmen.

Wie bereits oben erwähnt, ist das vorliegende Kapitel nur ein Zwischenspiel. Wir wollen nun den Hauptfaden der Geschichte wieder aufnehmen.

Epigraph: Zitiert in B. N. Kursunoglu und E. P. Wigner, *Paul Adrien Maurice Dirac*, S. 148.
1 W. Heisenberg, *Der Teil und das Ganze*, S. 7.
2 Zitiert von A. Pais in B. N. Kursunoglu und E. P. Wigner, *Paul Adrien Maurice Dirac*, S. 93.
3 Zitiert von L. M. Brown und H. Rechenberg, *ebd.*, S. 316.

6. Eine unwiderstehliche Kraft trifft auf einen unbeweglichen Fels

Bohr und Einstein respektierten und schätzten einander, obwohl sie hinsichtlich der Deutung der Quantenmechanik vollkommen unterschiedliche Auffassungen vertraten. Einsteins Ablehnung der Quantenmechanik als einer vollständigen, grundlegenden Theorie durchlief zwei Phasen. In der ersten Phase schlug er »Gedankenexperimente« vor, die das Unschärfeprinzip widerlegen sollten. Als dieser Versuch fehlschlug, entwickelte er mit seinen Assistenten Podolsky und Rosen ein Gedankenexperiment, das den Anspruch erhob, die Unvollständigkeit der Quantenmechanik zu beweisen. Bohr ließ sich davon jedoch nicht überzeugen.

> »Die Quantenmechanik ist sehr achtung-gebietend. Aber eine innere Stimme sagt mir, dass das doch nicht der wahre Jakob ist. Die Theorie liefert viel, aber dem Geheimnis des Alten bringt sie uns kaum näher.«
>
> *Albert Einstein*

Zwei Weltanschauungen prallen aufeinander

Der Physiker und Buchautor Abraham Pais, der sowohl Einstein als auch Bohr persönlich kannte, hielt seine Erinnerung an das erste Gespräch zwischen den beiden Wissenschaftlern, dem er beiwohnte, schriftlich fest. Die Gelegenheit dazu bot die Princeton-Zweihundert-Jahr-Feier im Jahre 1946, anlässlich derer er auch das erste Mal persönlich mit Einstein zusammentraf.

»Damals versäumte ich meine erste Gelegenheit, einen Blick auf Einstein zu werfen, als er neben Präsident Truman im Akademischen Festzug einherschritt. Wenig später stellte mich Bohr aber Einstein vor, der dem ehrfurchtsvollen jungen Mann sehr freundlich entgegenkam. Bald wendete sich das Gespräch der Quantentheorie zu und ich hörte, wie die beiden diskutierten. Die Details sind mir nicht mehr in Erinnerung, nur mehr meine ersten Eindrücke: sie begegneten einander mit liebevollem Respekt. Mit einiger Leidenschaft redeten sie aneinander vorbei.«[1]

Die Bohr-Einstein Kontroverse ist vielleicht die bedeutendste geistige Auseinandersetzung des 20. Jahrhunderts. Sie erstreckte sich über einen Zeitraum von annähernd drei Jahrzehnten, von der fünften Solvay-Konferenz in Brüssel im Oktober 1927 bis zu Einsteins Tod im Jahre 1955. Doch in gewissem Sinne endete sie nicht einmal dann, denn Bohr setzte die Debatte mit ihm im Geiste fort: »Sogar nach Einsteins Tod argumentierte er gewissermaßen mit dem Lebenden.«[2]

Die Beschäftigung mit der Bohr-Einstein-Kontroverse erfüllt mich immer wieder mit Bewunderung für die tiefen Gedanken dieser beiden großen Wissenschaftler, die sich in ihrem Bemühen, den Einwänden des jeweils anderen zu begegnen, zu höchster Klarheit und Differenziertheit aufschwangen. Die Beschäftigung mit dieser Auseinandersetzung ist noch aus anderem Grund wohltuend: Man muss sich nicht mit den Gehässigkeiten herumschlagen, die die geistige Auseinandersetzung zwischen zwei starken Persönlichkeiten sonst so häufig charakterisieren. Über all die Jahre gingen Bohr und Einstein nicht nur überaus höflich miteinander um, sie bewahrten sich auch ein Höchstmaß an aufrichtiger Hochachtung, Wertschätzung und Zuneigung füreinander.

Die Anfänge

Das erste Treffen zwischen Einstein und Bohr fand im Jahre 1920 statt. Bis dahin war die so genannte frühe Quantentheorie, die sowohl das Bohr'sche Atommodell als auch Einsteins Vermutung der Quantennatur des Lichts umfasste, den Protagonisten der sich anbahnenden Quantenrevolution bereits wohl bekannt. Alle Beteiligten, Bohr und Einstein eingeschlossen, bemühten sich darum, eine umfassende Theorie zu schaffen, die sowohl die erfolgreichen Eigenschaften der klassischen Physik als auch die der in der Entstehung begriffenen Quantentheorie in sich vereinigte. Schon bei ihrem ersten Treffen vertraten Bohr und Einstein unterschiedliche Auffassungen: So lehnte Bohr Einsteins Vorstellung ab, Licht könne sich wie ein Teilchen bewegen. Ihre Debatte über die inhaltliche Bedeutung und den Stellenwert der Quantenmechanik nahm jedoch erst auf der fünften Solvay-Konferenz in Brüssel im Oktober 1927 ihren Anfang.

Im Herbst 1927 waren die einzelnen Teile der Quantentheorie bereits alle vorhanden. Dazu gehörte die von Born, Heisenberg und Jordan entwickelte »neue Quantenmechanik«, Schrödingers Wellenmechanik, Borns statistische Interpretation der Wellenfunktion, Heisenbergs Unschärfeprinzip und Bohrs Begriffssystem der Komplementarität.

Während der offiziellen Sitzungen der fünften Solvay-Konferenz ergriff Einstein nur einmal das Wort. Er äußerte zunächst sein Bedauern, dass er in das Wesen der Quantenmechanik noch nicht tief genug eingedrungen sei[3] und erörterte dann einen scheinbaren Widerspruch zwischen der Quantenmechanik und der speziellen Relativitätstheorie.

Einstein war sich der Erfolge der Quantentheorie bei der Vorhersage experimenteller Ergebnisse sehr wohl bewusst, trotzdem beunruhigte sie ihn. Sein Ringen um eine präzise Formulierung seiner Einwände durchlief zwei Phasen. Während der ersten Phase bemühte er sich um eine Widerlegung des Unschärfeprinzips, indem er Gedankenexperimente ersann, die es verletzten. Als dieser Ansatz fehlschlug, versuchte er zu beweisen, dass die Quantentheorie unvollständig ist, das heißt, dass es Eigenschaften subatomarer Teilchen gibt, die durch sie nicht beschrieben werden. Zum Zeitpunkt der fünften Solvay-Konferenz steckte Einsteins Kampf noch in der ersten Phase. Überzeugt, dass das Unschärfeprinzip in physikalischen Experimenten widerlegt werden könne, entschloss er sich zum Angriff.

Das Unschärfeprinzip unter Beschuss

Als Heisenberg an seinem Unschärfeprinzip arbeitete, entdeckte er neben der Unschärferelation hinsichtlich Ort und Impuls noch eine weitere Unschärferelation, die Energie und Zeit betraf. Dieses letztere Unschärfeprinzip beschränkt die Genauigkeit, mit der es möglich ist, gleichzeitig die Energie eines Systems und die Dauer der Messung zu bestimmen. Einsteins Angriff auf das Unschärfeprinzip bestand in Vorschlägen für Experimente, von denen manche die Ort-Impuls-Unschärferelation, andere die Zeit-Energie-Unschärferelation verletzen sollten. Dabei zeichnete sich sein Ansatz dadurch aus, dass es nicht notwendig war, die vorgeschlagenen Experimente *tatsächlich* durchzuführen! Um zu zeigen, dass das Unschärfeprinzip ungültig ist, genügt der Beweis, dass es *im Prinzip* möglich ist, Messungen durchzuführen, die entweder die eine oder die andere Unbestimmtheitsrelation verletzen. Die erörterten Experimente waren *Gedankenexperimente*. Ihnen wurden nur durch die Grenzen der schöpferischen Vorstellungskraft Beschränkungen auferlegt, nicht aber durch den Stand der verfügbaren Technologie.

Obwohl sich Einstein an den offiziellen Sitzungen der fünften Solvay-Konferenz nicht sehr rege beteiligte, war er privat umso aktiver. Um einen Eindruck von den Unterhaltungen zwischen Einstein und Bohr zu vermitteln, zitiere ich aus Heisenbergs Erinnerungen:

> »Die Auseinandersetzungen begannen meist schon am frühen Morgen damit, dass Einstein uns zum Frühstück ein neues Gedankenexperiment erklärte, das nach seiner Ansicht die Unbestimmtheitsrelationen widerlegte. Wir begannen natürlich sofort mit der Analyse, und auf dem Weg zum Konferenzraum, auf dem ich Bohr und Einstein meist begleitete, wurde eine erste Klärung der Fragestellung und der Behauptung erreicht. Es wurden dann im Laufe des Tages viele Gespräche darüber geführt, und in der Regel war es am Abend so weit, dass Niels Bohr bei der gemeinsamen Mahlzeit Einstein beweisen konnte, dass auch das von ihm vorgeschlagene Experiment nicht zu einer Umgehung der Unbestimmtheitsrelationen führen könnte. Einstein war dann etwas beunruhigt, aber schon am nächsten Morgen hatte er beim Frühstück ein neues Gedankenexperiment bereit, komplizierter als das Vorhergehende, das nun die Ungültigkeit der Unbestimmtheitsrelationen wirklich demonstrieren sollte. Diesem Versuch ging es freilich am Abend nicht besser als dem ersten ...«[4]

Dieses Wechselspiel von Angriff und Abwehr wiederholte sich, als Bohr und Einstein anlässlich der sechsten Solvay-Konferenz 1930 erneut zusammentrafen. Diesmal hatte sich Einstein ein geniales Gedankenexperiment ausgedacht, das, wie er glaubte, die Verletzbarkeit des Energie-Zeit-Unschärfeprinzips schlüssig bewies. Die Reaktion Bohrs auf das von Einstein vorgeschlagene Gedankenexperiment wurde von Leon Rosenfeld, einem anderen Teilnehmer der Konferenz, wie folgt beschrieben:

»Für Bohr bedeutete dies einen schweren Schlag. Im Augenblick sah er keine Lösung. Den ganzen Abend war er äußerst unglücklich, ging vom einen zum andern und versuchte alle zu überreden, dass es nicht wahr sein könne, denn es würde das Ende der Physik bedeuten, hätte Einstein Recht. Doch er konnte keine Widerlegung finden. Ich werde niemals den Anblick vergessen, den die beiden Gegner beim Verlassen des Universitätsklubs boten: Einstein, eine majestätische Gestalt, ging ruhig mit einem leicht ironischen Lächeln, und Bohr trottete neben ihm, höchst aufgeregt … Am nächsten Morgen kam Bohrs Triumph.«[5]

Bohr verbrachte eine schlaflose Nacht, bis er schließlich Einsteins Irrtum entdeckte: Einstein hatte vergessen, einen bestimmten Effekt zu berücksichtigen, der einen wesentlichen Teil der allgemeinen Relativitätstheorie bildete!

Natürlich hatte Bohr seine helle Freude an der Widerlegung des Einstein'schen Gedankenexperiments und besonders daran, dass Einstein ausgerechnet über seine eigene Relativitätstheorie gestolpert war. In Kapitel 3, S. 63, erwähnte ich einen Vortrag Bohrs, den ich im Mai 1958 in Israel hörte. Das einzige, woran ich mich aus dem Vortrag erinnere, ist ein Dia, das die Messvorrichtung des Einstein'schen Gedankenexperiments zeigte, des letzten Versuchs Einsteins, das Unschärfeprinzip zu widerlegen. Noch 28 Jahre nach dem Ereignis freute sich Bohr über seinen Sieg!

Diese Episode kennzeichnete das Ende der Bemühungen Einsteins um eine Widerlegung des Unschärfeprinzips – nicht der Quantentheorie, wohlgemerkt. Nach seiner spektakulären Niederlage fand er sich zwar mit dem Gedanken ab, dass die im Unschärfeprinzip postulierten Beschränkungen gültig sind, doch war ihm dabei sehr unbehaglich zumute. Die folgende Begebenheit wurde von Abraham Pais geschildert, der sie von seinem Freund Hendrik Casimir hörte: Als Einstein im

November 1930 ein Kolloquium über dieses letzte Gedankenexperiment im holländischen Leiden abhielt und jemand in
der anschließenden Diskussion bemerkte, dass kein Widerspruch zur Quantenmechanik existiere, erwiderte Einstein:
»Ich weiß es, widerspruchsfrei ist die Sache schon, aber sie
enthält meines Erachtens eine gewisse Härte.«[6]

Nachdem also auch dieser Angriff auf das Unschärfeprinzip erfolgreich abgewehrt worden war, war wieder Einstein
am Zug. Fünf Jahre brauchte er, um seine Einwände gegen die
Quantenmechanik in wissenschaftlich präziser Form zu formulieren. Doch als er schließlich zum Gegenschlag ausholte,
erregte er mit seiner Kritik an dem Gedanken der Vollständigkeit der Quantenmechanik beträchtliches Aufsehen; die
Nachwirkungen dieser Erschütterung sind bis heute in der
Physik spürbar.

Ist die Quantenmechanik unvollständig?

In der zweiten Phase seiner Debatte mit Bohr zielten Einsteins
Bemühungen darauf ab, zu beweisen, dass die Quantenmechanik unvollständig sei und sie sich aus diesem Grund nicht
als neue fundamentale Theorie der Natur eigne. Dazu ver-
glich er die Quantenmechanik mit der statistischen Mechanik, jener klassischen Theorie, die sich mit den statistischen
Eigenschaften einer großen Zahl von Teilchen beschäftigt.
Mit Hilfe der statistischen Mechanik lässt sich zum Beispiel
das Verhalten eines Gases recht zuverlässig vorhersagen.
Wenn sich das Gas ausdehnt oder zusammenzieht, kann die
statistische Mechanik vorhersagen, wie sich Druck und Tem-
peratur verändern werden, sie kann jedoch nicht die exakte
Anordnung der Gasmoleküle angeben. Die statistische Mechanik macht also ausschließlich Wahrscheinlichkeitsaus-

sagen über verschiedene Anordnungen, und dies liegt nicht in erster Linie daran, dass es allein schon aufgrund der gewaltigen Anzahl der beteiligten Moleküle unmöglich ist, jedes einzelne zu verfolgen. Vielmehr hat dies damit zu tun, dass die Anfangsbedingungen des Systems – der Ort und die Geschwindigkeit jedes einzelnen Moleküls – unbekannt sind. Wenn es möglich wäre, den Ort und die Geschwindigkeit jedes einzelnen Moleküls zu einem bestimmten Zeitpunkt zu kennen, dann wären im Prinzip alle ihre künftigen Bewegungen durch die Gesetze der klassischen Mechanik genau bestimmt und es bestünde keine Notwendigkeit, sich mit Wahrscheinlichkeiten zu begnügen. In der statistischen Mechanik spiegelt die Verwendung von Wahrscheinlichkeiten also nur unsere Unwissenheit hinsichtlich der präzisen Anfangskonfiguration der Teilchen wider.

Einstein glaubte, dass die Quantenmechanik aus einem ähnlichen Grund Wahrscheinlichkeitsaussagen mache, und er vertrat die Auffassung, dass man versuchen müsse, die fundamentalere Theorie zu finden, die wie die klassische Mechanik nicht auf den Begriff der Wahrscheinlichkeit angewiesen ist. Bohr dagegen war überzeugt, dass es keine der Quantenmechanik zugrunde liegende fundamentalere Theorie geben kann. Die Quantenmechanik sei die fundamentale Theorie der Natur.

Einsteins Vorbehalte gegen die Quantenmechanik beruhten auf seiner Überzeugung, dass es in einer Theorie, die prinzipiell in der Lage ist, ein physikalisches System vollständig zu beschreiben, keinen Platz für Wahrscheinlichkeiten gibt. »Der liebe Gott würfelt nicht«, so formulierte er diese Überzeugung häufig. Trotz des hohen Ansehens Einsteins teilten die meisten Physiker die Auffassung Bohrs. Konnte Einstein *beweisen*, dass die Quantentheorie unvollständig war?

Um zu beweisen, dass eine Theorie unvollständig ist, muss man zeigen, dass es Aspekte oder Eigenschaften von Dingen oder Ereignissen gibt, bestimmte »Elemente der Realität«, wie Einstein es formulierte, die unbestreitbar existieren und gemessen werden können, die sich aber im Begriffssystem der besagten Theorie nicht erklären lassen. Mit der Erörterung eines Begriffs wie »Element der Realität« begeben wir uns freilich auf schlüpfrigen Boden: Eine vollständige, präzise Definition dieses Begriffs läuft mehr oder weniger auf die Lösung eines der tiefsten Probleme der Philosophie hinaus! Mit der Hilfe seiner beiden jungen Assistenten Boris Podolsky und Nathan Rosen gelang es Einstein jedoch im Jahre 1935, die philosophischen Schwierigkeiten zu umgehen und den Begriff »Elemente der Realität« in einer präzisen, unzweideutigen Bedeutung zu verwenden.

»Elemente der Realität«

Das Unschärfeprinzip ist im mathematischen Formalismus der Quantentheorie verankert: Schrödingers Wellenfunktionen können kein Teilchen beschreiben, das gleichzeitig einen wohl definierten Ort und Impuls besitzt. Der Beweis, dass ein Teilchen gleichzeitig einen wohl definierten Ort und Impuls besitzen *kann*, ist also gleichbedeutend mit einem Beweis der Unvollständigkeit der Quantentheorie. Wenn der mathematische Formalismus der Theorie keine Wellenfunktion enthält, die einem solchen Zustand entspricht, dann folgt daraus, dass die Theorie nicht in der Lage ist, einen tatsächlich existierenden Quantenzustand zu beschreiben; ergo ist die Quantentheorie unvollständig.

In ihrem 1935 in *The Physical Review* erschienenen Artikel verfolgten Einstein, Podolsky und Rosen (im Folgenden EPR genannt) einen Ansatz, der sich von Einsteins Strategie in der ersten Phase der Debatte deutlich unterschied. Anstatt eine

Methode zur gleichzeitigen Messung von Ort und Impuls eines Teilchens vorzuschlagen, legten sie vielmehr einen Beweis vor, dass ein Teilchen gleichzeitig einen wohl definierten Ort und einen wohl definierten Impuls besitzen kann, dass also sowohl der Ort als auch der Impuls eines Teilchens »Elemente der Realität« sind. Doch wie kann eine solche Behauptung bewiesen werden? Wie kann man beweisen, dass irgendetwas ein »Element der Realität« ist?

Diese Frage wurde in dem EPR-Artikel in bemerkenswerter Weise gelöst. Die Verfasser, die sich der philosophischen Probleme der Fragestellung durchaus bewusst waren, erkannten nämlich, dass ihr Ziel, die Unvollständigkeit der Quantentheorie zu beweisen, keine vollständige Beantwortung der Frage erforderte. Um etwas als Element der Realität zu identifizieren, brauchten sie nur eine *hinreichende Bedingung*, keine *notwendige Bedingung* zu definieren.

Wir wollen diese neuen Begriffe untersuchen. Was ist eine hinreichende Bedingung? Was ist eine notwendige Bedingung? Was ist eine notwendige *und* hinreichende Bedingung? Und was ist eine Bedingung, die hinreichend, aber nicht notwendig ist, wie jene, die von EPR für ihre »Elemente der Realität« formuliert wurde?

Angenommen wir suchen nach Bedingungen für eine Zahl, die ein Vielfaches von 9 ist. Eine *hinreichende* Bedingung wäre beispielsweise die Bedingung, dass sie ein Vielfaches von 27 ist, da eine Zahl, wenn sie ein Vielfaches von 27 ist, auch ein Vielfaches von 9 ist. Diese Bedingung ist aber nicht notwendig: Es gibt viele andere Zahlen, zum Beispiel 18 oder 36, die ein Vielfaches von 9 sind, ohne ein Vielfaches von 27 zu sein. Ein Vielfaches von 27 zu sein, ist also eine hinreichende, aber keine notwendige Bedingung für eine Zahl, die ein Vielfaches von 9 ist. Betrachten wir nun eine *notwendige* Bedingung. Die Bedingung, dass unsere Zahl ein Vielfaches von 3 ist, erfüllt den Zweck: Alle Vielfachen von 9 sind auch Vielfache von 3; somit ist eine Zahl, die ein Vielfaches von 9 ist, notwendigerweise ein Vielfaches von 3. Aber diese Bedingung ist nicht hinreichend: Es gibt viele Zahlen, zum Beispiel 15 und 21, die Vielfache von 3 sind, ohne Vielfache von 9 zu sein.

Im vorangegangenen Abschnitt haben wir eine Bedingung aufgestellt, die hinreichend, aber nicht notwendig ist, und eine, die notwendig, aber nicht hinreichend ist. Können wir eine Bedingung finden, die *sowohl* notwendig *als auch* hinreichend dafür ist, dass eine Zahl ein Vielfaches von 9 ist? Hier ein Vorschlag: Damit eine Zahl ein Vielfaches von 9 ist, muss die Quersumme ihrer Ziffern ein Vielfaches von 9 sein. Wir behaupten also, wenn eine Zahl ein Vielfaches von 9 ist, dann ist auch die Quersumme ihrer Ziffern ein Vielfaches von 9. Umgekehrt gilt, wenn die Summe ihrer Ziffern ein Vielfaches von 9 ist, dann ist die Zahl selbst ein Vielfaches von 9. Zum Beispiel, die Zahl $846 = 94 \times 9$ ist ein Vielfaches von 9, ebenso die Quersumme ihrer Ziffern, $8 + 4 + 6 = 18$. Die Zahl $1914 = 212 \times 9 + 6$ ist dagegen kein Vielfaches von 9, ebenso wenig die Quersumme ihrer Ziffern, $1 + 9 + 1 + 4 = 15$. Diese Bedingung ist eine unfehlbare, schnelle und praktische Methode, um festzustellen, ob eine große Zahl ein Vielfaches von 9 ist, ohne dass man erst mühsam herausfinden muss, ob sie ohne Rest durch 9 teilbar ist.

Der erste Schritt der Beweisführung bestand für EPR darin festzustellen, dass es zur Entscheidung der Frage, ob etwas ein »Element der Realität« ist, nicht erforderlich ist, eine notwendige und hinreichende Bedingung für die Realität einer physikalischen Größe zu finden (was sehr schwierig ist), sondern dass es vielmehr genügt, eine hinreichende Bedingung zu finden – eine Bedingung, die, wenn sie erfüllt ist, jeden davon überzeugt, dass diese Eigenschaft eines Teilchens eine Eigenschaft ist, die in Wirklichkeit existiert.

Die hinreichende Bedingung, die sie in ihrem Gedankenexperiment wählten, ist folgende: »Wenn wir, ohne auf irgendeine Weise ein System zu stören, den Wert einer physikalischen Größe mit Sicherheit (d. h. mit der Wahrscheinlichkeit gleich eins) vorhersagen können, dann gibt es ein Element der physikalischen Realität, das dieser physikalischen Größe entspricht.«[7] Natürlich ist dies keine *notwendige* Bedingung; es gibt viele Elemente der Realität, die in gestörten Systemen existieren, aber diese waren für EPR uninteressant. Sie wählten eine hinreichende Bedingung besonderer Art, eine, die sich auf ungestörte Systeme bezog, und dafür hatten sie ihre Gründe, wie wir noch sehen werden.

Was bedeutet die vorgeschlagene hinreichende Bedingung? Betrachten wir ein einfaches Beispiel: Vor einigen Tagen gab ich meiner Freundin Amy 10 Dollar in 1-Dollar-Scheinen sowie zwei Schachteln, eine rote und eine blaue. Sie legte einige Geldscheine in die rote Schachtel und die übrigen in die blaue. Dann stellte sie die rote Schachtel ganz oben auf ein Regal, während sie die blaue Schachtel auf dem Tisch stehen ließ. Nehmen wir an, ich habe nicht gesehen, wie viele Geldscheine sie in die rote Schachtel gelegt hat, möchte es aber gerne wissen, ohne auf einen Stuhl klettern zu müssen, um die rote Schachtel zu holen. Zum Glück ist dies auch gar nicht erforderlich. Ich brauche ja nur die blaue Schachtel zu öffnen und die darin enthaltenen Geldscheine zu zählen. Wenn ich sechs Scheine finde, kann ich sicher sein, dass die übrigen vier Geldscheine in der roten Schachtel ein Element der Realität sind.

Wie dieses Beispiel zeigt, ist die von EPR formulierte hinreichende Bedingung sehr einfach. Trotzdem zogen sie aus ihr beträchtlichen Nutzen, wie wir im Folgenden sehen werden.

Das EPR-Gedankenexperiment

Einstein, Podolsky und Rosen schlugen folgendes Gedankenexperiment vor: Betrachten wir zwei Teilchen, A und B, die
sich nach rechts, beziehungsweise links, bewegen. Nach Heisenbergs Unschärfeprinzip ist es unmöglich, gleichzeitig den
präzisen Ort und den präzisen Impuls der einzelnen Teilchen
zu messen. Für das aus diesen zwei Teilchen bestehende System erlaubt es die Quantenmechanik jedoch, in jedem beliebigen Augenblick t_0 gleichzeitig (1) den Gesamtimpuls des
Systems, das heißt die Summe der Impulse der zwei Teilchen
sowie (2) die Entfernung zwischen ihnen präzise zu messen.
Darüber hinaus ist es in Einklang mit der Quantenmechanik
möglich, alles so anzuordnen, dass in jedem beliebigen
Augenblick t_0 der Gesamtimpuls des Systems null ist und die
Entfernung zwischen den Teilchen einen beliebig gewählten
Wert x_0 annimmt. Wenn der Gesamtimpuls null ist, bedeutet
dies, dass die Impulse der zwei Teilchen gleich groß, aber ent-
gegengesetzt gerichtet sind.

Wir wollen nun folgende Frage erörtern: Ist der Ort des
Teilchens B zum gegebenen Zeitpunkt t_0 ein Element der Realität? (Das heißt, befindet sich B zu diesem Zeitpunkt an
einem präzise bestimmten Ort?) Um diese Frage zu beantworten, müssen wir die hinreichende Bedingung, die für eine
als »Element der Realität« betrachtete Eigenschaft definiert
wurde, heranziehen und fragen: Können wir den Ort von B
zum Zeitpunkt t_0 feststellen, ohne das Teilchen in irgendeiner
Weise zu stören? Die Antwort lautet ja. Wir kennen die Entfernung x_0 zwischen den beiden Teilchen. Wenn wir den Ort
von A zum Zeitpunkt t_0 messen, können wir daraus die Position von B ermitteln, ohne das Teilchen zu stören.

Diese Methode gleicht jener, die ich verwendete, um durch
das Öffnen der blauen Schachtel herauszufinden, wie viele
Geldscheine in der roten Schachtel waren. Da die Entfernung

zwischen den Teilchen A und B eine bekannte Größe ist, muss ich B nicht stören, um seinen Ort zu finden. Ich kann meine Messung an A durchführen und daraus auf den Ort von B schließen. Wir haben einen Weg gefunden, wie man den Ort von B mit Sicherheit vorhersagen kann, ohne B in irgendeiner Weise zu stören. Daraus folgt: Der Ort von Teilchen B ist ein Element der Realität.

Wir wollen nun eine andere Frage stellen: Ist der *Impuls* von B ein Element der Realität? Können wir den Impuls bestimmen, ohne B zu stören? Wieder lautet die Antwort ja. Der Impuls des Teilchens A, während es nach rechts fliegt, ist ebenso groß wie der Impuls von B, während dieses nach links fliegt. Somit können wir den Impuls von A messen und daraus auf den Impuls von B schließen. Der Impuls des Teilchens B ist folglich ein Element der Realität.

Damit behaupteten EPR, den Beweis erbracht zu haben, dass sowohl der Ort als auch der Impuls eines Teilchens, nämlich des Teilchens B, Elemente der Realität sind. Ein Teilchen kann also gleichzeitig einen wohl definierten Ort und einen wohl definierten Impuls besitzen. Die Quantenmechanik kann ein solches Teilchen nicht beschreiben, ergo ist die Quantenmechanik unvollständig.

Wie reagierte Bohr auf diese Ausführungen? Wir wollen erneut Leon Rosenfeld zitieren, der sich damals gerade in Kopenhagen aufhielt:

»Dieser Ansturm traf uns wie ein Blitz aus heiterem Himmel ... Kaum hatte ich Bohr von Einsteins Artikel berichtet, blieb alles andere liegen. Ein solches Missverständnis mussten wir sofort aufklären ... In großer Erregung begann Bohr sogleich, mir den Entwurf einer Erwiderung zu diktieren. Sehr bald begann er jedoch zu zögern: ›Nein, das wird nicht ausreichen. Wir müssen noch einmal von vorn anfangen ... wir müssen es ganz deutlich machen ...‹ So ging es eine Weile hin und her, wobei ihn die unerwartete Subtilität der Beweisführung zunehmend in Staunen versetzte ... Am nächsten Morgen nahm er sein Diktat wieder auf, und ich war überrascht, wie sehr sich der Ton der Sätze verändert hatte. Von den scharf formulierten Gegenargumenten des Vortags war nicht mehr das Geringste zu spüren.«[8]

Bohrs Erwiderung erschien drei Monate nach dem EPR-Artikel, ebenfalls in *The Physical Review*. Er vertrat darin die Auffassung, dass die zwei Teilchen, A und B, nicht als zwei Systeme betrachtet werden könnten. Solange keine Messungen durchgeführt würden, seien sie vielmehr miteinander »verschränkt« und bildeten ein einziges System. Nach seiner Auffassung hing dieses System darüber hinaus davon ab, mit welcher Messvorrichtung es in Wechselwirkung stand. Einer Versuchsanordnung unterworfen zu sein, die den Ort von A misst, ist komplementär dazu, einer Versuchsanordnung unterworfen zu sein, die den Impuls von A misst. Wenn also das System einer Ortsmessung unterworfen wird, ist seine Realität eine andere, als wenn es einer Impulsmessung unterworfen wird.

Im Gegensatz zur Situation von 1930 war es diesmal nicht so klar, wer Recht hatte. Einstein erkannte Bohrs Widerlegung nicht an. Er hielt an seiner hinreichenden Bedingung für ein »Element der Realität« fest, während Bohr von der Richtigkeit seiner eigenen Auffassung überzeugt war.

Es gibt einen besonderen Aspekt des EPR-Gedankenexperiments, der Einsteins Position zu belegen scheint. Die Impulsmessung, die an Teilchen A durchgeführt wird, um auf den Impuls von Teilchen B zu schließen, kann prinzipiell auch dann ausgeführt werden, wenn A und B Lichtjahre voneinander entfernt sind! Einsteins Position steht in Einklang mit dem Prinzip des lokalen Realismus: Wenn der Impuls von

B ein Element der Realität ist, dann beeinflusst eine an Teilchen A durchgeführte Messung Teilchen B in keiner Weise. Sie erlaubt uns lediglich den Rückschluss auf den Impuls, den Teilchen B sowieso hat. Bohrs Auffassung verletzt dagegen den lokalen Realismus. Bohr glaubte, dass aufgrund der Verschränkung der Teilchen A und B die Durchführung einer Impulsmessung an Teilchen A augenblicklich auch Teilchen B in einen Zustand versetzt, in dem es einen wohl definierten Impuls besitzt. Bohrs Interpretation scheint eine Art unmittelbarer (instantaner) Fernwirkung zu implizieren, die zwischen den Orten der beiden Teilchen besteht. Nach der speziellen Relativitätstheorie kann sich jedoch nichts schneller als Licht ausbreiten! Wir werden auf diesen Punkt in Kapitel 7, S. 146 ff. und S. 163 ff., zurückkommen.

Vierunddreißig Jahre nach dieser Auseinandersetzung schrieb Nathan Rosen, einer der drei Verfasser des EPR-Artikels, einen Aufsatz, in dem er die ursprüngliche Abhandlung und Bohrs Erwiderung analysierte. Den Anlass dazu bot die Feier zu Einsteins 100. Geburtstag. Seine Bewertung der Position Bohrs schloss mit den folgenden Worten: »Dies scheint zu implizieren, dass [nach Bohr] die quantenmechanische Beschreibung der Wirklichkeit vollständig ist, dass also die Wirklichkeit genau das ist, was die Quantenmechanik beschreiben kann.«[9]

Das Recht, Unrecht zu haben

Nach der Veröffentlichung des EPR-Artikels und Bohrs Erwiderung im Jahre 1935 gab es keine neuen, dramatischen Entwicklungen mehr in der Bohr-Einstein-Debatte. Die meisten Physiker teilten Bohrs Auffassung, während Einstein nur von wenigen unterstützt wurde.

Alle vorhandenen Dokumente zeigen, dass weder Bohr noch Einstein jemals von ihrer Position abrückten. In Anbetracht der Tatsache, dass Bohrs Auffassung unter Physikern allgemeine Anerkennung genoss, stellt sich jedoch die Frage: Kamen Einstein niemals Zweifel?

Anlässlich der Feier zu Einsteins 100. Geburtstag im Jahre 1979 fand ein spezielles Symposium in Jerusalem statt, an dem auch John Archibald Wheeler teilnahm. John Wheeler, der heute zu den Nestoren auf dem Gebiet der theoretischen Physik gehört, war über viele Jahre an der Universität von Princeton tätig, wo er Einstein kennen lernte (Einstein lebte von 1933 bis zu seinem Tod 1955 in Princeton). Nach Abschluss des Symposiums besuchte Wheeler noch die Ben-Gurion-Universität von Negev in Beer Sheva, wo ich damals lehrte. Bei einem Abendessen, zu dem meine Frau und ich ihn eingeladen hatten, fragte ich ihn, ob Einstein jemals den geringsten Zweifel an seiner Überzeugung hinsichtlich der Quantenmechanik erkennen ließ.

Wheeler erzählte mir daraufhin die folgende Geschichte: Anfang der fünfziger Jahre kam eine neue Formulierung der Quantenmechanik auf, die so genannte »Pfadintegralmethode«. Diese Formulierung ist der Standardform der Quantenmechanik äquivalent, denn sie ergibt für alle Probleme dieselben Lösungen. Es handelt sich aber um eine in mathematischer wie begrifflicher Hinsicht sehr elegante Formulierung. Aufgeregt ging Wheeler zu Einstein, um ihm darüber zu berichten. Einstein hörte geduldig zu. Nachdem Wheeler geendet hatte, fragte er Einstein, ob dieser neue Ansatz seine Auffassung von der Quantenmechanik ändere. »Nein«, erwiderte Einstein und fügte hinzu: »Vielleicht habe ich mir das Recht erworben, Fehler zu machen.«

Dieselben Faktoren, die so viele Entwicklungen beenden, ließen auch die Bohr-Einstein-Debatte verstummen: Alter und

Tod. Einstein starb 1955, Bohr 1962. Beide hielten bis zu ihrem Tod an ihren Auffassungen fest. Beide glaubten sie jedoch, dass ihre Streitfrage philosophischer Natur war; explizit oder implizit räumten beide ein, dass die Quantenmechanik an sich mit beiden Positionen vereinbar sei.

Ihr Irrtum hätte nicht größer sein können.

Epigraph: A. Einstein in einem Brief an M. Born, 4.12.1926, in: Albert Einstein – Max Born, *Briefwechsel 1916–1955*, S. 127.

1 A. Pais, »Raffiniert ist der Herrgott ...«, S. 4.

2 Ebd., S. 3.

3 Ebd., S. 453.

4 W. Heisenberg, *Der Teil und das Ganze*, S. 99.

5 L. Rosenfeld zitiert in J. A. Wheeler und W. H. Zurek, Hrsg., *Quantum Theory and Measurement*, S. ix; siehe auch Albrecht Fölsing, *Albert Einstein*, S. 672.

6 A. Pais, »*Raffiniert ist der Herrgott ...*«, S. 457.

7 A. Einstein, B. Podolsky und N. Rosen, »Can Quantum-Mechanical Description of Physical Reality Be Considered Complete?«, *Physical Review* 47 (1935), S. 777; deutsche Fassung in: K. Baumann und R. U. Sexl, *Die Deutungen der Quantentheorie*, S. 81.

8 Zitiert von N. D. Mermin in: A. P. French und P. J. Kennedy, Hrsg., *Niels Bohr: A Centenary Volume*, S. 142.

9 N. Rosen in: P. C. Aichelberg und R. U. Sexl, Hrsg., *Albert Einstein: Sein Einfluss auf Physik, Philosophie und Politik*, S. 69.

7. »Die Natur liebt es, sich zu verbergen.«

In der Bohr-Einstein-Debatte schienen verschiedene philosophische Überzeugungen aufeinander zu prallen. Völlig unerwartet bewies John Bell jedoch im Jahre 1964, dass dies nicht der Fall war. Indem er sich einer veränderten Version des von Einstein, Podolsky und Rosen vorgeschlagenen Gedankenexperiments bediente, entschied er die Auseinandersetzung zugunsten Bohrs. Er bewies, dass die Quantenmechanik, gleichgültig, ob sie vollständig ist oder nicht, Einsteins Paradigma des lokalen Realismus verletzt. Als das vorgeschlagene Experiment tatsächlich durchgeführt wurde, zeigte es sich, dass die quantenmechanische Vorhersage zutrifft: Die Natur verstößt gegen den lokalen Realismus.

> »Die Natur verbirgt ihr Geheimnis durch die Erhabenheit ihres Wesens, aber nicht durch List.«
>
> *Albert Einstein*

Das EPR-Gedankenexperiment: Eine Neuformulierung

Vierzig Jahre nach der Formulierung der Quantenmechanik entdeckte John Bell, dass sich in ihr eine Negation des Paradigmas des lokalen Realismus verbirgt. Im Jahre 1964 entwarf er eine Variante des EPR-Experiments, das bewies, dass Einsteins Paradigma falsch ist, wenn die Quantenmechanik zutrifft. Die Entscheidung für Einsteins oder Bohrs Deutung der Quantentheorie ist somit keine Frage der philosophischen Präferenz; vielmehr wurde gezeigt, dass Einsteins Auffassung unhaltbar ist. Die Geschichte der erstaunlichen Entdeckung

139

Bells und ihre Implikationen sind der Gegenstand des vorliegenden Kapitels.

Den scheinbar harmlosen Ausgangspunkt der Geschichte bildet dabei eine Neuformulierung des EPR-Gedankenexperiments. Obwohl Neuformulierungen nicht gerade nach großen Veränderungen klingen, können sie das Tor zu neuen und unerwarteten Entwicklungen aufstoßen. Als der große Mathematiker Leonardi Fibonacci im Jahre 1202 das Dezimalsystem in Europa einführte, schlug er zwar nur eine neue Schreibweise für Zahlen vor, doch gab er damit der abendländischen Wissenschaft ein Werkzeug in die Hand, das für ihre Weiterentwicklung unentbehrlich wurde. Versuchen Sie nur einmal, sich die heutige wissenschaftliche Forschung mit römischen Ziffern vorzustellen!

Die Neuformulierung des EPR-Experiments, um die es im Folgenden geht, wurde 1957 von David Bohm und Yakir Aharonov vorgeschlagen. In der Version von Bohm und Aharonov beginnt das Experiment mit einem einzigen Teilchen, dem Ausgangs- oder »Primärteilchen«, etwa einem Atomkern. Der *Spin* oder *Eigendrehimpuls* des Kerns wird als Null angenommen. Dieses Primärteilchen ist radioaktiv. Zu einem bestimmten Zeitpunkt zerfällt es spontan in zwei »Sekundärteilchen«, A und B, die sich nach rechts und links voneinander entfernen (Abb. unten). In Kapitel 5, S. 116 ff., wurde darauf hingewiesen, dass die verschiedenen Spinkomponen-

Die Versuchsanordnung der von Aharonov und Bohm modifizierten Version des von Einstein, Podolsky und Rosen (EPR) vorgeschlagenen Gedankenexperiments. Das »Primärteilchen« zerfällt in zwei »Sekundärteilchen«, A und B.

ten eines Teilchens normalerweise nicht gleichzeitig wohl definierte Werte besitzen können. Wenn zum Beispiel die x-Komponente des Spins wohl definiert ist, dann können die y- und z-Komponenten nicht wohl definiert sein. Allerdings gibt es, wie bereits erwähnt, eine Ausnahme von diesem Prinzip: Wenn der Spin eines Teilchens null ist, dann sind alle drei Spinkomponenten gleichzeitig wohl definiert. Sie alle besitzen dann genau den Wert null.

Die Beweisführung des modifizierten EPR-Gedankenexperiments folgt nun genau derselben Argumentation wie das ursprüngliche Experiment. Beim ursprünglichen Versuch wurden zwei Fragen behandelt: »Ist der Ort des Teilchens B ein Element der Realität?« und »Ist der Impuls von Teilchen B ein Element der Realität?« Bei Bohm und Aharonov lauten die Fragen: »Ist die x-Komponente des Spins von Teilchen B ein Element der Realität?« »Ist die y-Komponente des Spins von Teilchen B ein Element der Realität?« und »Ist die z-Komponente des Spins von Teilchen B ein Element der Realität?«

Als Nächstes zeigten sie, dass alle drei Fragen zu bejahen sind. Dieser Beweis basiert auf der von EPR formulierten Definition eines »Elements der Realität« (Kapitel 6, S. 129 ff.): »Wenn wir, ohne auf irgendeine Weise ein System zu stören, den Wert einer physikalischen Größe mit Sicherheit (d. h. mit der Wahrscheinlichkeit gleich eins) vorhersagen können, dann gibt es ein Element der physikalischen Realität, das dieser physikalischen Größe entspricht.« Ist es möglich, so fragten sie, die x-Komponente des Spins von Teilchen B zu ermitteln, ohne es zu stören? Ja, dies ist möglich. Dazu muss man nur die x-Komponente des Spins von Teilchen A messen. Da die x-Komponente des Spins des Ausgangsteilchens null war und jede Spinkomponente erhalten bleibt, müssen sich die x-Komponenten des Spins von Teilchen A und Teilchen B zu null addieren. Daraus folgt, dass wir die x-Komponente des Spins von Teilchen B störungsfrei ermitteln können, wenn wir die x-Komponente des Spins von Teilchen A messen. Die x-Komponente des Spins von Teilchen B ist also ein Element der Realität.

Dieselbe Beweisführung gilt für die y- und z-Komponenten des Spins von Teilchen B. Es folgt, dass alle drei Spinkomponenten Elemente der Realität sind; das heißt, wenn wir die EPR-Definition akzeptieren, besitzen alle drei Spinkomponenten von Teilchen B wohl definierte Werte. Der Quantenmechanik zufolge ist es jedoch unmöglich, dass zwei, geschweige denn drei Komponenten des Spins gleichzeitig wohl definierte Werte besitzen. Dies beweist, dass die Quantenmechanik unvollständig ist. Der von Bohm und Aharonov unter Verwendung der Spinkomponenten hergeleitete Beweis ist der ursprünglichen Version von Einstein, Podolsky und Rosen äquivalent, bei der Ort und Impuls verwendet wurden. Wie leistungsfähig der Beweis ist, wird sich bei der Diskussion von Bells Entdeckung zeigen.

Dr. Bertlmanns Socken

Was können wir aus dem EPR-Gedankenexperiment schließen? Angenommen, wir akzeptieren das von EPR formulierte Kriterium für ein »Element der Realität« und finden uns, etwas melancholisch, mit der Unvollständigkeit der Quantenmechanik ab. Hätte ein solches Eingeständnis umwälzende Auswirkungen auf unseren Begriff von Wirklichkeit? Wohl kaum. Wenn die Quantenmechanik unvollständig ist, sollen doch die Physiker eifrig nach der vollständigen Theorie hinter der Quantenmechanik suchen, während wir übrigen geduldig das Ergebnis ihrer Untersuchungen abwarten.

Der Beweis von EPR beruht darauf, dass die Ergebnisse von Experimenten, die an verschiedenen Orten durchgeführt werden, miteinander korreliert werden können: Wenn die x-Komponente des Spins von Elektron A »nach oben« zeigt, muss die x-Komponente des Spins von B unweigerlich »nach unten« zeigen und umgekehrt. Für die y- und z-Komponenten gelten analoge Aussagen. Sind diese Korrelationen in irgendeiner Weise bemerkenswert oder erstaunlich? Scheinbar nicht. John Bell drückte es so aus:

> »Der Philosoph auf der Straße, der mit der Quantenmechanik noch nie in Berührung gekommen ist, zeigt sich von den Einstein-Podolsky-Rosen-Korrelationen gänzlich unbeeindruckt. Er kann auf viele Beispiele ähnlicher Korrelationen im alltäglichen Leben verweisen. Oft wird der Fall von Dr. Bertlmanns Socken angeführt. Dr. Bertlmann liebt es, Socken unterschiedlicher Farbe zu tragen. Welche Farbe die Socke haben wird, die er an einem bestimmten Tag an seinem rechten oder linken Fuß trägt, ist vollkommen unvorhersehbar. Wenn man jedoch weiß, dass die erste Socke rosa ist, kann man sicher sein, dass die zweite Socke nicht rosa sein wird. Aus der Beobachtung, welche Farbe die erste Socke hat, und aus der Erfahrung mit Dr. Bertlmann kann man unmittelbar Rückschlüsse auf eine Eigenschaft der zweiten Socke ziehen. Daran ist jedoch nichts Geheimnisvolles. Und verhält es sich bei dem EPR-Experiment nicht ebenso?«[1]

Da wir um die Angewohnheit von Dr. Bertlmann wissen, stets Socken unterschiedlicher Farbe zu tragen, ist es nicht verwunderlich, dass wir nach einem Blick auf die rosa Socke an seinem rechten Fuß vorhersagen können, dass die linke Socke nicht rosa sein wird. Ebenso wenig ist es verwunderlich, dass wir eine bestimmte Spinkomponente des Teilchens B als »nach unten« gerichtet vorhersagen können, wenn wir wissen, dass der Spin des Ausgangsteilchens null war und die

Messung der entsprechenden Spinkomponente des Teilchens A gezeigt hat, dass diese »nach oben« gerichtet ist.

Die unmittelbar einleuchtende und auf dem gesunden Menschenverstand beruhende Erklärung der EPR-Korrelationen entspricht der Auffassung Einsteins: Die Teilchen A und B besitzen für alle drei Spinkomponenten wohl definierte Werte, aber die Quantenmechanik behauptet, dass wir nicht alle drei Werte gleichzeitig wissen können. John Bell formulierte es lakonisch so: »*Die Natur weiß es, aber ich weiß es nicht.*«[2]

Diese Erklärung steht in Einklang mit der Doktrin des »lokalen Realismus«, die die Annahmen des »Realismus« und der »Lokalität« in sich vereint. Wie Sie sich erinnern mögen, versteht man unter Realismus die Auffassung, dass die Natur an sich, unabhängig von einem Bewusstsein, existiert, und materielle Objekte eigene Merkmale besitzen. Innerhalb des Begriffssystems des Realismus ist die hinreichende Bedingung von EPR durchaus sinnvoll: Jede Eigenschaft eines Teilchens (wie Ort, Impuls oder x-Komponente des Spins), die ermittelt wurde, ohne das Teilchen zu stören, muss eine dem Teilchen inhärente Eigenschaft sein. Die alternative Behauptung, dass nämlich die Messung eines Teilchens A eine Wirkung auf die Eigenschaften von B ausübe, legt nämlich im Rahmen der EPR-Versuchsanordnung die Annahme nahe, dass sich der Einfluss der Messung augenblicklich, also schneller als Licht, fortpflanzt! Die Annahme, dass sich nichts schneller als Licht ausbreitet, wird mit dem Begriff »Lokalität« bezeichnet.

Wie wir in Kapitel 2, S. 35 ff., gesehen haben, ist der lokale Realismus ein Eckpfeiler des Einstein'schen Paradigmas. Einstein war Realist und von den Ergebnissen der speziellen Relativitätstheorie zutiefst überzeugt. Da die Lichtgeschwindigkeit gemäß der speziellen Relativitätstheorie die größtmögliche Geschwindigkeit darstellt, glaubte er nicht nur an den Realismus, sondern auch an die Lokalität.

Einsteins Erklärung der EPR-Korrelationen ist plausibel, trotzdem vertrat Bohr eine andere Auffassung. Bohr zufolge besitzt keines der Teilchen A und B Spinkomponenten, solange nicht eine Messung durchgeführt wird. Erst wenn die x-Komponente des Spins von A gemessen wird, bringt die Messung diese Komponente bei A hervor, und da die zwei Teilchen A und B miteinander verschränkt sind, erzeugt dieselbe Messung auch die x-Komponente von Teilchen B. Wird statt der x-Komponente die y-Komponente von A gemessen, bleibt der Wert der x-Komponente sowohl bei A als auch bei B unbestimmt.

Im Gegensatz zu Einsteins Erklärung verletzt Bohrs Deutung die Annahme der Lokalität; sie scheint zu implizieren, dass eine Messung, die an Teilchen A durchgeführt wird, Teilchen B *augenblicklich* beeinflusst, selbst wenn Teilchen B Lichtjahre entfernt ist! Trotzdem setzte sich seine Auffassung schon früh unter Physikern durch. Warum schenkte man Bohrs Deutung Glauben, ja gab ihr sogar den Vorzug gegenüber Einsteins Auffassung, die doch dem gesunden Menschenverstand entspricht und die EPR-Korrelationen ganz gut erklärt?

Im Jahre 1932 bewies der Mathematiker John von Neumann, dass Theorien, die in Einklang mit Einsteins Erklärung stehen, so genannte »Theorien verborgener Parameter«, mit der Quantenmechanik unvereinbar sind. War dies der Grund für die weit verbreitete Anerkennung von Bohrs Auffassung? Keineswegs. Als David Bohm 1952 von Neumann widerlegte, indem er eine Theorie verborgener Parameter schuf, die mit der Quantenmechanik vereinbar war (das heißt, indem er eine Theorie konstruierte, von der von Neumann »bewiesen« hatte, dass sie nicht konstruiert werden könne), verursachte sein Artikel kaum Aufsehen. Ich glaube, dass viele Physiker, ich selbst eingeschlossen, Bohrs Auffassung bevorzugten, weil wir intuitiv von der Vollständigkeit der Quantenmechanik überzeugt waren und das Gefühl hatten, dass sie etwas radikal Neues über das Wesen der Realität aussagt. Obwohl wissenschaftliche Behauptungen stets in rationalen Begriffen vorgestellt werden, basieren sie gleichwohl häufig auf Gefühl und Intuition anstatt auf logischen Argumenten! Wie dem auch sei, Anfang der sechziger Jahre erregte die Streitfrage die Aufmerksamkeit des jungen irischen Physikers John S. Bell, der sich vornahm, Licht in diese dunkle Angelegenheit zu bringen. Überzeugt von Einsteins Erklärung wollte er beweisen, dass die Einwände gegen sie falsch waren und bewies doch letztendlich genau das Gegenteil: nämlich dass Einsteins Erklärung unhaltbar ist und aufgegeben werden muss.

Bells Abänderung des EPR-Gedankenexperiments

Jahrzehntelang bemühte sich Niels Bohr unter Aufbietung seiner beeindruckenden geistigen Fähigkeiten darum, Einstein zu beweisen, dass die Quantenmechanik eine radikale Veränderung seines (Einsteins) Paradigmas erfordere. Letztendlich musste er jedoch – zumindest implizit – eingestehen, dass Einsteins Position logisch vertretbar war: Es ist möglich, am Einstein'schen Weltbild festzuhalten, wenn man die keineswegs unvernünftige Annahme vertritt, die Quantenmechanik sei unvollständig. Gleichwohl glückte John Bell zwei Jahre nach Bohrs Tod eine Entdeckung, die Bohr trotz jahrzehntelanger Bemühungen versagt geblieben war: die Entdeckung eines unwiderlegbaren mathematischen Beweises, dass Einsteins Paradigma in der Tat mit der Quantenmechanik unvereinbar ist. Es kommt gar nicht darauf an, ob die Quantenmechanik vollständig oder unvollständig ist; wenn man akzeptiert, dass die Quantenmechanik korrekt ist (und dies tat Einstein), dann ist eine tief greifende Veränderung des Einstein'schen Weltbildes unvermeidlich.

Die Tragweite dieser Arbeit erschloss sich den Kollegen Bells nur langsam. Dies ist vermutlich darauf zurückzuführen, dass sein 1964 geschriebener Artikel einen komplexen statistischen Formalismus verwendete und die Unzulässigkeit »verborgener-Parameter-Theorien« betraf, für die sich die meisten Physiker ohnehin nicht interessierten. Solche Theorien erheben den Anspruch, die von EPR postulierte Unvollständigkeit der Quantentheorie durch die Einführung zusätzlicher Größen oder Parameter, die im Gegensatz zu den Standardparametern der Quantentheorie nicht beobachtbar, also »verborgen« sind, zu beseitigen. Doch die meisten Physiker schenkten den vorgeschlagenen Theorien wenig Beachtung. Sie wirkten konstruiert und keine war überzeugend genug, um als die korrekte »Vervollständigung« der Quantenmechanik akzeptiert zu werden.

Im Laufe der Jahre wurde jedoch die Bedeutung des Bell'schen Artikels immer klarer und der Beweis seiner Kernaussage erwies sich als verblüffend einfach. Sowohl die Kernaussage als auch der Beweis sind in einem 1979 in *Spektrum der Wissenschaft* erschienenen Artikel von Bernard d'Espagnat vorzüglich erläutert.[3]

Um seinen Beweis führen zu können, änderte Bell die von Bohm und Aharonov vorgeschlagene Version des EPR-Experiments in drei Punkten ab:

Erstens betrachtete er die Spinkomponenten der zwei Teilchen A und B nicht entlang der x-, y- und z-Achsen, die zueinander senkrecht stehen, sondern entlang beliebiger drei Achsen a, b und c, die nicht rechtwinklig aufeinander stoßen müssen (siehe Abb. S. 148 oben).

Zweitens führte er *Zufallsgeneratoren* ein, die den zwei Apparaten zur Messung der Spinkomponenten von Teilchen A und B vorgeschaltet wurden. Diese Zufallsgeneratoren sind

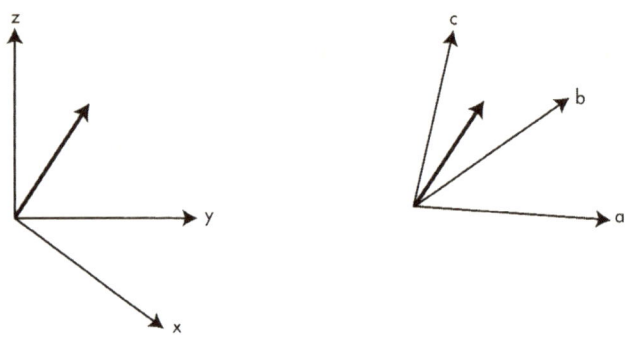

Die Komponenten eines Vektors werden gewöhnlich in einem Koordinatensystem betrachtet, dessen Achsen x, y und z senkrecht zueinander stehen. Es können jedoch auch andere Koordinatensysteme gewählt werden, deren Achsen a, b und c nicht senkrecht zueinander stehen.

Die von Bell modifizierte EPR-Versuchsanordnung. Eine Komponente des Spins von Teilchen A und eine Komponente des Spins von Teilchen B werden gleichzeitig gemessen. Zwei Zufallsgeneratoren entscheiden, welche Komponenten gemessen werden. Solche Messungen werden viele Male wiederholt und die Ergebnisse statistisch ausgewertet.

Vorrichtungen, die zufällig entscheiden, welche der Spinkomponenten a, b, oder c, gemessen wird. Sie sind so konstruiert und angeordnet, dass die von dem Gerät bei A getroffene Entscheidung erst kurz vor der an Teilchen A durchgeführten Messung an die Messapparatur von A weitergeleitet wird. Die Zeitspanne ist so kurz, dass ein Lichtsignal von dieser Vorrichtung zur Messapparatur von Teilchen B erst dann dort eintreffen würde, wenn sowohl die A-Messung als auch die B-Messung bereits abgeschlossen sind. Die Konstruktion und Anordnung des Zufallsgenerators bei B unterliegt einer ähnlichen Bedingung.

Damit soll ausgeschlossen werden, dass die zufällig getroffene Entscheidung in der Nähe von Teilchen A die Messung von Teilchen B beeinflusst – und umgekehrt. Wenn man an den Grundsatz der Lokalität glaubt (das heißt, wenn man glaubt, dass sich nichts schneller als Licht ausbreiten kann), dann gewährleistet diese Bedingung, dass sich die Messungen bei A und B nicht gegenseitig beeinflussen. Da das schnellste Signal zwischen A und B nur mit Lichtgeschwindigkeit übermittelt werden kann, stellt diese Bedingung sicher, dass die Messung bei B beendet ist, bevor ein Signal von A bei B eintreffen kann, und die Messung bei A beendet ist, bevor ein Signal von B bei A eintreffen kann.

Drittens stellte Bell sich vor, das Experiment nicht einmal, sondern viele Male durchzuführen.

Welchen Grund gab es für diese Abänderungen? Bell fand heraus, dass er durch die Einführung dieser Modifikationen und die statistische Analyse vieler Messergebnisse bestimmte Beziehungen aufstellen konnte, *die gegeben sein müssen, wenn Einsteins Paradigma gültig ist, die aber nicht erfüllt sind, wenn man sie auf der Grundlage der Quantenmechanik berechnet.* Damit bewies er, dass die Quantenmechanik mit Einsteins Paradigma des lokalen Realismus *unvereinbar* ist. Die Beziehungen werden als »Bells Ungleichungen« bezeichnet, und der Umstand, dass sie nicht erfüllt sind, wenn sie auf der Grundlage der Quantenmechanik berechnet werden, ist als »Bells Theorem« oder auch als »Verletzung der Bell'schen Ungleichungen« bekannt.

Das Syndrom der sich widersprechenden Paare

Was ist eine »Ungleichung«? Eine Ungleichung ist eine Aussage über eine Beziehung, bei der die beteiligten Größen verschieden groß sind. So ist zum Beispiel die Aussage »Die Zahl 5 ist größer als die Zahl 3« eine Ungleichung. Die Ungleichungen, die Bell entdeckte, sind etwas komplexer. Sie besagen Folgendes: »Eine Größe ist kleiner oder gleich der Summe zweier anderer Größen (aber niemals größer als diese Summe).« Betrachten wir zunächst ein Beispiel für eine solche Ungleichung.

Ich bin nicht gerne knapp an Kleingeld. Deshalb habe ich mir angewöhnt, immer einige Zehner in einer »Zehnerdose« und einige Fünfziger in einer »Fünfzigerdose« aufzubewahren. Immer wenn ich ein paar Fünfziger oder Zehner übrig habe, stecke ich sie in die entsprechende Dose. Gestern Morgen bemerkte ich, dass mein Vorrat an Kleingeld zur Neige ging: Es waren nur noch zwei Fünfziger in der Fünfzigerdose und zwei Zehner in der Zehnerdose. Ob ich die Dosen seit gestern Morgen aufgefüllt habe, daran erinnere ich mich nicht mehr; ich weiß jedoch, dass ich keine Münzen herausgenommen habe. Was ich über den Inhalt der Dosen weiß, kann als eine Ungleichung formuliert werden: »Die Zahl 4 ist kleiner oder gleich der Summe der Anzahl der Münzen in beiden Dosen.«

Bell änderte die EPR-Versuchsanordnung in drei Punkten ab, weil er dadurch in die Lage versetzt wurde, Ungleichungen aufzustellen, die eine Überprüfung der Annahme des lokalen Realismus erlaubten. Wie wir im nächsten Abschnitt sehen werden, bezog sich Bell in seinem Test auf Spinkomponenten, doch ist der Test selbst allgemeingültig: Bells Ungleichungen können benutzt werden, um die Annahme des lokalen Realismus in einer großen Vielzahl von Systemen zu überprüfen.

Im Folgenden sollen Bells Ungleichungen in der Form einer Geschichte über Menschen vorgestellt werden. Wenn Sie die Geschichte lesen, denken Sie bitte daran, dass sie frei erfunden ist und die darin vorkommenden Ehepaare stellvertretend für Paare von Teilchen stehen. Mit anderen Worten, die Moral der Geschichte hat nichts mit Menschen zu tun; ich habe mich nur deshalb entschlossen, Bells Vorstellung in einem psychologischen anstatt in einem physikalischen Kontext zu erläutern, weil die meisten von uns sich mehr für Menschen als für Elektronen interessieren. Fangen wir also an:

Lange bevor meine guten Freunde Julie und Peter, die Sie in Kapitel 2, S. 49 ff., schon kennen lernten, ihr Astronautentraining begannen, studierten sie in New York Psychologie. An einem sonnigen Nachmittag gingen sie auf dem Broadway spazieren, als sie zufällig hinter einem älteren Paar hergingen und ohne es zu wollen, Zeugen einer merkwürdigen Unterhaltung wurden:

»Ich finde, dass der Präsident eine miserable Arbeit leistet«, sagte der Mann.

»Der Präsident? Ganz im Gegenteil, er ist hervorragend«, entgegnete die Frau.

»Nein, wenn es den Kongress nicht gäbe, wäre unser Land am Ende.«

»Wohl kaum. Ich finde, dass genau der Kongress das Problem ist.«

»Nun, du musst doch wohl zugeben, dass der Vorsitzende des Repräsentantenhauses eine Menge erreicht hat.«

»Nein, das glaube ich überhaupt nicht. Er ist ebenso unfähig wie alle anderen Kongressabgeordneten.«

»Jedenfalls befürworte ich die von ihm vorgeschlagenen Reformen im Einkommenssteuergesetz.«

»Meiner Ansicht nach ist sein Vorschlag vollkommen ungenügend.«

In dieser Weise setzte sich das Gespräch, das aus einer einzigen Aneinanderreihung von Rede und Widerrede bestand, über lange Zeit fort. Merkwürdigerweise stritten sich der Mann und die Frau nicht. Sie hasteten von einem Thema zum nächsten und vertraten dabei stets konträre Auffassungen. Ihre Stimmen klangen leise und teilnahmslos, so als hätten sie Gespräche dieser Art schon unzählige Male geführt – und als seien sie gleichwohl unfähig, sich ihnen zu entziehen.

Am nächsten Tag trafen Julie und Peter ihre Lieblingspsychologieprofessorin, Clarissa Gill. Als sie ihr von der seltsamen Unterhaltung erzählten, die sie am Vortag mit angehört hatten, seufzte Clarissa.

»Ja, diese bedauernswerten Menschen leiden am Syndrom der sich widersprechenden Paare. Es gibt Hunderte, wenn nicht gar Tausende von ihnen. Ich habe selbst schon eine ansehnliche Kartei zusammengestellt. Ihre Krankheit besteht darin, dass sie stark negativ geprägte psychische Beziehungen führen, die sie zwingen, einander bei jeder Gelegenheit zu widersprechen. Befragt man sie über *Fakten*, stimmen sie in ihren Antworten überein. Fragt man sie jedoch nach ihrer *Meinung*, kann man sicher sein, konträre Antworten zu erhalten.« Nach einer kleinen Pause fügte sie hinzu: »Anfangs, wenn das Syndrom ausbricht, streiten sie viel. Nach einer Weile gewöhnen sie sich an ihre Situation, aber sie können sich diesen Unterhaltungen, in denen sie sich nur widersprechen, einfach nicht entziehen.«

»Aber warum müssen sie immer konträre Auffassungen vertreten?«, fragte Julie. »Sind sie böse aufeinander?«

»Vielleicht«, antwortete Clarissa, »aber dies scheint nicht das Hauptproblem zu sein. In der Tat wurde experimentell nachgewiesen, dass sie auf Meinungsfragen sogar dann konträre Antworten geben, wenn sie getrennt befragt werden und die Paare nichts von der Antwort des Partners wissen.«

»Moment mal«, wandte Peter ein, »wollen Sie damit sagen, dass der Ehemann und die Ehefrau, wenn wir sie an getrennten Orten gleichzeitig fragen, ›Sind Sie mit der Leistung des Präsidenten zufrieden?‹ stets entgegengesetzte Antworten geben? Dass wir also sicher sein können, dass die Antwort des Ehemanns ›ja‹ lautet, wenn die Frau ›nein‹ antwortet?«

»Genau. Und wenn Julie von der Ehefrau die Antwort ›ja‹ erhält, kann sie absolut sicher sein, dass der Ehemann Ihnen die Antwort ›nein‹ gab.«

»Meine Güte, das ist ja merkwürdig. Wie kann das sein?«

»Ich habe keine Ahnung, aber genau das möchte ich herausfinden. Zu diesem Zweck habe ich diese Kartei sich widersprechender Paare angelegt. Ich möchte mit diesen Paaren einige Versuche durchführen.«

Fast gleichzeitig platzten Julie und Peter heraus: »Können wir dabei helfen?«

Über Clarissas Gesicht breitete sich ein Lächeln aus. »Das wäre wunderbar. Ich kann Ihre Hilfe wirklich gut gebrauchen. Können Sie morgen früh um zehn Uhr in mein Büro kommen?«

Am nächsten Morgen erklärte ihnen Professor Gill das Experiment, das sie durchführen wollte. »Anfang des Jahres«, so begann sie, »machte ich folgende Entdeckung: Wenn wir drei Fragen auswählen und diese einer relativ großen Stichprobe sich widersprechender Paare vorlegen, dann müssen die Antworten der Männer und Frauen einem bestimmten Muster gehorchen.«

»Moment, habe ich das richtig verstanden?«, unterbrach Peter. »Nehmen wir an, ich wähle drei Fragen aus: Zum Beispiel: (a) Soll die Bundesregierung verkleinert werden? (b) Leistet der Außenminister gute Arbeit? und (c) Soll der Mindestlohn erhöht werden? Sind diese Fragen geeignet?«

»Ja, wie gesagt, jede Meinungsfrage ist geeignet.«

»Gut, nehmen wir weiter an, dass wir eine große Anzahl sich widersprechender Paare ausgewählt haben und sie jeweils einzeln befragen. Zum Beispiel wird Julie morgen früh um Punkt 11 Uhr hier in Ihrem Büro die erste Ehefrau befragen, während ich gleichzeitig zu Hause den Ehemann befrage. Beide erhalten wir auf unsere drei Fragen Ja- und Nein-Antworten. Um 11.05 Uhr kommt dann das nächste Paar an die Reihe, um 11.10 das übernächste und so weiter. Wenn wir damit fertig sind, sollten die Daten, die wir gesammelt haben, dem von Ihnen entdeckten Muster gehorchen?«

»Das ist richtig.«

»Und wie sieht dieses Muster aus?«

»Das werde ich Ihnen erklären, sobald die Befragungen abgeschlossen sind.«

Und so machten sich Peter und Julie an die Arbeit. Sie begannen damit, nacheinander die sich widersprechenden Paare zu befragen und stießen gleich zu Beginn auf eine unerwartete Schwierigkeit. Als sie sich eine Woche später erneut trafen, konnte Julie ihre Frustration nicht verbergen. »Professor Gill«, so begann sie, »Sie werden nicht glauben, was passiert ist. Bei meiner ersten Befragung kam die Ehefrau herein, ich stellte ihr die Frage (a) und sie antwortete, ›ja‹. Als ich ihr jedoch die Frage (b) stellen wollte, wandte sie sich zum Gehen und sagte: ›Eine Frage reicht.‹ Ich versuchte sie aufzuhalten, aber sie hörte mir gar nicht zu. Die zweite Frau war noch schlimmer. Sie sagte mir gleich beim Hereinkommen, dass sie nur eine Frage beantworten werde. Und dabei blieb es. Es ist mir bei niemandem gelungen, Antworten auf mehr als eine Frage zu erhalten. Und Peter hat mit den Männern auch nicht mehr Glück gehabt. Was haben wir falsch gemacht?«

Clarissa seufzte. »Nehmen Sie das nicht persönlich. Es ist nicht Ihre Schuld. Gerade heute Morgen habe ich einen Artikel über das Syndrom der sich widersprechenden Paare gelesen, in dem festgestellt wurde, dass eines der Symptome darin besteht, dass die Betroffenen sich strikt weigern, mehr als eine Frage zu beantworten. Diese Menschen sind wirklich krank.«

»Was machen wir also nun?«, fragte Julie hoffnungslos.

Clarissa lächelte. »Kurz bevor Sie gekommen sind, habe ich eine Möglichkeit gefunden, dieses Problem zu umgehen. Also: Selbst wenn eine Frau nur bereit ist, eine Frage, sagen wir, Frage (a), zu beantworten, können Sie ihre Antwort auf die Frage (b) dadurch ermitteln, dass sie diese Frage ihrem Ehemann stellen. Seine Antwort lässt auf ihre Prädisposition schließen, da ihre Antwort notwendigerweise das Gegenteil von seiner ist.«

»Ich verstehe. Wenn also der Ehemann die Frage (b) mit ›ja‹ beantwortet, wissen wir, dass sie mit ›nein‹ geantwortet hätte und umgekehrt. Aber wie kommen wir an die dritte Antwort?«

»Wir sind zwar nicht in der Lage, die Prädispositionen jeder Ehefrau hinsichtlich aller drei Fragen zu ermitteln, aber dies bedeutet nicht, dass wir nicht trotzdem überprüfen können, ob das von mir entdeckte Muster Gültigkeit besitzt. Damit dies möglich ist, müssen Sie nur beide bei Ihren Befragungen einen Würfel verwenden.«

»Einen Würfel?«

»Genau. Würfel dienen als Zufallsgeneratoren. Da Sie nur eine Frage stellen dürfen, brauchen Sie eine Vorrichtung, die für Sie zufällig entscheidet, welche Frage Sie stellen werden. Bevor Sie die Befragung beginnen, würfeln Sie. Würfeln Sie eine 1 oder 2, wählen Sie Frage (a); bei 3 oder 4, wählen Sie Frage (b) und bei 5 oder 6, wählen Sie Frage (c). Und Peter verfährt bei seiner Befragung, die zur gleichen Zeit stattfindet, ebenso.«

»Wozu ist das gut?«

»Wenn Sie und Peter dieses Verfahren viele Male wiederholen, können wir anschließend die Ergebnisse auswerten. Wir können auszählen, wie oft die Frau auf die Frage (a) mit

›ja‹ und der Mann gleichzeitig auf die Frage (b) mit ›nein‹ antwortete; wie oft die Frau auf die Frage (b) mit ›nein‹ und der Ehemann auf die Frage (c) mit ›ja‹ antwortete und so weiter.«

»Und was sagen uns diese Daten?«

»Nun, sie werden hoffentlich das von mir entdeckte Muster experimentell bestätigen.«

»Moment mal, da fällt mir gerade etwas ein. Ich habe vor kurzem jemanden über die so genannte »Gill-Ungleichung« reden hören. Ist dies das Muster, das Sie entdeckt haben?«

»Genau, Peter«, erwiderte Clarissa. »Das Muster, von dem ich gesprochen habe, ist eine Ungleichung. Diese Ungleichung betrifft die Ergebnisse von drei Zählungen. Das Ganze sieht ungefähr so aus: Angenommen, Sie und Julie führen eine große Anzahl Ihrer gleichzeitigen Befragungen durch. Wenn Sie damit fertig sind, zählen Sie die Ergebnisse aus. Erstens zählen Sie, wie viele Male Julie der Ehefrau nach dem Würfeln die Frage (a) stellte und sie diese mit ›ja‹ beantwortete und wie viele Male Sie, Peter, nach Ihrem Würfeln dem Ehemann die Frage (b) stellten und er die Frage mit ›nein‹ beantwortete. Ist das so weit klar?«

»Ja«, erwiderte Peter. »Sie möchten, dass wir die Zahl der Korrelationen zwischen den Ja-Antworten der Ehefrauen auf Frage (a) und den gleichzeitigen Nein-Antworten der Ehemänner auf Frage (b) zählen.«

»Genau.«

Zufrieden konstatierte Peter, dass er den Begriff »Korrelation« korrekt verwendet hatte.

»Zweitens«, fuhr Clarissa fort, »zählen Sie die Anzahl der Korrelationen zwischen den Ja-Antworten der Ehefrauen auf Frage (a) und den Ja-Antworten der Ehemänner auf Frage (c). Und drittens zählen Sie die Anzahl der Ja-Antworten der Ehefrauen auf Frage (b) und die gleichzeitigen Nein-Antworten der Ehemänner auf Frage (c). Dann vergleichen Sie die Ergebnisse dieser Auszählung. Meine Ungleichung besagt, dass die Summe der zweiten und dritten Auszählung größer oder gleich der ersten Auszählung ist, aber niemals kleiner.«

»Und wie gehen Sie bei einem solchen Beweis vor?«

»Nun, der Beweis erfordert etwas Mühe. Aber das lasse ich Sie am besten selbst herausfinden. Wenn Sie den Beweis in Angriff nehmen, denken Sie immer an die zwei Annahmen, auf denen er beruht: Die erste ist die Annahme der Lokalität. Nichts bewegt sich schneller als Licht. Die zweite ist das Vorhandensein von Prädispositionen. Ich nehme an, dass sowohl die Ehemänner als auch die Ehefrauen eine klare Prädisposition für die Beantwortung aller drei Fragen mit ›ja‹ oder ›nein‹ haben, auch wenn sie sich weigern, mehr als eine Frage zu beantworten.«

Durch angestrengtes Nachdenken gelang es Julie und Peter, die von Clarissa Gill aufgestellte Ungleichung zu ihrer Zufriedenheit zu beweisen. Eine Erläuterung des Beweises finden Sie im Anhang, S. 475 ff. Doch nun wollen wir zu unserer Geschichte zurückkehren.

Julie und Peter führten also zahllose Befragungen durch, bis Clarissas umfangreiche Kartei ausgeschöpft war. Als sie schließlich ihre Daten auswerteten und die drei Zählungen vornahmen, stellten sie zu ihrer Überraschung fest, dass die Gill-Ungleichung verletzt war. Die erste Zählung erwies sich als größer als die Summe der anderen zwei Zählungen. Ratlos und verwirrt tauchten sie in Clarissas Büro auf.

Auch Clarissa war überrascht. In Nachdenken versunken, saßen sie schweigend da. Schließlich sagte Clarissa: »Dann muss wohl eine der beiden Annahmen, die ich für den Beweis meiner Ungleichung verwendet habe, falsch sein. Möglicherweise entspringen die Antworten, die wir erhalten, nicht einer vorhandenen Prädisposition, sondern sie sind das Ergebnis einer spontanen Laune.«

»Aber wie können sich die Antworten dann stets widersprechen?« wandte Clarissa ein. »Schließlich wurden die Ehepaare gleichzeitig an verschiedenen Orten befragt. Zwischen ihnen fand keine Kommunikation statt.«

»Hm, ich weiß, es ist wirklich rätselhaft.«

Damit endet meine Geschichte. Der psychologische Kontext diente nur dem Zweck der Veranschaulichung. Die sich widersprechenden Paare stehen stellvertretend für Teilchenpaare, nämlich die von EPR angenommenen Teilchen A und B. Die menschlichen Eigenschaften, die ich in diesem Zusammenhang angeführt habe, wirken zugegebenermaßen etwas künstlich (die Annahme vollkommen entgegengesetzter Haltungen, besonders in Anbetracht der fehlenden Kommunikation, ist kaum realistisch), aber wie wir im nächsten Abschnitt sehen werden, ist die Analogie zur EPR-Situation nahezu vollkommen.

Bells Ungleichungen

Bells Ungleichungen beziehen sich auf Teilchenpaare in der EPR-Versuchsanordnung und nicht auf Ehepaare. Die den Ungleichungen zugrunde liegende Logik gilt jedoch in beiden Fällen. Die im vorigen Abschnitt diskutierten drei Fragen entsprechen den drei Spinrichtungen a, b und c. Die Ja- und Nein-Antworten auf die Fragen entsprechen den Ergebnissen der Messungen der einzelnen Spinkomponenten. Ein ›Ja‹ entspricht der Messung einer »nach oben« gerichteten Spinkomponente, ein ›Nein‹ der Messung einer »nach unten« gerichteten Komponente. Die Weigerung der Ehepaare, mehr als eine Frage zu beantworten, entspricht der Unmöglichkeit, gleichzeitig mehr als eine der drei Spinkomponenten zu messen. Die Annahme von Prädispositionen entspricht der Annahme, dass jede Spinkomponente eines Teilchens als »Element der Realität« einen spezifischen Wert besitzt; sie ist entweder nach oben oder nach unten gerichtet. Der Umstand, dass Gills Ungleichung verletzt ist, entspricht der Verletzung der Bell'schen Ungleichungen (siehe unten). Aus dieser Verletzung schließlich folgt, dass die der EPR-Versuchsanordnung zugrunde liegende Annahme des lokalen Realismus nicht gültig ist.

Um Bells Ungleichungen zu formulieren, müssen wir nur die von Clarissa Gill verwendeten drei Korrelationen aus der Sprache der sich widersprechenden Ehepaare in die Sprache der Spins »übersetzen«.

Angenommen, wir führen das EPR-Experiment unter Berücksichtigung der von Bell vorgeschlagenen Modifikationen durch und wiederholen es viele Male. Danach beginnen wir mit der Auswertung der Ergebnisse. Zunächst zählen wir, wie oft Teilchen A eine nach oben gerichtete Spinkomponente a und Teilchen B eine nach unten gerichtete Spinkomponente b besitzt. Das heißt, wir zählen, wie oft der eine »Zufallsgenerator« die Messvorrichtung anwies, die Spinkomponente des Teilchens A in der Richtung a zu messen und das Ergebnis der Messung »nach oben« gerichtet war, und wie oft gleichzeitig der andere Zufallsgenerator die B-Messvorrichtung anwies, die Spinkomponente von Teilchen B in der Richtung b zu messen und das Ergebnis der Messung »nach unten« gerichtet war. Als Nächstes zählen wir die Anzahl der Korrelationen zwischen Teilchen A mit einer nach oben gerichteten Spinkomponente a und Teilchen B mit einer nach oben gerichteten Spinkomponente c. Und schließlich zählen wir noch die Anzahl der Korrelationen zwischen Teilchen A mit einer nach oben gerichteten Spinkomponente b und Teilchen B mit einer nach unten gerichteten Spinkomponente c. Nun sind wir in der Lage, eine der Bell'schen Ungleichungen zu formulieren:

»Eine Bell'sche Ungleichung: *Die Summe der Ergebnisse der zweiten und dritten Auszählung ist größer oder gleich dem Ergebnis der ersten Auszählung; sie ist niemals kleiner.*«

159

Wenn Sie sich die Zeit nehmen und im Anhang S. 475 ff. lesen, werden Sie feststellen, dass an den Bell'schen Ungleichungen wirklich nichts Geheimnisvolles ist. Nimmt man die Annahme des lokalen Realismus als gegeben an, dann ist der Beweis nichts anderes als eine ausgeklügelte Zählaufgabe. Erstaunlich ist nur, dass für bestimmte Richtungen der Spinachsen a, b und c, etwa für den in Abbildung S. 148 oben dargestellten Fall, die Berechnung der Korrelationen nach der Quantenmechanik zu Ergebnissen führt, die Bells Ungleichungen verletzen. So ergibt die quantenmechanische Berechnung für die in Abbildung. S. 148 oben dargestellte Anordnung, dass die Summe der zweiten und dritten Auszählung *beträchtlich kleiner* als die erste Auszählung sein sollte.

Wie ist das möglich? Erinnern wir uns dazu an das Beispiel der sich widersprechenden Ehepaare. Die Verletzung der Gill'schen Ungleichung bedeutet, dass entweder die Annahme von Prädispositionen oder die Annahme der Lokalität (die besagt, dass es keine instantane Kommunikation zwischen Ehemann und Ehefrau geben kann) ungültig ist; vielleicht sind sogar beide Annahmen unzutreffend. Analog dazu beruhen Bells Ungleichungen auf der Annahme des lokalen Realismus, der Folgendes besagt: Die Spinkomponenten sind »Elemente der Realität« im Sinne der EPR-Definition, und kein Einfluss kann sich schneller als Licht ausbreiten. Aus der Verletzung der Bell'schen Ungleichung folgt also, dass mindestens eine der beiden Annahmen falsch ist. Doch welche Annahme muss aufgegeben werden? Und welche Art von Wirklichkeit erhalten wir, wenn wir auf eine der beiden Annahmen (oder sogar auf beide) verzichten?

Auf die einzelnen Details kommt es nicht so an, aber wenn Sie den zentralen Gedankengang dieses Kapitels verfolgt haben, dann wird es Ihnen an dieser Stelle vermutlich ebenso gehen wie es mir und vielen anderen Physikern ging, als wir die Tragweite der Bell'schen Korrelationen begriffen: Sie wer-

160

den beunruhigt sein. Wir scheinen den Boden unter den Füßen zu verlieren und wir wissen nicht, wo das alles hinführen soll. Diese Verwirrung und das Gefühl der Beunruhigung sind charakteristisch für das erste Stadium eines Paradigmenwandels. Unsere Auffassung von Wirklichkeit muss sich ändern. Die dem gesunden Menschenverstand entsprechende Auffassung führt direkt zu den Bell'schen Ungleichungen – daran ist nicht zu rütteln. Und trotzdem besagt die Quantenmechanik, die in Tausenden von Experimenten bestätigt wurde, dass die Ungleichungen verletzt werden können.

Was geht hier vor? In den folgenden Kapiteln werden wir uns weiterhin um eine Antwort bemühen. Doch zunächst wollen wir uns mit einer anderen Frage beschäftigen: Zwischen den Bell'schen Ungleichungen und der Quantenmechanik besteht ein Widerspruch. Ist es möglich, diesen Widerspruch auf experimentellem Weg aufzuklären? Das heißt, können wir ein Experiment mit Paaren von Teilchen wirklich durchführen, die Korrelationen bestimmen und anhand der Ergebnisse erkennen, ob die Ungleichungen erfüllt sind oder nicht?

Die experimentelle Situation

Bislang haben wir Bells Version der EPR-Versuchsanordnung als ein Gedankenexperiment behandelt. Wie wir gesehen haben, konnte er auf der Grundlage dieser Behandlung beweisen, dass Einsteins Paradigma des lokalen Realismus unvereinbar mit der Quantenmechanik ist. Die Entdeckung eines solchen Beweises ist schon an sich eine beachtliche Leistung. Doch Bells Beitrag war in doppelter Hinsicht sensationell. Er hatte nicht nur das soeben erwähnte wichtige Ergebnis zur

Folge, sondern es zeigte sich, dass das von ihm vorgeschlagene Experiment im Gegensatz zum EPR-Versuch, über den Bohr und Einstein diskutierten, kein bloßes Gedankenexperiment war. Sein Experiment war fast durchführbar.

Worin liegt nun die Bedeutung, das Experiment tatsächlich auszuführen? Bell zeigte, dass die Ungleichungen, die er auf der Grundlage des Einstein'schen Paradigmas ableitete, für bestimmte ausgewählte Achsen a, b und c von der Quantenmechanik verletzt werden. Daraus geht hervor, dass das von Einstein vertretene Weltbild und die Quantenmechanik unvereinbar sind. Doch welche Auffassung ist richtig? Gehorcht die Natur dem Weltbild Einsteins oder der Quantenmechanik? Auf diese Frage sollte die Durchführung des Experiments eine Antwort geben.

Ich habe das Experiment als »fast« durchführbar bezeichnet, weil in dem tatsächlichen Experiment nicht wie von Bell beschrieben Atomkerne, sondern, wie in den von J. Clauser, M. Horne, R. A. Holt und A. Shimony vorgeführten, Photonen verwendet wurden. Das erste derartige Experiment wurde von J. Clauser und S. Freedman 1972 durchgeführt. Weitere Experimente folgten. Die Versuche schienen zwar die Quantenmechanik zu bestätigen, doch waren die Ergebnisse aufgrund der noch unzulänglichen Genauigkeit der Experimente nicht eindeutig. Der Durchbruch gelang 1981, als A. Aspect, P. Grangier und G. Roger von der Universität Paris ein Experiment durchführten, das weitaus genauer als die vorangegangenen war. Sie fassten ihre Ergebnisse wie folgt zusammen: »Unsere Ergebnisse, die mit den Vorhersagen der Quantenmechanik vorzüglich übereinstimmen, verletzen die verallgemeinerten Bell'schen Ungleichungen auf eklatante Weise und schließen damit die gesamte Klasse realistischer lokaler Theorien als unzulässig aus.«[4]

Einsteins Paradigma des lokalen Realismus ist das Weltbild, nach dem wir leben. Aspect und seine Mitarbeiter haben

162

jedoch experimentell nachgewiesen, dass sich die Natur nicht an dieses Paradigma hält. Wie also sieht das neue Weltbild aus? Diese Frage werden wir im nächsten Kapitel ernsthaft in Angriff nehmen. Im verbleibenden Teil des vorliegenden Kapitels werden wir uns der weiteren Klärung des EPR-Experiments und der Bell'schen Ungleichungen widmen sowie einige der damit in Zusammenhang stehenden jüngeren Entwicklungen schildern.

Einflüsse und Signale

In Übereinstimmung mit der speziellen Relativitätstheorie ist die Lichtgeschwindigkeit die höchste Geschwindigkeit, mit der Nachrichten übermittelt werden können. Diejenigen von uns, die zum Beispiel die Mondlandung im Fernsehen mitverfolgten, sahen jeden Schritt, den Neil Armstrong tat, mit rund 1,25 Sekunden Verzögerung. Dies ist die Zeitspanne, die das Licht benötigt, um die Strecke vom Mond zur Erde zurückzulegen. Die Möglichkeit, Armstrongs Schritte zeitgleich zu verfolgen, bestand nicht. Wenn die spezielle Relativitätstheorie richtig ist, dann kann die Zeitverzögerung von 1,25 Sekunden niemals verringert werden.

Nach Einstein, Podolsky und Rosen scheint es jedoch, als ob diese Verzögerung durch die EPR-Versuchsanordnung reduziert, ja sogar vollkommen aufgehoben werden könne. Wenn Bohr Recht und Einstein Unrecht hat, dann bestimmt eine Messung an Teilchen A *augenblicklich* die entsprechende Größe von Teilchen B. Wenn zum Beispiel die Messung der x-Komponente des Spins von Teilchen A ergibt, dass die x-Komponente von A nach oben gerichtet ist, dann bewirkt dieselbe Messung, dass die x-Komponente von Teilchen B nach unten gerichtet ist. Irgendein Einfluss muss sich also zwischen A und B augenblicklich ausbreiten. Könnte man nicht diesen Einfluss dazu benutzen, Informationen schneller als mit Lichtgeschwindigkeit zu übermitteln? Könnte man nicht auf diesem Weg, Informationen über das, was ein Astronaut auf dem Mond oder auf seinem Weg ins Weltall *genau jetzt* tut, ohne Verzögerung übermitteln?

Mein Freund Peter, der Psychologiestudent, der später Astronaut wurde, beschloss, dies zu versuchen. Wenige Tage bevor er und Julie auf zwei getrennte Missionen geschickt werden sollten, hatte er eine Idee. »Wollen wir nicht die EPR-Versuchsanordnung benutzen, um instantan, also ohne Zeitverzögerung, miteinander zu kommunizieren?«, schlug er Julie vor. »So wie unser Kommunikationssystem jetzt aufgebaut ist, beträgt die Zeitverzögerung bei der Übertragung einer Botschaft eine ganze Stunde, wenn wir eine Lichtstunde voneinander entfernt sind. Das ist einfach zu lang.«

»Ja«, stimmte Julie zu, »eine Lichtstunde ist wirklich eine so große Entfernung, dass sogar das Licht dafür eine ganze Stunde benötigt. Und da sich nichts schneller als Licht ausbreiten kann, ist es wohl auch ausgeschlossen, dass dich meine Nachricht schneller erreicht. So scheint es zumindest. Allerdings wäre es auch mir lieb, wenn wir in engerem Kontakt stehen könnten. Hast du eine Idee, wie wir die Grenze der Lichtgeschwindigkeit umgehen können?«

»Vielleicht. Lass uns überlegen. Angenommen, jeder von uns hat eine der Messapparaturen des EPR-Experiments an Bord. Ich die A-Vorrichtung und du die B-Vorrichtung. Wie du ja weißt, sollen unsere Raumschiffe in entgegengesetzte Richtungen von der Erde wegfliegen. Nehmen wir einmal an, wir sorgen dafür, dass das EPR-Experiment während unserer Reise viele Male auf der Erde durchgeführt wird. Außerdem stimmen wir die Geschwindigkeit unserer Raumschiffe so aufeinander ab, dass die Ankunftszeit des A-Teilchens bei meinem Apparat mit der Ankunftszeit des B-Teilchens bei deinem Apparat zusammenfällt. Wenn die beiden Teilchen eintreffen, werden wir also an beiden jeweils dieselbe Spinkomponente messen. Die Ergebnisse unserer Messungen werden entgegengesetzt miteinander korreliert sein: Immer wenn meine Spinkomponente nach oben gerichtet ist, weiß ich, dass deine nach unten gerichtet sein wird und umgekehrt. Dies ist bereits eine Art der Kommunikation. Auf diese Weise fühle ich mich dir schon ein Stück näher.«

»Das ist ja alles schön und gut, aber dafür braucht man keine so komplizierte Versuchsanordnung. Wir können einfach vereinbaren, dass jeder von uns zu einem bestimmten Zeitpunkt ein Bild des anderen betrachtet; dann fühlen wir uns auch miteinander verbunden. Was mir vorschwebt, ist echte Kommunikation. Meine Botschaft soll augenblicklich bei dir eintreffen.«

»Da hast du Recht«, erwiderte Peter. »Und hier ist mein Vorschlag, wie ich dir eine Nachricht schicken werde. Angenommen, wir benutzen wirklich die EPR-Versuchsanordnung und messen immer wieder dieselbe Spinkomponente, sagen wir die x-Komponente. Jede einzelne Messung übermittelt ein Informationsbit. Nehmen wir an, wir benutzen einen Binärcode und verwandeln unsere sprachliche Nachricht in eine Abfolge von Nullen und Einsen. Ist das in Ordnung?«

»So weit, so gut.«

»Immer wenn also das Ergebnis deiner Messung nach oben gerichtet ist, bedeutet dies, dass ich dir eine Null geschickt habe. Immer wenn das Ergebnis nach unten gerichtet ist, habe ich dir eine 1 geschickt. Du fährst mit deinen Messungen fort und erhältst auf diese Weise eine Abfolge von Nullen und Einsen, aus denen du dann meine Nachricht entschlüsseln kannst.«

Julie war fasziniert, doch ein ungutes Gefühl sagte ihr, dass irgendetwas nicht stimmte. Aufs Äußerste konzentriert, versuchte sie sich vorzustellen, wie Peter die Nachrichten abschickte, und sofort wurde ihr alles klar.

»Nein, Peter. Das wird nicht funktionieren«, sagte sie.

»Aber warum nicht?«

»Weil du, wenn du deine Messung durchführst, das Ergebnis der Messung nicht *bestimmen* kannst. Um mir eine Null zu schicken, musst du dafür sorgen, dass das Ergebnis deiner Messung nach unten gerichtet ist, damit mein Ergebnis nach oben gerichtet ist. Aber das übersteigt deine Fähigkeiten. Du kannst nur messen. Manchmal ist die Spinkomponente nach oben gerichtet, und manchmal nach unten. Du hast keine Gewalt darüber, welches Ergebnis herauskommt. Deshalb kannst du mir keine Nachrichten schicken.«

Peter war am Boden zerstört. »Wahrscheinlich hast du Recht«, sagte er schließlich, »wir sind beide nur passive Beobachter der Ergebnisse. Wenn wir Nachrichten übermitteln wollen, müssen wir dagegen aktiv entscheiden, was wir übermitteln wollen. Das können wir mit der EPR-Versuchsanordnung aber nicht tun und deshalb können wir nicht schneller als mit Lichtgeschwindigkeit miteinander kommunizieren.«

»Sei nicht traurig, Peter. Wir können zwar die EPR-Versuchsanordnung nicht zur Übermittlung von Nachrichten benutzen, aber nächsten Mittwoch um 12 Uhr, wenn wir eine Lichtstunde voneinander entfernt sind, werde ich dich anfunken.«

»Danke, Julie. Ich werde daran denken. Um Punkt 13 Uhr erwarte ich deine Nachricht.«

Die Geschichte verdeutlicht, dass es zwar einerseits einen Einfluss zwischen A und B zu geben scheint, dass dieser Einfluss aber nicht zur Übermittlung von Informationen, Nachrichten oder Signalen verwendet werden kann. Dies veranlasste den amerikanischen Physiker Henry Stapp zu einer Unterscheidung zwischen »Einflüssen«, die sich schneller als Licht bewegen können, und »Signalen«, die das nicht können.

Die Unterscheidung hat mit Steuerung zu tun. Wie Peter bei seinem wackeren Versuch feststellen musste, ist das, was sich (scheinbar) zwischen A und B ausbreitet, nicht steuerbar. Es handelt sich um einen Einfluss. Signale dagegen sind steuerbar. Peter entscheidet, welche Nachricht er an Julie schicken möchte; die Nachricht wird von ihm gesteuert. Signale unterliegen der Einschränkung der Lokalität, Einflüsse nicht.

Die Unterscheidung zwischen Signalen und Einflüssen ist subtil. Es scheint fast so, als bewege sich die Natur dadurch, dass sie es Einflüssen, nicht aber Signalen gestattet, sich schneller als Licht auszubreiten, auf einem sehr schmalen Grat. Wenn ich es mir jedoch recht überlege, verbirgt sich die Natur wahrscheinlich nur. Sie weiß sehr gut, was sie tut. In Wirklichkeit ist es unser Verständnis, das sich auf einer Gratwanderung befindet. So haben wir zum Beispiel gerade von der »scheinbaren« Übertragung von Einflüssen mit Überlichtgeschwindigkeit gesprochen. Ist es nur eine scheinbare Übertragung oder bewegt sich wirklich etwas schneller als Licht? Wir werden darauf in Kapitel 16, S. 349 ff., zurückkommen.

Jüngste Entwicklungen

Wie wir gesehen haben, spielt die Statistik in Bells Beweis eine tragende Rolle. Die Bell'schen Ungleichungen betreffen Beziehungen zwischen statistischen Korrelationen. Daran ist gewiss nichts auszusetzen. Wenn die Statistik richtig angewendet wird, ist sie ein zuverlässiges Analyseinstrument. Trotzdem wurde von einigen Physikern die Frage aufgeworfen, ob die Unvereinbarkeit zwischen Quantenmechanik und Einsteins Paradigma durch *eine einzige Messung* gezeigt werden könne anstatt durch statistische Methoden, die viele Messungen erfordern.

Im Jahre 1988 schlugen D. M. Greenberger, M. A. Horne und A. Zeilinger (abgekürzt GHZ)[5] ein Gedankenexperiment vor, mit dem genau dies möglich wurde. Der Preis, den man für die Vermeidung der statistischen Methode zahlt, ist die Notwendigkeit, die Korrelationen zwischen drei statt nur zwei Teilchen zu messen. Genau wie im Bell'schen Experiment nehmen GHZ an, dass die drei Teilchen von einem Ausgangsteilchen stammen und der Spin erhalten bleibt. Misst man dann bei allen drei Teilchen eine der drei Spinkomponenten (welche, spielt keine Rolle, aber man muss bei allen drei Messungen bei der einmal gewählten Komponente bleiben), dann zeigt sich, dass das Einstein'sche Paradigma und die Quantenmechanik zu verschiedenen Vorhersagen hinsichtlich der Korrelation der drei Messungen führen.

Das GHZ-Experiment ist zwar elegant, doch im Gegensatz zu Bells Experiment ein reines Gedankenexperiment. Noch niemand hat einen Vorschlag entwickelt, wie man es tatsächlich ausführen könnte.

Drei Jahre nach GHZ schlug Lucien Hardy ein Experiment mit nur zwei Photonen vor, das unter idealen Bedingungen in der Lage ist, das Bell'sche Theorem unabhängig von statistischen Methoden zu beweisen.[6] Das Experiment braucht nur ein einziges Mal durchgeführt zu werden, allerdings werden dazu ideale, das heißt, extrem leistungsfähige Detektoren benötigt. Dasselbe Experiment ist auch mit derzeit verfügbaren Detektoren möglich, aber dann ist es erforderlich, es viele Male durchzuführen und damit werden dann wieder nur statistische Methoden verwendet.

Die vielleicht interessanteste jüngere Entwicklung ist die Entdeckung einer Möglichkeit, wie die EPR-Versuchsanordnung, die auch als »EPR-Verschränkung« der zwei beteiligten Teilchen bekannt ist, dazu verwendet werden kann, Quantenzustände von einem Ort zu einem anderen zu übertragen. Die theoretische Möglichkeit einer solchen »Quantenteleportation« wurde 1993 von C. H. Bennett und seinen Mitarbeitern entdeckt. Fünf Jahre später wurde sie von zwei Arbeitsgruppen experimentell für Photonen verwirklicht.[7]

Ein Experiment zur Quantenteleportation beginnt mit zwei EPR-verschränkten Photonen. Photon A fliegt zum Labor 1 und Photon B zum Labor 2, das von Labor 1 weit entfernt sein kann. Das Ziel des Experiments ist es, den Quantenzustand eines dritten Photons C, das in Labor 1 existiert, an Labor 2 zu übermitteln, ohne allerdings das Photon C physisch ins Labor 2 zu bringen.

Es zeigte sich, dass diese Teleportation durch die Verschränkung des Photons C mit Photon B erreicht werden kann. Diese neue EPR-Verschränkung verändert den Zustand des weit entfernten Photons A. Wenn nun bestimmte Messungen an den Photonen A und C in Labor 1 durchgeführt und die Ergebnisse an die Experimentatoren in Labor 2 übermittelt werden, dann können diese eine entsprechende Anpassung des Zustands von Photon B vornehmen. Das Ergebnis der Anpassung besteht darin, eine Übereinstimmung des Quantenzustands von Photon B mit dem ursprünglichen Quantenzustand von Photon C herzustellen.

Bei einem solchen Experiment zur Quantenteleportation erzeugt die Verschränkung der Photonen A und B einen Kanal für die Übertragung von Information zwischen Laboratorien, die weit voneinander entfernt sind. Diese Informationsübertragung scheint instantan stattzufinden, was jedoch nicht richtig sein kann, da dies die spezielle Relativitätstheorie verletzen wurde. Bei näherer Betrachtung des Experiments zeigt es sich, dass die Informationsübertragung nicht instantan ist. Die Teleportation kann nicht ohne die Übertragung gewisser Information durch einen Experimentator in Labor 1 an einen Experimentator in Labor 2 mit Hilfe gewöhnlicher Kommunikationsmedien wie Telefon oder Fax stattfinden.

In gedämpftem Ton

Man kann sich vorstellen, wie erfreut Bohr gewesen wäre, wenn er noch zu Lebzeiten von Bells Entdeckung erfahren hätte. Wie Einstein reagiert hätte, ist dagegen nicht so leicht vorstellbar. Ich denke manchmal darüber nach und komme zu keiner Antwort.

Einstein starb 1955, doch Nathan Rosen, einer der Mitverfasser des EPR-Artikels, erreichte ein hohes Alter und starb erst 1995. Ich lernte ihn 1971 kennen und fragte ihn nach seiner Meinung zur EPR-Problematik. Er sagte, dass er den Artikel nach wie vor für richtig halte, dass er jedoch über das Thema nicht mehr so dogmatisch denke wie früher. In einem Artikel, den er einige Jahre später schrieb, äußerte er sich noch deutlicher. Er zeigte sich noch immer überzeugt, dass die unvollständige Quantentheorie durch eine grundlegendere Fassung ersetzt werden müsse. Allerdings räumte er angesichts Bells Entdeckung ein, dass diese vollständige Theorie wohl kaum eine Theorie verborgener Parameter sein würde und die Vervollständigung außerdem alles andere als einfach sei. Er schloss seinen Artikel in gedämpftem Ton:

»Wie stehen die Aussichten, eine zufrieden stellende Theorie zu finden, die uns eine vollständige Beschreibung der Wirklichkeit ermöglicht? Hier darf man nicht allzu optimistisch sein. Es scheint, dass geringfügige Modifikationen der Quantenmechanik, wie z. B. die Hinzufügung verborgener Parameter, nicht zu einer derartigen Theorie führen. Wenn die Quantenmechanik eines Tages durch eine andere Theorie ersetzt wird, so wird dies wahrscheinlich revolutionäre Veränderungen der Begriffe und Prinzipien der Theorie mit sich bringen – vielleicht sogar Veränderungen in unseren Auffassungen von Raum und Zeit. In diesem Fall könnte sich sogar die [von dem EPR-Artikel aufgeworfene] Frage nach der vollständigen Beschreibung der physikalischen Wirklichkeit nicht länger als sinnvoll erweisen oder einer anderen Interpretation bedürfen. Die Folgen einer Revolution sind aber auch in der Physik nur schwer vorherzusagen.«[8]

Epigraph: A. Calaprice, *Einstein sagt*, S. 141

1 J. S. Bell, *Speakable and Unspeakable in Quantum Mechanics*, S. 139.

2 Interview, *Omni*, Mai 1988.

3 B. d'Espagnat, *Spektrum der Wissenschaft*, Januar 1980, S. 69 ff. Die Ausführungen dieses Unterkapitels lehnen sich an diesen Artikel an.

4 A. Aspect, P. Grangier und G. Roger, *Physical Review Letters* 47 (1981), S. 460.

5 Siehe N. D. Mermin, *Physics Today*, Juni 1990, S. 9.

6 L. Hardy, *Physics Letters* A 167 (1992), S. 17.

7 C. H. Bennett, G. Brassard, C. Crépou, R. Jozsx, A. Peres und W. K. Wooters, *Physical Review Letters* 70 (1993), S. 1895. D. Bouwmeester, J.-W. Pan, K. Mattle, M. Eibl, H. Weinfurter und H. Zeilinger, *Nature* 390 (1997), S. 575. D. Boschi, S. Branca, F. De Martini, L. Hardy und S. Popescu, *Physical Review Letters* 80 (1998), S. 1121.

8 N. Rosen in: P. C. Aichelberg und R. U. Sexl, Hrsg., *Albert Einstein. Sein Einfluss auf Physik, Philosophie und Politik*, S. 70.

II Von einem Universum der Objekte zu einem Universum der Erfahrungen

Die Verletzungen der Bell'schen Ungleichungen beweisen, dass die Natur nicht dem Paradigma des lokalen Realismus entspricht. Dies bringt uns in eine Zwangslage: Wir müssen von der Vorstellung des lokalen Realismus Abschied nehmen, doch haben wir überhaupt eine Alternative?

Die Suche nach einer alternativen Weltsicht beginnt mit einer gründlichen Überprüfung der Annahme des Realismus. Zwei große Denker des 20. Jahrhunderts haben darauf hingewiesen, dass der Realismus nicht die wahre Natur der Wirklichkeit widerspiegelt. So zeigte Alfred North Whitehead, dass nicht Objekte, sondern Erfahrungen die konkreten Fakten der Realität sind, und Erwin Schrödinger wies darauf hin, dass eine wissenschaftliche Untersuchung stets damit beginnt, das »Subjekt der Erkenntnis« aus ihrem Untersuchungsbereich auszuschließen und ihren Gegenstand als ein lebloses Objekt zu behandeln. Er nannte dieses Verfahren »das Prinzip der Objektivierung«.

Die Arbeiten von Whitehead und Schrödinger untermauern die Schlussfolgerung, zu der wir in Teil I gelangt sind, dass der lokale Realismus nicht aufrechtzuerhalten ist. Doch was tritt an seine Stelle? Da die Quantenmechanik selbst auf dem Prinzip der Objektivierung beruht, kann sie nicht die gesuchte Alternative sein. Allerdings birgt die Quantenmechanik ein tiefes Geheimnis. Dieses Geheimnis betrifft den

Vorgang, durch den das Mögliche zum Wirklichen wird, ein Vorgang, der als »Kollaps von Quantenzuständen« bezeichnet wird. Eine Untersuchung dieses Vorgangs zeigt nicht nur, dass man über das Prinzip der Objektivierung hinausgehen muss, sondern sie liefert darüber hinaus deutliche Hinweise auf das alternative Paradigma. Ähnlichkeiten zwischen dem Prozess des Kollapses und den Ideen Platons führen zu den folgenden Fragen: Ist es möglich, dass anscheinend unbelebte Objekte lebendig sind? Hatte Platon mit seiner Annahme Recht, dass das gesamte Universum lebendig ist? Wie können wir solche Fragen beantworten?

Teil II schließt mit einer Darstellung der großartigen »Prozessphilosophie« Whiteheads und einer Analyse ihrer erstaunlichen Übereinstimmung mit den Befunden der Quantenphysik. Die Prozessphilosophie ist ein exaktes und geistig anregendes metaphysisches System, in dem die Auffassung vertreten wird, dass das Universum und seine Bestandteile lebendig und die »Atome der Realität« »Pulse der Erfahrung« sind. Die in Teil I geschilderte Zwangslage wird durch Whiteheads System beseitigt: Der Realismus ist bloß eine Abstraktion. Wir leben nicht in einem Universum von Objekten, sondern in einem Universum von Erfahrungen.

8. Das schwer fassbare Offensichtliche

John Bell zeigte, dass der lokale Realismus aufgegeben werden muss. Wie aus der näheren Beschäftigung mit dem Bell'-schen Theorem hervorgeht, kann insbesondere die Lokalität nicht gerettet werden. Sollten wir wenigstens versuchen, den Realismus als einen Aspekt des neu auftauchenden Paradigmas zu bewahren? Alfred North Whiteheads scharfsichtige Analyse des »Trugschlusses der unzutreffenden Konkretheit« beweist jedoch, dass der Realismus keine fundamentale Eigenschaft der Realität ist. Nicht die Objekte sind konkret, sondern die Erfahrungen.

> »Dieser Trugschluss [der Trugschluss der unzutreffenden Konkretheit] hat in der Philosophie große Verwirrung angerichtet. Der Intellekt muss nicht notwendigerweise in die Falle gehen, auch wenn in diesem Beispiel eine sehr allgemeine Tendenz bestand, es zu tun.«
>
> *Alfred North Whitehead*

Die schizophrenen Physiker

Wenn Sie die vorangegangenen Kapitel kritisch gelesen haben, wird Ihnen vielleicht eine merkwürdige Unstimmigkeit im Zusammenhang mit der Bohr-Einstein-Kontroverse aufgefallen sein. Einerseits schrieb ich, dass die meisten Physiker die Auffassung Bohrs teilten, andererseits erwähnte ich, dass Bells Entdeckung, die ja die Haltung Bohrs bestätigte, nicht nur freudige Erregung, sondern auch ein gewisses Maß an Verwirrung und Unbehagen unter den Physikern auslöste. Dies ist seltsam. Wenn ein Theorem oder ein Experiment die eigene Auffassung bestätigt, sollte man doch Befriedigung statt Unbehagen verspüren!

Diese Frage hängt mit einer anderen zusammen: Warum ergriffen die meisten Physiker trotz des hohen Ansehens Einsteins und der logischen Stimmigkeit seiner Auffassung die Partei Bohrs?

Zur Beantwortung dieser Frage möchte ich meine eigene Erfahrung mit der Quantenmechanik heranziehen. Als ich mich während des Studiums mit der Quantentheorie vertraut machte, schloss ich mich wie die meisten der Auffassung Bohrs an. Ich hatte das Gefühl, dass Bohrs Ansatz der Quantenmechanik eine gewisse Tiefe, ja sogar Erhabenheit verlieh. Machte man sich seine Auffassung zu Eigen, schien die Theorie einen Schlüssel zum Geheimnis des Universums bereitzuhalten; ja das Studium der Quantenmechanik schien gleichbedeutend damit zu sein, den Schlüssel ins Schloss zu stecken und umzudrehen. Und wenn man nur tief genug in die Quantenmechanik eindrang, so würde sich das Tor schließlich öffnen. Vor allem schien Bohrs Deutung einfach *gefühlsmäßig* richtig zu sein. Dagegen kam die Anerkennung der Einstein'schen Anschauung der Annahme gleich, dass die Quantenmechanik eine ziemlich willkürliche mathematische Struktur sei, deren verschiedene Bestandteile nur zufällig miteinander harmonierten und an der nichts Tiefgründiges oder Bedeutendes sei. Aus dieser Perspektive wäre die Theorie ein reiner »Platzhalter« für die wahre, die vollständige Quantentheorie, von der aber niemand die geringste Ahnung hat, wie sie beschaffen ist.

Dieses Gefühl hat mich all die Jahre hindurch begleitet. Und aus den Unterhaltungen mit vielen anderen Physikern – von Nobelpreisträgern bis hin zu Studenten – bin ich zu der Überzeugung gelangt, dass die Bevorzugung der Bohr'schen Auffassung bei den meisten Physikern auf ähnlich intuitiven Gründen beruht. Gleichwohl muss man zugeben, dass die große Mehrzahl der Physiker sich nicht sehr tiefgehend mit den Grundlagen der Quantentheorie beschäftigt hat. Was unter dem Begriff »Quantenmechanik« bekannt ist, sind in Wirklichkeit zwei Denksysteme: Zum einen die Gleichungen und Verfahren zur Berechnung physikalischer Größen, zum anderen ein auf den subatomaren, atomaren und molekularen Bereich bezogenes Begriffssystem, das sich zumindest in mancher Hinsicht auf das alltägliche Leben und sogar auf den astronomischen Maßstab übertragen lässt. Was das erste Denksystem betrifft, so gibt es diesbezüglich keine Kontroverse. Wenn Einstein und Bohr den Wunsch gehabt hätten, dieselbe Größe zu berechnen, so hätten sie sich dazu derselben Gleichungen und Verfahren bedient. Diese Gleichungen und Verfahren bilden den Hauptbestandteil der meisten Vorlesungen zur Quantenphysik, wenn sie sich nicht sogar darin erschöpfen. Zwar machen sich die meisten Physiker auch irgendwann einmal Gedanken über die begrifflichen Aspekte, woraufhin sie sich der Bohr'schen Auffassung zuwenden, aber diese begrifflichen Aspekte spielen in der tagtäglichen Anwendung der Quantentheorie zur Lösung von Problemen keine Rolle. Vielmehr werden sie für gewöhnlich zurückgestellt oder einfach vergessen, bis irgendwann eine Unstimmigkeit die Aufmerksamkeit wieder auf sie lenkt.

Bestürzung über eine solche unerwartete Unstimmigkeit erklärt die Aufregung über Bells Ungleichungen. Das Einstein'sche Paradigma ist in seiner allgemeinen Form das Weltbild des gesunden Menschenverstands, das Weltbild, nach dem wir leben. In operationeller Hinsicht ist es auch das Paradigma des heutigen Physikers. Bohrs Ansatz ist damit unvereinbar. Zwischen dem »operationellen Paradigma« des Physikers und der Bohr'schen Deutung der Quantenmechanik, die ja die meisten Physiker vertreten, klafft also ein Widerspruch. *Allerdings kann man sich über diesen Widerspruch geflissentlich hinwegsetzen, solange man nicht sehr tief in die Quantenmechanik eindringt.* In dieser (wie auch in vieler anderer) Hinsicht verhalten sich Physiker wie normale Menschen. Wenn sie einen Widerspruch nicht auflösen können und der Widerspruch keine unmittelbare Bedrohung darstellt, dann ignorieren sie ihn einfach und widmen sich jenen Aspekten der Theorie (oder Theorien), die erfreulicherweise konsistent sind.

Genau dieser Sachverhalt ist der Grund für die Überschrift des vorliegenden Abschnitts. In Bezug auf die Quantentheorie leiden die meisten Physiker an einer Art Schizophrenie (was wörtlich Bewusstseinsspaltung bedeutet). Sie stützen sich tagein, tagaus auf das Einstein'sche Paradigma, während sie gleichzeitig Bohrs Deutung der Quantenmechanik vertreten. Diese zwei widersprüchlichen Glaubenssysteme scheinen in ihrem Geist vollkommen isoliert nebeneinander zu existieren.

Vor diesem Hintergrund sind wir nun also in der Lage, die Gefühle der Aufregung und des Unbehagens zu verstehen, die durch Bells Entdeckung ausgelöst wurden. *Die Isolation der beiden Systeme hat Risse bekommen.* Für die Bohr'sche Auffassung einzutreten, ist nicht länger nur ein angenehmer Zeitvertreib, eine Gelegenheit, sich einer faszinierenden philosophischen Diskussion hinzugeben, während man am dritten Glas Martini nippt. Es bedeutet vielmehr, sich der Tatsache zu stellen, dass allem Anschein nach im Labor nebenan die Übertragung von Einflüssen mit Überlichtgeschwindigkeit beobachtet werden kann (siehe Kapitel 7, S. 163 ff.)!

Das Einstein'sche Paradigma muss aufgegeben werden; dazu gibt es keine Alternative. In dieser Hinsicht gleicht unsere Situation der von Magellans Zeitgenossen: Nachdem Magellans Schiffe ihre Reise um die Welt beendet hatten, war die Vorstellung von der Erde als einer Scheibe nicht länger aufrechtzuerhalten. Wir befinden uns heute ebenfalls an einem Punkt, an dem das Einstein'sche Paradigma unhaltbar geworden ist. Doch was tritt an seine Stelle? Für die atomare und subatomare Welt gilt Bohrs Ansatz. Aber wie kann man diesen Ansatz so erweitern, dass er ein Paradigma der Wirklichkeit, ein vollständiges Weltbild ergibt?

Lokalität und Realismus

Kehren wir zu Julie und Peter zurück, die ihre Raumfahrtmission beendet haben und gemeinsam einen wohlverdienten Erholungsurlaub auf der Erde verbringen. Bei einem gemächlichen Spaziergang unterhalten sie sich eines Tages über die Bell'schen Ungleichungen und das von Aspect vorgeschlagene Experiment.

»Weißt du, ich habe in letzter Zeit oft über Bells Entdeckung nachgedacht. Vielleicht können wir uns gegenseitig dabei helfen, ihre Bedeutung besser zu verstehen«, schlug Peter vor. »Bells Ungleichungen beruhen auf der Annahme des lokalen Realismus, der im Grunde zwei Annahmen in sich vereint, Lokalität und Realismus, nicht wahr?«

»Nur um mögliche Missverständnisse auszuschließen: Was verstehst du unter diesen Begriffen?«

»Hm, mal sehen. ›Lokalität‹ bedeutet, dass sich nichts schneller als mit Lichtgeschwindigkeit von einem Ort zu einem anderen ausbreiten kann – weder Signale noch Kommunikation, noch sonstige Einflüsse. Unter ›Realismus‹ verstehe ich die Annahme, dass die Dinge der physikalischen Welt für sich genommen existieren, unabhängig von Bewusstseinsakten, und dass sie aus sich heraus eigene Attribute besitzen wie zum Beispiel Ort und Gestalt.«

»Wenn du von Realismus sprichst, Peter, dann meinst du also, dass dieses Gebäude, das wir dort drüben sehen, wirklich da ist, unabhängig davon, ob eine Person oder ein anderes empfindungsfähiges Wesen hinschaut oder nicht. Es ist ›von sich aus‹ da und besitzt Eigenschaften wie zum Beispiel Ort oder Gestalt, die ihm innewohnen, ganz gleich, ob es mit irgendjemand oder irgendetwas in Wechselwirkung steht.«

»Genau, Julie! Nun bedeuten die Verletzungen der Bell'-schen Ungleichungen aber, dass wir das Paradigma des lokalen Realismus aufgeben müssen. Warum geben wir also nicht die Lokalität auf und lassen es dabei bewenden? Wie wir bei unserem letzten Gespräch festgestellt haben, genügt es anzunehmen, dass sich nur so genannte ›Einflüsse‹ schneller als Licht ausbreiten. Die Grenze der Lichtgeschwindigkeit behält für ›Signale‹ weiterhin ihre Gültigkeit.«

Julie wurde allmählich ungeduldig. »Was ist los mit dir? Warum bist du so ängstlich?«

Peter fühlte sich in die Defensive gedrängt.

»Ich bemühe mich nur um eine Schadensbegrenzung«, sagte er schließlich. »Wenn man gezwungen ist, höchst vernünftige Annahmen aufzugeben, versucht man doch, sich auf das Notwendigste zu beschränken. Eigentlich will ich doch Lokalität *und* Realismus bewahren. Die Preisgabe der Lokalität scheint mir daher das kleinere von zwei Übeln zu sein.«

Julie war froh, dass sie im Rahmen ihrer Astronautenausbildung gelernt hatte, ihr aufbrausendes Temperament zu zügeln. »Ganz gleich, was geschieht, bleib ruhig und beherrscht«, das hatte ihr der Ausbilder immer wieder eingeschärft. Sie atmete also tief durch und sagte dann mit ruhiger, gemessener Stimme: »Weißt du, Peter, im Studium habe ich eine Vorlesung über abendländische Kosmologie gehört, angefangen von der Antike über das Mittelalter bis zur Renaissance und so weiter. Das Einzige, was ich daraus behalten habe, ist Folgendes: Wann immer es einen Paradigmenwechsel gegeben hat, verabschiedete sich das alte Paradigma mit einem Paukenschlag und nicht mit Gejammer. Als die Vorstellung von der Erde als Scheibe hinfällig wurde, versuchte man auch nicht, sie durch die Vorstellung einer ›fast flachen Erde‹ zu ersetzen, einer flachen Erde mit vereinzelten kugelförmigen Ausbuchtungen. Wenn du damals gelebt hättest, dann hättest du vermutlich gesagt: ›Das Paradigma der flachen Erde hat so gut funktioniert, wir wollen deshalb die Erde so flach wie möglich lassen.‹ Was nun den lokalen Realismus betrifft, so geht es gar nicht um die Frage, ob die Lokalität oder der Realismus aufgegeben werden muss.«

»So? Und warum nicht?«

»Ich habe mich kürzlich mit unserem gemeinsamen Freund Shimon Malin unterhalten. Er sagte mir, dass genaue Untersuchungen der Bell'schen Ungleichungen und ihrer Verletzungen zu dem Schluss führen, dass die Annahme der Lokalität fallen gelassen werden muss, ganz gleich, was mit dem Realismus geschieht (und er hat mir versprochen, in Kapitel 16, S. 349 ff., mehr zum Thema Lokalität zu sagen). Ich glaube aber, dass es besser ist, ein ins Wanken geratenes Paradigma völlig aufzugeben.«

Peter wurde nachdenklich. Schweigend betrachteten sie den Sonnenuntergang und Peter genoss das Schauspiel der langsam im Meer versinkenden roten Scheibe. Doch allmählich kehrten seine Gedanken zurück. »Merkwürdig«, dachte er, »ich *sehe,* wie die Sonne sich bewegt, wie sie im Meer versinkt, und doch *weiß* ich, dass es die Erde ist, die sich bewegt und nicht die Sonne. Hätte ich zur Zeit des Aristoteles in Athen gelebt und seine Vorlesungen gehört, hätte ich sowohl gesehen als auch gewusst, dass sich die Sonne bewegt.« Schließlich wandte er sich zu Julie und sagte: »Du glaubst also wirklich, dass mit der Quantenmechanik, Bells Ungleichungen und all diesen Dingen ein wirklich umwälzender Paradigmenwechsel begonnen hat?«

»Ja, davon bin ich überzeugt«, erwiderte Julie. Auch sie war nachdenklich.

»Es fällt mir schwer, das zu glauben«, antwortete Peter. »Aber es gibt nur zwei Möglichkeiten. Wenn du mit meinem Versuch, nur die Lokalität aufzugeben, nicht zufrieden bist, dann bleibt uns nur der Sprung ins Unbekannte – wir müssen ihn einfach wagen!«

»Wir sind schon viel zu lange blind gewesen«, sagte Julie, »und mit ›wir‹ meine ich die abendländische Zivilisation. Für mich ist es offenkundig, dass der Realismus ebenso veraltet ist wie die Vorstellung einer flachen Erde.«

Der Trugschluss der unzutreffenden Konkretheit

An diesem Abend geriet Peter nach dem Essen in heftige Unruhe. Julie bemerkte seine Erregung und schlug einen gemeinsamen Spaziergang am Strand vor. Peter nahm weder die leichte Brise und das Mondlicht auf dem Wasser wahr, noch hatte er Augen für seine Begleiterin. Schon nach ein paar Minuten brach es aus ihm heraus:

»Sieh mal, Julie«, so begann er, »es ist eine Sache, abstrakt davon zu reden, dass man den Realismus aufgeben will, und eine ganz andere Sache, es dann wirklich zu tun. Siehst du die Silhouette des Gebäudes da vor uns? Es ist dasselbe Gebäude, das wir heute Nachmittag gesehen haben.«

»Ja, ich sehe es. Was ist damit?«

»Für mich ist es offenkundig, dass dieses Gebäude jetzt und an diesem Ort da ist, und dass dies nichts mit Bewusstsein zu tun hat oder damit, ob ich hinschaue oder du hinschaust. Es ist einfach da. Punkt. Ist das für dich nicht auch offenkundig?«

Peter hatte eine weitschweifige Antwort mit komplizierten philosophischen Begriffen erwartet. Die Antwort, die er erhielt, traf ihn völlig unvorbereitet: »Doch, Peter. Es ist auch für mich offenkundig.«

Verwirrt blieb er stehen. »Aber … aber, wenn das der Fall ist, dann hast du den Realismus doch gar nicht aufgegeben!«

Peters Verwirrung löste in Julie eine Mischung aus Belustigung und Mitgefühl aus. Sie merkte, dass sie ihn eigentlich sehr gern hatte, besonders wenn die Fassade des jungen Mannes, der weiß, was er will, zu Bröckeln begann und dahinter nur ein kleiner verwirrter Junge zum Vorschein kam. Sie beschloss, ihm zu helfen.

»Sieh mal«, sagte sie, »wenn man vor einem Paradigmenwechsel steht, dann hat der Umstand, dass man von einer Sache überzeugt ist, dass einem etwas einleuchtet, gar nichts zu bedeuten, denn das alte Paradigma ist ja die Grundlage unseres Denkens. Es ist der Grund, warum wir denken: ›Ich bin absolut überzeugt …‹ oder ›Dies ist vollkommen ausgeschlossen‹ oder ›Das ist offenkundig‹. Stell dir vor, wir hätten uns in einem früheren Leben, sagen wir mal vor 450 Jahren, getroffen, und ich hätte dir von einer neuen Theorie berichtet – der von Kopernikus vorgeschlagenen heliozentrischen Lehre. Sicher hättest du mir dann vollkommen ungläubig entgegnet: ›Aber schau doch nur den Sonnenuntergang an! Liegt es nicht auf der Hand, dass sich die Sonne bewegt?‹

Außerdem kann ein Paradigma, selbst wenn es sich als höchst zuverlässig erweist, widerlegt und von einem anderen abgelöst werden.

Nehmen wir als Beispiel den Newton'schen Begriff der physikalischen Realität, das so genannte Uhrwerk-Universum. Die Entdeckungen, die auf der Grundlage der Newton'schen Gesetze gemacht wurden, sind beeindruckend. Auch unsere Gebäude, Autobahnen und Brücken wurden auf der Grundlage der Newton'schen Gesetze errichtet. Jedes Mal, wenn ich eine Brücke überquere, vertraue ich auf Newtons Gesetze und bin bis jetzt noch nie enttäuscht worden! Trotzdem haben Einstein und die anderen Gründungsväter der Quantenmechanik bewiesen, dass die Newton'sche Vorstellung von der Natur vollkommen falsch ist. Raum und Zeit sind nicht das, wofür Newton sie gehalten hat; die Schwerkraft unterscheidet sich vollkommen von der Newton'schen Vorstellung, der strenge Determinismus wurde aufgegeben und so weiter.

Deshalb leuchtet es mir zwar ein, dass das Gebäude dort drüben da ist, und dass seine Existenz, seine Form und sein Ort unabhängig von meinem Bewusstsein sind. Aber ich weiß, dass ich dem Gefühl ›etwas ist einleuchtend‹ nicht trauen darf.«

Während Peter Julie zuhörte, spürte er, dass ihre Argumente stichhaltig und nicht leicht zu entkräften waren. Trotzdem war er unbefriedigt. Er konzentrierte sich darauf, den Ursprung dieser Unzufriedenheit zu ergründen, und schließlich wurde es ihm klar: »Aber wenn du kein Vertrauen in deine Überzeugungen und das Offensichtliche hast, *worauf vertraust du dann*, Julie?«

»Ich vertraue auf meine Fähigkeit, eine Abstraktion zu erkennen, wenn ich sie sehe.«

»Wie bitte?!«

»Sieh mal, Peter«, erwiderte Julie, »wir verzetteln uns in Argumenten über die Existenz oder Nichtexistenz von Dingen, weil wir es versäumen, eine wesentliche Unterscheidung zu treffen, nämlich die Unterscheidung zwischen Abstraktionen und Fakten. Wir denken immer in abstrakten Kategorien, und das ist in Ordnung, solange wir sie als Abstraktionen erkennen und ihren Geltungsbereich klar abstecken. Wenn man aber Abstraktionen als konkrete Fakten behandelt oder sie außerhalb ihres Geltungsbereichs anwendet oder gar beides tut, dann können die Folgen katastrophal sein.

Ich möchte dir ein paar Beispiele geben. ›Der menschliche Körper ist ein mechanisches Gebilde.‹ Dies ist eine nützliche Abstraktion, um gebrochene Knochen zu richten, den Druck auf verschiedene Körperteile zu berechnen und so weiter. Sie

184

ist ebenso nützlich wie harmlos, weil wir alle wissen, dass der menschliche Körper nicht wirklich ein mechanisches Gebilde ist. Wenn aber zum Beispiel die Fähigkeiten des menschlichen Gehirns untersucht werden, ist keine Rede mehr von der Abstraktion, der menschliche Körper sei ein mechanisches Gebilde.

Für Untersuchungen des Gehirns kommt eine andere Abstraktion zum Einsatz: ›Das Gehirn ist ein Computer.‹ Hier ist die Situation nicht ganz so klar und auch nicht so harmlos. Zwar hat sich diese Abstraktion in der Hirnforschung wie auch in der Computerforschung – etwa im Bereich der künstlichen Intelligenz – als überaus nützlich erwiesen, aber der Geltungsbereich dieser Abstraktion ist nicht klar abgesteckt worden.

Kommen wir nun zu solchen Abstraktionen, die katastrophale Auswirkungen hatten. Betrachten wir zum Beispiel die Abstraktion: ›Die Erde bewegt sich nicht.‹ Wir alle machen uns ständig implizit diese Abstraktion zunutze. Bei unseren Handlungen ziehen wir in der großen Mehrheit der Fälle die Bewegung der Erde überhaupt nicht in Betracht. Sie ist irrelevant. Bei der Planung eines Hauses geht ein Architekt nicht davon aus, dass sich das Grundstück, auf dem das Haus gebaut werden soll, bewegt. Dass diese unzutreffende Abstraktion keinen Schaden anrichtet, liegt daran, dass wir den Geltungsbereich dieser Abstraktion kennen. Bei Berechnungen des globalen Wettergeschehens müssen wir dagegen die Bewegung der Erde um ihre eigene Achse berücksichtigen. Die Annahme einer unbeweglichen Erde hätte völlig falsche Wettervorhersagen zur Folge.

Zur Zeit Galileis hatten die Menschen allerdings eine ganz andere Beziehung zu dieser Auffassung. Sie wurde nicht als eine Abstraktion, sondern als eine konkrete Tatsache betrachtet – ja geradezu als kirchliches Dogma. Die Folge davon war, dass Giordano Bruno auf dem Scheiterhaufen sterben musste und Galileo Galilei seine eigenen wohl bekannten Schwierigkeiten mit der Inquisition hatte. Diese tragische Geschichte ist im Wesentlichen das Ergebnis einer Verwechslung von Abstraktion und konkreter Tatsache.«

»Ich verstehe, worauf du hinauswillst«, antwortete Peter. »Du willst damit sagen, dass der Realismus eine Abstraktion ist, dass meine Aussage ›Das Gebäude dort drüben existiert an sich, unabhängig von Bewusstseinsakten‹ eine Abstraktion und keine konkrete Tatsache ist.«

»Genau.«

Peter versuchte nicht, seine Unzufriedenheit zu verbergen. »Ich verstehe es nicht«, wandte er schließlich ein. »Wenn meine Aussage ›Dort drüben steht ein Gebäude‹ eine Abstraktion ist, was ist dann eine konkrete Tatsache? Nenne mir ein Beispiel!«

»Deine konkrete Tatsache in diesem Augenblick ist: ›Ich sehe dort drüben ein Gebäude.‹«

»Aber das habe ich doch gesagt.«

»Keineswegs. Du hast gesagt ›Dort drüben steht ein Gebäude‹. Das ist eine Abstraktion. Dieser Abstraktion liegt die konkrete Tatsache zugrunde, dass du dort drüben ein Gebäude siehst. Ob dort drüben wirklich ein Gebäude steht oder nicht, kann man in Zweifel ziehen; aber man kann nicht deine Erfahrung der Wahrnehmung des Gebäudes in Frage stellen.«

Peters Frustration wuchs. Nun war er es, der sich um Ruhe und Gelassenheit bemühte. »Na, komm schon. Du bezweifelst doch nicht wirklich, dass dort drüben ein Gebäude steht!«

Julie gab nicht nach. »Natürlich bezweifle ich das nicht. Aber haben wir nicht erst vor einigen Augenblicken festgestellt, dass das, wovon ich überzeugt bin, woran ich glaube, vollkommen irrelevant ist. Müssen wir uns immer im Kreis drehen?«

Es kostete Peter einige geistige Anstrengung zuzugeben, dass Julie zumindest streng logisch gesehen nicht Unrecht hatte. Nach einigem Nachdenken spielte er seine letzte, und wie er dachte, entscheidende Trumpfkarte aus: »Na gut«, sagte er, »wenn dort drüben kein Gebäude steht, wie kann man dann die konkrete Tatsache erklären, dass ich es sehe? Wenn du mir dafür eine auch nur halbwegs plausible Erklärung geben kannst, gebe ich mich geschlagen.«

Peter war zu sehr mit seinen eigenen Gedanken beschäftigt, um das schelmische Lächeln zu bemerken, das auf Julies Gesicht erschien. Sie blieb abrupt stehen und sagte: »Heute Morgen, als du dich gesonnt hast, habe ich einen langen Spaziergang am Strand gemacht. Ungefähr 250 Meter von hier, in der Richtung dieses ziemlich harmlos erscheinenden Gebäudes, sah ich einige Leute geschäftig mit einem merkwürdig geformten Stück Kunststoff hantieren. Sie sahen eher aus wie Wissenschaftler und nicht wie Bauarbeiter. Wie sich herausstellte, waren es auch Wissenschaftler, und der Leiter der Gruppe war zufällig ein Klassenkamerad von mir. Ich fragte ihn, ob er mir sagen könne, was hier los sei. Er nahm mich beiseite und sagte: ›Julie, bitte behalte dies für dich; es soll ein Geheimnis sein. Wir errichten ein riesiges Hologramm eines Gebäudes und wollen dann eine statistische Studie durchführen, um herauszufinden, wie viele Leute das Hologramm für ein echtes Gebäude halten.‹ Du siehst also, Peter, dort drüben gibt es gar kein Gebäude. Was du da siehst, ist ein Hologramm!«

Peters Kinnlade fiel herunter – und dann musste er so laut lachen, dass sich mehrere Leute nach ihm umdrehten. »Gut gemacht, Julie«, sagte er schließlich. »Ich erinnere mich nicht, wann mich jemand das letzte Mal so erfolgreich auf den Arm genommen hat.«

»Danke, Peter. Für ein bis zwei Sekunden hast du tatsächlich daran gezweifelt, dass da drüben ein Gebäude steht, nicht wahr?«

»Absolut.«

»Nun, du hast nach möglichen Erklärungen für das Problem gesucht, warum man ein Gebäude sieht, welches in Wirklichkeit gar nicht existiert. Ein Szenario habe ich dir geschildert. Aber es gibt noch andere. Gestern Abend haben wir ein Varieté besucht, in dem ein Hypnotiseur auftrat. Du erinnerst dich nicht mehr daran, weil du hypnotisiert wurdest. Eine der posthypnotischen Suggestionen bestand nämlich darin, dass du die ganze Show vergessen würdest. Eine andere posthypnotische Suggestion war, dass du heute nach dem Abendessen Lust auf einen Spaziergang bekommen und dabei ein Gebäude sehen würdest, das gar nicht da ist. Ich bat den Hypnotiseur, dich dementsprechend suggestiv zu beeinflussen.«

»Wenn du in dem Tempo weitermachst, Julie, wird es noch schwer werden, mich von der *Existenz* des Gebäudes da drüben zu überzeugen.«

»Gut. Als Nächstes die einfachste Möglichkeit: Du schläfst tief und fest und träumst nur. Wenn wir träumen, scheint alles, was in unseren Träumen vorkommt, eine eigene unabhängige Existenz zu besitzen, während es in Wirklichkeit natürlich vollkommen von der Vorstellung des Träumers abhängt.

Wenn dich die Traumvorstellung nicht überzeugt, dann lass sie uns noch einen Schritt weiterführen. Vielleicht war Shakespeare wirklich auf dem richtigen Weg, als er schrieb: ›Wir sind von solchem Stoff, aus dem die Träume werden.‹ Je mehr wir uns mit der Möglichkeit befassen, dass wir nur Figuren im Traum eines höheren Wesens sind, umso weniger leicht ist es, diese Vorstellung abzutun. Wenn sie nämlich zuträfe, würden wir genau das denken, fühlen und tun, was wir im Augenblick denken, fühlen und tun, und dennoch gäbe es keine unabhängig existierende Wirklichkeit. Deine konkrete Tatsache ›Ich sehe dort drüben ein Gebäude‹ kann also wahr sein, ohne dass daraus notwendig die Abstraktion folgen muss: ›Es gibt dort drüben ein Gebäude.‹«

»Meine Hochachtung, Julie, das hast du wirklich gut gemacht.«

Julie war geschmeichelt und wusste die aufrichtige Bewunderung ihres Begleiters durchaus zu schätzen. Aber sie war noch nicht fertig. »Warte, Peter, das Beste kommt erst noch. Ich habe dir nur all jene Möglichkeiten aufgezählt, die mein beschränkter Geist auf der Grundlage dessen, was ich gelesen und gelernt habe, ersinnen konnte. Doch die Anzahl der Möglichkeiten, die mir einfallen, ist winzig verglichen mit der Vielzahl der Möglichkeiten, die noch gänzlich unbekannt sind. Daher fällt es mir auch überhaupt nicht schwer, die Möglichkeit in Betracht zu ziehen, dass das Wesen der physikalischen Welt durch den Realismus nicht adäquat beschrieben wird, auch wenn mir zurzeit noch kein alternatives Paradigma zur Verfügung steht. Jedenfalls ist der Realismus eine Abstraktion und alle Abstraktionen besitzen bestimmte Geltungsbereiche. Solange dieser Geltungsbereich nicht klar abgesteckt ist, kann es passieren, dass wir den Realismus außerhalb dieses Bereiches anwenden. Das Ergebnis beinhaltet zwangsläufig Fehler. Ob diese Fehler jedoch harmlos oder katastrophal sein werden – das ist schwer vorherzusagen.«

»Ich verstehe«, antwortete Peter. »Fassen wir noch mal zusammen: Der Ausgangspunkt unseres Gesprächs war ja die Frage nach der Bedeutung von Bells Entdeckung und Aspects Experiment. Du sagst, dass der Realismus mit Newtons Physik konsistent ist, dass er aber, wenn es um die Quantenmechanik geht, fragwürdig wird – er kann durchaus eine unhaltbare Abstraktion sein. Da die auf der Quantenmechanik beruhenden Einblicke in die Natur offensichtlich jene übertreffen, die der klassischen Physik zu verdanken sind, verkörpert das realistische Bild der Natur – die Vorstellung, dass materielle Objekte ›für sich genommen‹ an klar definierten Orten existieren und bestimmte Eigenschaften innehaben – vielleicht nicht unser bestes Verständnis. Aus der Perspektive unseres gegenwärtig besten Verständnisses ist es vielleicht sogar vollkommen falsch.«

»Genau das meine ich.«

»Wenn wir aber den Realismus aufgeben, wodurch ersetzen wir ihn?«

Der Klang von Julies fröhlichem Lachen hallte von den Felsen wider. »Für heute Abend haben wir genug diskutiert«, sagte sie. »Lass uns irgendwo noch etwas trinken.«

»Wer könnte dazu schon nein sagen«, antwortete Peter mit einem breiten Grinsen. »Ich trinke auf konkrete Fakten und adäquate Abstraktionen.« Nach kurzem Zögern fügte er hinzu: »Julie, als du mir vorhin Ängstlichkeit vorgeworfen hast, meintest du damit nur meine Interpretation der Quantenmechanik?«

Das Konkrete, das Abstrakte und Bells Ungleichungen

Peters Frage nach dem, was den Realismus ersetzen soll, wird das Thema späterer Kapitel sein. Vorerst soll lediglich der Unterschied zwischen konkreten Fakten und Abstraktionen erläutert und nachgewiesen werden, dass der Realismus eine Abstraktion ist. »Der Trugschluss der unzutreffenden Konkretheit« ist der von Whitehead geprägte Begriff für die Verwechslung des Abstrakten mit dem Konkreten. Wie er betonte, richtete dieser Trugschluss große Verwirrung in der modernen Philosophie an.

Whitehead argumentierte wie folgt: Wenn wir die realistische Position akzeptieren, halten wir es für eine unbestreitbare »Tatsache«, dass Objekte »an sich« unabhängig vom

Bewusstsein existieren. Andererseits lässt sich nicht bestreiten, dass wir Erfahrungen haben; das heißt, wir können die Existenz des Geistes nicht leugnen. Damit ist die unlösbare Geist-Materie-Dichotomie vorprogrammiert. Welches ist das fundamentalere Prinzip, Geist oder Materie? Ist eines von ihnen wirklich und das andere abgeleitet? Wie stehen Geist und Materie miteinander in Wechselwirkung? Diese Fragen sind unlösbar, weil sie in einem begrifflichen Rahmen entstanden sind, der auf dem Trugschluss der unzutreffenden Konkretheit beruht und somit falsch ist.

Wenn aber nicht die unabhängige Existenz von Objekten die konkrete Tatsache ist, was dann? Julie erklärte im vorigen Abschnitt, dass die *Erfahrung* das Konkrete ist. Wir wollen näher auf Julies Aussage eingehen, indem wir eine konkrete Tatsache betrachten. Ich sehe dort drüben ein Gebäude. Wo ist diese Tatsache lokalisiert, und in welcher Beziehung steht die Tatsache zum angenommenen Ort des Gebäudes?

Wo ist die Tatsache lokalisiert? Da es sich um meine Erfahrung handelt, ist sie genau dort, wo ich bin. Aber ist das Gebäude genau hier bei mir? Nein, natürlich nicht. Wie Julie so anschaulich erläuterte, existiert das Gebäude vielleicht nicht einmal. Wie also geht der Ort, *wo das Gebäude zu sein scheint,* in die Erfahrung ein? Er geht als *Bezugsort* in die Erfahrung ein. Meine Erfahrung, die dort ist, wo ich bin, nimmt *Bezug* auf den Ort, wo ich das Gebäude wahrnehme. Ich sehe das Gebäude *in dem Modus der Lokalisierung an dem Ort, wo es zu sein scheint.* Folgt daraus, dass an diesem Bezugsort wirklich etwas da ist? Nein, ganz und gar nicht. Die Frage, ob dort tatsächlich etwas vorhanden ist oder nicht, hat damit nichts zu tun. Wir bemühen uns hier lediglich um größtmögliche Klarheit, zum einen in Bezug auf die Frage, was konkret und was abstrakt ist, und zum anderen in Bezug auf die Lokalisierung des Konkreten beziehungsweise des Ortes oder der Orte, auf die es sich bezieht.

Whitehead erläutert diesen Aspekt anhand eines Beispiels. Angenommen wir stehen am Ort A und schauen in den Spiegel, wo wir einige grüne Blätter sehen, die zu einer Pflanze hinter unserem Rücken gehören. Dann gilt:

»Für uns wird sich in A Grün befinden; aber das Grün ist nicht einfach in A, wo wir sind. Das Grün in A wird ein Grün mit dem Modus sein, die Lokalisierung in dem Bild des Blattes hinter dem Spiegel zu haben. Dann dreht man sich um und sieht das Blatt. Jetzt nimmt man das Grün genauso wahr wie vorher, nur hat das Grün jetzt den Modus, in dem wirklichen Blatt lokalisiert zu sein.«[1]

Was hat der Trugschluss der unzutreffenden Konkretheit mit dem Rätsel der Bell'schen Ungleichungen zu tun? Bei der Herleitung der Bell'schen Ungleichungen geht man von der unabhängigen Existenz zweier Teilchen mit jeweils eigenen Eigenschaften aus, zu denen die drei Spinkomponenten gehören. Die Annahme des Realismus, die schon auf Menschen, Gebäude und Autos bezogen eine Abstraktion darstellt, ist erst recht von fragwürdiger Gültigkeit, wenn sie sich auf subatomare Größen bezieht.

Kann die Erkenntnis, dass der Realismus eine Abstraktion ist, zur Klärung der Bell'schen Korrelationen beitragen? Einen Hinweis gibt die Unterscheidung zwischen Signalen, die sich nicht schneller als mit Lichtgeschwindigkeit ausbreiten können, und Einflüssen, die das können (siehe Kapitel 7, S. 163 ff.). Jede Abstraktion besitzt einen Gültigkeitsbereich. Wenn wir sagen, dass sich ein Signal von einem »Sender« zu einem »Empfänger« ausbreitet, benutzen wir die Sprache des Realismus. Diese Sprache erscheint angemessen, wenn es um Messungen im Bereich der klassischen Physik und der speziellen Relativitätstheorie geht. Bei der Analyse solcher Messungen ist der Realismus eine adäquate Abstraktion, und das

Prinzip »Nichts breitet sich schneller als Licht aus« ist gültig. Wenn es jedoch um Einflüsse geht, erweist sich die Situation als schwieriger. Es kann durchaus sein, dass sich »etwas« schneller als mit Lichtgeschwindigkeit auszubreiten *scheint*, weil das, was geschieht, in einer Sprache beschrieben wird, die nicht angemessen ist; die Abstraktion des Realismus ist hier nicht länger gültig. Wenn dies zutrifft, dann ist die Bedeutung der Bell'schen Korrelationen deshalb so schwer zu begreifen, weil die Abstraktion des Realismus außerhalb ihrer Gültigkeitsgrenzen angewandt wird. Wie wir im nächsten Abschnitt sehen werden, ergibt sich dieselbe Schlussfolgerung auch aus Bohrs Begriffssystem der Komplementarität. Auf die Bell'schen Ungleichungen werden wir dann in Kapitel 16, S. 349 ff., zurückkommen.

Der Blickwinkel der Komplementarität

Natürlich drängt sich nun die folgende Frage auf: »Wenn die auf der Annahme des Realismus beruhende Beschreibung von Vorgängen ungültig ist, welche alternative, und mutmaßlich korrekte, Beschreibung gibt es?« Auf den Quantenbereich bezogen lässt Bohrs Begriffssystem der Komplementarität jedoch Zweifel an der Gültigkeit dieser Frage aufkommen. Bohr behauptet, dass die in der klassischen Physik übliche realistische Beschreibung auf der Quantenebene nicht durch eine andere, »korrekte« Beschreibung, sondern vielmehr durch zwei Beschreibungen mit verschiedenen Gültigkeitsbereichen ersetzt wird. Insbesondere trifft Bohr eine Unterscheidung zwischen der Beschreibung eines isolierten Systems, eines Systems also, das keiner Messung unterworfen wird und nicht in Wechselwirkung mit anderen Systemen steht, und der Beschreibung eines Quantensystems, das in Wechselwirkung mit einer Messvorrichtung steht.

Im ersten Fall, wenn das System isoliert ist, kann seine Beschreibung nicht verifiziert werden. Jede Beschreibung ist spekulativ, eine reine Abstraktion. Wir können sogar noch weitergehen: Die Existenz des Systems selbst, wenn es auf diese Weise isoliert ist, ist eine reine Abstraktion – eine notwendige Abstraktion zwar, wenn wir überhaupt zu einer Beschreibung gelangen wollen, aber nichtsdestoweniger eine Abstraktion und keine konkrete Tatsache.

Es ist bemerkenswert, dass Bohr und Whitehead gleichzeitig und unabhängig voneinander zu einem so scharfsinnigen Verständnis der Funktion und der Grenzen von Abstraktionen gelangten. Abstraktionen sind notwendig, aber gleichwohl riskant. Man muss sich stets vergegenwärtigen, dass sie keine konkreten Tatsachen sind.

Im zweiten Fall erleben wir das andere Extrem: Das System ist dem Prozess der Messung unterworfen. Während der Messung kann das gemessene System nicht von der Messvorrichtung getrennt werden. Sie bilden ein »ganzheitliches Phänomen«.

Bohrs Argumentation führt zu dem Schluss, dass sich die zwei komplementären Beschreibungsmodi nicht auf dieselbe Quantengröße beziehen. Der erste Modus beschreibt eine Abstraktion, nämlich ein isoliertes System, dessen Eigenschaften, ja sogar dessen Existenz, im Prinzip nicht erfahrbar sind. Der zweite beschreibt eine Wechselwirkung, bei der die miteinander in Wechselwirkung stehenden Parteien untrennbar sind. Die Auffassung, dass die Teilchen A und B in der EPR- oder Bell-Versuchsanordnung kleine Gebilde seien, die an einem Ort lokalisiert sind und eigene Eigenschaften besitzen, ist jedenfalls endgültig überholt. Es ist bedauerlich, dass wir weiterhin von »Teilchen« sprechen müssen, aber ein besseres Wort haben wir eben nicht.

In diesem Kapitel haben wir uns langsam vom Realismus distanziert und dem neuen Paradigma angenähert, das durch die scheinbar seltsamen Eigenschaften der Quantentheorie angedeutet wird. Der erste Schritt auf diesem Weg war die Erkenntnis des »Trugschlusses der unzutreffenden Konkretheit«: Indem wir die Existenz von Objekten in Raum und Zeit als eine Grundtatsache annahmen, haben wir geistige Konstrukte zu Unrecht als unabhängig existierende Größen behandelt; wir haben das Abstrakte mit dem Konkreten verwechselt. (Weitere schwer wiegende Argumente gegen den Realismus werden in den Kapiteln 9 und 11 vorgestellt.)

Wie Peter gegen Ende seiner Diskussion mit Julie ganz richtig bemerkte, entlarvt diese Erkenntnis zwar den Realismus als eine Abstraktion, aber sie zeigt keine Alternative auf. Die Suche nach einer solchen alternativen Weltsicht wird uns im restlichen Buch beschäftigen. Das folgende Kapitel widmet sich dem nächsten Schritt auf diesem Weg: Wir versuchen zu verstehen, wie es dazu kommt, dass wir unseren geistigen Konstrukten, ohne uns dessen bewusst zu sein, eine scheinbar unabhängige Existenz zusprechen.

Epigraph: A. N. Whitehead, *Wissenschaft und moderne Welt,* S. 66.
1 Ebd., S. 88–89.

9. Objektivierung

Schrödingers Analyse des Prozesses der »Objektivierung« ergänzt Whiteheads Analyse der »unzutreffenden Konkretheit«. Schrödinger weist darauf hin, dass der erste Schritt einer wissenschaftlichen Untersuchung stets darin besteht, das »Subjekt der Erkenntnis« aus dem Bereich dessen, was wir an der Natur verstehen wollen, auszuschließen. Durch diesen Ausschluss wird der Untersuchungsgegenstand zu einem leblosen Objekt. Da dies allgemein und unbewusst geschieht, sind die Auswirkungen katastrophal. Die Folgen sind zum Beispiel ein wissenschaftliches Weltbild, das »farblos, kalt, stumm« ist, sowie die Geist-Materie-Dichotomie.

> »Und denke, lieber Leser, oder noch besser, liebe Leserin, an die ›leuchtenden Augen‹, mit denen dein Kind dich ›anstrahlt‹, dem du ein neues Spielzeug gebracht hast; und dann lasse den Physiker dir sagen, dass in Wirklichkeit von diesen Augen nichts ausgeht – sie ihrerseits werden beständig von Lichtstrahlen getroffen – das ist ihre Funktionsweise. In Wirklichkeit. Sonderbare Wirklichkeit. In ihr scheint doch etwas zu fehlen.«   *Erwin Schrödinger*

Die »Hypothese der realen Außenwelt«

In seiner zweiten Lebenshälfte äußerte sich Erwin Schrödinger in zahlreichen Büchern zu einer Fülle von Themen: allgemeine Relativitätstheorie, Kosmologie, Thermodynamik, Philosophie, die Beziehung zwischen Naturwissenschaft und Humanismus bis hin zur Biologie. Sein Buch *Was ist Leben* übte nicht nur auf Physiker und Biologen gleichermaßen großen Einfluss aus, es war auch wegweisend für die Entdeckung der DNA.

Unter seinen späteren Büchern ist besonders eines der eher weniger bekannten von großem Interesse für die Frage des Realismus. Erschienen im Jahre 1957 enthält es unter dem Titel *Geist und Materie* die Niederschrift der so genannten Tarner Lectures, die im Oktober 1956 am Trinity College in Cambridge, England, in Schrödingers Namen vorgetragen wurden. (Aus gesundheitlichen Gründen konnte Schrödinger die Vorträge nicht persönlich halten.)

Der dritte Vortrag hat die Überschrift »Objektivierung« und setzt sich mit einer *unbewussten Annahme* auseinander, die nicht nur unseren Wahrnehmungen, sondern auch der gesamten westlichen Philosophie und Naturwissenschaft zugrunde liegt. Was ist dieses »Prinzip der Objektivierung«?

> »Damit [mit dem Prinzip der Objektivierung] meine ich genau dasselbe, was auch oftmals die *Hypothese der realen Außenwelt* genannt wird. Ich behaupte, es handelt sich dabei um eine gewisse Vereinfachung, die wir einführen, um das unerhört verwickelte Problem der Natur zu meistern. *Ohne es uns ganz klarzumachen und ohne dabei immer ganz streng folgerichtig zu sein, schließen wir das Subjekt der Erkenntnis aus aus dem Bereich dessen, was wir an der Natur verstehen wollen. Wir treten mit unserer Person zurück in die Rolle eines Zuschauers, der nicht zur Welt gehört, welch letztere eben dadurch zu einer objektiven Welt wird.*«[1] [Hervorhebung hinzugefügt]

Dieser Abschnitt ist klar und präzise formuliert. Der Leser kann nicht daran zweifeln, dass Schrödinger weiß, wovon er spricht. Doch was genau will er damit sagen?

Ich habe diese Frage mit meinen Freunden Julie und Peter erörtert. Gemeinsam saßen wir in einem Café und während wir unseren Kaffee tranken – Julie bestellte noch ein Glas Wasser –, machte ich sie mit Schrödingers Aussage über das Prinzip der Objektivierung bekannt. Nachdem sie einige Minuten darüber nachgedacht hatten, wandte sich Peter an Julie.

»Diese Aussage scheint mir noch einen Schritt über unsere letzte Diskussion hinauszugehen. Was Schrödinger als die ›Hypothese der realen Außenwelt‹ bezeichnet, deckt sich mehr oder weniger mit dem, was wir in unserer letzten Unterhaltung ›die Abstraktion des Realismus‹ genannt haben. Er sagt, dass wir zu dieser Hypothese greifen, weil sie eine ›Vereinfachung‹ ist, die uns besser in die Lage versetzt, ›das unerhört verwickelte Problem der Natur zu meistern‹. Genau dies ist ja wohl der Zweck jeder Abstraktion: Wenn wir nicht mit der ganzen Situation zurechtkommen, *abstrahieren* wir die Teile, die uns am wichtigsten erscheinen, und ignorieren den Rest. Dies erklärt den ersten Satz dieses Zitats. Die nächsten beiden Sätze gehen allerdings darüber hinaus – und hier wird es verwirrend. Was meint er damit, dass *wir das Subjekt der Erkenntnis aus dem Bereich dessen, was wir an der Natur verstehen wollen, ausschließen?*«

Julie schwieg für einen Augenblick. Dann erwiderte sie: »Bevor wir versuchen, darauf eine Antwort zu finden, lass uns noch einmal einen Schritt zurückgehen. Ergibt es für dich einen Sinn, ›Objektivierung‹ als einen Prozess aufzufassen?«

Nun schwieg Peter. Nach einer Weile entgegnete er: »Nein, das ergibt für mich keinen Sinn. Ich verstehe, was ein ›Objekt‹ ist. Diese Tasse Kaffee, die dampfend hier vor mir auf dem Tisch steht, ist ein Objekt. Ich nehme wahr, dass sie existiert, und zwar genau hier vor mir. Ich verstehe, was ein ›Subjekt‹ ist. Ich, derjenige, der diese Tasse Kaffee wahrnimmt, bin das Subjekt. Aber der Ausdruck ›Prozess der Objektivierung‹ klingt in meinen Ohren merkwürdig. Wenn man es verbal ausdrückt, könnte man auch sagen, ›Ich objektiviere‹, nicht wahr? Aber welche Art von Tätigkeit könnte das sein?«

»Die Tätigkeit, die Welt der uns umgebenden Objekte zu erschaffen«, antwortete Julie.

»Die Welt der uns umgebenden Objekte erschaffen?!« Peters Stimme klang ungläubig. »Was meinst du damit? Ich sehe diese Tasse Kaffee, ich *erschaffe* sie doch nicht!«

»Bist du sicher?«

»Aber ich bitte dich, Julie. Hinsetzen, aufstehen, meine Tasse hochheben und trinken, das sind doch Dinge, die ich tue. ›Erschaffung‹ ist kaum das richtige Wort dafür. Ich meine, wenn ich diese Tasse Kaffee betrachte, dann sehe ich sie doch so, wie sie ist – ich *erschaffe* sie nicht!«

Mit einem schelmischen Lächeln auf ihrem hübschen Gesicht gab Julie noch einmal zurück: »Bist du sicher?«

»Natürlich bin ich sicher!« Peter wusste jedoch sehr gut, dass es keinen Sinn hatte, wütend zu werden. Er hielt einen Augenblick inne, dachte nach und fuhr dann – plötzlich sehr zufrieden mit sich selbst – fort: »Sieh mal, Julie. Immer wenn ich etwas tue oder erschaffe, bin ich mir bewusst, dass ich es tue oder erschaffe, nicht wahr? Hier bin ich und hebe meinen Arm. Ich tue dies, und ich spüre, dass ich es tue.« Er hob wirklich seinen Arm. »Nun schaue ich diese Tasse Kaffee an. Ich bin mir bewusst, dass ich sie anschaue, aber nicht, dass ich etwas mit ihr tue, und erst recht nicht, dass ich sie *erschaffe*.«

Endlich hatte Julie etwas, worauf sie direkt erwidern konnte: »Es stimmt nicht, dass man sich stets dessen bewusst ist, was man tut. Erst vor wenigen Minuten hast du mir erzählt, dass du auf der Autobahn zwischen der Ausfahrt 3 und der Ausfahrt 8, jener Ausfahrt, die du benutzt hast, um hierher zu kommen, geistig völlig abwesend warst. Erst auf der Abbiegespur kehrte deine bewusste Aufmerksamkeit zurück. ›Es war so, als wäre ich gerade aufgewacht‹, sagtest du. So etwas geschieht ständig. Nach der Ausfahrt 3 warst du, ohne es zu wissen, mit vielen Dingen beschäftigt – steuern, Spur wechseln, ganz zu schweigen davon, beim Überholen auf hübsche Fahrerinnen zu achten. Dies ist nur ein Beispiel dafür, dass man etwas tun kann, ohne sich dessen bewusst zu sein. Glaube mir, es gibt noch viele andere Beispiele.«

»Verflixt!« Peter hatte Schwierigkeiten, sein Erstaunen zu verbergen. »Das passt ja genau zu der Aussage Schrödingers, die wir gerade diskutieren: ›Ohne es uns ganz klarzumachen und ohne dabei immer ganz streng folgerichtig zu sein, schließen wir das Subjekt der Erkenntnis aus dem Bereich dessen, was wir an der Natur verstehen wollen, aus.‹ Er sagt also mehr oder weniger, dass die Objektivierung, was auch immer man sich genau darunter vorstellen mag, etwas ist, das stattfindet, ohne dass man sich dessen bewusst ist.«

Julie war ihm gedanklich voraus. Sie sagte: »Wahrnehmmung ist die Schaffung eines geistigen Konstrukts.«

»Wie bitte, könntest du das noch mal wiederholen? Ich verspreche dir, dass ich diesmal nicht wütend werde.«

»Schon gut. Sieh dir einmal diesen Löffel an.« Julie hob einen Kaffeelöffel hoch. »Dies ist ein unversehrter, ganzer Kaffeelöffel.« Obwohl wir uns ein bisschen lächerlich vorkamen, nickten wir. »Nun stelle ich ihn in ein Glas Wasser.« Sie tat es. »Was siehst du nun?«

Nachdem sich Peter schon einmal damit abgefunden hatte, in die Rolle des folgsamen Studenten zu schlüpfen, machte es ihm nichts aus, diese Rolle weiterzuspielen. »Ich sehe einen gebrochenen Kaffeelöffel.«

»Aber es ist ein unversehrter Löffel. Warum sieht er gebrochen aus?«

»Das kann ich dir erklären, das ist elementare Physik.« Hier fühlte sich Peter in seinem Element. »Ein Teil des Löffels befindet sich im Wasser und der andere Teil in der Luft. Die Lichtstrahlen, die von dem unter Wasser befindlichen Löffelteil auf unser Auge treffen, ändern beim Durchtritt durch die

Wasseroberfläche ihre Richtung. Das nennt man ›Brechung‹. Wenn also die Lichtstrahlen, die ihren Ursprung unter Wasser haben, unser Auge erreichen, scheinen sie aus einer anderen Richtung zu kommen, als sie es tatsächlich tun. Aber ich bin sicher, dass du auf etwas ganz anderes hinauswillst. Wie also lautet deine Erklärung?«

»Meine Erklärung lautet, dass du gar nicht den Löffel siehst, sondern dein *geistiges Konstrukt* des Löffels, ein Konstrukt, das dein Geist auf der Grundlage der von deinem Auge aus verschiedenen Richtungen empfangenen Lichtstrahlen erschuf. Wenn du wirklich den Löffel sehen würdest, hättest du nicht einen gebrochenen, sondern einen ungebrochenen Löffel gesehen.«

Nach einer kurzen Pause fügte Julie hinzu: »Übrigens haben Neurologen, die die Sehrinde erforschen – jenen Teil des Gehirns, in dem Bilder wie zum Beispiel das des Löffels erzeugt werden – festgestellt, dass nur ungefähr die Hälfte aller Informationen, die in diesem Teil des Gehirns verarbeitet werden, von Sinneseindrücken stammt. Die andere Hälfte kommt aus anderen Teilen des Gehirns! Die Sehrinde ist also keineswegs nur ein passiver Empfänger von Sinneseindrücken. Sie ist in Wirklichkeit sehr aktiv. Sie benutzt alle Arten von Eingangsdaten, um das Bild des Löffels, das du vor dir siehst, zu erzeugen. *Diese Aktivität kommt einer Beschreibung des Prozesses der Objektivierung so nahe, wie es uns die Naturwissenschaft überhaupt erlaubt.* Das Geheimnis – und es ist wirklich ein Geheimnis – liegt darin, dass dieser Prozess vollkommen außerhalb unseres Bewusstseins stattfindet. Schrödinger drückte sich also sehr präzise aus, als er den Nebensatz hinzufügte: ›ohne es uns ganz klarzumachen‹. Was uns bewusst ist, ist das Endprodukt, und zwar ausschließlich das Endprodukt – zum Beispiel dieser alberne Löffel.« Julie hatte sich in Fahrt geredet, doch ebenso plötzlich wie sie begonnen hatte, verstummte sie wieder.

»Das also meint Julie mit ihrem Satz ›Wahrnehmung ist die Schaffung eines geistigen Konstrukts‹«, dachte Peter. Er hatte Schwierigkeiten, den Gedanken zu akzeptieren, und so versuchte er, sich über die Folgerungen klar zu werden. »Was ich sehe, ist nicht der Löffel, sondern ein Bild, das ich selbst erzeuge. Was das Sehen betrifft, so lebt also jeder von uns in seiner ganz privaten Welt visueller Bilder ...«

Julie unterbrach Peters Gedanken mit der folgenden Frage: »Wenn wir einen Basketball und den Mond ansehen, wie unterscheiden sie sich?«

Irritiert entgegnete Peter: »Wie bitte? Brauchst du vielleicht ein Glas Wasser oder einen Martini?«

»Nein, im Ernst. Wie unterscheidet sich unsere Wahrnehmung eines Basketballs von der des Mondes?«

»Na gut, Julie. du weißt, dass ich den größten Respekt vor dir habe, mehr als vor irgendjemand anderem.« Es lag ihm auf der Zunge hinzuzufügen, »mehr als Du verdienst«, aber er konnte sich noch zurückhalten. »Ich tue dir noch einmal den Gefallen. Ein Basketball und der Mond ... nun, da gibt es viele Unterschiede.«

Julie merkte, dass sie ihre Frage erklären musste. »Was ich meine, ist Folgendes: Angenommen, du siehst den Basketball aus einer gewissen Entfernung, so dass er ungefähr so groß ist wie der Mond. Vergiss die kleinen Detailunterschiede. Worin besteht der größte Unterschied in deiner Wahrnehmung?«

Keiner sagte ein Wort, während Peter und ich nachdachten. Schließlich leuchtete Peters Gesicht auf. »Ein Basketball sieht aus wie eine Kugel. Der Mond sieht aus wie eine Scheibe.«

Julie strahlte. »Richtig! Nun die nächste Frage: Da sowohl der Basketball als auch der Mond in Wirklichkeit kugelförmig sind, wie kommt es dann aber, dass der eine wie eine Kugel und der andere wie eine Scheibe aussieht?«

Peter merkte, wie er in Fahrt kam. »Das liegt daran, dass die Lichtstrahlen vom Mond genauso aussehen wie die Lichtstrahlen von einer Scheibe. Nichts in der Anordnung der Lichtstrahlen deutet auf ein kugelförmiges Objekt hin.«

»Stimmt«, warf Julie ein, »aber gilt dasselbe nicht auch für den Basketball? Wenn ja, warum sehen sie dann verschieden aus?«

Wieder herrschte Schweigen. Betreten gab Peter schließlich zu: »Ich weiß es nicht.«

»Gut, ich werde es dir sagen. Der Grund ist, dass wir, immer wenn wir Basketball spielen, einen Basketball benutzen. Wir benutzen niemals den Mond.«

»Natürlich nicht«, erwiderte Peter aufgebracht. »Aber was hat das miteinander zu tun?«

»Sehr viel. Betrachte es einmal so: Unsere einzige Erfahrung mit dem Mond ist visueller Natur und, wie du gerade erklärt hast, lässt nichts an unserer visuellen Erfahrung auf eine kugelförmige Gestalt schließen. Bei einem Basketball verhält es sich dagegen ganz anders. Wir betrachten ihn nicht nur, sondern wir fassen ihn auch an, und dadurch, dass wir ihn anfassen, wissen wir, dass er rund ist. Die Tasterfahrung ist ein Teil der Information, aus der das Gehirn das Bild eines Basketballs erzeugt. Dieses einfache Beispiel zeigt, dass das, was im Gehirn vorgeht, wirklich ein Schöpfungsakt ist, nämlich die Erschaffung eines geistigen Konstrukts. Die geistigen Konstrukte werden aber nicht als solche wahrgenommen, sondern vielmehr als tatsächlich existierende Objekte.«

»Da fällt mir ein«, warf Peter ein, »es gibt noch eine andere Erklärung. Wir nehmen die räumliche Tiefe eines Gegenstands mit Hilfe des Stereoeffekts der Augen wahr. Die Augen haben geringfügig unterschiedliche Positionen. Die Perspektive, aus der sie etwas sehen, unterscheidet sich also geringfügig voneinander. Wir erzeugen nun ein dreidimensionales Bild dadurch, dass wir diese beiden Perspektiven zusammenfügen und zur Deckung bringen. Dies ist bei einem Basketball einfach, aber der Mond ist so weit entfernt, dass es zwischen den Perspektiven der beiden Augen keinen wahrnehmbaren Unterschied gibt.«

»Dies mag stimmen, aber es erklärt nicht alles«, entgegnete Julie. »Wenn wir runde, irdische Objekte anschauen, von denen wir wissen, dass sie kugelförmig sind, dann nehmen wir sie als kugelförmig wahr, selbst wenn sie so weit entfernt sind, dass der Stereoeffekt keine Rolle mehr spielt. Ein großer Ballon, den wir aus der Ferne sehen, ist dafür ein Beispiel. Und selbst wenn wir deine Erklärung akzeptieren, ist das Zusammenfügen der Perspektiven der beiden Augen zu einem einzigen, kohärenten Bild eine Leistung, die wir keinesfalls gering schätzen sollten! Es dauert übrigens zwei bis drei Jahre, bis wir es lernen, diese Bilder, diese geistigen Konstrukte, zu erzeugen.«

»Wirklich? Was meinst du damit?«

»Ich meine damit unsere ersten zwei bis drei Lebensjahre. Der Schweizer Psychologe Jean Piaget hat diesen Prozess eingehend untersucht. Bis ein Baby ungefähr achtzehn Monate alt ist, beschränkt sich seine Wahrnehmung auf zwei Dimensionen. Es besitzt noch keine Tiefenwahrnehmung.«

»Ja, das habe ich selbst festgestellt«, warf ich ein. »Als mein ältester Sohn ein Baby war, interessierte ich mich sehr für Piaget und habe deshalb meinen Sohn im Hinblick auf die Thesen Piagets genau beobachtet. Als er laufen lernte, war er gerade erst acht oder neun Monate alt. Zu der Zeit wohnten wir in einer Maisonettewohnung, mit Zimmern auf zwei Stockwerken. Wenn ich mit ihm oben war, blieb mir oft das Herz vor Schreck stehen. Er lief auf die Treppe zu und wollte auf die Stufen treten, so als seien sie nur auf den Boden gemalt. Ganz offenkundig war in seiner Wahrnehmung die Möglichkeit, die Treppe herunterzufallen, gar nicht enthalten.«

»Wahrnehmung ist also die Schaffung eines geistigen Konstrukts«, resümierte Julie. »Die Fähigkeit, auf diese Weise schöpferisch tätig zu werden, muss mühsam errungen werden. Babys arbeiten hart daran, sie zu erwerben. Sobald wir sie uns angeeignet haben, machen wir ständig Gebrauch von ihr, ohne uns dessen allerdings bewusst zu sein. Was wir ›die reale Außenwelt‹ nennen, ist etwas, das wir selbst erschaffen, etwas, das wir ›objektivieren‹, und von dem wir trotzdem glauben, dass es einfach da ist. ›Objektivierung‹ ist dafür ein angemessenes Wort – wir erschaffen die Objekte, die wir um uns herum sehen. Nun können wir endlich Peters Frage in Angriff nehmen.«

Überrumpelt fragte Peter: »Welche Frage?«

»Na, die Frage, die den Ausgangspunkt unserer ganzen Unterhaltung darstellte. Was meint Schrödinger mit dem Satz ›wir schließen das Subjekt der Erkenntnis aus dem Bereich dessen, was wir an der Natur verstehen wollen, aus‹?«

Der Ausschluss des »Subjekts der Erkenntnis«

Allmählich wurde es spät. Wir standen auf und schlenderten die Straße entlang, wobei wir Schaufenster, Passanten, Autos und nicht zuletzt uns selbst gegenseitig ›objektivierten‹. Nach einigen Minuten fragte Julie: »Zu deiner Frage, Peter – bist du sicher, dass du nicht schon selbst die Antwort darauf kennst? Es ist so offensichtlich, so grundlegend, dass es mir schwer fällt, es zu erklären. Mal sehen … Wenn wir uns umschauen, erblicken wir die Außenwelt wohl geordnet im Raum. Aber wo bist du in diesem gewaltigen Raum, der gewissermaßen angefüllt ist mit Objekten und Leere?«

»Ich? Ich bin hier.«

»Nein, dein Körper ist hier. Wo bist du?«

Wieder hatte Peter das Gefühl, als ob ihm der Boden unter den Füßen weggezogen wurde. »Wo bin ich? In meinem Körper, nehme ich an.«

»Wirklich? Wo? Gewiss nicht in deinen Zehennägeln. Nicht einmal in deinen Armen oder Beinen. Sie könnten amputiert werden, und du wärest immer noch da. Auch nicht in deinem Herz. Du könntest dich einer Herztransplantation unterziehen, und trotzdem wärest du noch da.«

Peter waren diese Gedanken unangenehm. Er versuchte Julies Angriff abzuwehren und platzte mit einer Antwort heraus, die er sofort bedauerte.

»Ich bin in meinem Gehirn«, erklärte er, wobei er sich im selben Moment schon einigermaßen lächerlich vorkam.

Erbarmungslos folgte Julies nächste Frage: »Wo in deinem Gehirn?«

»Woher soll ich das wissen? Ich kenne ja noch nicht einmal die Namen aller Teile des Gehirns. Die Neurologen, insbesondere die Neurochirurgen, sollten darauf eine Antwort wissen.«

»Wenn du dich einer Gehirnoperation unterziehst, erwartest du dann, dass der Chirurg dich irgendwo in den Tiefen deines Gehirns findet?«

»Ich verstehe, worauf du hinauswillst. Ganz egal, was man betrachtet – Beine, Herz, Gehirn –, stets sehen wir nur Knochen, Gewebe und Neuronen – niemals sieht man mich oder dich.«

»Richtig. Wie *solltest* du auch mich oder dich sehen? Immer wenn wir etwas ansehen, sehen wir Objekte. Was die Frage nach dir, nach deinem Wesen betrifft, so ist eines gewiss: Du bist kein Objekt. Du bist das *Subjekt*. Dieser Raum um uns herum ist ein Raum von Objekten, und dich, das Subjekt, kann man darin niemals finden, weil du kein Objekt bist. Dieser Ausschluss deiner und meiner Person ist ein wesentlicher Bestandteil des Prozesses der Objektivierung.

Wenn wir etwas objektivieren, tun wir zwei Dinge gleichzeitig (in Wirklichkeit ist es nur ein Prozess, aber mit zwei verschiedenen Aspekten): Wir erschaffen die Welt der Objekte und wir schließen das Subjekt der Erkenntnis daraus aus. Schrödinger formulierte es treffend so: ›[wir] *schließen das Subjekt der Erkenntnis aus aus dem Bereich dessen, was wir an der Natur verstehen wollen. Wir treten mit unserer Person zurück in die Rolle eines Zuschauers, der nicht zur Welt gehört, welch letztere eben dadurch zu einer objektiven Welt wird.*‹«

»Ich beginne zu ahnen, was du meinst, aber ich brauche noch etwas mehr Hilfe.«

Julie versank in Gedanken. »An Erklärungen kann ich dir nicht mehr viel bieten«, sagte sie schließlich. »Dieser Gedanke der Objektivierung ist tief greifend, aber auch überaus einfach. Wenn wir weiterhin versuchen, ihn zu erklären, kann es passieren, dass wir in verbalen Spitzfindigkeiten stecken bleiben. Aber ich kann etwas anderes für dich tun. Ich kann dir eine Analogie anbieten.«

»Schieß los.«

»Du und ich, wir beide sind Charaktere in diesem Buch, das Shimon Malin geschrieben hat. Shimon objektivierte uns als diese Charaktere. Stimmts?«

»Ja, natürlich. Wir haben sogar das Vergnügen, hier mit ihm zusammen zu sein. Er läuft genau neben dir. Er sagt zwar nicht viel, aber er ist hier.«

»Nein, das hast du völlig falsch verstanden. Dieser Shimon Malin, der neben mir läuft, ist nicht der Autor. Er ist, wie wir, einer der Charaktere.«

»Das verstehe ich nicht.«

»Sieh mal. Warum läuft Shimon hier mit uns die Straße entlang? Weil der Autor zu Beginn des letzten Abschnitts die Entscheidung traf, den Satz zu schreiben: ›Gemeinsam saßen wir in einem Café …‹ Er hätte sich selbst nicht einzuschließen brauchen. Er hätte schreiben können, ›Julie und Peter trafen sich in einem Café ...‹.«

»Er muss seine Gründe dafür gehabt haben.«

»Daran zweifle ich nicht, aber darum geht es nicht. Es geht darum, dass dieser Shimon, der hier neben mir geht, ebenso abhängig vom Autor ist wie wir. Und wie das Subjekt der Erkenntnis, das in der objektivierten Welt nicht anzutreffen ist, kommt Shimon Malin, der Autor, nirgends im Buch vor.«

»Ach so. Es ist, als ob man träumt. Du, die Träumende, objektivierst den ganzen Traum und nimmst gleichzeitig als eine der Traumfiguren – als eine Person unter vielen – am Traum teil. In der Traumsituation gibt es dich also zweimal: als die Träumende und als eine Traumfigur. Beide haben denselben Namen. Beide sind Julie. Eine Julie ist die Träumende, die in ihrem Bett liegt und träumt; die andere ist die Julie im Traum, die sich mit anderen Menschen unterhält, die auf eine Party geht, die um ihr Leben schwimmt, kämpft oder irgendetwas anderes macht. Die erste Julie kommt nicht im Traum vor. Die zweite Julie träumt nicht.«

»Richtig. In der Traumsituation werde ich als Traumfigur wahrscheinlich große Anstrengungen unternehmen, um etwas zu tun oder einer drohenden Gefahr zu entgehen. Wenn ich wüsste, dass ich die Träumende bin, könnte ich den Traum leicht auf jede beliebige Weise beeinflussen.«

»Genau das ist meine Situation«, warf ich ein. Nachdem ich solange geschwiegen hatte, schauten mich Julie und Peter erwartungsvoll an. »Ich kann mich als Figur in diesem Buch anstrengen, etwas zu erreichen, oder *er* kann es als Autor leicht geschehen lassen.«

Julie nickte lächelnd, aber Peter wusste nicht genau, worauf ich hinauswollte.

»Sieh mal, Peter«, sagte ich. »Angenommen, ich habe Julie sehr gern und möchte mit ihr an dieser Stelle des Buches allein sein. Ich habe zwei Möglichkeiten: Ich kann versuchen, dich loszuwerden, indem ich zum Beispiel sage, dass es spät geworden ist und vorschlage, dass *ich* Julie nach Hause bringe. Dann wirst du vielleicht sagen, ›Aber sicher, bringen *wir* Julie doch nach Hause«, worüber ich natürlich frustriert wäre. Oder aber …«

»Oder aber was?« Peter war offensichtlich verärgert. Er mochte mein Beispiel nicht.

»Oder aber *er* sitzt an seinem Schreibtisch und schreibt: ›Während sie spazieren gingen, fiel Peter plötzlich ein, dass er noch eine wichtige Verabredung hatte, und er verabschiedete sich eilig. Nachdem Julie und Shimon ihm nachgewinkt hatten, trafen sich ihre Blicke und in diesem Augenblick wurde ihnen klar, dass sie sich liebten …‹ Siehst du; damit ist alles erreicht! Shimon ist nicht nur allein mit Julie, er kann sich sogar sicher sein, dass Julie seine Gefühle erwidert!«

Diesmal lächelte Peter. »Tja, aber in diesem Fall haben die gegenseitigen leidenschaftlichen Gefühle keine große Bedeutung für ihn, nicht wahr? Shimon, der Autor, hat zwar zwischen zwei seiner Charaktere leidenschaftliche Gefühle entbrennen lassen, aber was bedeutet das schon! Das ist etwas ganz anderes, als für die Julie, die hier ist, Liebe zu empfinden!«

Trübsinnig stimmte ich ihm zu: »Nichts ist vollkommen.«

Objektivierung: Die fatalen Folgen

Problematisch ist nicht die Objektivierung an sich, sondern die Tatsache, dass wir uns des Vorgangs der Objektivierung nicht bewusst sind. Insbesondere merken wir nicht, dass wir das Subjekt der Erkenntnis aus dem Bereich dessen, was wir an der Natur verstehen wollen, ausschließen. Da wir uns dieses Ausschlusses unserer selbst nicht bewusst sind, nehmen wir an, dass es über die Welt der Objekte in Raum und Zeit hinaus nichts gibt.

Eine solche Erschaffung von Objekten und der Ausschluss unserer selbst, verbunden mit dem Umstand, dass wir uns dieses Prozesses nicht bewusst sind, hat sich zwar im Kontext der Befriedigung unserer grundlegenden animalischen Bedürfnisse bewährt. Aber im Kontext unserer tieferen Bedürfnisse, wie zum Beispiel des Bedürfnisses, das Universum und unseren Platz darin zu verstehen, hat es katastrophale Auswirkungen, wenn geistige Konstrukte für unabhängig existierende Objekte gehalten werden.

Eine fatale Konsequenz ist die folgende: Wenn die »reale Außenwelt« nur aus Atomen im Raum besteht, dann sind Werte und Bedeutungen nicht real. Selbst manche Eigenschaften von Objekten, wie zum Beispiel Farbe und Wärme, sind dann nicht real; sie drücken lediglich aus, wie unser Sinnesapparat die Einwirkung der auf ihn einstürmenden Atome interpretiert. »Die reale Außenwelt« ist also nicht nur bar jeder tieferen Bedeutung, sie ist auch, um mit Schrödinger zu sprechen,

»farblos, kalt, stumm … Farbe und Ton, heiß und kalt sind unsere unmittelbaren Sinneseindrücke. Was Wunder, dass sie fehlen in einem Weltmodell, aus dem wir unsere geistige Persönlichkeit ausschließen mussten?!«[2]

Eine weitere fatale Folge ist die seltsame Sackgasse, in der die westliche Philosophie steckt: das Geist-Körper-Problem. Wenn es wirklich über die objektive Außenwelt hinaus nichts gibt, dann leistet jeder von uns ständig erstaunliche Zauberkunststücke: Ich beschließe, meine Hand zu heben, und ich hebe meine Hand. Wie hat meine Entscheidung – ein geistiges Ereignis – das physische Ereignis einer sich tatsächlich hebenden Hand herbeigeführt? Um dieses Rätsel zu lösen, suchen Philosophen (und andere) nach der Schnittstelle zwischen Körper und Geist. Aber der Geist ist kein Teil der objektivierten Realität, über die hinaus ja vermeintlich nichts existiert! Einerseits kann die Existenz des Geistes nicht geleugnet werden – wir wissen schließlich, dass wir Erfahrungen haben –, andererseits ist er in dem, was wir für das »reale Universum« halten, nirgends zu finden.

Schrödinger resümiert unsere Notlage wie folgt:

> »Es liegt also der folgende merkwürdige Sachverhalt vor. Während alles Material zum Weltbild von Sinnen qua Organen des Geistes geliefert wird, während das Weltbild selber für einen jeden ein Gebilde seines Geistes ist und bleibt und außerdem überhaupt keine nachweisbare Existenz hat, bleibt doch der Geist selbst in dem Bilde ein Fremdling, er hat darin keinen Platz, ist nirgends darin anzutreffen. Wir machen uns das gewöhnlich nicht klar. Wir sind so sehr gewohnt, die Persönlichkeit eines Menschen – übrigens ganz ebenso die eines Tiers – eben doch in das Innere seines Leibes hineinzudenken, dass es uns erstaunt, zu erfahren, und wir es nur zweifelnd und zögernd glauben, dass sie sich dort in Wirklichkeit nicht vorfindet.«[3]

Jenseits des Subjekt-Objekt-Modus

Whiteheads Erkenntnis des »Trugschlusses der unzutreffenden Konkretheit« und Schrödingers Analyse des »Prinzips der Objektivierung« führen beide zu der Schlussfolgerung, dass die so genannten Objekte lediglich geistige Konstrukte sind. Daraus folgt, dass die »reale Außenwelt« ihrem Wesen nach keine Ansammlung von Objekten ist. Damit treffen wir zwar eine nachdrückliche Aussage darüber, was die »reale Außenwelt« nicht ist, aber welche Erkenntnisse haben wir darüber, was sie stattdessen *ist*?

Auf den ersten Blick erscheint die Quantentheorie wenig geeignet, eine Antwort auf diese Frage zu geben. Die Quantentheorie ist ein wesentlicher Bestandteil der westlichen Naturwissenschaft und unterliegt insofern selbst dem Prinzip der Objektivierung. Erfahrungen als solche haben darin keinen Platz. Überraschenderweise stellt es sich jedoch heraus, dass ein Verständnis von Quantenmessungen entscheidende Hinweise auf das gesuchte neue Paradigma liefert.

Die Quantentheorie der Messung und ihre Bedeutung für das entstehende Weltbild sind der Gegenstand der nächsten zwei Kapitel. Das vorliegende Kapitel wollen wir mit einem letzten Zitat aus Schrödingers Abhandlung über das Prinzip der »Objektivierung« beschließen. Es handelt sich um den letzten Abschnitt seines Aufsatzes. Mag er auch schwer verständlich erscheinen, weist er doch in die Richtung, in der die Lösung unserer Frage zu suchen ist. Wir werden darauf in Kapitel 10, S. 228 ff., und in Kapitel 19, S. 440 ff., zurückkommen.

»Die Welt gibt es für mich nur einmal, nicht eine existierende und eine wahrgenommene Welt. Subjekt und Objekt sind nur eines. Man kann nicht sagen, die Schranke zwischen ihnen sei unter dem Ansturm neuester physikalischer Erfahrungen gefallen; denn diese Schranke gibt es gar nicht.«[4]

Epigraph: E. Schrödinger, *Geist und Materie*, S. 67–68.
1 Ebd., S. 58.
2 Ebd., S. 60.
3 Ebd., S. 66–67.
4 Ebd., S. 75

10. Innerhalb und außerhalb von Raum und Zeit

In diesem Kapitel konzentrieren wir uns auf das, was die Quantenmechanik so rätselhaft macht, den »Kollaps von Quantenzuständen«. Darunter versteht man den Prozess, durch den im Rahmen einer Messung das Potenzielle zum Wirklichen wird: Aus einem Feld von Möglichkeiten tritt ein »elementares Quantenereignis« hervor. Der Prozess selbst ist atemporal – er findet außerhalb von Raum und Zeit statt –, aber er löst ein tatsächliches Ereignis in der Raumzeit aus. Die Vorstellung eines atemporalen Prozesses mag seltsam erscheinen, dennoch ist sie weder ganz neu noch überholt. Sie bildet einen wesentlichen Bestandteil des platonischen wie auch des Whitehead'schen Weltbildes. Um atemporale Prozesse zu verstehen, ist diskursives Denken und Kontemplation erforderlich.

> »Die zeitlichen Dinge entstehen aufgrund ihrer Teilhabe an den ewigen Dingen.«　　*Alfred North Whitehead*

Elementare Quantenereignisse

Wie in Kapitel 4, S. 91 ff., dargelegt, kommt es durch eine Messung in der Quantenmechanik zu einem Übergang vom Potenziellen zum Wirklichen. Ein isoliertes Elektron ist ein »Feld von Möglichkeiten«. Wird es jedoch einer Messung unterworfen, tritt es als »elementares Quantenereignis« *tatsächlich* in Erscheinung.

Betrachten wir zum Beispiel eine Ortsmessung. Um den Ort eines Elektrons zu messen, können wir einen Leuchtschirm benutzen. Das Auftreffen eines Elektrons auf dem

Schirm erzeugt einen Lichtblitz. Dies stellt eine Messung des Ortes des Elektrons dar, weil der Ort des Lichtblitzes Auskunft darüber gibt, wo sich das Elektron zum Zeitpunkt des Auftreffens befand.

Können wir vorhersagen, wo das Elektron auf den Schirm treffen wird? Nein, das können wir nicht. Wir haben lediglich eine Wahrscheinlichkeitsverteilung – eine Aussage über die Wahrscheinlichkeiten, mit denen das Elektron an verschiedenen Orten auftreffen wird. Wir wissen, dass manche Orte mit größerer Wahrscheinlichkeit getroffen werden als andere, aber wir wissen nicht, wo es tatsächlich aufprallen wird. Wie wird der tatsächliche Ort des Auftreffens ausgewählt? Und wie geht der Übergang vom Möglichen zum Wirklichen vonstatten?

Dies sind schwierige Fragen. Die Physiker streiten sich seit siebzig Jahren darüber, und eine Einigung wurde bislang nicht erzielt. In diesem und dem nächsten Kapitel werde ich Ihnen die Schlussfolgerungen erläutern, zu denen ich selbst nach vier Jahrzehnten des Studiums, des Nachdenkens und der Kontemplation gelangt bin.

Beginnen wir mit der Betrachtung einer so einfachen Aussage wie: »Ein Elektron bewegt sich auf einen Leuchtschirm zu.« Dieser Satz enthält einen verhängnisvollen Fehler. *Wenn das isolierte Elektron als tatsächliches Objekt gar nicht existiert, wie kann es sich dann auf einen Leuchtschirm zu bewegen?* Die Nicht-Existenz isolierter Elektronen wurde in Kapitel 4 eingehend erläutert und trotzdem haben Sie den Satz vermutlich gelesen, ohne die Stirn zu runzeln. Dies veranschaulicht die Macht der Paradigmen. Das alte Paradigma, wonach Materie aus kontinuierlich existierenden Teilchen besteht, hält uns in seinem Bann: Unbewusst ergreift es sofort wieder Besitz von unserem Denken, auch wenn wir gerade erst gelesen haben, dass Elektronen nur dann tatsächlich existieren, wenn sie gemessen werden!

Wenn nun also diese harmlos erscheinende Aussage »Ein Elektron bewegt sich auf einen Leuchtschirm zu« falsch ist, wie lautet dann die richtige Aussage? Wir wollen einen Versuch wagen: »Vor dem Aufprallereignis gibt es ein Feld von Möglichkeiten, das Elektron im Falle einer Ortsmessung an verschiedenen Orten im Raum anzutreffen. Diese Möglichkeiten verändern sich mit der Zeit dergestalt, dass die Wahrscheinlichkeit, das Elektron bei einer Messung in immer größerer Nähe des Leuchtschirms anzutreffen, zunimmt. Wenn es schließlich eine Wahrscheinlichkeit dafür gibt, das Elektron *auf dem Leuchtschirm* anzutreffen, tritt das Elektron dort tatsächlich als ›elementares Quantenereignis‹ in Erscheinung. Es lässt einen sichtbaren Punkt entstehen, da der Leuchtschirm selbst als eine Messvorrichtung zur Bestimmung des Ortes dient.«

Diese Aussage ist korrekt, aber umständlich! Sie einfacher zu formulieren, ist unmöglich, da unsere Sprache vom derzeit gültigen Paradigma geprägt ist. Dies ist eine Schwierigkeit, der wir immer wieder gegenüberstehen. Dabei handelt es sich keineswegs nur um ein Problem des sprachlichen Ausdrucks, sondern auch um ein gedankliches Problem. Sprache und Denken sind miteinander verknüpft, und beide fesseln uns mit einer Kraft, die ebenso stark wie unbewusst ist, an das gegenwärtige Paradigma. Diese Fesseln abzustreifen und zumindest die Anfänge eines neuen Weltbildes aufzuzeigen, ist ein Anliegen dieses Buches.

Wenn wir sachlich richtig über ein Elektron sprechen wollen, das sich auf einen Leuchtschirm zu bewegt (oder nicht zu bewegt), ist die Ausdrucksweise so schwerfällig, dass sie für praktische Zwecke nicht in Frage kommt. Um die Untersuchung fortzusetzen, sind wir also gezwungen, inkorrekte Formulierungen zu benutzen. Wir kommen daher überein, die klaren, aber unzutreffenden Aussagen, die sich nicht vermeiden lassen, als Hinweise auf die korrekten, aber schwerfälligen Formulierungen zu betrachten.

Lassen Sie uns noch einmal rekapitulieren: Ein Elektron bewegt sich auf einen Leuchtschirm zu. Bevor es auf den Schirm trifft, existiert es nicht im Raum, sondern nur als Möglichkeitsfeld. Zum Zeitpunkt des Auftreffens existiert es jedoch tatsächlich; es ist ein elementares Quantenereignis, ein Ereignis in Raum und Zeit, geworden. Durch die Wechselwirkung mit dem Schirm, der eine Messvorrichtung zur Ortsbestimmung darstellt, ist das Elektron von einer potenziellen in eine tatsächliche Existenz übergegangen. Dieser Übergang wird als »Kollaps des Quantenzustands (oder der Wellenfunktion) des Elektrons« bezeichnet.

Das Wort »Kollaps« bezieht sich darauf, dass die Wahrscheinlichkeitsverteilung vor der Zustandsänderung im Raum ausgedehnt ist; dem Elektron steht der gesamte Leuchtschirm zur Verfügung. Tritt das Elektron jedoch wirklich in Erscheinung, befindet es sich an einem bestimmten Ort auf dem Schirm und die Wahrscheinlichkeit, es an irgendeinem anderen Ort anzutreffen, ist gleich null. Die Wahrscheinlichkeitsverteilung ist auf einen einzigen Ort »kollabiert«.

Nach diesen begrifflichen Definitionen sind wir nunmehr bereit, den Prozess des Kollapses näher zu erforschen.

Die Struktur des Kollapses

Der Prozess des Kollapses vollzieht sich in drei Stufen. Um sie im Zusammenhang zu erklären, betrachten wir erneut unser Elektron, während es sich als ein Feld von Möglichkeiten auf den Leuchtschirm zu bewegt. Das Möglichkeitsfeld umfasst verschiedene Arten von Möglichkeiten. Bisher haben wir die Möglichkeiten des Elektrons betrachtet, an verschiedenen Orten des Schirms aufzutreffen, das heißt die verschiedenen möglichen Ergebnisse einer *Ortmessung*. Wenn wir jedoch anstelle des Ortes den Impuls messen, greifen wir eine andere Art von Möglichkeit heraus: nämlich die verschiedenen möglichen Ergebnisse einer *Impulsmessung*. Statt Ort oder Impuls könnten wir natürlich auch die x-, y,- oder z-Komponente des *Elektronenspins* messen. Und so gibt es noch weitere Größen. Das Möglichkeitsfeld enthält die Wahrscheinlichkeitsverteilungen für sie alle.

Im vorliegenden Fall (in dem sich das Elektron auf einen Leuchtschirm zu bewegt) messen wir jedoch den Ort. In der ersten Phase des Kollapses stellt sich das Feld von Möglichkeiten auf diese Art der Messung ein. Die Wellenfunktion wird im Hinblick auf alle möglichen Orte des Elektrons (auf dem Leuchtschirm) und nicht etwa im Hinblick auf alle möglichen Werte, die der Impuls annehmen kann, angegeben.

Phase 1: Auswahl eines bestimmten Satzes von Möglichkeiten je nach der Messvorrichtung.

Eine Analogie soll dazu beitragen, die Bedeutung der ersten Phase zu veranschaulichen. Vor einigen Minuten unterbrach ich meine Arbeit, um eine Pause zu machen. Ich lehnte mich entspannt in meinem Stuhl zurück, ohne an etwas Besonderes zu denken, als ich plötzlich die Stimme meiner Frau vernahm. Sie sagte: »Wir haben bereits ausführlich über alle möglichen Orte gesprochen, an denen wir unseren Urlaub verbringen könnten. So langsam sollten wir eine Entscheidung treffen. Es ist mir egal, wo wir hinfahren, aber ich möchte, dass du dich jetzt entscheidest.« Plötzlich tauchten vor meinem inneren Auge all die Orte auf, die wir als Urlaubsziel in Erwägung gezogen hatten: Mexiko, Paris, Kyoto, Jerusalem, aber auch weniger wahrscheinliche Ziele wie die Antarktis.

Bevor meine Frau das Thema anschnitt, dachte ich an keine der verschiedenen *Arten von Möglichkeiten*, die mir in der Zukunft offen standen (wohin ich in Urlaub fahren, welches Auto ich kaufen, welche Bücher ich lesen, wen ich treffen wollte usw.). Nachdem ich jedoch die Frage meiner Frau gehört hatte, richtete sich meine innere Aufmerksamkeit plötzlich auf die möglichen Ziele unserer Urlaubsreise und auf nichts anderes. Diese Konzentration der Gedanken auf ein Thema entspricht der Auswahl eines bestimmten Satzes von Möglichkeiten je nach der vorhandenen Messvorrichtung. In unserem Beispiel des Elektrons und des Leuchtschirms ist die Sammlung der möglichen Orte des Elektrons auf dem Leucht-schirm der gewählte Satz. Die Entscheidung für diesen Satz von Möglichkeiten wurde durch das Vorhandensein des Leuchtschirms herbeigeführt. Wäre der Leuchtschirm zum Beispiel durch eine Messapparatur zur Bestimmung des Im-pulses ersetzt worden, wäre ein anderer Satz von Möglichkei-ten ausgewählt worden.

Meine Aufmerksamkeit ist auf die verschiedenen Urlaubs-ziele gerichtet, aber eine Entscheidung habe ich noch nicht getroffen. Analog dazu hat das Elektron verschiedene Mög-lichkeiten, wo es auf den Schirm treffen wird; die anderen Entscheidungsmöglichkeiten, etwa in Bezug auf seine Ge-schwindigkeit, sind dadurch in den Hintergrund getreten. Die Entscheidung über den Ort, wo es auftreffen wird, ist jedoch noch nicht gefallen. Diese Wahl wird in der zweiten Phase getroffen.

Phase 2: Wahl einer bestimmten Möglichkeit aus dem in Schritt 1 ausgewählten Satz von Möglichkeiten.

In diesem Stadium wird ein bestimmter Ort für das Auf-treffen des Elektrons ausgewählt, zum Beispiel die rechte obere Ecke des Leuchtschirms. Dies entspricht in unserer Analogie der Entscheidung für ein bestimmtes Urlaubsziel: Wir reisen nach Jerusalem.

Bis jetzt vollzog sich alles noch im Bereich des Potenziel-len. Die Entscheidungen sind getroffen, aber ein Ereignis in der wirklichen Welt hat noch nicht stattgefunden. In unserer Analogie habe ich über die verschiedenen Urlaubsziele nach-

218

gedacht, mich für einen Ort entschieden, aber wir haben unsere Reise noch nicht begonnen. Die Verwirklichung der ausgewählten Möglichkeit ist der dritten Phase vorbehalten.

Phase 3: Verwirklichung der in Phase 2 getroffenen Entscheidung, das heißt das ausgewählte Phänomen tritt in der Raumzeit in Erscheinung.

Dies ist das letzte Stadium des Kollapses. Ein wirkliches elementares Quantenereignis findet statt: Das Elektron trifft an dem gewählten Ort in der rechten oberen Ecke des Leuchtschirms auf und lässt an dieser Stelle vorübergehend einen hellen Punkt aufleuchten. Der Übergang vom Möglichen zum Wirklichen ist vollzogen. In unserer Analogie entspricht Phase 3 der tatsächlichen Reise nach Jerusalem.

Natürlich ist die Skizzierung der verschiedenen Schritte eines Prozesses ganz und gar nicht gleichbedeutend mit einem Verständnis dieses Prozesses, denn wie und warum diese Schritte stattfinden, bleibt dabei völlig offen. Eine korrekte Skizzierung des Prozesses ist jedoch eine wesentliche Voraussetzung dafür, die richtigen Fragen zu stellen. Und in der Physik gilt ebenso wie in allen anderen Bereichen, dass die richtige Fragestellung schon einen wesentlichen Beitrag zur richtigen Antwort leistet.

Wir sind nun also so weit, dass wir versuchen können, das Wesen des Kollapses zu ergründen. Beginnen wir mit der folgenden Frage: Wie lange dauern die drei Phasen des Kollapses? Die Antwort darauf mag Sie überraschen: Im Gegensatz zum Prozess der Auswahl eines Urlaubsortes und der Reise dorthin nimmt der gesamte Prozess des Kollapses keine Zeit in Anspruch. Es handelt sich um einen atemporalen Prozess außerhalb der Raumzeit, der jedoch ein Ereignis in der Raumzeit – ein elementares Quantenereignis – zur Folge hat.

Es versteht sich von selbst, dass diese Antwort einer Erklärung bedarf. Was ist mit dem seltsamen Begriff eines atemporalen Prozesses gemeint?

Ewige und vorübergehende Ordnung, oder: Heisenberg auf dem Dach

In seinem autobiografischen Buch *Der Teil und das Ganze* erinnert sich Heisenberg an die Situation in München nach dem Ende des Ersten Weltkriegs:

>»Im Frühjahr 1919 herrschten in München ziemlich chaotische Zustände. Auf den Straßen wurde geschossen, ohne dass man genau wusste, wer die Kämpfenden waren. ... Plünderungen und Raub ... ließen den Ausdruck ›Räterepublik‹ als Synonym für rechtlose Zustände erscheinen. Als sich dann schließlich außerhalb Münchens eine neue bayerische Regierung gebildet hatte, die ihre Truppen zur Eroberung von München einsetzte, hofften wir auf Wiederherstellung geordneter Verhältnisse.«[1]

Heisenberg schloss sich einer Kompanie von Freiwilligen an, die als stadtkundige Führer den einrückenden Truppen helfen sollten. Dies war der Beginn seines Militärdienstes. Aber:

>»Als dann die Kämpfe abgeflaut waren und der Dienst eintönig wurde, geschah es öfters, dass ich nach einer in der Telefonzentrale durchwachten Nacht mit dem Sonnenaufgang aller Pflichten ledig war. Um mich allmählich wieder auf die Schule vorzubereiten, zog ich mich dann mit unserer griechischen Schulausgabe der Platonischen Dialoge auf das Dach des Priesterseminars zurück. Dort konnte ich, von den ersten Sonnenstrahlen durchwärmt, in aller Ruhe meinen Studien nachgehen ...«[2]

Dort, auf dem Dach des Priesterseminars, befasste sich Heisenberg mit dem Dialog des *Timaios*, Platons Darstellung von der Entstehung und vom Aufbau des Universums. Heisenberg war gefesselt und beunruhigt zugleich. Die detaillierte Schilderung der geometrischen Formen der Platonischen »Atome« – der Würfel, Tetraeder, Oktaeder und Ikosaeder, die die Grundeinheiten der vier Elemente Erde, Feuer, Luft und Wasser bildeten – ergab für ihn wenig Sinn.

> »Solche Vorstellungen empfand ich als wilde Spekulationen, bestenfalls entschuldbar durch den Mangel an eingehenden empirischen Kenntnissen im alten Griechenland. Aber es beunruhigte mich tief, dass ein Philosoph, der so kritisch und scharf denken konnte wie Platon, doch auf derartige Spekulationen verfallen war. Ich versuchte, irgendwelche Denkansätze zu finden, von denen aus die Spekulationen Platons mir verständlicher werden könnten. Aber ich wusste nichts zu entdecken, was auch nur von ferne den Weg dahin gewiesen hätte.«[3]

Während Heisenberg seine Studien fortsetzte, drängten sich ihm immer neue Fragen auf, die vermutlich auch durch die ungeordneten Zustände jener Zeit angeregt wurden. Ein wiederkehrendes Thema war die Frage nach Ordnung. Er war in einer Welt aufgewachsen, die wohl geordnet schien. Diese Ordnung war jedoch durch den Ersten Weltkrieg und die darauf folgenden Auseinandersetzungen zwischen Bewegungen, die auf eine Wiederherstellung der alten Ordnung abzielten, und solchen, die eine neue Ordnung ausriefen, zerbrochen. Vor dem Hintergrund dieser Zustände übte die von Platon beschriebene ewige Ordnung eine starke Anziehungskraft auf ihn aus:

> »Wenn ein Philosoph vom Rang Platons Ordnungen im Naturgeschehen zu erkennen glaubte, die uns jetzt verloren gegangen oder unzugänglich sind, [müssen wir fragen,] was bedeutet das Wort ›Ordnung‹ überhaupt? Ist Ordnung und ihr Verständnis an eine Zeit gebunden?«[4]

Diese letzte Frage trifft genau das zentrale Thema des *Timaios*: Welche Beziehung besteht zwischen der ewigen und der vorübergehenden Ordnung, das heißt zwischen der Ordnung in Platons »Ideenwelt«, der Welt der Formen, und der Ordnung im sichtbaren, körperlichen und zeitgebundenen Universum?

Heisenbergs Beschäftigung mit dem Begriff der Ordnung führte ihn zu einer tief greifenden Erfahrung. Einige Monate nach der Lektüre des *Timaios* nahm er an einem Treffen junger Menschen auf Schloss Prunn teil, einer hohen Burg, »die kühn auf einem senkrecht abfallenden Felsen am Talrand errichtet ist«[5]. Während er den verschiedenen Rednern zuhörte, die verschiedene Arten von Ordnung proklamierten, konnte er sich des Eindrucks nicht erwehren, dass auch echte Ordnungen miteinander in Widerstreit geraten konnten und dadurch das Gegenteil von Ordnung bewirkt wurde.

»Dies war, so schien mir, doch nur möglich, wenn es sich um Teilordnungen handelte, um Bruchstücke, die sich aus dem Verband der zentralen Ordnung gelöst hatten; die zwar ihre Gestaltungskraft noch nicht eingebüßt hatten, denen aber die Orientierung nach der Mitte verloren gegangen war. Das Fehlen dieser wirksamen Mitte wurde mir immer quälender bewusst, je länger ich zuhörte; ich litt fast physisch darunter, aber ich wäre selbst nicht imstande gewesen, aus dem Dickicht der widerstreitenden Meinungen einen Weg in den zentralen Bereich zurückzufinden. So vergingen Stunden, und es wurden Reden gehalten und Streitgespräche geführt. Die Schatten auf dem Burghof wurden länger, und schließlich folgte dem heißen Tag eine graublaue Dämmerung und eine mondhelle Nacht. Immer noch wurde gesprochen, aber dann erschien oben auf dem Balkon über dem Schlosshof ein junger Mann mit einer Geige, und als es still geworden war, erklangen die ersten großen d-Moll-Akkorde der Chaconne von Bach über uns. Da war die Verbindung zur Mitte auf einmal unbezweifelbar hergestellt. … Die klaren Figuren der Chaconne waren wie ein kühler Wind, der den Nebel zerriss und die scharfen Strukturen dahinter sichtbar werden ließ. Man konnte also vom zentralen Bereich sprechen, das war zu allen Zeiten möglich gewesen, bei Platon und bei Bach, in der Sprache der Musik oder der Philosophie oder der Religion, also musste es auch jetzt und in Zukunft möglich sein. Das war das Erlebnis.«[6]

Prozesse außerhalb von Raum und Zeit

Über viele Jahrhunderte hinweg übte der *Timaios* nicht nur als philosophischer Text, sondern auch als Abhandlung über Physik und Astronomie großen Einfluss aus. Sogar noch der junge Heisenberg, der den Text 1919 las, versuchte, ihn unter naturwissenschaftlichem Aspekt zu interpretieren. Ungeachtet dessen, was man von ihm als Abhandlung über Physik oder Astronomie halten mag, steht es doch außer Frage, dass er als philosophische Aussage eine der herausragenden Leistungen unserer Zivilisation darstellt.

Platons gesamtes Werk, einschließlich des *Timaios*, beruht auf der Unterscheidung zwischen dem »stets Seienden und kein Entstehen Habendes« und dem »stets Werdenden, aber nimmerdar Seienden«[7], das heißt auf der Unterscheidung zwischen der »Welt des unverändert Seienden« (die auch als »Welt der Formen« oder »noumenale Welt« bezeichnet wird) und der »Welt des Werdenden«. Das Universum besteht aus beiden Welten; und Platons Schöpfungsbericht befasst sich zunächst mit der Erschaffung der »Welt des unverändert Seienden« und dann mit der Erschaffung der »Welt des Werdenden«.

Die »Welt des unverändert Seienden« ist unabhängig von der Zeit. Sie ist einfach da. Sie ist nicht nur unverändert, sondern ihrem Wesen nach unveränderlich. Die Begriffe von Zeit und Veränderung finden auf sie keine Anwendung. Gleichheit, Identität, Verschiedenheit, Schönheit, Gerechtigkeit und all die anderen Formen sind unveränderlich – dennoch spricht Platon von dem Prozess, durch den sie erschaffen wurden! Offenkundig fasst er diese Schöpfung nicht als einen zeitlichen Prozess auf. Tatsächlich kommt er erst lange nach der Erschaffung der Formen und vieler anderer Dinge auf die *Erschaffung der Zeit* zu sprechen.

Dem *Timaios* zufolge beginnt die Erschaffung des Universums mit der Erschaffung der Seele – der Seele der Welt. Die Seele ist ewig; sie gehört zur Welt des unverändert Seienden und ihre Erschaffung steht in keiner Beziehung zur Zeit. Diese Erschaffung ist ein komplexer Prozess, der verschiedene Stadien umfasst. Erstens:

> »Zwischen dem unteilbaren und immer sich gleich verhaltenden Sein und dem teilbaren, im Bereich der Körper werdenden, mischte er aus beiden eine dritte Form des Seins. Was aber wiederum die Natur des ›Selben‹ und die des Verschiedenen angeht, so stellte er entsprechend auch bei diesen je eine dritte Gattung zusammen zwischen dem Unteilbaren von ihnen und dem in den Körpern Teilbaren. Und diese drei nahm er und vereinte alle zu *einer* Gestalt, indem er die schlecht mischbare Natur des Verschiedenen gewaltsam mit der des ›Selben‹ harmonisch zusammenfügte und sie mit dem Sein vermischte.«[8]

Als Nächstes folgt eine Reihe von Teilungen, für die bestimmte mathematische Verhältnisse gelten, über die sich die Wissenschaftler seit zweieinhalb Jahrtausenden den Kopf zerbrechen. Anschließend werden die Kreise erschaffen und die kreisförmigen Bewegungen eingeführt, die wiederum den Planeten zugeordnet werden.

Man muss nicht ins Detail gehen, um zu erkennen, dass der von Platon beschriebene Prozess die *Erschaffung von Prinzipien* und nicht die *Erschaffung körperlicher Dinge* betrifft und die Zeit folglich keine Rolle darin spielt. Wenn man ihn metaphysisch als ein Gestalten und In-Beziehung-Setzen von Prinzipien betrachtet, so ist man erstaunt über die gedankliche Tiefe und die Einsichten, die sich darin widerspiegeln.

Erst nachdem die Weltseele vollständig gebildet ist, ist die Erschaffung der körperlichen Welt möglich:

»Als nun der Vater, der es erzeugt hatte, es in Bewegung und vom Leben durchdrungen sah, ein Schmuckstück zur Freude der ewigen Götter, ergötzte es ihn, und erfreut sann er darauf, es seinem Urbilde noch ähnlicher zu gestalten. Wie dieses nun selbst ein unvergängliches Lebewesen ist, versuchte er auch dieses All, soweit möglich, zu einem solchen zu machen. Die Natur dieses Lebewesens nun war aber eine ewige und diese Eigenschaft dem Erzeugten vollkommen zu verleihen, war selbstverständlich unmöglich. So sann er darauf, ein bewegliches Abbild der Ewigkeit zu gestalten, und macht[e], indem er dabei zugleich den Himmel ordnet, von der in dem Einen verharrenden Ewigkeit ein in Zahlen fortschreitendes ewiges Abbild, und zwar dasjenige, dem wir den Namen Zeit beigelegt haben.«[9]

Außerhalb der Zeit stattfindende Prozesse sind von zentraler Bedeutung für das Denken Platons. Sie sind ein wesentliches Element seines Schöpfungsberichts, eine Beschränkung der Darstellung auf die Schöpfung innerhalb der Zeit wäre auch undenkbar. Aber dieser Begriff der atemporalen Prozesse ist nicht nur im Rahmen der Schöpfungsgeschichte des Universums notwendig; Platon zufolge sind wir überall von atemporalen Prozessen umgeben. Sie sind wesenhaft für jeden Prozess des Werdens. Etwas Schönes wird schön durch seine »Teilhabe« an der Form der Schönheit, und diese »Teilhabe« ist kein zeitlicher Prozess. Vielmehr handelt es sich um einen atemporalen Prozess, der dazu führt, dass etwas Schönes tatsächlich in Raum und Zeit in Erscheinung tritt.

Dieses Verständnis des Begriffs »Werden« ist auch für den Kollaps von Quantenzuständen bedeutsam. Der Kollaps ist ein Übergang vom Möglichen zum Wirklichen. *Raum und Zeit beziehen sich auf die Ordnung von Dingen und Ereignissen in der wirklichen Welt.* Da eine Möglichkeit aber wie ein Gedachtes (ein Noumenon) weder ein Ding noch ein Ereignis ist, existiert sie nicht in der Raumzeit. Der Prozess, durch den ein Elektron als elementares Quantenereignis in der Raumzeit in Erscheinung tritt, ist folglich kein zeitlicher Prozess. Genau wie Platons »Werden« ist er ein atemporaler Prozess, der ein wirkliches Ereignis in der Raumzeit herbeiführt.

Vielleicht fragen Sie sich an dieser Stelle, warum wir Platon eigentlich so ernst nehmen sollten? Hat die Philosophie etwa keine Fortschritte gemacht? Und ist Platons Vorstellung atemporaler Prozesse nicht überhaupt veraltet? Was die Frage nach dem Fortschritt der Philosophie betrifft, so wäre es tatsächlich kein Fehler zu behaupten, dass sie sich in der Zwischenzeit kaum weiterentwickelt hat. Wie Alfred North Whitehead schreibt: »Die sicherste allgemeine Charakterisierung der philosophischen Tradition Europas lautet, dass sie aus einer Reihe von Fußnoten zu Platon besteht.«[10] Die Frage, ob Platons Vorstellung atemporaler Prozesse veraltet ist, kann definitiv verneint werden. Atemporale Prozesse sind ein Eckpfeiler der von Whitehead begründeten »Prozessphilosophie«, die eine der großen Errungenschaften der Philosophie des 20. Jahrhunderts darstellt. Wie wir noch sehen werden, sind

Whiteheads atemporale Prozesse eng mit dem Kollaps von Quantenzuständen verbunden.

Doch kehren wir zum jungen Heisenberg zurück, der sich auf dem Dach des Priesterseminars in Platons Dialoge vertieft. Es ist denkbar, dass er sich unter dem starken Eindruck des *Timaios* von der Annahme eines »realistischen« Weltbildes löste und dadurch in die Lage versetzt wurde, die Realität als ein Wechselspiel zwischen Wirklichem und Möglichem zu betrachten: zwischen tatsächlichen Ereignissen, die in der Raumzeit angeordnet sind, und Feldern von Möglichkeiten, die sich zwar auf Raum und Zeit *beziehen*, aber selbst außerhalb der Raumzeit-Matrix liegen. Heisenberg selbst machte eine Bemerkung, die in diese Richtung weist. Frustriert darüber, dass er in der detaillierten Schilderung der Atome im *Timaios* keinen Sinn zu erkennen vermochte, schrieb er:

> »Dabei ging für mich von der Vorstellung, dass man bei den kleinsten Teilen der Materie schließlich auf mathematische Formen stoßen sollte, eine gewisse Faszination aus. Ein Verständnis des fast unentwirrbaren und unübersehbaren Gewebes der Naturerscheinungen war doch wohl nur möglich, wenn man mathematische Formen in ihm entdecken konnte.«[11]

Die sinnlich wahrnehmbare Welt der Erscheinungen, die so genannte phänomenale Welt, ist nicht die ganze Wirklichkeit. Platon ließ sich eingehend über die noumenale Welt, die Ideenwelt, aus, *die das Sein des Phänomenalen verkörpert.* Auch Augustinus ging davon aus, dass es neben der Welt der Erscheinungen noch eine andere wahrhafte Realität gebe.[12] Heisenberg war sich dieser anderen Realität deutlich bewusst, nicht nur aufgrund seiner Überzeugung, dass dem »fast unentwirrbaren und unübersehbaren Gewebe der

Naturerscheinungen« mathematische Formen zugrunde liegen, sondern auch aufgrund seiner auf Schloss Prunn gemachten Erfahrung einer »zentralen Ordnung«. Dies versetzte ihn in die Lage, sich mathematisch und gedanklich an einen Begriff von Wirklichkeit heranzutasten, der nicht auf materielle Gegenstände, tatsächliche Ereignisse und zeitliche Prozesse beschränkt ist.

Diskursives Denken und Kontemplation

Als wir uns beim letzten Mal von Julie und Peter verabschiedeten, gingen sie gerade spazieren und diskutierten über Objektivierung. Am nächsten Morgen traf ich sie heiter und entspannt am Strand. Ich gab ihnen die ersten vier Abschnitte des vorliegenden Kapitels zu lesen. Julie war begeistert, aber Peter reagierte zurückhaltend.

»Ich weiß nicht recht, was ich davon halten soll«, sagte er zu Julie. »Wärest du so nett als die Verkörperung der Form der Weisheit meine Bedenken auszuräumen?«

»Ich weiß nicht recht, ob ich die Form der Weisheit verkörpere«, erwiderte Julie lächelnd. »So ehrgeizig bin ich gar nicht. Aber ich werde gern versuchen, an der Form der Weisheit teilzuhaben, oder besser gesagt, die Form der Weisheit an mir teilhaben zu lassen. Selbst das ist nicht einfach. Manchmal habe ich das Gefühl, als ob die Form der Dummheit über meinem Kopf schwebt.«

»Die Form der Dummheit? Gibt es so eine Form?«

»Ich glaube nicht. Die Formen sollen ja vollkommen sein … Wenn ich es mir allerdings recht überlege, gibt es auf der Erde so viele Beispiele für vollkommene Dummheit, dass es vielleicht doch möglich ist … Wie dem auch sei, was sind denn deine Bedenken?«

»Der Gedanke, dass Möglichkeiten nicht in Raum und Zeit existieren, geht mir einfach gegen den Strich«, antwortete Peter.

»Mir geht es auch gegen den Strich«, erwiderte Julie. »Aber ich kann mir in gewisser Weise vorstellen, warum das so ist.«

»Würdest du es mir erklären?«

»Na gut, wenn du darauf bestehst. Also: Wenn ich an irgendeinen Begriff denke, sehe ich ihn als Objekt vor meinem geistigen Auge (als geistiges Objekt natürlich). Hier bin ich, das denkende Subjekt, und dem steht das Objekt meines Denkens als *Es* gegenüber. Sobald ich eine Subjekt-Objekt-Beziehung zu ihm hergestellt habe, gehe ich davon aus, dass ich ihm einen Ort im Raum zuordnen kann; und wenn es nicht im äußeren Raum ist, dem Raum, der uns vermeintlich allen zu eigen ist, dann in meinem inneren Raum, dem Raum vor meinem geistigen Auge.«

Peter dachte einen Augenblick darüber nach. »Okay, das ist einleuchtend«, gab er zu. »Aber das kann noch nicht alles sein. Eine Möglichkeit ist immer eine Möglichkeit, dass etwas irgendwann irgendwo geschieht. Dies ist nicht ohne Bezug zu Raum und Zeit.«

»Stimmt, eine Möglichkeit bezieht sich auf Raum und Zeit«, antwortete Julie rasch. »Aber sie *existiert* nicht in der Raumzeit.«

»Das ist mir zu abstrakt. Gib mir ein Beispiel.«

»Erinnerst du dich an die einzelnen Phasen des Kollapses eines Quantenzustands und die Urlaubs-Analogie? Sobald sich Shimon entschieden hat, nach Jerusalem zu reisen, ist seine Anwesenheit dort eine Möglichkeit. Doch wo ist diese Möglichkeit lokalisiert? Sie bezieht sich zwar auf Jerusalem, aber sie ist ganz gewiss nicht in Jerusalem lokalisiert. Nichts hat sich in Jerusalem durch das Auftauchen dieser Möglichkeit verändert.«

»Natürlich nicht. Solange Shimon nicht in Jerusalem eintrifft, das heißt solange das Mögliche nicht in das Wirkliche übergeht, geschieht in Jerusalem nichts. Aber in Shimon hat etwas stattgefunden. Ich behaupte, dass die Möglichkeit in Shimons Gehirn lokalisiert ist.«

Über Julies Gesicht breitete sich ein Ausdruck des Unmuts: »Wenn du immer wieder die alten Argumente aufwärmst, die wir schon längst abgetan haben, werden wir niemals weiterkommen.«

»Was meinst du damit?«

»Haben wir nicht bereits festgestellt, dass im Gehirn außer Zellen, Neuronen, Gewebe und elektrischen Impulsen nichts ist? Wir finden dort noch nicht einmal Shimons *Absicht*, nach Jerusalem zu reisen, geschweige denn, die Möglichkeit seiner Anwesenheit dort! Aber glücklicherweise brauchen wir jetzt nicht tiefer in das Geist-Gehirn-Thema einzudringen. Denke nur an die Möglichkeit eines Elektrons, an einem bestimmten Ort des Leuchtschirms aufzutreffen. Wo ist diese Möglichkeit im Raum lokalisiert?«

»Natürlich im Elektron. Wo sonst?«

»Aber das Elektron an sich existiert nicht als ein Gebilde in der Raumzeit. Es ist lediglich ein Feld von Möglichkeiten!«

Peter hatte das Gefühl, endlich wieder klar zu sehen. Er war Julie aufrichtig dankbar. »Danke, Julie«, sagte er und fügte dann schnell hinzu: »Aber meine nächste Frage ist nicht so einfach.«

Zum Glück freut sich Julie über schwierige Herausforderungen. »Großartig. Heraus damit.«

»Angenommen, atemporale Prozesse wie der Kollaps von Quantenzuständen sind tatsächlich ein wesentlicher Bestandteil der Wirklichkeit – was ich gerne zugeben will. Wie aber soll ich sie mir *vorstellen*? Immer wenn ich mir einen Prozess vorstelle, komme ich nicht umhin, ihn mir als ein Ereignis in der Zeit vorzustellen!«

Nachdenklich schwieg Julie. Auch Peter blieb stumm. Und während ich sie beobachtete, hatte ich das Gefühl, als ob das Geräusch der Meereswellen die Stille nicht wirklich störte. Auf- und abschwellend tauchte es aus der Stille empor und wurde wieder eins mit ihr. Die Dichotomie von Zeitlichkeit und Zeitlosigkeit schien gar nicht mehr so scharf zu sein.

Schließlich hob Julie ihren Blick und schaute Peter durchdringend an. »Ich werde deine Frage auf zweierlei Art beantworten«, kündigte sie an. »Die erste Antwort ist unvollständig, aber leicht zu verstehen. Die zweite, die der Sache näher kommt, ist schwerer zu begreifen. Fangen wir mit der einfachen an. Erinnerst du dich an unsere astronautische Grundausbildung, als es um die Raumzeit als ›gekrümmtes vierdimensionales Kontinuum‹ ging. Wie hast du es damals geschafft, dir diesen seltsamen Begriff vorzustellen?«

»Richtig, jetzt, wo du es erwähnst, fällt mir es mir auch wieder ein. Dasselbe Problem wie jetzt mit ›atemporalen Prozessen‹ hatte ich damals mit der Vorstellung eines ›gekrümmten vierdimensionalen Kontinuums‹.«

»Und wie hast du das Problem gelöst?«

»Nun, ich habe damit angefangen, mir statt einer vierdimensionalen eine dreidimensionale Raumzeit vorzustellen. Als dies nichts half, habe ich auch noch die Zeitdimension fallen gelassen und mir ein zweidimensionales gekrümmtes Kontinuum vorgestellt. Das war einfach – die Oberfläche einer Kugel ist ein solches Kontinuum. Ich bekam also einen ersten Eindruck von den Eigenschaften eines gekrümmten vierdimensionalen Kontinuums, indem ich mir Kugeln vorstellte. Dann erweiterte ich meine Vorstellung auf bewegte Kugeln, um so die Zeitdimension wieder ins Bild zu bringen. Obwohl ich also zunächst keine klare Vorstellung von dem Begriff eines gekrümmten vierdimensionalen Kontinuums hatte, gelang es mir durch die spielerische Erforschung verschiedener Teilaspekte mich mit dem Gedanken vertraut zu machen. Mittlerweile bereitet mir die vierdimensionale gekrümmte Raumzeit keine Schwierigkeit mehr.«

»Mir ging es ähnlich«, stimmte Julie zu. »Ich möchte deiner Beschreibung aber noch etwas hinzufügen: Während ich spielerisch die Eigenschaften sich aufblähender Kugeln und durch den Raum gleitender zweidimensionaler Oberflächen erforschte, verlor ich niemals die Tatsache aus den Augen, dass es sich dabei um Teilaspekte eines gekrümmten vierdimensionalen Kontinuums handelte. Das Kontinuum selbst war mir stets gegenwärtig als das, was durch all diese vereinfachenden Begriffe und Bilder annähernd, aber niemals vollständig beschrieben werden kann. Wenn wir nun atemporale Prozesse betrachten, können wir im Wesentlichen ebenso vorgehen. Du kannst dir, wenn du willst, zeitliche Prozesse vorstellen, aber du darfst nie vergessen, dass die von dir aufgestellte Reihenfolge nicht wirklich eine zeitliche Reihenfolge ist. Versuche doch einfach, sie dir als eine Aufzählung vorzustellen, oder alle Phasen zu einem einzigen Augenblick zu komprimieren, ohne sie miteinander verschmelzen zu lassen. Ich weiß, dass dies schwierig ist, und ich weiß, dass keine dieser Vorstellungen ganz richtig ist. Trotzdem hilft es, sich dem Begriff von verschiedenen Seiten zu nähern. Er wird dadurch fassbarer.«

»Schon gut«, antwortete Peter, »ich habe verstanden. Beharrlichkeit zahlt sich aus. Ohne Schweiß keinen Preis. Auf Umwegen zum Erfolg. Und wie lautet nun deine andere Antwort, die der Sache näher kommt?«

»Nein, nein«, gab Julie ungeduldig zurück, »mach Dich nicht darüber lustig. Umwege sind unabdingbar, als eigener Lösungsansatz ebenso wie als Voraussetzung für die richtige Antwort. Diese besteht in einer ganz bestimmten Denkweise, die es ermöglicht, den Dingen bis auf den Grund zu gehen. Platon spricht davon im *Timaios*.«

Sie zog aus ihrer Tasche ein kleines Buch und las vor:

»Zuerst nun haben wir meiner Meinung nach folgendes zu unterscheiden: Was ist das stets Seiende und kein Entstehen Habende und was das stets Werdende, aber nimmerdar Seiende; das eine ist durch verstandesmäßiges Denken zu erfassen, ist stets sich selbst gleich, das andere dagegen ist durch bloßes mit vernunftloser Sinneswahrnehmung verbundenes Meinen zu vermuten, ist werdend und vergehend, nie aber wirklich seiend.«[13]

»Platon trifft hier, wie so oft, eine Unterscheidung zwischen zwei Arten von Denken«, erläuterte Julie, »zwischen ›verstandesmäßigem Denken‹ und dem ›mit vernunftloser Sinneswahrnehmung verbundenen Meinen‹. Ich möchte dies als ›Kontemplation‹ und ›diskursives Denken‹ bezeichnen. Das diskursive Denken kann dazu beitragen, relativ oberflächliche Aspekte von Sachverhalten und Begriffen zu verdeutlichen: zum Beispiel logische Beziehungen zwischen Beweisgründen, formale Beziehungen zwischen Begriffen und Sachverhalten, Analogien und so weiter. Um dagegen zum Kern einer wirklich tief greifenden Frage, eines tief greifenden Begriffs vorzustoßen, bedarf es der Kontemplation. Das ist die wahre Antwort.«

»Wenn das, was du gerade gesagt hast, stimmt«, antwortete Peter, »kann mir wohl nur Kontemplation helfen, dies zu verstehen. Trotzdem werde ich mit diskursivem Denken beginnen müssen, einfach weil ich mir nicht sicher bin, was Kontemplation bedeutet. Übrigens bin ich mir noch nicht einmal sicher, dass ich weiß, was du unter ›diskursivem Denken‹ verstehst.«

»Diskursives Denken ist das ganz normale logische Denken, das wir die ganze Zeit über anwenden. Du benutzt es in diesem Augenblick, um zu verstehen, was ich gesagt habe.«

»Gut. Und was ist Kontemplation?«

»Das ist schwieriger. Vielleicht sollte ich mit einer Art formaler Definition beider Begriffe beginnen. Beim diskursiven Denken stellst du zwischen dir und dem, worüber du nachdenkst, eine Beziehung im Subjekt-Objekt-Modus her. Du, der Denkende, siehst das, worüber du nachdenkst, als ein geistiges Objekt vor deinem inneren Auge. Zwischen dir und diesem geistigem Objekt besteht eine Trennung. Bei der Kontemplation dagegen besteht zwischen dem Denkenden und dem, worüber er nachdenkt, keine Trennung. Sie sind eins. Wenn du mit dem Subjekt-Objekt-Modus beginnst, erfährst du den Übergang zur Kontemplation als eine Art der Verschmelzung, des Einswerdens.«

Peters Antwort: »Das ist mir zu hoch, Julie. Gib mir ein Beispiel«, traf Julie nicht unvorbereitet.

»Erinnerst du dich an Heisenbergs Erfahrung auf Schloss Prunn? Während er den vielen Rednern zuhörte, die verschiedene Arten von Ordnung vorschlugen, hatte er das Gefühl, dass es sich bei all diesen Ordnungen lediglich um Teilordnungen handelte, ›um Bruchstücke, die sich aus dem Verband der zentralen Ordnung gelöst hatten‹. Doch so sehr er sich auch bemühte, gelang es ihm nicht, ›aus dem Dickicht der widerstreitenden Meinungen einen Weg in den zentralen Bereich zurückzufinden‹. Bis hierhin handelt es sich um diskursives Denken. Dann geschah etwas: Ein junger Mann erschien oben auf dem Balkon des Schlosshofs und begann auf der Geige die Chaconne von Bach zu spielen. ›Da war die Verbindung zur Mitte auf einmal unbezweifelbar hergestellt.‹ Nach meinem Verständnis war dies ein Augenblick der Kontemplation.«

Wir saßen eine Zeit lang schweigend da. Dann wandte sich Julie an Peter und mich: »Ich habe festgestellt, dass das diskursive Denken zwar leicht zu beschreiben ist, aber keine Gewissheit bietet. Wenn ich diskursiv über ein Thema nachdenke, gelange ich oft zu einer Schlussfolgerung, aber ich ändere später noch einmal meine Meinung. Kontemplation dagegen ist schwer zu beschreiben, und trotzdem überwältigt sie uns mit einem Gefühl äußerster Gewissheit, wie es auch Heisenberg empfand. Habt ihr dafür eine Erklärung?«

Wir spürten beide, dass Julie einen wichtigen Punkt ansprach, aber keiner von uns hatte eine Antwort auf ihre Frage.

»Weil das diskursive Denken, wie Platon festgestellt hat, oberflächlich ist«, erklärte Julie, »es kann bloß Meinungen hervorbringen. Durch Kontemplation dagegen gelangt man zur Wahrheit. Und wenn man zur Wahrheit vorgestoßen ist, dann spürt man dies mit äußerster Gewissheit.«

Tief in Gedanken versunken saß Peter da. Plötzlich rief er: »Das also meinte Schrödinger!« Er war sehr erregt. »Julie, erinnerst du dich noch an die letzten Sätze von Schrödingers Aufsatz über das Prinzip der Objektivierung? ›Subjekt und Objekt sind nur eines. Man kann nicht sagen, die Schranke zwischen ihnen sei unter dem Ansturm neuester physikalischer Erfahrungen gefallen; denn diese Schranke gibt es gar nicht.‹[14] Seit wir über diesen Aufsatz gesprochen haben, habe ich mir den Kopf über diese Aussage zerbrochen. Nach dem, was du gerade gesagt hast, verstehe ich sie endlich. Durch Kontemplation erfahren wir die Wahrheit. Das ist die Verschmelzung, von der du gesprochen hast. Man geht gewissermaßen im Ganzen auf. Es gibt kein Subjekt und kein Objekt. Erst wenn der Geist zum diskursiven Denkmodus zurückkehrt, findet die Objektivierung statt, jene Spaltung, die den Dualismus von Subjekt und Objekt begründet. Schrödinger muss das, was er beschrieben hat, durch Kontemplation erfahren haben. So langsam fügt sich alles zusammen.«

Julie nickte zustimmend, während sich in Peters Kopf die Gedanken überschlugen. »Aber weißt du, es gibt noch etwas, das ich im Zusammenhang mit der Kontemplation nicht verstehe.«

»Und das wäre?«

»Für Heisenberg war es eine Erfahrung, die ganz plötzlich über ihn kam. Braucht Kontemplation nicht Zeit?«

»Kontemplation kommt in vielerlei Formen vor. Sie kann unterschiedliche Tiefe und Intensität erreichen, und sie kann unterschiedlich lang sein. Platon selbst muss sich sehr intensiv dem kontemplativen Nachdenken hingegeben haben, um so etwas wie den *Timaios* hervorzubringen. Und auch sein Lehrer Sokrates muss diese Fähigkeit besessen haben. Zu Beginn eines anderen Dialogs, des *Gastmahls*, schildert Platon, wie Sokrates unvermittelt in tiefe Kontemplation versinkt. Aristodemus erzählt, wie er sich mit Sokrates zu Agathons Haus begibt, um dort zu Abend zu essen. Während sie gehen, bleibt Sokrates »in tiefe Gedanken versunken« immer mehr zurück.[15] Dies klingt für mich nicht nach diskursivem Denken. Sokrates praktizierte das diskursive Denken mit seinen Anhängern jeden Tag und war dabei nicht im Geringsten »in tiefe Gedanken versunken«. Übrigens bin ich vor kurzem auch über ein neueres Beispiel für einen solchen Zustand der geistigen Versunkenheit gestolpert.« Sie holte ein dickes Buch aus ihrer Tasche. »Das ist eine Biografie, die Abraham Pais über Niels Bohr verfasst hat. Darin wird James Franck, ein Freund und Kollege Bohrs, folgendermaßen zitiert.« Julie begann zu lesen:

»Manchmal saß er [Bohr] fast wie ein Idiot da. Sein Gesicht wurde leer, seine Glieder hingen schlaff herunter, und es war unmöglich zu sagen, ob dieser Mann überhaupt sehen konnte. Man musste ihn für völlig weggetreten halten. Er zeigte nicht einen Funken Leben in sich. Doch plötzlich kam ein Leuchten über ihn, ein Funke blitzte auf, und er sagte: ›Jetzt verstehe ich.‹«[16]

Wir schwiegen alle drei. In diese Stille war das Geräusch der heranwogenden Meereswellen klar und deutlich zu vernehmen. Langsam strich Julie mit ihrer Hand über den Sand und plötzlich fiel ihr der folgende Vers von William Blake ein:

»Siehst du die Welt in einem Sandkorn
und den Himmel in einer Blume,
dann hältst du das Unendliche
in deiner Hand und die
Ewigkeit in einer Stunde.«

Epigraph: A. N. Whitehead, *Prozess und Realität*, S. 92.
1 W. Heisenberg, *Der Teil und das Ganze*, S. 16.
2 Ebd., S. 16.
3 Ebd., S. 16.
4 Ebd., S. 18.
5 Ebd., S. 19.
6 Ebd., S. 20.
7 Platon, Werke in acht Bänden, griechisch und deutsch, 7. Band, *Timaios, Kritias, Philebos*, 28a.
8 Ebd., 35a.
9 Ebd., 37d.
10 A. N. Whitehead, *Prozess und Realität*, S. 91.
11 W. Heisenberg, *Der Teil und das Ganze*, S. 17.
12 Augustinus, *Bekenntnisse*, III.7, S. 115.
13 Platon, Werke in acht Bänden, griechisch und deutsch, 7. Band, *Timaios, Kritias, Philebos*, 28a.
14 E. Schrödinger, *Geist und Materie*, S. 75.
15 Platon, *Sämtliche Dialoge, Gastmahl*, S. 4.
16 A. Pais, *Niels Bohr's Times: In Physics, Philosophy, and Polity*, S. 4.

11. »Die Natur trifft eine Wahl«

Um den Prozess des Kollapses weiter zu erforschen, setzen wir uns mit den folgenden Fragen auseinander: Warum findet ein Kollaps statt? Wann findet er statt? Wodurch wird er ausgelöst? Paul Diracs Antwort auf die letzte Frage lautet: »Die Natur trifft eine Wahl.« Der Gedanke, dass die Natur Entscheidungen trifft, erinnert an Plotins Idee einer der Kontemplation, dem Schauen hingegebenen Natur. Die Vermutung, dass bei einem Kollaps die Natur eine Wahl trifft, lässt darauf schließen, dass im Zusammenhang mit dem Kollaps die Objektivierung versagt: Die Natur kann nicht nur als eine Sammlung von Objekten behandelt werden.

> »Und wie kann es sein, dass die Natur, die, wie manche sagen, ohne bewusste Vorstellung und ohne rationales Denken ist, trotzdem in sich ein Schauen hat und das, was sie erschafft, wegen des Schauens erschafft, das sie nicht hat?«
>
> *Plotin*

Streben nach Einfachheit

Im vorigen Kapitel haben wir uns mit dem Begriff des Kollapses von Quantenzuständen vertraut gemacht. Wir haben die einzelnen Phasen des Kollapses sowie seinen atemporalen Charakter erörtert. Nun sind wir bereit, tiefer in das Thema einzudringen und uns mit den folgenden drei Fragen zu beschäftigen: Erstens, worin besteht die Funktion des Kollapses; warum findet er statt? Zweitens, wann findet er statt? Drittens, wodurch wird er ausgelöst?

Diese Fragen sind bereits seit den zwanziger Jahren des 20. Jahrhunderts Gegenstand intensiver Forschung. Einige der wichtigsten vorgeschlagenen Antworten sind im Anhang S. 479 ff. zusammengefasst. Im vorliegenden Kapitel erläutere ich meine eigenen Antworten auf diese Fragen. Sie beruhen auf einer Unterhaltung, die ich 1976 mit Paul Dirac führte (siehe S. 242 ff.).

Warum findet ein Kollaps statt? Betrachten wir wieder ein Elektron, das sich auf einen Leuchtschirm zu bewegt. Bevor es auf den Schirm trifft, ist das Elektron ein Feld von Möglichkeiten. Genauer gesagt, der Möglichkeiten, an jedem beliebigen Ort des Schirms aufzutreffen. Mit anderen Worten, vor dem Auftreffen auf dem Leuchtschirm besteht der Quantenzustand des Elektrons aus einer *Überlagerung* all jener Zustände, die den verschiedenen Möglichkeiten des Elektrons entsprechen, an jedem beliebigen Ort des Schirms aufzutreffen. Alle diese Möglichkeiten sind auf irgendeine Weise gleichzeitig vorhanden, das heißt, sie überlagern einander. Der Quantenzustand schließt sie alle ein. Erst durch den atemporalen Prozess des Kollapses wird eine der Möglichkeiten ausgewählt.

Um zu verstehen, warum es zum Kollaps kommt, wollen wir den alternativen Fall betrachten: ein Universum, in dem ein solcher Kollaps nicht stattfindet.

Versuchen wir, uns ein solches Universum vorzustellen. Während sich unser Elektron auf den Leuchtschirm zu bewegt, denken wir es uns als eine Überlagerung all jener Zustände, die seinen Möglichkeiten entsprechen, an jedem beliebigen Ort des Schirms aufzutreffen. In dieser imaginären Welt wird jedoch keine der Möglichkeiten für den Ort des Auftreffens ausgewählt.

Wenn wir vom »Ort« des Auftreffens sprechen, meinen wir genau genommen »ein Atom«. Der Leuchtschirm besteht aus Atomen, und in *unserer* Welt, in der ein Kollaps stattfindet, tritt das Elektron schließlich mit genau einem einzigen der Billionen und Aberbillionen von Atomen, aus denen der

Schirm besteht, in Wechselwirkung. Allerdings betrachten wir nun ein Universum ohne Kollaps. Was würde in einem solchen Universum geschehen?

Um ein solches Universum zu beschreiben, sind gewisse sprachliche Verrenkungen unvermeidlich. Schließlich unterscheidet sich dieses imaginäre Universum sehr stark von dem Universum unserer Erfahrung, und unsere Sprache ist nicht darauf ausgelegt, eine so andersartige Welt zu beschreiben. Bitte behalten Sie dies im weiteren Verlauf des Kapitels im Gedächtnis.

Ein Universum, in dem kein Kollaps stattfindet, ist zunächst einmal ein Universum von Möglichkeiten und kein Universum tatsächlicher Ereignisse, denn der Übergang vom Möglichen zum Wirklichen findet niemals statt. Nehmen wir jedoch einmal an, die Möglichkeiten könnten realisiert werden, ohne dass die Überlagerungen gestört würden. Mit anderen Worten, wir nehmen an, dass bei jeder Messung die gesamte Überlagerung und nicht nur eine der Möglichkeiten, aus denen sie besteht, in den Zustand des Wirklichen übergeht. Was würde in diesem Fall geschehen?

Das Elektron hat den Leuchtschirm getroffen, aber es ist kein Atom ausgewählt worden. In gewissem Sinne hat das Elektron dann alle Atome getroffen. In einem Universum mit Kollaps wird ein bestimmtes Atom ausgewählt. In einem Universum ohne Kollaps bleibt dagegen die Überlagerung als solche bestehen. »Bis zu einem gewissen Grad« wird also jedes Atom des Leuchtschirms getroffen.

Wie geht es weiter? In unserem Universum mit Kollaps werden durch das Zusammentreffen mit einem Atom weitere Prozesse in Gang gesetzt, die schließlich zu einem sichtbaren Lichtblitz am Ort dieses Atoms führen. In einer Welt ohne Kollaps wird es dagegen Billionen und Aberbillionen von Lichtblitzen überall geben – wobei jedoch jeder Lichtblitz nur »bis zu einem gewissen Grad« existiert, denn jeder Lichtblitz ist nur ein Element in einer Überlagerung von Lichtblitzen. Jeder dieser Blitze produziert – »bis zu einem gewissen Grad« – unzählige Photonen, die die Umgebung des Leuchtschirms auf komplexe Weise beeinflussen. So empfängt zum Beispiel das Auge des Beobachters »bis zu einem gewissen Grad« unzählige Photonen, die nicht nur von einem Ort, sondern von allen Orten des Schirms ausgehen. Das Gleiche gilt für die Atome in den Wänden und in den Möbeln. Auch sie werden von einer hoch komplexen Überlagerung von Photonen, die von überall auf dem Bildschirm ausgehen, beeinflusst.

In einem Universum ohne Kollaps würde also jede Wechselwirkung zu einer gewaltigen Zunahme an Komplexität führen, ohne dass es einen Prozess gäbe, der diese Entwicklung umkehren, das heißt, eine Vereinfachung herbeiführen würde.

Kehren wir nun zu unserem eigenen Universum zurück. Auf die erste Frage, warum ein Kollaps stattfindet, schlagen wir folgende Antwort vor: *Die Funktion des Kollapses besteht darin, zu vereinfachen.* Wenn es keinen Kollaps gäbe, würde das Universum durch jede Wechselwirkung an Komplexität zunehmen und diese Entwicklung würde ungebremst voranschreiten. In der realen Welt dagegen gibt es einen Prozess, der diese Entwicklung umkehrt: den Kollaps von Quantenzuständen! Auf ihn ist es zurückzuführen, dass das Niveau an Komplexität steigt und wieder fällt, während Quantensysteme zwischen dem Zustand des Möglichen und des Wirklichen hin und her wechseln. Ein Elektron, das sich auf einen Leuchtschirm zu bewegt, befindet sich in einem Zustand der Überlagerung von Möglichkeiten. Das Zusammentreffen mit einem einzelnen Atom auf dem Schirm bedeutet, dass die Überlagerung »kollabiert«, das heißt, in sich zusammenfällt; das Elektron ist in den Zustand des Wirklichen übergegangen und sein Quantenzustand ist einfacher geworden: Das Elektron steht mit genau einem einzigen Atom in Wechselwirkung. Als Folge dieser Wechselwirkung und der dadurch ausgelösten Prozesse werden Photonen emittiert. Jedes Photon ist ein neues Feld von Möglichkeiten – eine Überlagerung von Möglichkeiten hinsichtlich der Auswahl des Atoms, mit dem es (das Photon) zusammentrifft. Die Komplexität nimmt wieder zu. Doch nun kommt es zu neuen Kollapsen; jedes Photon tritt wieder mit genau einem einzigen Atom in Wechselwirkung, und so vereinfachen sich die Dinge wieder – ein Prozeß, der sich unaufhörlich fortsetzt.

Kollapse finden statt, weil sie ein wesentlicher Bestandteil des Wechselspiels zwischen Öffnung und Beschränkung sind. Beim Übergang vom Wirklichen zum Möglichen kommt es zu einem Zustand der Öffnung, der Überlagerung vieler gleichzeitig existierender Möglichkeiten. Beim Übergang vom Möglichen zum Wirklichen kommt es umgekehrt zu einer Beschränkung: Mit der Auswahl einer Möglichkeit wird den anderen Möglichkeiten die Verwirklichung versagt. Die ausgewählte Möglichkeit wird zu einem wirklichen Ereignis, nur um sich sofort wieder in eine Überlagerung von Möglichkeiten für den nächsten Kollaps zu verwandeln. Und dieser Reigen setzt sich unaufhörlich fort.

Der Zeitpunkt

Wann findet der Kollaps statt?

Im Jahre 1976 nahm ich an einer sehr kleinen Konferenz über »Dirac-Kosmologien« an der Florida State University in Tallahassee teil. Initiator der Konferenz war Paul Dirac, der seine Ideen zur Kosmologie mit einer kleinen Gruppe von Fachleuten diskutieren wollte.

Die meisten unserer Diskussionen drehten sich in der Tat um Kosmologie. Doch an einem sonnigen Nachmittag brachen wir zu einem Bootsausflug nach Wakulla Springs auf, um Alligatoren zu beobachten. Während wir hinausfuhren, hatte ich die Gelegenheit, Dirac eine Frage zu stellen, die nichts mit Kosmologie zu tun hatte. Diese Frage hatte mich seit Jahren beschäftigt (und sie beschäftigt auch heute noch die meisten Forscher auf dem Gebiet der Grundlagen der Quantenmechanik). Ich fragte ihn: »Wie kommt es zu einem Kollaps?« Seine Antwort lautete: »Die Natur trifft eine Wahl.« Ich fragte weiter: »Wann trifft die Natur eine Wahl?« und er antwortete: »Wenn keine Möglichkeit der Interferenz mehr besteht.« Ich war beeindruckt. Intuitiv spürte ich sofort, dass das, was Dirac gesagt hatte, der Schlüssel zu einem neuartigen und richtigen Verständnis des Kollapses war.

Wir werden auf die erste Aussage, »Die Natur trifft eine Wahl« auf S. 250 ff. näher eingehen. Die zweite Antwort, der Kollaps findet statt, »wenn keine Möglichkeit der Interferenz mehr besteht«, betrifft die Frage des Zeitpunkts. Diese Antwort soll im Folgenden erläutert werden.

Der Begriff »Interferenz« ist uns schon einmal begegnet. In Kapitel 3, S. 63 ff., erörterten wir das Prinzip der Überlagerung und betrachteten als Beispiel die Interferenz von Wasserwellen auf einem See. Wenn zwei Wellen so zusammentreffen, dass sie gemeinsam ansteigen und wieder abfallen, dann verstärken sie einander und man spricht davon, dass sie konstruktiv miteinander interferieren. Wenn sie dagegen so zusammentreffen, dass eine Welle ansteigt und die andere abfällt, dann löschen sie einander aus, und man sagt, dass sie destruktiv miteinander interferieren. Dies sind die beiden entgegengesetzten Extreme von Interferenz. Dazwischen liegen all jene Fälle, in denen sich die Wellen nur teilweise verstärken (oder auslöschen) und sie also weder völlig konstruktiv, noch völlig destruktiv miteinander interferieren.

Wenn sich zwei, drei oder vier Wellen kreuzen, entsteht auf der Wasseroberfläche ein schönes Interferenzmuster. Es ist sogar möglich, dass die Wellen auseinander laufen und sich dann erneut treffen. Der Umstand, dass sie zusammentreffen und miteinander interferieren, schließt keineswegs die Möglichkeit der Trennung und anschließenden Neuentstehung des ursprünglichen Musters aus. Doch was geschieht, wenn es zu regnen anfängt und das Wellenmuster Millionen von Störungen ausgesetzt ist? Das ursprüngliche Interferenzmuster geht unwiderruflich verloren – selbst wenn es aufhört zu regnen, wird es nicht wieder erscheinen.

Das Prinzip der Überlagerung bezieht sich nicht nur auf Wasserwellen. Es gilt für alle Wellen, einschließlich Schrödingers Möglichkeitswellen. Auch diese Wellen interferieren miteinander, wobei sie sich verstärken oder abschwächen können. Auch hier können einige miteinander interferierende Wellen in wiederkehrenden Mustern auseinander laufen und wieder zusammentreffen; sobald jedoch ein Wellenmuster in hunderttausende kleiner Wellen zerfällt, ist eine Wiedervereinigung nicht länger möglich und es kommt zu einem Kollaps.

Der Kollaps findet Dirac zufolge statt, wenn die verschiedenen Möglichkeiten nicht länger miteinander interferieren und ein kohärentes Muster erzeugen können. Wie unser Beispiel zeigt, hängt die Frage der Interferenz eng mit der Frage der Komplexität zusammen. Wenn die Beziehungen zwischen den verschiedenen Möglichkeiten ein solches Maß an Komplexität erreichen, dass man sie als chaotisch bezeichnet, ist ein kohärentes Interferenzmuster nicht länger möglich und es kommt zum Kollaps.

Das Auftreffen eines Elektrons auf einen Leuchtschirm ist ein Beispiel für eine solche Situation. Würde kein Kollaps stattfinden, wäre das Wellenmuster hoffnungslos komplex und seine vielen einzelnen Bestandteile könnten kein klar umrissenes Muster bilden. Beim Doppelspalt-Experiment dagegen sind die zwei Wellen, die sich von den beiden Spalten ausbreiten, dazu durchaus in der Lage. Ihre Interferenz lässt das in

Abbildung S. 97 dargestellte deutliche Muster entstehen. Die Trennwand mit den zwei Spalten führt also nicht zu einem Kollaps von Quantenzuständen.

Die Prozesse, die durch Erzeugung eines hohen Maßes an Komplexität eine kohärente Interferenz unmöglich machen, die also zu »Dekohärenz« führen, sind in den vergangenen zwei Jahrzehnten zu einem Gegenstand intensiver Forschung geworden. Berechnungen zeigen, dass Dekohärenz sehr rasch eintritt, wenn nicht beim Versuchsaufbau besondere Vorkehrungen getroffen werden. Die Vorgänge in der Natur zeichnen sich durch eine rasche Abfolge von Dekohärenz und Kollaps aus. Es ist also offenbar nicht leicht, die Natur davon abzuhalten, eine Wahl zu treffen!

Kann eine Wahl vermieden werden?

Wie Überlagerung und Kollaps im Detail zusammenhängen, soll anhand eines Experiments verdeutlicht werden. Die Abbildung zeigt einen Versuchsaufbau mit normalen und halbdurchlässigen Spiegeln. (Bei einem halbdurchlässigen Spiegel ist das Glas so dünn mit Silber beschichtet, dass es die

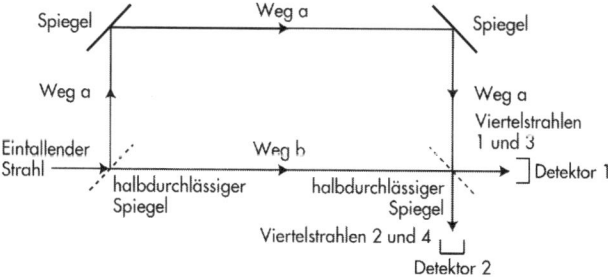

Versuchsanordnung, bei der ein Lichtstrahl in zwei Strahlen geteilt wird, die sich anschließend wieder vereinen.

Hälfte des Lichts reflektiert und die andere Hälfte durchlässt; der Spiegel ist also halb transparent und halb reflektierend.)

In der dargestellten Versuchsanordnung wird ein von links einfallender Lichtstrahl durch einen halbdurchlässigen Spiegel geteilt. Die reflektierte Hälfte des Lichtstrahls bewegt sich entlang Weg a nach oben, die durchgelassene Hälfte bewegt sich entlang Weg b nach rechts. Die reflektierte Hälfte des Lichtstrahls wird dann durch zwei normale Spiegel so umgelenkt, dass sie wieder mit der anderen Hälfte des Lichtstrahls zusammentrifft. Dieses Zusammentreffen findet an einem weiteren halbdurchlässigen Spiegel statt, der sich in der Zeichnung unten rechts befindet. Wieder werden die einfallenden Lichtstrahlen durch den halbdurchlässigen Spiegel geteilt. Der Halbstrahl von Weg a teilt sich in einen Viertelstrahl, der nach rechts reflektiert wird (1) und in einen Viertelstrahl, der den Spiegel passiert und sich nach unten fortsetzt (2). Der Halbstrahl von Weg b spaltet sich in einen Viertelstrahl, der sich geradeaus nach rechts fortsetzt (3) und in einen Viertelstrahl, der nach unten reflektiert wird (4).

Betrachten wir die Viertelstrahlen 1 und 3. Sie haben sich vereinigt und verfolgen denselben Weg. Nach dem Überlagerungsprinzip interferieren sie also miteinander. Ihre Interferenz kann konstruktiv oder destruktiv sein, doch dies muss uns im Augenblick nicht kümmern. Uns interessiert vielmehr der Übergang von der klassischen zur Quantenphysik.

Bei dem beschriebenen Versuchsaufbau handelt es sich um einen klassischen Versuch. Die Physiker des 19. Jahrhunderts benutzten solche Versuchsanordnungen, um die vermuteten Interferenzmuster zu bestätigen. Was geschieht jedoch, wenn wir die Helligkeit des einfallenden Lichtstrahls verringern? Wir wollen die Helligkeit so stark reduzieren, dass der Lichtstrahl zu einem Strom einzelner Photonen wird: Ein Photon trifft auf den ersten Spiegel, wandert durch die gesamte Versuchsanordnung und verlässt sie; dann trifft das nächste Photon auf den Spiegel und so weiter. Wir können nicht länger von Lichtstrahlen sprechen, die von den halbdurchlässigen Spiegeln geteilt werden. Vielmehr müssen wir uns fragen, was mit den einzelnen Photonen geschieht, wenn sie auf diese Spiegel treffen.

Was geschieht, wenn ein Photon den halbdurchlässigen Spiegel ganz links erreicht? Wird es reflektiert oder passiert es den Spiegel? Wir sind vielleicht versucht, darauf folgende Antwort zu geben: Da die Chancen, reflektiert beziehungsweise durchgelassen zu werden, gleich hoch sind, wird die Hälfte der Photonen reflektiert, die andere Hälfte durchgelassen. Was nun ein bestimmtes Photon betrifft, das wir zu einem gegebenen Augenblick betrachten, so kann es ebenso gut reflektiert, wie durchgelassen werden; welche Möglichkeit eintritt, können wir vorher nicht wissen.

Diese Antwort ist zwar ganz im Sinne der Quantenmechanik, aber sie ist falsch. Sie ist falsch, *weil sie von der Annahme ausgeht, dass ein Kollaps stattfindet, während es in Wirklichkeit gar nicht zu einem Kollaps kommt.* Unterziehen wir die Situation einer genauen Prüfung. Das auf den halbdurchlässigen Spiegel treffende Photon hat zwei Möglichkeiten: es kann reflektiert werden oder es kann durchgelassen werden. Nichts zwingt es jedoch dazu, eine Entscheidung zu treffen. Es bleibt deshalb in einem Zustand der Überlagerung beider Möglichkeiten: der Möglichkeit, Weg a zu verfolgen, und der Möglichkeit, Weg b zu verfolgen. Diese Überlagerung kollabiert nicht; eine Überlagerung von nur zwei Zuständen ist nicht komplex genug, um einen Kollaps herbeizuführen.

Was geschieht an dem halbdurchlässigen Spiegel ganz rechts? Wieder gibt es keinen Grund für einen Kollaps. Der Zustand des Photons besteht nun aus einer Überlagerung der vier Möglichkeiten 1, 2, 3 und 4. Die Überlagerung der Möglichkeiten 1 und 3 ist besonders interessant. Sie betreffen denselben Weg. In der klassischen Physik spricht man bei einer solchen Überlagerung von der Interferenz zweier kontinuierlicher Lichtstrahlen, die einen gemeinsamen Weg haben. In der Quantenphysik spricht man dagegen von der Interferenz zweier Möglichkeiten, die sich auf dasselbe Photon beziehen. Das Photon, das ja nichts anderes ist als ein Feld von Möglichkeiten, interferiert mit sich selbst! Seine Möglichkeit 1 interferiert mit seiner Möglichkeit 3!

Kann die Interferenz der Möglichkeiten 1 und 3 experimentell verifiziert werden? Für die Beobachtung eines einzelnen Photons lautet die Antwort: nein. Wenn irgendwann ein Kollaps eintritt, kann dieses einzelne Photon zwar als ein Lichtblitz nachgewiesen werden, aber der Nachweis eines einzelnen Lichtblitzes erlaubt keinerlei Rückschlüsse auf das Interferenzverhalten. Eine Verifizierung ist jedoch möglich, wenn man das Experiment viele Male wiederholt. Dies ist analog zum Doppelspalt-Experiment. Wenn unser Experiment viele Male wiederholt wird, bestimmt die Interferenz zwischen den Möglichkeiten 1 und 3 die Auftreffrate der Photonen an den zwei rechts in der Versuchsanordnung aufgestellten Detektoren. Träte statt einer Interferenz ein Kollaps ein, das heißt, würde also jedes einzelne Photon eine Entscheidung zwischen Weg a und Weg b treffen, dann würden die Photonen in einem ganz anderen Zahlenverhältnis an den zwei Detektoren eintreffen.

Unser Versuch ist so aufgebaut, dass die Photonen die Versuchsanordnung passieren, ohne dass es zu einem Kollaps kommt. Wir können den Versuchsaufbau jedoch geringfügig verändern, so dass jedes Mal ein Kollaps eintritt. In der in Abbildung S. 245 dargestellten Anordnung sind die Spiegel fest montiert. Betrachten wir nun eine Variante dieser Versuchsanordnung: Der in der rechten oberen Ecke befindliche normale Spiegel sei an einer Feder aufgehängt (Abb. S. 249). Diese Feder sei so leicht, dass sie beim geringsten Anstoß, selbst durch etwas so Winziges wie ein einzelnes Photon, zu schwingen anfängt.

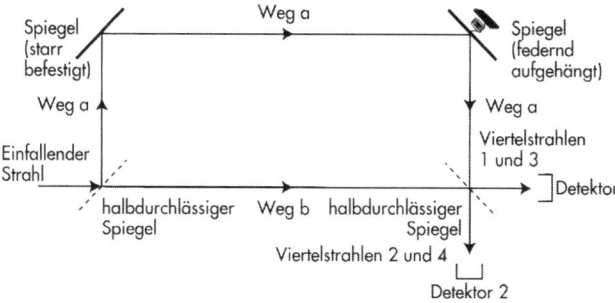

Eine Variante der in Abbildung S.245 abgebildeten Versuchsanordnung. Hierbei ist der Spiegel in der rechten oberen Ecke an einer Feder aufgehängt.

Die Feder genügt, um eine Interferenz zwischen den Möglichkeiten 1 und 3 auszuschließen und einen Kollaps herbeizuführen. Sie erzwingt eine Entscheidung: Wenn ein Photon Weg a einschlägt, wird der Spiegel zu schwingen beginnen; wenn es Weg b nimmt, verharrt der Spiegel in Ruhe. Der Spiegel kann sich nicht in einem Zustand der Überlagerung von Schwingen und Nicht-Schwingen befinden. Ein solcher Zustand würde nämlich komplizierte Zustandsüberlagerungen der Billionen von Atomen, die den Spiegel ausmachen erfordern; und was nun das Photon betrifft, so wird sein Quantenzustand durch die Schwingung des Spiegels in einem solchen Maße verwischt, dass eine kohärente Interferenz zwischen den Möglichkeiten von Weg a und Weg b ausgeschlossen wird.

Vergleichen wir die beiden Versuchsanordnungen: In Abbildung S. 245 wählt das Photon keinen Weg. Es durchläuft die Versuchsanordnung entlang der Wege a und b als eine Überlagerung von Möglichkeitswellen. In der Abbildung oben »wählt« das Photon einen Weg. Es durchläuft die Versuchsanordnung entweder entlang Weg a oder entlang Weg b. Die Wahl zwischen a und b ist für jedes Photon zufällig.

Wodurch wird der Kollaps ausgelöst?

Eine Entscheidung bahnt sich an – ein Elektron steht im Begriff, auf einen Leuchtschirm zu treffen, und jeder beliebige Ort auf dem Schirm kommt dafür in Frage. Die Quantenmechanik gibt Auskunft über die Wahrscheinlichkeitsverteilung, aber nur ein Ort wird getroffen. Wie wird der Ort ausgewählt und wer trifft die Entscheidung?

Diracs Behauptung »Die Natur trifft eine Wahl« lenkt die Untersuchung in eine neue, unerwartete Richtung. Welche Vorstellung hatte Dirac von der »Natur« als einem Wesen, das eine Wahl treffen kann? (»Wesen« ist das falsche Wort, aber unsere Sprache scheint kein passenderes zur Verfügung zu stellen.) Die Sache geht sogar noch weiter: Die Natur trifft eine Wahl *und handelt danach*. Die getroffene Entscheidung hat einen Schöpfungsakt zur Folge; der Übergang vom Möglichen zum Wirklichen bringt ein tatsächliches Ereignis hervor! Leider diskutierte ich diese Fragen nicht mit Dirac, als noch die Gelegenheit dazu war. Über die Jahre hinweg haben sie mich jedoch nie losgelassen. Ich weiß nicht, welches Bild Dirac von der Natur hatte, aber die neue Auffassung von der Natur, die seine Äußerung bei mir auslöste, ist meines Erachtens von entscheidender Bedeutung für den Übergang zu einem neuen Paradigma – einem Paradigma, das durch die Eigenschaften des Kollapses von Quantenzuständen in groben Zügen angedeutet wird.

In Kapitel 8 und 9 haben wir gesehen, dass der Standpunkt des Realismus fragwürdig ist. Sowohl der von Whitehead postulierte »Trugschluss der unzutreffenden Konkretheit« als auch das von Schrödinger beschriebene »Prinzip der Objektivierung« entlarven den Realismus als eine bloße Abstraktion. Eine dem Realismus verpflichtete Denkweise kann zwar ebenso wie die Annahme einer flachen Erde unter bestimmten Umständen zu korrekten Schlussfolgerungen führen; es ist jedoch ein Fehler, den Realismus für eine der Wirklichkeit an sich innewohnende Eigenschaft zu halten.

Durch die Frage nach dem Kollaps von Quantenzuständen und insbesondere durch Diracs Aussage »Die Natur trifft eine Wahl« stellt sich die Realität in einem neuen Licht dar. Es eröffnen sich neue Denkweisen, die Whiteheads und Schrödingers Erkenntnis, der Realismus stelle eine unhaltbare Annahme dar, unabhängig bestätigen. Die Suche nach dem in der Entstehung begriffenen neuen Weltbild – einem Paradigma, das auch die Frage nach dem Auslöser des Kollapses beantworten kann – wird uns im verbleibenden Teil dieses Buches beschäftigen. Dabei werden wir uns von der Weisheit eines großen Gelehrten leiten lassen.

Plotin, der im dritten nachchristlichen Jahrhundert lebte, war der letzte große Platoniker der Antike. In Abschnitt III.8 seiner *Enneaden* ist ein Schlüsselelement seiner Philosophie erläutert, die Idee, dass *die Natur in sich ein Schauen hat und das, was sie erschafft, wegen des Schauens erschafft*. Da er sich wohl bewusst war, dass der Gedanke jene, die darauf nicht vorbereitet waren, befremden würde, führt Plotin ihn behutsam ein:

»Nehmen wir an, wir würden – zunächst nur spielerisch, bevor wir es im Ernst zu vertreten versuchen – die Behauptung aufstellen: Alles strebt nach Schau; das ist das Ziel, auf das alles hinblickt, nicht nur die vernünftigen Lebewesen, sondern auch die irrationalen, die Natur, die sich in den Pflanzen befindet, und die Erde, die diese erzeugt; und sofern sie in naturgemäßem Zustand sind, erreichen sie alle dieses Ziel, in dem Maße, wie es ihnen jeweils möglich ist, aber bei den einen geht das Schauen, d. h. das Erreichen des Ziels, auf eine andere Weise vor sich als bei den anderen: bei manchen im wahren Sinne, bei anderen dagegen so, dass sie nur eine Imitation, ein Abbild davon aufnehmen. Würde nicht jeder die Paradoxie dieser Behauptung unerträglich finden?«[1]

Die Passage lässt keinen Zweifel daran, dass Plotin es mit diesem Gedankenspiel in höchstem Maße ernst meint. Der Gedanke, dass die Natur ebenso wie die meisten anderen Bestandteile der Wirklichkeit nach Schau, nach Kontemplation, streben, nimmt eine Schlüsselrolle in seiner Kosmologie ein.

Die Natur hat in sich ein Schauen und das, was sie erschafft, erschafft sie wegen des Schauens. Ist dies vielleicht der Schlüssel zu einem neuen Weltbild – einem Weltbild, das antike Weisheit mit heutigem Wissen verbindet?

Die Quantenmechanik und das neue Paradigma

Da die Quantenmechanik auf dem Prinzip der Objektivierung beruht, kann sie uns kein neues Weltbild anbieten. Trotzdem sind wir dem Wesen der Wirklichkeit im vorangegangenen Abschnitt mit Hilfe der Quantenmechanik etwas näher gekommen. Wie ist uns dies gelungen?

Die Quantenmechanik ist keine gewöhnliche Theorie. Sie ist eine Theorie, die durch den Kollaps von Quantenzuständen zutiefst rätselhaft ist. Es ist kein Zufall, dass sich die Hinweise auf das Wesen der Wirklichkeit gerade aus der Auseinandersetzung mit diesem Kollaps ergeben haben. Seit nahezu sieben Jahrzehnten stellt der Kollaps die Quantenphysiker vor ein Rätsel. Trotz großer Anstrengungen (siehe Anhang S. 479 ff.) ist es bis heute nicht gelungen, einen Mechanismus für den Kollaps zu entdecken. Niemand konnte bisher erklären, *wie* die Natur aus der Fülle von Möglichkeiten eine bestimmte auswählt.

Diese hartnäckige Schwierigkeit ließ in mir den Verdacht aufkeimen, dass ein solcher Mechanismus bis heute noch nicht gefunden wurde, weil es ihn nicht gibt. Und es gibt ihn nicht, weil die Natur, wie Whitehead und andere vermuteten, ein Organismus ist, dessen Funktionsweise nicht auf einen Satz mechanischer Regeln reduziert werden kann. *Diese hartnäckige Schwierigkeit ist ein Zeichen für die eingeschränkte Gültigkeit des Prinzips der Objektivierung.* Die Annahme, dass die Natur als etwas Objektivierbares betrachtet werden könne, ist eine Abstraktion. Jede Abstraktion besitzt nur einen beschränkten Gültigkeitsbereich. Der atemporale Prozess des Kollapses liegt außerhalb dieses Gültigkeitsbereiches. Der Kollaps kann nicht im Rahmen des mathematischen Formalismus der Quantentheorie erklärt werden, weil die Natur nicht *wirklich* objektivierbar ist!

Die Quantenmechanik hat uns einen wichtigen Anhaltspunkt für die Richtung des neuen Paradigmas gegeben. Da sie uns genau vor Augen führt, wo die Abstraktion der Objektivierung versagt, können wir daraus Rückschlüsse darauf ziehen, wie man die Grenzen dieses Prinzips überschreiten kann. Damit wollen wir uns im nächsten Kapitel beschäftigen.

Epigraph: Plotin, *Ausgewählte Schriften, Über die Natur, die Schau und das Eine* (*Enneade* III.8), S. 145.
1 Ebd., S. 144.

12. Die lebendige Natur

Unsere Analyse des Kollapses von Quantenzuständen lässt darauf schließen, dass das Prinzip der Objektivierung überwunden werden muss. Das Universum und seine Bestandteile sind lebendig! In dieselbe Richtung weisen auch Berichte namhafter Wissenschaftler über direkte Erfahrungen mit der Lebendigkeit vermeintlich unbelebter Objekte.

> »Es ist absurd, den Himmel unbeseelt zu nennen, während wir, die wir nur einen Teil des Ganzen haben, eine Seele haben. Denn wie könnte sie der Teil erhalten haben, wenn das Ganze ohne Seele ist.«
>
> *Plotin*

Jenseits der Objektivierung

Die Natur hat in sich ein Schauen und das, was sie erschafft, erschafft sie wegen des Schauens. Was für ein merkwürdiger Gedanke! Wir sind zwar auf der Suche nach einem neuen Weltbild, aber müssen wir wirklich so weit gehen? Wir wollen diese Frage bis Kapitel 17 zurückstellen und in den nächsten Kapiteln zunächst die Grundlagen für ihre Beantwortung schaffen.

Das vorliegende Kapitel ist der Erkenntnis gewidmet, dass die Natur nicht wirklich objektivierbar ist. Die Schwierigkeiten, die sich ergeben, wenn wir versuchen, den atemporalen Prozess des Kollapses vollständig zu begreifen, sind ein Hinweis darauf, dass das Prinzip der Objektivierung an Grenzen stößt. Hier offenbart sich ein nicht objektivierbarer Aspekt der Natur. Was bedeutet das?

Wenn die Bestandteile – die »Wesen« – der Natur als Objekte behandelt werden, ist es offenkundig, dass dabei nicht alle ihre Eigenschaften zum Vorschein kommen. Etwas an ihnen kann nicht objektiviert werden. »Ein Objekt« ist das jeweilige Wesen, so wie es *uns* erscheint. Seine Erscheinung als Objekt ist sein *öffentlicher* Charakter. Wenn etwas nicht vollständig als Objekt erfasst werden kann, dann muss es darüber hinaus einen weiteren, *privaten*, inhärenten Aspekt besitzen, der das darstellt, was es an und für sich ist. Mit anderen Worten, *es muss lebendig sein.*

Was bedeutet die Aussage »Ein Wesen der Natur ist lebendig«? Wir können diese Frage aus verschiedenen Blickwinkeln beantworten: erstens aus unserem eigenen Blickwinkel und zweitens aus dem des Wesens selbst.

Aus dem Blickwinkel der eigenen Erfahrung besteht der Unterschied zwischen einem lebendigen Menschen und einem Toten darin, dass man mit einer Person, nicht aber mit einem Toten, Augenblicke einer echten Beziehung erleben oder die Erfahrung von Gemeinsamkeit machen kann. Da die Fähigkeit, in Beziehung zu treten, von der eigenen Sensibilität abhängt, lässt sich für Lebendigkeit das folgende Kriterium formulieren: Ein Wesen ist lebendig, wenn es *prinzipiell* möglich ist, mit ihm die Erfahrung einer wirklichen Beziehung zu machen.

Aus dem Blickwinkel des Wesens selbst ist es lebendig, wenn es *fähig ist, Erfahrungen zu machen.* Die Aussage, dass Schmetterlinge, Pflanzen und Bakterien *Erfahrungen machen*, mag seltsam anmuten. Wie wir in Kapitel 15, S. 309 ff., sehen werden, benutzen wir das Wort »Erfahrung« jedoch in einem allgemeinen Sinne, so dass die Aussage verständlich wird.

Die Natur ist nicht wirklich objektivierbar, weil der Umstand, dass ihre Bestandteile als Objekte erscheinen, eben nichts anderes ist als eine Erscheinung. Sie können durchaus grundlegende Eigenschaften besitzen, die erst durch ihr Lebendigsein erkennbar werden.[1] Dieser Behauptung wollen wir auf zwei Ebenen nachgehen: Wir untersuchen zunächst den Gedanken, dass vermeintlich unbelebte Objekte wie zum Beispiel Planeten, Flüsse oder Skulpturen in Wirklichkeit lebendig sind, und erörtern dann die Vorstellung, dass das Universum als Ganzes lebendig ist. Die Seiten 256 ff. und 259 ff. betreffen die erste Ebene, die Seiten 266 ff. und 269 ff. die zweite. Auf den Seiten 262 ff. geht es um die Stellung, die der wissenschaftlichen Methode im Hinblick auf die Vorstellung eines lebendigen Universums zukommt.

»Ihr Wesen der Natur«

»Ihr Wesen der Natur, im Himmel und
auf Erden! Ihr Visionen auf den Hügeln!
Seelen einsamer Orte! kann ich denken,
dass es so simple Alltagshoffnung war,
als ihr euch mühtet, da durch manches Jahr
ihr meinen knabenhaften Spielen folgtet,
in Höhle, Baum, Wald, Hügel jeder Form
den Stempel von Gefahr und Wunsch einprägtet
und so der unumgrenzten Erde Fläche
mit Jubel und Triumph, mit Furcht und Hoffnung
wie einen Ozean aufwogen ließt ...«

William Wordsworth

In diesen großartigen Zeilen aus dem Gedicht *Präludium*, das von Whitehead zitiert wird[2], beschreibt Wordsworth seine unmittelbare Erfahrung der Lebendigkeit der Natur. Drücken diese Zeilen eine wahre Tatsache aus oder sollte man sie als rein poetische Vorstellung auf sich wirken lassen?

Ich glaube, dass die Behauptung »Die Natur ist lebendig« eine offensichtliche Wahrheit repräsentiert, der wir uns geflissentlich zu entziehen versuchen. Während wir in der Wissenschaft ebenso wie im alltäglichen Leben unseren gewohnten Aufgaben nachgehen, ignorieren wir sie einfach und halten am veralteten Newton'schen Begriffssystem und an reduktionistischen Analyse- und Erklärungsmethoden fest. Dennoch können sich die Sensibleren und Scharfsichtigeren unter uns des Eindrucks nicht erwehren, dass vermeintlich unbelebte Dinge lebendig sind, und sie sehen sich gezwungen, dieser Überzeugung Ausdruck zu verleihen. Aus der Poesie sind wir an solche Äußerungen gewöhnt. Eine eingehende Beschäftigung mit Wordsworth' Gedicht zeigt, dass für ihn die »Wesen«, über die er schreibt, wirklich sind. Aber die Poesie stellt keineswegs den einzigen Bereich dar, in dem die Lebendigkeit des so genannten Unbelebten als Tatsache formuliert wird. Solche Aussagen werden zuweilen völlig unvermutet von Personen gemacht, von denen man es nie erwartet hätte.

Ein Beispiel ist der mittlerweile verstorbene Dr. Lewis Thomas, der in den USA großes Ansehen als Biologe, Mediziner, Buchautor und Wissenschaftsphilosoph genoss. Im Rahmen seiner langen und herausragenden wissenschaftlichen Karriere war er Präsident des Memorial Sloan-Kettering Krebsforschungszentrums, Dekan der Medizinischen Fakultät der New York University und der Yale University sowie Professor für Pädiatrie, Medizin, Pathologie und Biologie. Seine tadellosen wissenschaftlichen Referenzen und sein hohes Ansehen innerhalb des wissenschaftlichen Establishments erlaubten es ihm, althergebrachte Auffassungen in Frage zu stellen. In einer Ansprache, die er 1984 in New York hielt, äußerte er sich wie folgt:

»Das schönste Objekt, das ich jemals auf einem Foto gesehen habe, ist der Planet Erde vom Mond aus gesehen, wie er offenkundig lebendig im Weltall schwebt. Obwohl die Erde auf den ersten Blick aus unzähligen verschiedenen Arten von Lebewesen zu bestehen scheint, erweist es sich bei näherer Betrachtung, dass alle ihre Bestandteile, die menschliche Spezies eingeschlossen, mit allen anderen Bestandteilen verwoben und von ihnen abhängig sind. Sie ist, wenn man so sagen will, das einzige wirklich geschlossene Ökosystem, das wir kennen. Oder, um es anders auszudrücken: Sie ist ein Organismus – ein Organismus der vor rund 4,5 Milliarden Jahren entstand und vor schätzungsweise 3,7 Milliarden Jahren sein eigenes Leben entfaltete.«[3]

Thomas' Äußerung ist nicht nur deshalb bedeutsam, weil er die Ansicht vertritt, die Erde sei lebendig, sondern weil er diese Auffassung als etwas intuitiv Offenkundiges formuliert. Damit befindet er sich in eklatantem Widerspruch zur allgemein vertretenen wissenschaftlichen Annahme, die Erde sei nichts anderes als ein Brocken unbelebter Materie. Whitehead formuliert: »*Wenn man mit den unmittelbaren Empfindungen und Intuitionen eins ist, erkennt man, wie verzerrt und paradox die Naturauffassung ist, welche die moderne Wissenschaft unseren Gedanken aufzwingt.*«[4]

In ähnlicher Weise äußerte sich auch ein Physiker von untadeligem wissenschaftlichen Ruf: Erwin Schrödinger. Schrödinger weist darauf hin, dass wissenschaftliche Beschreibungen von Phänomenen, die Leben betreffen, irreführend sein können. In seinem Aufsatz *Objektivierung*, den wir bereits in Kapitel 9 diskutierten, wendet sich Schrödinger gegen die verbreitete wissenschaftliche Auffassung, das Auge sei ein rein rezeptives Sinnesorgan, das nur Licht empfange und nichts aussende:

»Ist es eigentlich je aufgefallen, dass das Auge das einzige unter den Sinnesorganen ist, dessen rezeptiven Charakter der naive Mensch verkennt und, das Verhältnis umkeh-

rend, viel mehr geneigt ist, sich vom Auge Sehstrahlen aus-
gehend zu denken als Lichtstrahlen von den Gegenständen
auf es fallend? Man trifft diesen ›Sehstrahl‹ nicht selten in
Witzblattzeichnungen an, ja selbst in älteren populärphy-
sikalischen Skizzen, als eine punktierte Gerade, die vom
Auge auf das Objekt zielt, was durch eine auf letzteres wei-
sende Pfeilspitze am entfernten Ende angezeigt wird.«[5]

Knud Jensens grollende Skulpturen

Das Louisiana Museum im dänischen Humlebaek ist nach
drei Damen namens Louise benannt; mit dem amerikanischen Bundesstaat Louisiana hat es nichts zu tun. Im Jahre
1981 veröffentlichte Lawrence Weschler von der Zeitschrift
The New Yorker einen Bericht über das Museum und seinen
Gründer und Kurator, Knud Jensen.[6] Wie Lewis Thomas ist
auch Jensen kein müßiger Träumer. Ohne nennenswerte
fremde Hilfe gelang es ihm, ein Museum ins Leben zu rufen
und zu leiten, das sich durch eine beeindruckende Kunst-
sammlung und eine einzigartige Atmosphäre auszeichnet.
Wie Weschler schreibt, vermittelt es auf beispiellose Weise
ein Gefühl für den menschlichen Ursprung von Kunst. Im
Louisiana Museum »schlenderten die Leute in der Nachmit-
tagssonne umher, saßen auf Picknickdecken, schliefen auf
dem Rasen oder ruhten sich im Schatten aus; sie waren mehr
Nachbarn als Museumsbesucher. Es herrschte ein großar-
tiges Gefühl der Entspanntheit und der Vertrautheit.«
   Jensen ist ein Visionär – wie sonst hätte er ein so ungewöhnliches Museum ins Leben rufen können? –, aber er ist
auch der Welt zugewandt, konzentriert, pragmatisch und
effizient. Dieser mit beiden Beinen auf dem Boden stehende
Mann zweifelt nicht daran, dass Kunstwerke lebendig sind,

und er behandelt sie entsprechend respektvoll. Auf einem ausgedehnten Rasenstück vor dem Museumsgebäude sind zum Beispiel nur drei Skulpturen aufgestellt. Als Weschler ihn nach dem Grund fragte, antwortete Jensen:

»Es ist seltsam – aber dieses große Rasenstück kann nur drei Skulpturen aufnehmen. Dagegen habe ich festgestellt, dass fünf, sieben, ja sogar zehn Skulpturen in einem von Menschen geschaffenen Raum, einem von Mauern umschlossenen Rechteck, Platz finden. Es ist so, als ob die Kunstwerke durch den Käfig gezähmt würden. Vor einem natürlichen Hintergrund ist es jedoch selten möglich, mehr als drei Kunstwerke aufzustellen, gleichgültig, wie groß der Platz ist. Sie kennen sicher Konrad Lorenz, den großen Ethnologen – seine Veröffentlichungen zum Verhalten von Tieren, vor allem zu deren Territorialverhalten. Sie erklären auch, warum die Skulpturen im Louisiana Museum genau so und nicht anders verteilt wurden. Lorenz hat gezeigt, dass alle Lebewesen ihr natürliches Territorium abstecken; sie benötigen Platz, um leben zu können. Skulpturen sind wie alle großen Kunstwerke lebendige Wesen. Ich habe versucht, hier auf diesem Rasen eine weitere Skulptur aufzustellen, aber die anderen reagierten sehr aufgebracht. Sie hielten ihre Ausstrahlung zurück, so als grollten sie.«

Ist Jensens Äußerung eine Metapher oder ist sie im buchstäblichen Sinne wahr? Als Angehöriger der zeitgenössischen abendländischen Kultur fällt es mir schwer, Jensens Erklärung wörtlich zu nehmen. Aber Jensen spricht von der Lebendigkeit seiner Skulpturen als einer Tatsache. Es ist für diesen pragmatischen, kompetenten Mann selbstverständlich, dass sie wirklich und wahrhaftig lebendig sind. Doch wie kann das sein? Schließlich handelt es sich doch nur um Gestein, oder etwa nicht? Während ich diesem Widerspruch zwischen meiner Intuition und althergebrachten Denkmustern nachspüre, frage ich mich, ob wir nicht lieber unserer eigenen Erfahrung vertrauen sollten, anstatt uns darauf zu verlassen, dass der Kaiser Kleidung trägt?

Vor einigen Jahren besuchte ich die Ägyptische Sammlung im Boston Museum of Fine Arts. Nachdem ich eine Weile umhergeschlendert war, blieb ich vor einer 4500 Jahre alten Skulptur stehen, der Büste von Prinz Ankh-haf. Während ich sie ansah, spürte ich plötzlich ganz deutlich, dass die Skulptur lebendig war und *wir miteinander kommunizierten*. Die Kommunikation war vollständig nonverbal und trotzdem befand ich mich beim Verlassen des Museums in einer merkwürdigen Hochstimmung, so als hätte ich eine außerordentliche Begegnung gehabt.

Meine Erfahrung war nicht zu leugnen, gleichwohl konnte ich sie nicht mit meinem naturwissenschaftlich geprägten Weltbild in Einklang bringen, das unter normalen Umständen die Erklärungsmuster für die Ereignisse in meinem Leben bereitstellt. Als ich mir jedoch bewusst machte, was ein Weltbild ist, verschwand mein Unbehagen. Ein Weltbild oder Paradigma ist nichts anderes als eine Abstraktion, die sich eine Gesellschaft in einer bestimmten Phase ihrer Geschichte zu Eigen macht. Jede Abstraktion ist nur innerhalb bestimmter Grenzen gültig. Leider neigen die Mitglieder der Gesellschaft dazu, diese Abstraktion stillschweigend für eine absolute Wahrheit zu halten. Wir sind von unserer Kultur darauf konditioniert, Erfahrungen, die auf Bereiche jenseits der Gültigkeitsgrenzen des Paradigmas verweisen, »wegzuerklären« oder zu ignorieren. Gelegentlich versagt diese Konditionierung jedoch und wir machen *eine neue Erfahrung* – eine Erfahrung, die mit dem Paradigma nicht in Einklang zu bringen ist. Solche Erfahrungen sind als Hinweise auf die Gültigkeitsgrenzen des Paradigmas von unschätzbarer Bedeutung.

Die Naturwissenschaft und das Leben »unbelebter Dinge«

Es mag eine schockierende Erkenntnis sein, *dass nach dem Newton'schen Weltbild die eigene Lebendigkeit nichts mit den eigenen Handlungen zu tun hat*: Das Universum funktioniert wie ein Uhrwerk und die Gegenwart und die Zukunft sind durch die Vergangenheit vollständig vorherbestimmt. Daraus folgt, dass unsere Entscheidungen und Absichten keinerlei Auswirkung auf unsere Handlungen haben. Schließlich ist der Körper nichts anderes als eine Ansammlung von Atomen, deren Bewegungen vollständig vorherbestimmt sind. Daraus folgt weiter, dass ich über die Bewegungen meiner Hände ebenso viel Gewalt habe wie über die Bewegungen des Mondes. Beide Bewegungen sind das unausweichliche Ergebnis der Anordnung der Materie im frühen Universum.

Die Vorstellung von einem Uhrwerk-Universum führte zu einer Art Schizophrenie in unserer Kultur. Während die Naturwissenschaft fest im Newton'schen Paradigma verwurzelt war, wurden freie Entscheidungen und eigene Absichten weder in der Privatsphäre noch im Gesellschaftsleben als illusorisch betrachtet. Vielmehr machte man die Menschen für ihre Handlungen selbst verantwortlich.

Innerhalb des Newton'schen Begriffssystems hat man gar keine andere Wahl, als sich die Ereignisse der physikalischen Welt als vorbestimmte Bewegungen einer unbelebten Maschine vorzustellen. Dieser Glaube an die Leblosigkeit natürlicher Prozesse ergibt jedoch nach dem Zusammenbruch des Newton'schen Weltbildes keinen Sinn mehr. In der Physik stellt das Newton'sche Paradigma kein gültiges Bezugssystem mehr für das begriffliche Verständnis der Wirklichkeit bereit: Die Newton'schen Begriffe von Raum und Zeit wurden durch Einsteins allgemeine und spezielle Relativitätstheorie ersetzt; der Newton'sche Begriff von Materie wurde durch die Quantenmechanik abgelöst. Da es die Naturwissenschaft jedoch versäumt hat, uns ein alternatives Weltbild anzubieten und der menschliche Geist die Leere verabscheut, lebt das Newton'sche Paradigma fort. Dies erklärt, warum uns Thomas' Äußerung über die Erde oder Jensens Beschreibung seiner »grollenden Skulpturen« so befremdet.

Unterstützt wird der Glaube an die Leblosigkeit des Universums und der meisten seiner Bestandteile zum einen durch die moderne wissenschaftliche Denkart, die sich voll Inbrunst der reduktionistischen Analyse einzelner Teile widmet, und zum anderen durch die stillschweigende Akzeptanz des Prinzips der Objektivierung.

Betrachten wir zunächst den zuletzt genannten Gesichtspunkt. Die Wissenschaft kann die Behauptung, das Universum sei lebendig, nicht bestätigen, da die unkritische Ablehnung dieser Behauptung gerade das Kernstück jener Abstraktion ist, auf der die Wissenschaft beruht; gemeint ist das Prinzip der Objektivierung. Die Ablehnung ist unkritisch, weil dieses Prinzip, ohne es zu hinterfragen, angenommen wird. Schrödinger drückt es so aus:

»[wir sind uns nicht bewusst], dass ein einigermaßen zufrieden stellendes Weltbild bloß erreicht worden ist, um einen hohen Preis, nämlich so, dass jeder sich selbst aus dem Bild ausgeschlossen hat, indem er in die Rolle eines unbeteiligten Beobachters zurückgetreten ist.«

Daraus ergibt sich

»unser Erstaunen, unser Weltbild farblos, kalt, stumm zu finden. Farbe und Ton, heiß und kalt sind unsere unmittelbaren Sinneseindrücke. Was Wunder, dass sie fehlen in einem Weltmodell, aus dem wir unsere geistige Persönlichkeit ausschließen mussten?!«[7]

Der reduktionistische Ansatz der Naturwissenschaften, das heißt, die Überzeugung, es sei möglich, zu einem Verständnis des Ganzen aus der Analyse seiner Teile zu gelangen, ist ein weiterer Faktor, der der Anerkennung der Lebendigkeit von Dingen im Wege steht. Gewiss, der reduktionistische Ansatz ist nützlich und leistungsfähig. Ohne eingehende Erforschung der Teile lebender Organismen hätten wir zum Beispiel niemals den genetischen Code und all die unglaublichen Möglichkeiten entdeckt, die uns dadurch eröffnet wurden. Der reduktionistische Ansatz stößt jedoch an Grenzen. Es gibt wesentliche Aspekte des Ganzen, gegenüber denen er blind ist.

Bohrs Begriffssystem der Komplementarität kann zu einer Klärung dieser Frage beitragen. Es gibt wesentliche Aspekte des Ganzen, die sich nur durch die Erfahrung des Ganzen begreifen lassen. Die Analyse der Teile und die *Erfahrung* des Ganzen sind komplementär; sie können zwar nicht gleichzeitig stattfinden, aber beide sind notwendig, um ein wirklich tief greifendes Verständnis zu erreichen. Der Astronom und Physiker Arthur Eddington hat diesen Aspekt sehr anschaulich geschildert. Obwohl er nicht zu den Gründungsvätern der Quantenmechanik gehörte, verfolgte er ihre Entwicklung mit großem Interesse.

In seinem Buch *Das Weltbild der Physik* unterscheidet Eddington zwischen »symbolischer Erkenntnis« und »innerer Erkenntnis«. Obwohl er den Begriff nicht benutzt, charakterisiert er die Beziehung zwischen diesen beiden Arten der Erkenntnis als komplementär:

»Als Beispiel wollen wir die Analyse des Humors betrachten. Ich nehme an, dass es möglich ist, das Wesentliche des Humors bis zu einem gewissen Grade zu analysieren und in verschiedene Witzklassen einzuteilen. Es werde uns nun ein angeblicher Witz vorgelegt und wir unterziehen ihn vorerst einer wissenschaftlichen Analyse der Art, wie wir sie bei einem chemischen Salz zweifelhafter Natur vornehmen würden. Nach sorgfältiger Untersuchung stellen wir fest, dass es sich wirklich und wahrhaftig um einen Witz handelt. Logischerweise müsste unsere nächste Handlung nun darin bestehen, dass wir über den Witz lachen. Doch glaube ich mit Sicherheit voraussagen zu können, dass am Ende dieser Prozedur jedem von uns alle Neigung zum Lachen vergangen sein wird. Es geht eben nicht, dass die innere Wirkungsweise eines Witzes ans Tageslicht der Analyse gezerrt wird. Die Klassifizierung betrifft eine symbolische Kenntnis vom Humor, die alles verwahrt, was für einen Witz charakteristisch ist, nur nicht das, was uns zum Lachen bringt. Das wahre Verständnis muss spontan kommen, nicht durch zergliedernde Prüfung.«[8]

Wie Eddington deutlich gemacht hat, schließen sich diese komplementären Erkenntnisweisen (die Erfahrung des Ganzen und die Analyse der Teile) gegenseitig aus. Wir können nicht die Elemente eines Witzes erforschen und gleichzeitig über ihn lachen. Ebenso wenig zeigt sich die Lebendigkeit von Dingen durch eine Analyse ihrer Teile, sondern durch die Erfahrung des Ganzen.

Unsere Erörterung führt zu folgender Schlussfolgerung: Die Behauptung der Wissenschaft, so genannte unbelebte Wesen der Natur seien wirklich leblos, ist eine Aussage über die wissenschaftliche Methode und nicht über die Wesen selbst. In Wirklichkeit wird die These, dass vermeintlich unbelebte Wesen lebendig sind, durch keine wissenschaftliche Erkenntnis widerlegt. Sie kann nur durch Erfahrungen und Erkenntnisweisen bestätigt oder widerlegt werden, die außerhalb der Methodik der heutigen Wissenschaft liegen. Es ist durchaus möglich, dass die Wissenschaft in Zukunft das Prinzip der Objektivierung wie auch die reduktionistische Sichtweise überwinden und verschiedene Arten von Erfahrungen umfassen wird. Solange sie jedoch auf dem Prinzip der Objektivierung beruht und reduktionistische Verfahren anwendet, ist sie nicht geeignet, ein Urteil über die Lebendigkeit von Dingen abzugeben.

Dies ist ein wichtiger Gesichtspunkt. Wenn Wissenschaftler die Vorstellung eines lebendigen Universums spöttisch abtun, bringen sie damit ihre Auffassung als Privatperson, nicht als Wissenschaftler zum Ausdruck. Vermeintliche Bestätigungen oder Widerlegungen der These vom lebendigen Universum im Namen der Wissenschaft sind schlechterdings ungültig: Wenn das Universum wirklich lebendig oder »beseelt« ist, wie es die alten Griechen formulierten, dann wird sich diese Lebendigkeit nicht in einem wissenschaftlichen Kontext nachweisen lassen. Derartige Behauptungen sind lediglich ein Zeichen für die Unwissenheit der Wissenschaftler hinsichtlich der notwendigen Unterscheidung zwischen Abstraktion und konkreter Tatsache.

Die Weltseele

Unsere Kultur ist wissenschaftsgläubig. Wir erhoffen von der Wissenschaft Antworten auf Fragen, die gar nicht in ihrem Geltungsbereich liegen. Wenn wir erst einmal erkennen, dass der wissenschaftliche Ansatz von seinem Anwendungsbereich her ebenso begrenzt ist, wie er innerhalb dieser Grenzen leistungsfähig ist, werden wir aufhören, in einem trockenen Brunnen nach Wasser zu schöpfen.

Doch von welcher Seite können wir uns Aufschluss über die Frage der Lebendigkeit der Natur erwarten, wenn die moderne Wissenschaft dazu nicht in der Lage ist? Im vorliegenden Kapitel S. 256 ff. und S. 259 ff. haben wir gesehen, dass das intuitiv Offensichtliche, die unmittelbare Erfahrung, zwingende Hinweise auf die Lebendigkeit der Natur liefert. Dies ist umso erstaunlicher, da wir darauf konditioniert sind, solche Erfahrungen zu verdrängen, um den wissenschaftlichen Abstraktionen den Vorzug geben zu können. Aber unmittelbare Erfahrungen sind nicht die einzigen Zeugnisse für die Lebendigkeit der Dinge. Sobald wir von der modernen Wissenschaft absehen, entdecken wir, dass die Vorstellung eines lebendigen Universums ein wesentlicher Bestandteil fast aller Weltbilder ist! Sie ist nicht nur in allen nichtwestlichen Kulturen anzutreffen, sondern auch in praktisch allen Schulen der griechischen Philosophie, die ja den Ursprung unserer eigenen wissenschaftlichen Tradition darstellt.

Der Philosophie- und Wissenschaftshistoriker G.E.R. Lloyd setzte sich mit dieser Thematik recht eingehend auseinander. Er bezeichnete die Vorstellung, dass die Ursubstanz der Dinge in gewissem Sinne von Leben durchdrungen sei und die Welt als Ganzes einem lebenden Organismus gleiche, als ein wichtiges Thema der griechischen Philosophie. So stellte sich Anaximander »die Entwicklung der Welt als das Werden eines Lebewesens« vor. Heraklit nannte die Weltordnung »ein ewig lebendiges Feuer, ›gesetzmäßig sich entzündend und wieder verlöschend‹. Dass ›ewig lebendig‹ nicht lediglich ein poetischer Ausdruck für ›nicht endend‹ ist, wird offenkundig, wenn wir bedenken, dass Heraklit das Feuer für die Substanz hielt, aus der unsere Seele besteht. ... Auch die Pythagoreer nahmen wie Anaximander und vielleicht auch Anaximenes an, dass die Welt als Ganzes lebendig sei und beschrieben den Ursprung und die Entwicklung der Welt im Sinne eines lebenden Organismus.«[9]

Wenn das Universum lebendig ist, können Gefühle durchaus kosmologische Bedeutung haben. So definierte Empedokles, vielleicht nach dem Vorbild des Parmenides, das abstrakte kosmologische Prinzip, welches die vier Elemente vereint, das Prinzip der Liebe (und verwies zur Veranschaulichung dieses Prinzips explizit auf das Wirken der Liebe unter den Menschen).[10]

Im *Timaios*, Platons Beschreibung der Erschaffung des Universums, hat das körperliche Universum nicht nur eine Seele, sondern es ist sogar Teil dieser Seele:

>»Als nun die ganze Zusammensetzung der Seele dem Schöpfer nach Wunsch gediehen war, da gestaltete er darauf alles Körperliche innerhalb von ihr und brachte dessen Mitte mit ihrer Mitte zusammen und verband beide. Sie aber begann, indem sie von der Mitte aus bis zum äußersten Himmel überall hineinverflochten war und diesen von außen ringsum umschloss und selbst in sich selber kreiste, mit dem göttlichen Anfang eines endlosen und vernunftbegabten Lebens für alle Zeit.«[11]

Obwohl es durchaus beträchtliche Unterschiede zwischen den Lehren der griechischen Philosophen gab, glaubten die meisten von ihnen an ein lebendiges Universum, denn diese Lebendigkeit war für sie etwas intuitiv Offensichtliches. Diese Auffassung behielt im gesamten Altertum Gültigkeit. Plotin im dritten nachchristlichen Jahrhundert hielt die Vorstellung, die Welt sei nicht lebendig, für einen Gedanken, der der Vernunft vollkommen zuwiderlief. Mit Platon stimmte er darin überein, dass »es absurd [ist], den Himmel unbeseelt zu nennen, während wir, die wir nur einen Teil des Ganzen haben, eine Seele haben. Denn wie könnte sie der Teil erhalten haben, wenn das Ganze ohne Seele ist?«[12]

Um dem Eindruck entgegenzuwirken, die Vorstellung eines lebendigen Universums sei in irgendeiner Weise mit »primitiven« oder »naiven« Traditionen verknüpft, die durch die wissenschaftlichen Entdeckungen obsolet geworden seien, möchte ich noch auf das monumentale Werk Whiteheads verweisen. Die »Prozessphilosophie« Whiteheads beruht auf einer kritischen Würdigung vorangegangener philosophischer Systeme, auf den umwälzenden Erkenntnissen und Entdeckungen der Physik und der Mathematik zu Beginn des 20. Jahrhunderts sowie auf einer scharfsinnigen Analyse der Belege unmittelbarer Erfahrung, seiner eigenen Erfahrung und der anderer Menschen.

Whitehead, der sich vor seiner Hinwendung zur Philosophie bereits als Mathematiker einen Namen gemacht hatte, nutzte seinen überragenden Verstand, um Theorien zu formulieren, die logisch ebenso unangreifbar wie intuitiv hellsichtig sind. Dabei beruht sein philosophisches System fest auf der These, dass das Universum ein Organismus ist und seine elementaren Bestandteile »Pulse der Erfahrung« sind (siehe Kapitel 15, S. 306 ff.).

Mit der Weltseele in Beziehung treten

Auf den Seiten 254 ff. des vorliegenden Kapitels wurde ein Kriterium für die Lebendigkeit von Dingen vorgeschlagen: »Ein Wesen ist lebendig, wenn es *prinzipiell* möglich ist, mit ihm die Erfahrung einer wirklichen Beziehung zu machen.« Wie steht es um die Lebendigkeit des Universums als Ganzem, wenn man dieses Kriterium zugrunde legt?

In Kapitel 10, S. 220 ff., zitierten wir Heisenbergs Beschreibung seiner Erfahrung einer »zentralen Ordnung«. Viele Jahre später, als sein Freund Wolfgang Pauli ihn fragte, ob er an einen persönlichen Gott glaube, prägte diese Erfahrung seine Antwort:

> »Darf ich die Frage auch anders formulieren? ... Dann würde sie lauten: Kannst du, oder kann man der zentralen Ordnung der Dinge oder des Geschehens, an der ja nicht

zu zweifeln ist, so unmittelbar gegenübertreten, mit ihr so unmittelbar in Verbindung treten, wie dies bei der Seele eines anderen Menschen möglich ist? Ich verwende hier ausdrücklich das so schwer deutbare Wort ›Seele‹, um nicht missverstanden zu werden. Wenn du so fragst, würde ich mit Ja antworten.«[13]

Erwin Schrödinger drückte seine Erfahrung mit der Weltseele, die er als Teil seiner ureigenen Identität empfand, wie folgt aus:

»... so unbegreiflich es der gemeinen Vernunft scheint: du – und ebenso jedes andere bewusste Wesen für sich genommen – bist alles in allem. Darum ist dieses dein Leben, das du lebst, auch nicht ein Stück nur des Weltgeschehens, sondern in einem bestimmten Sinn das *ganze*. Nur ist dieses Ganze nicht so beschaffen, dass es sich mit *einem* Blick überschauen lässt. – Das ist es bekanntlich, was die Brahmanen ausdrücken mit der heiligen, mystischen und doch eigentlich so einfachen und klaren Formel: Tat twam asi (das bist du). – Oder auch mit Worten wie: Ich bin im Osten und im Westen, bin unten und bin oben, *ich bin diese ganze Welt.*«[14] [Hervorhebung im Original]

Albert Einstein beantwortete den Brief eines Schülers, der ihn über seine Einstellung zur Religion befragte, wie folgt:

»Andererseits erfüllt aber die Wissenschaft Jeden, der sich ernsthaft mir ihr befasst, mit der Überzeugung, dass sich in der Gesetzmässigkeit der Welt ein dem menschlichen ungeheuer überlegener Geist manifestiere, demgegenüber wir mit unseren bescheidenen Kräften demütig zurückstehen müssen. So führt die Beschäftigung mit der Wissenschaft zu einem religiösen Gefühl besonderer Art, welches sich von der Religiosität des naiveren Menschen allerdings wesentlich unterscheidet.«[15]

Diese bedeutenden Wissenschaftler befolgten in ihrer Arbeit das Prinzip der Objektivierung. Aus eigener Erfahrung wussten sie jedoch, dass Objekte, die sich durch den Raum bewegen, nicht die ganze Wirklichkeit ausmachen. Auf die eine oder andere Weise fühlten sie sich der Weltseele verbunden.

Epigraph: Plotin, *Enneaden*, IV 3.7, Band 2, S. 14.

1 Die Definition von Leben, die ich in diesem Abschnitt vorstelle, spiegelt meine eigene Auffassung wider und unterscheidet sich von der Whiteheads. Vergleiche dazu A. N. Whitehead, *Prozess und Realität*, S. 202, 204.

2 A. N. Whitehead, *Wissenschaft und moderne Welt*, S. 103.

3 L. Thomas, *Fragile Species*, S. 135.

4 A. N. Whitehead, *Wissenschaft und moderne Welt*, S. 103. (Das Zitat wurde gegenüber der deutschen Fassung von Hans Günter Holl leicht verändert. [A. d. Ü.])

5 E. Schrödinger, *Geist und Materie,* S. 67.

6 L. Weschler, *Shapinsky's Karma, Bogg's Bills,* S. 71.

7 E. Schrödinger, *Geist und Materie,* S. 59–60.

8 A. S. Eddington, *Das Weltbild der Physik,* S. 315–316.

9 G. E. R. Lloyd, *From Polarity to Analogy,* S. 233, 235, 236, 238.

10 Ebd., S. 250–251.

11 Platon, *Werke in acht Bänden, 7. Band, Timaios* 36 d–e.

12 Plotin, *Enneaden,* IV 3.7, Band 2, S. 14.

13 W. Heisenberg, *Der Teil und das Ganze,* S. 252.

14 E. Schrödinger, *Mein Leben, meine Weltsicht,* S. 71.

15 A. Einstein, *The Human Side,* S. 130.

13. Blitze des Seins

Wir wollen nun unsere Untersuchung der Eigenschaften elementarer Quantenereignisse, so wie sie sich der wissenschaftlichen Betrachtung darstellen, fortsetzen. In der Newton'schen Physik besteht Materie aus dauerhaften Objekten, den so genannten »Atomen«. In der Quantenmechanik dagegen sind die elementaren Einheiten der physikalischen Welt »Ereignisse«, die blitzartig in Erscheinung treten und ebenso schnell wieder verschwinden. Materie besteht also aus Einheiten, die nicht nur räumlich, sondern auch zeitlich diskret sind.

> »Denn wenn man nicht zunächst über die Quantentheorie entsetzt ist, kann man sie doch unmöglich verstanden haben.«
> *Niels Bohr*

Elementare Quantenereignisse: Mal sieht man sie, mal sieht man sie nicht

Wenn das Universum lebendig ist, wie sind dann seine grundlegendsten Einheiten beschaffen, jene Vorgänge, die als »elementare Quantenereignisse« in Erscheinung treten? Sind sie ebenfalls lebendig? Und was sind diese Ereignisse überhaupt?

Die letzte Frage kann unter zwei Aspekten betrachtet werden. Erstens, wie werden sie *von uns wahrgenommen*? Zweitens, was ist ihre *wahre* Natur, *unabhängig von unserer Wahrnehmung*? Während die erste Frage durchaus berechtigt ist, erscheint die zweite Frage absurd, wenn nicht sogar bar jeder Bedeutung. Wie sollte es uns möglich sein, etwas über die wahre Natur elementarer Quantenereignisse in Erfahrung zu bringen? Wie können wir überhaupt wissen, ob sie so etwas wie eine wahre Natur besitzen?

Im vorliegenden Kapitel werden wir uns mit der ersten Frage beschäftigen. Die Bedeutung oder Bedeutungslosigkeit der zweiten Frage soll in Kapitel 14, S. 286 ff., einer kritischen Bewertung unterzogen werden. Eine Antwort werden wir dann in Kapitel 15, S. 306 ff., in Angriff nehmen. Doch zunächst wollen wir herausfinden, welche Eigenschaften dieser elementaren Einheiten der Natur in physikalischen Messungen sichtbar werden.

Der Kollaps von Quantenzuständen ist ein elementarer Schöpfungsakt. Unter bestimmten Bedingungen treten elementare Quantenereignisse aus einem zugrunde liegenden Feld von Möglichkeiten heraus in Erscheinung. Im Gegensatz zu den nicht in der Raumzeit existierenden Möglichkeitsfeldern sind diese Ereignisse tatsächliche Gegebenheiten. Wie sind diese Ereignisse beschaffen?

Zunächst einmal haben elementare Quantenereignisse nur eine kurze Lebensdauer. Sie existieren lediglich als vorübergehende Blitze des Seins. *Ein elementares Quantenereignis tritt plötzlich in Erscheinung und verschwindet fast ebenso schnell wieder.* Betrachten wir erneut ein Elektron, das sich auf einen Leuchtschirm zu bewegt. Der Satz »ein Elektron bewegt sich auf einen Leuchtschirm zu« beschreibt keinen tatsächlichen Prozess in der Raumzeit. Er trifft vielmehr eine Aussage darüber, wie sich die Wahrscheinlichkeitsverteilung mit der Zeit ändert. Die Verteilung ändert sich solange, bis es plötzlich zu einem Kollaps kommt. An die Stelle des Möglichkeitsfeldes ist ein Auftreffen an einem bestimmten Ort des Leuchtschirms getreten. In diesem Augenblick *findet in der physikalischen Welt ein wirkliches Ereignis statt.* Doch schon kurze Zeit später sind wieder nur Möglichkeiten vorhanden. Gewiss, sie haben Auswirkungen auf die Atome des Leuchtschirms; sie beschleunigen die Prozesse, die schließlich dazu führen, dass ein sichtbarer Punkt auf dem Schirm erscheint. Doch diese Erscheinung hat mit vielen anderen Teilchen und vielen anderen Kollapsprozessen zu tun. Das Elektron, mit dessen Kollaps alles begann, ist aus dem Blickfeld verschwunden. Es ist wieder zu einem Feld von Möglichkeiten geworden.

Wechseln wir nun die Perspektive und betrachten den Kollaps nicht aus dem Blickwinkel des Ereignisses, sondern aus dem Blickwinkel der Möglichkeiten. Dieser kann wie folgt beschrieben werden: *Ein Kollaps ist eine plötzliche diskontinuierliche Veränderung in der ansonsten glatten, wellenartigen Entwicklung von Möglichkeiten.* Gemäß Schrödingers Gleichung ist die Entwicklung der Möglichkeiten in der Zeit fließend und kontinuierlich. Erst durch den Kollaps wird abrupt eine Unstetigkeit eingeführt. Vor dem Aufprall erstrecken sich die Möglichkeiten für das Auftreffen über den gesamten Leuchtschirm. Sobald ein Kollaps stattfindet, gibt es jedoch schlagartig keine Möglichkeit mehr, das Elektron an einem anderen Ort als dem tatsächlichen Ort des Aufpralls anzutreffen. Nachdem diese abrupte Veränderung stattgefunden hat, bildet sich erneut das Möglichkeitsfeld aus, das sich kontinuierlich entwickelt. Der plötzliche Aufprall hat dieselbe Wirkung wie ein Kieselstein, der in einen stillen Teich fällt: Wellen breiten sich aus, in diesem Fall neue Möglichkeitswellen, die kontinuierlich vom Ort des Auftreffens ausgehen.

Dieses Wechselspiel zwischen stetiger Entwicklung von Möglichkeiten und plötzlichem Kollaps ist auch ein Wechselspiel zwischen strenger Kausalität und Indeterminismus. Auf diesen subtilen, aber wichtigen Punkt wollen wir im Folgenden näher eingehen.

Kontinuierliche Entwicklung. Solange kein Kollaps stattfindet, entwickeln sich die Möglichkeitswellen gemäß einer Wellengleichung, beispielsweise entsprechend der Schrödinger-Gleichung. Wenn wir die Form einer Welle zu einem gegebenen Zeitpunkt kennen, sagt die Gleichung präzise voraus, welche Form die Welle zu einem späteren Zeitpunkt annehmen wird. Hier gibt es keine Ungewissheit, keine Zufälligkeit. Wie sich die Wellen von einem Augenblick zum nächsten verändern, ist vollkommen vorherbestimmt. Die Schwierigkeit besteht jedoch darin, dass das, was vorherbestimmt ist, gar nicht als etwas Tatsächliches in der physikalischen Welt existiert; vorherbestimmt ist vielmehr die *Wahrscheinlichkeitsverteilung für das Eintreten tatsächlicher Ereignisse*. Die vollständige Determiniertheit der Schrödinger-Wellen beseitigt daher nicht den Indeterminismus, der zutage tritt, wenn wir tatsächliche Ereignisse vorherzusagen versuchen.

Während sich ein Elektron auf einen Leuchtschirm zu bewegt, können wir für jeden Zeitpunkt seine Wahrscheinlichkeitsverteilung auf der Grundlage der Wellengleichung präzise vorhersagen. Wir wissen also *genau*, mit welcher Wahrscheinlichkeit es an den verschiedenen möglichen Orten auftreffen wird. Gleichwohl können wir den Ort seines Auftreffens selbst nicht vorhersagen.

Die durch den Kollaps eingeführte Unstetigkeit. Der Indeterminismus betrifft also den Kollaps, den Übergang vom Möglichen zum Wirklichen. Ein Ort wird ausgewählt, an dem das Elektron auf den Leuchtschirm trifft. Diese Auswahl beruht auf der Wahrscheinlichkeitsverteilung. Manche Orte sind wahrscheinlicher als andere, trotzdem gibt es keine Möglichkeit, den Ort des Auftreffens vorherzusagen.

Fassen wir noch einmal zusammen: Das, was kontinuierlich ist und sich deterministisch entwickelt, ist ein zugrunde liegendes Feld von Möglichkeiten, das als solches nicht in der tatsächlichen Welt existiert. Das, was tatsächlich existiert, und woraus die elementaren Einheiten der realen Welt bestehen, sind blitzartig in Erscheinung tretende Ereignisse, die ebenso schnell wieder verschwinden, wie sie auftauchen. Diese blitzartigen Ereignisse führen zu Unstetigkeiten in der

Entwicklung der Möglichkeiten. Darüber hinaus unterliegt es dem Zufall, an welchen Orten die Ereignisse in Erscheinung treten.

Daraus folgt, *dass sich die tatsächliche physikalische Welt aus Einheiten zusammensetzt, die nicht nur räumlich, sondern auch zeitlich diskret sind.* Die physikalische Welt besteht also aus Myriaden elementarer Quantenereignisse, die blitzartig aus einem Hintergrund von Möglichkeiten in Erscheinung treten und wieder darin verschwinden, wobei sie diskontinuierliche und unvorhersagbare Veränderungen in diesem Hintergrund auslösen.

Was ist Materie?

Wie wirkt sich diese neue Vorstellung von der Beschaffenheit der physikalischen Wirklichkeit auf unsere Auffassung von Materie aus? Wir wollen uns zu diesem Zweck noch einmal den Materiebegriff Newtons vergegenwärtigen:

> »Nach all diesen Betrachtungen ist es mir wahrscheinlich, dass Gott im Anfange der Dinge die Materie in massiven, festen, harten, undurchdringlichen und beweglichen Partikeln erschuf, von solcher Grösse und Gestalt, mit solchen Eigenschaften und in solchem Verhältniss zum Raume, wie sie zu dem Endzwecke führten, für den er sie gebildet hatte, dass ferner diese primitiven Theilchen, weil sie fest sind, unvergleichlich härter sind, als irgend welche aus ihnen zusammengesetzte poröse Körper, ja so hart, dass sie nimmer verderben oder zerbrechen können, denn keine Macht von gewöhnlicher Art würde im Stande sein, das zu zertheilen, was Gott selbst bei der ersten Schöpfung als Ganzes erschuf.«[1]

Dies ist der Materiebegriff, der unser Denken – bewusst oder unbewusst – noch immer intuitiv prägt. Trotzdem weisen die Befunde der Quantenmechanik, wie wir im vorangegangenen Abschnitt gesehen haben, darauf hin, dass Materie etwas ganz anderes ist.

Die Newton'sche Welt ist eine Welt der sich durch den Raum bewegenden Objekte. Ihre Existenz in der wirklichen Welt ist kontinuierlich. Sie beeinflussen einander, indem sie zum Beispiel durch Zug oder Druck Kräfte aufeinander ausüben. Der Begriff der Kraft ist von zentraler Bedeutung in der Newton'schen Physik, und alle Erklärungen werden aus ihm abgeleitet: Die Kraft des vor den Karren gespannten Pferdes ist der Grund dafür, dass sich der Karren den Hügel hinaufbewegt. Die Kraft des Schlägers auf den Ball bewirkt, dass der Ball durch die Luft fliegt.

In der Quantenmechanik lernen wir ein völlig anderes Weltbild kennen. Insbesondere *ist der Begriff der Kraft daraus verschwunden*. Darüber hinaus werden die wirklichen Ereignisse in der physikalischen Welt nicht einfach im Hinblick auf vorangegangene wirkliche Ereignisse, sondern als subtiles Wechselspiel zwischen Möglichem und Wirklichem erklärt. Der Newton'sche Begriff von Materie ist diesem Weltbild nicht nur fremd, sondern er widerspricht ihm geradezu.

An diesem Punkt unserer Untersuchung sind wir vielleicht noch nicht in der Lage, die Frage »Was ist Materie?« befriedigend zu beantworten. Wir ahnen jedoch, dass die »substanzielle« Natur der physikalischen Wirklichkeit, die wir im alltäglichen Leben als gegeben annehmen, für immer verschwunden ist. Was auch immer Materie sein mag, sie wird sicherlich ganz anders beschaffen sein.

Der Verlust der Identität, oder:
Die Identität liegt im Geist des Betrachters

Die Frage »Was ist Materie?« wird noch geheimnisvoller, wenn wir der Frage nach der Identität atomarer und subatomarer Teilchen nachgehen.

Betrachten wir zwei aufeinander zu fliegende Elektronen, die sich aufgrund ihrer negativen Ladungen gegenseitig abstoßen und in verschiedene Richtungen auseinander fliegen. (Sie werden vielleicht bemerkt haben, dass dieser letzte Satz dem vorigen Abschnitt zu widersprechen scheint. In diesem Kapitel, S. 276 f., wurde behauptet, dass das Weltbild der Quantenmechanik ohne den Begriff der Kraft auskommt, und hier werden nun zwei Elektronen beschrieben, die sich gegenseitig »abstoßen«. Die Verwendung des Wortes »abstoßen« ist jedoch nur eine sprachliche Abkürzung. Die korrekte Beschreibung, die sich aus der Schrödinger-Gleichung ergibt, verzichtet auf den Begriff der Kraft. Allerdings ist sie sehr umständlich und für das Anliegen dieses Abschnitts irrelevant.) Wir wollen die zwei aufeinander zu fliegenden Elektronen als Elektron 1 und Elektron 2 bezeichnen und nun den Vorgang der Streuung betrachten. Woher wissen wir, welches der auseinander fliegenden Elektronen Elektron 1 und welches Elektron 2 ist?

Die Frage nach der Identität, danach, wie man feststellen kann, ob ein Gegenstand, den man jetzt wahrnimmt, derselbe ist, den man vorher betrachtet hat, ist mindestens so alt wie die abendländische Zivilisation. Sie spielt in einer der ältesten griechischen Dichtungen, Homers *Ilias* und *Odyssee*, eine tragende Rolle. Als Odysseus nach seiner Rückkehr nach Ithaka mit Penelope zusammentrifft, steht sie vor einer schwierigen Frage: Woher weiß sie, dass dieser Mann, der behauptet Odysseus zu sein, wirklich ihr geliebter Gatte ist? Im weiteren Verlauf der Geschichte verwandelt sich die Frage allmählich in eine andere: Besitzt dieser Mann ein charakteristisches Merkmal, ein nur ihm bekanntes Wissen vielleicht, das seine zwanzigjährige Odyssee überdauert hat?

Zum Glück für Odysseus und Penelope, aber auch für uns Leser, die wir uns nach einem glücklichen Ausgang der Geschichte sehnen, wird ein solches Merkmal gefunden – die Kenntnis der Geschichte, wie Odysseus sein Ehebett baute und wo es aufgestellt wurde. Es ist für Penelope nicht leicht, ihm dieses Wissen zu entlocken. Sie tut dies auf eine Weise, die das Adjektiv »umsichtig«, mit dem der Dichter sie so häufig beschreibt, völlig rechtfertigt. Welch eine furchtbare Wendung hätte die Geschichte doch genommen, wenn sich kein entscheidender Beweis gefunden hätte und Penelope bis zu ihrem Tod an Odysseus' Identität gezweifelt hätte!

Bei der Untersuchung der auseinander fliegenden Elektronen stehen wir vor einem ähnlichen Problem: Wohnt einem der beiden Elektronen oder beiden eine Eigenschaft inne, mit deren Hilfe es möglich ist, sie voneinander zu unterscheiden? Und wenn es keine solche Eigenschaft gibt, kann man sie künstlich einführen? Können wir nicht Elektron 1 mit einem roten Punkt oder Elektron 2 mit einer kleinen Fahne markieren?

Leider hat die Odyssee der auseinander fliegenden Elektronen keinen glücklichen Ausgang. Die Antwort auf alle drei Fragen lautet: nein. Elektronen sind sehr einfache Gebilde. Sie werden von ihrer Masse, ihrer elektrischen Ladung und ihrem Spin vollständig beschrieben, und diese drei Größen sind für alle Elektronen gleich. Das einzige Unterscheidungsmerkmal könnte die Spinkomponente sein, die in eine gegebene Richtung weist, aber wenn die zwei aufeinander zu fliegenden Elektronen dieselbe Spinkomponente entlang einer Richtung besitzen, ist eine Unterscheidung ausgeschlossen. Die Idee, Elektronen zu markieren, ist offenkundig nicht durchführbar: Elektronen sind die kleinsten, einfachsten Teilchen, die es gibt, und selbst wenn es möglich wäre, sie zu kennzeichnen, so bliebe diese Kennzeichnung nicht ohne Auswirkung.

An diesem Punkt machen sich vielleicht nagende Zweifel bemerkbar: Stellen wir überhaupt die richtige Frage? Wenn es noch nicht einmal prinzipiell möglich ist, der Identität einzelner Elektronen nachzuspüren, dann gibt es sie vielleicht gar nicht. Vielleicht ist ja der Begriff der Identität auf der Ebene der Elementarteilchen bedeutungslos!

Wir wollen uns mit dieser Möglichkeit auseinander setzen. Angenommen, die zwei aufeinander zu fliegenden Elektronen sind gerade von »Elektronenkanonen« ausgesandt worden, wo ihr Vorhandensein experimentell nachgewiesen wurde (eine Elektronenkanone ist im Wesentlichen ein Metalldraht, der bei Erwärmung Elektronen emittiert). Nachdem sie sich gegenseitig abgestoßen haben, werden sie von Detektoren, zum Beispiel Leuchtschirmen, absorbiert, wo sie wiederum durch eine Messung ihres Ortes nachgewiesen werden. Wir haben es hier also mit vier elementaren Quantenereignissen zu tun, die blitzartig aus einem Hintergrund von Möglichkeiten in Erscheinung treten (zwei am Ort der Elektronenkanonen, zwei am Ort der Detektoren). Dem mathematischen Formalismus der Quantenmechanik zufolge verschmelzen bei der Wechselwirkung zweier Elektronen ihre Möglichkeitsfelder zu einem. Das gemeinsame Feld bestimmt die Wahrscheinlichkeitsverteilung für alle möglichen Konfigurationen der beiden Elektronen, aber es wird keine Unterscheidung zwischen ihnen getroffen. Die Vorstellung einer fortbestehenden Identität existiert allein in unserem Geist. In der Realität gibt es nichts, was dieser Vorstellung entsprechen würde. Analog zum Sprichwort, die Schönheit liegt in den Augen des Betrachters, könnte man sagen, die Identität liegt im Geist des Beobachters.

Die folgende Analogie soll dies veranschaulichen: Sie sitzen im Kino und schauen sich einen künstlerischen Zeichentrickfilm an. Der Regisseur, ein Minimalist, experimentiert mit den Gestaltungsmöglichkeiten von zwei kleinen bewegten Kreisen auf der Leinwand. Zunächst folgen Sie dem Film mit mäßigem Interesse. Nach einer Weile bemerken Sie jedoch etwas Merkwürdiges: Wenn die zwei Kreise weit voneinander entfernt sind, haben Sie keine Schwierigkeit, sie auseinander zu halten. Wenn sich die Kreise jedoch einander nähern und sehr schnell bewegen, ist dies nicht länger möglich. Dies ärgert Sie ein wenig. Die Kreise überschneiden sich und streben dann wieder auseinander. Sie wünschten, Sie könnten die Kreise auseinander halten.

Als Sie das Kino verlassen, wird Ihnen die Absurdität dieses Wunsches bewusst. Schließlich besteht der Film aus vielen aufeinander folgenden Einzelbildern. Auf jedes zeichnete der Künstler zwei kleine Kreise. Die Kreise sind also auf jedem Bild neu. Die Frage der Identität, über die Sie sich ärgerten, ist somit nichts als ein Hirngespinst, das möglicherweise aus dem Wunsch heraus entstand, Muster zu sehen, wo keine sind. Vielleicht hat der Künstler die Kreise sogar absichtlich so angeordnet, dass der Betrachter nach solchen Mustern Ausschau hielt. Dies ändert aber nichts an der Tatsache, dass der Film aus vielen Einzelbildern besteht und dass es in Wirklichkeit nichts gibt, was die Kreise der aufeinander folgenden Bilder miteinander verbindet. Wenn Sie denselben Film in Zeitlupe ansehen, etwa mit einer Geschwindigkeit von einem Bild pro Sekunde, lässt sich dies leicht erkennen.

In der Welt der Elementarteilchen gibt es also streng genommen nur einen einzigen allumfassenden Hintergrund von Möglichkeiten, aus dem heraus einzelne Elektronen, Protonen, Photonen usw. blitzartig in Erscheinung treten. Unter bestimmten Bedingungen, wenn zum Beispiel in einem kleinen Raumgebiet, in dem sonst nichts geschieht, nacheinander mehrere Elektronen in Erscheinung treten, erwecken diese aufeinander folgenden blitzartigen Erscheinungen vielleicht den Eindruck, es handele sich um »dasselbe« Elektron. Aufgrund der Beschränkungen, die uns unsere Sprache auferlegt, mag es sogar notwendig sein, einen solchen Ausdruck zu benutzen. Grundsätzlich ist es jedoch ebenso bedeutungslos, von »demselben« Elektron zu sprechen, wie es unsinnig ist, von »demselben« kleinen Kreis in dem Film zu reden.

Ist diese Art der Betrachtung von Quantenprozessen lediglich ein Vorschlag, den man je nach Lust und Laune befolgen kann, oder kommt ihr eine grundsätzlichere Bedeutung zu? Schließlich ist es nicht so leicht, sich mit der Vorstellung anzufreunden, dass Elektronen keine Identität besitzen und jedes elementare Quantenereignis die Erscheinung eines neuen Elektrons ist. Es zeigt sich jedoch, dass genau dies experimentell bewiesen werden kann und auch schon bewiesen wurde! Die tatsächlichen Experimente sind ziemlich kompliziert, doch kann die zugrunde liegende Idee an einem idealisierten, vereinfachten Beispiel verdeutlicht werden. Auch wenn unser Beispiel nicht realistisch ist, entspricht es vom gedanklichen Ansatz den tatsächlich durchgeführten Experimenten.

Betrachten wir zwei Photonen, die sich in dem Sinne zusammen bewegen, dass ihre Wahrscheinlichkeitsverteilungen im Raum übereinstimmen. Alle Photonen besitzen einen Spin, und die Spinkomponente entlang der Bewegungsrichtung kann in eine von zwei Richtungen weisen: Sie kann entweder mit der Bewegungsrichtung übereinstimmen oder entgegengesetzt gerichtet sein. In dem einen Fall ist die Spinkomponente also »vorwärts«, in dem anderen »rückwärts« gerichtet.

Nehmen wir an, dass keine der beiden Ausrichtungen der Spinkomponente bevorzugt ist (das heißt, dass beide Ausrichtungen gleich wahrscheinlich sind) und nehmen wir weiter an, dass die Richtung der Spinkomponente des einen Photons keine Auswirkung auf die Richtung der anderen hat. Wenn zum Beispiel die Spinkomponente des einen Photons nach vorn gerichtet ist, dann ist die Wahrscheinlichkeit, dass die Spinkomponente des anderen Photons nach vorn (oder nach hinten) gerichtet ist, immer noch 50 Prozent.

Wir wollen nun die folgende Frage untersuchen: Wie hoch ist die Wahrscheinlichkeit, dass beide Spinkomponenten nach vorn gerichtet sind?

Die Antwort sollte nicht schwer fallen. Es gibt vier mögliche Konfigurationen (siehe Tabelle). Da alle vier Anordnungen gleich wahrscheinlich sind, ist die Wahrscheinlichkeit jeder Konfiguration – einschließlich jener, dass beide Spinkomponenten vorwärts gerichtet sind – ein Viertel.

Photon 1	Photon 2	Konfiguration	Wahrscheinlichkeit
vorwärts gerichtet	vorwärts gerichtet	vorwärts-vorwärts	$\frac{1}{4}$
vorwärts gerichtet	rückwärts gerichtet	vorwärts-rückwärts	$\frac{1}{4}$
rückwärts gerichtet	vorwärts gerichtet	rückwärts-vorwärts	$\frac{1}{4}$
rückwärts gerichtet	rückwärts gerichtet	rückwärts-rückwärts	$\frac{1}{4}$

So einleuchtend und einfach dies erscheinen mag, ist es doch nicht richtig. Warum? Es ist falsch, weil die der Tabelle zugrunde liegende Annahme falsch ist. Wir haben angenommen, dass wir es hier mit zwei Photonen zu tun haben, von denen jedes seine Identität beibehält. Da sie ihre Identität beibehalten, unterscheidet sich die Konfiguration »Photon 1 vorwärts gerichtet; Photon 2 rückwärts gerichtet« von der Konfiguration »Photon 1 rückwärts gerichtet; Photon 2 vorwärts gerichtet«. In Wirklichkeit gibt es jedoch nicht »das« Photon 1 und »das« Photon 2. Folglich gibt es nur drei mögliche Konfigurationen: beide Spinkomponenten sind vorwärts gerichtet; beide sind rückwärts gerichtet, eine ist vorwärts und eine rückwärts gerichtet. Diese Konfigurationen sind gleichermaßen wahrscheinlich, so dass die Wahrscheinlichkeit für jede ein Drittel beträgt.

Zu Beginn dieses Abschnitts verglichen wir den glücklichen Ausgang der *Odyssee* mit dem traurigen Ausgang unserer Geschichte von den zwei auseinander fliegenden Elektronen. Nun erkennen wir, dass die Geschichte der Elektronen nicht notwendigerweise traurig enden muss. Ein Happyend kann erreicht werden, wenn wir aufhören, nach etwas zu suchen, was nicht da ist. Die Identität des Odysseus ist nicht gleichbedeutend mit der Identität der Teilchen, aus denen sein Körper besteht. Vielmehr ist seine Identität mit dem zwischen diesen Teilchen bestehenden komplexen Beziehungsmuster verknüpft, dessen Einmaligkeit daran ersichtlich ist, dass eine bestimmte Erinnerung auch nach zwanzig Jahren noch vorhanden ist, obwohl sich so viel verändert hat. Dagegen sind die Elementarteilchen nichts anderes als vorübergehend aufflackernde Blitze des Seins. Es mangelt ihnen nicht nur an einer kontinuierlichen physischen Existenz, ja sie sind noch nicht einmal durch den Faden der Identität miteinander verknüpft.

Wir wollen noch einmal zusammenfassen, was wir über elementare Quantenereignisse, so wie sie sich uns in Messungen darstellen, aussagen können. Diese blitzartig in Erscheinung tretenden Ereignisse sind sowohl räumlich als auch zeitlich zerstückelt. Sie treten aus einem Hintergrund von Möglichkeiten hervor und gehen wieder in ihm auf, wobei jede einzelne Erscheinung eine eigene Identität besitzt. Jedes elementare Quantenereignis ist vollkommen neu.

Damit haben wir die Grenze dessen erreicht, was durch die Beobachtung elementarer Quantenereignisse in Erfahrung gebracht werden kann. Können wir über dieses Wissen hinausgehen? Können wir etwas über die wahre Natur von Quantenereignissen erfahren?

Epigraph: Zitiert in: W. Heisenberg, *Der Teil und das Ganze,* S. 241.

  1 I. Newton, *Optik, oder Abhandlung über Spiegelungen, Brechungen, Beugungen und Farben des Lichts,* S. 266.

14. Die Formulierung der Erkenntnis

Können wir über die wissenschaftliche Erkenntnisweise hinausgehend etwas über das wahre Wesen der kleinsten Bestandteile des Universums erfahren? Platon lehrt uns, dass es verschiedene Stufen der Erkenntnis gibt, die auf verschiedenen Wegen erreichbar sind, etwa durch diskursives Denken oder durch Kontemplation. Die Schlussfolgerungen des diskursiven Denkens, das im Subjekt-Objekt-Modus erfolgt, lassen Raum für Zweifel. Die Kontemplation transzendiert den Subjekt-Objekt-Modus. Die Erkenntnisse, die aus ihr hervorgehen, zeichnen sich durch ein Gefühl höchster Gewissheit aus. Wird eine solche Einsicht jedoch formuliert, geht diese Gewissheit verloren. Trotzdem kann die Verbindung von Kontemplation und diskursivem Denken Ergebnisse hervorbringen, die zur Schaffung großartiger begrifflicher Strukturen führen.

> »Die Funktion der Einsicht führt zu einem transzendenten Inhalt, der, wenn er auf ein interpretatives System reduziert wird, der Relativität jedes Subjekt-Objekt-Bewusstseins unterworfen ist. Aus diesem Grund kann es so etwas wie eine unfehlbare Interpretation nicht geben. Wir müssen somit zwischen der Einsicht und ihrer Formulierung unterscheiden.«
> *Franklin Merrell-Wolff*

Die Erfahrung des Wirklichen, oder: Unbegrenzte Erkenntnis

In Kapitel 10, S. 228 ff., fasste Julie Heisenbergs Schilderung seiner auf Schloss Prunn gemachten Erfahrung einer zentralen Ordnung zusammen: »Während er [Heisenberg] den vielen Rednern zuhörte, die verschiedene Arten von Ordnung vorschlugen, hatte er das Gefühl, dass es sich bei allen diesen Ordnungen lediglich um Teilordnungen handelte, ›um Bruchstücke, die sich aus dem Verband der zentralen Ordnung gelöst hatten‹. Doch so sehr er sich auch bemühte, gelang es ihm nicht, ›aus dem Dickicht der widerstreitenden Meinungen einen Weg in den zentralen Bereich zurückzufinden‹. Bis hierhin handelt es sich um diskursives Denken. Dann geschah etwas: Ein junger Mann begann, auf der Geige die Chaconne von Bach zu spielen. ›Da war die Verbindung zur Mitte auf einmal unbezweifelbar hergestellt.‹«

Heisenberg berichtet davon, dass ihm in diesem Augenblick etwas »unbezweifelbar« klar wurde, doch was dies war, konnte er uns nicht mitteilen. Auch James Franck, der Bohr in einem Zustand der geistigen Versenkung beschreibt (Kapitel 10, S. 236), beendet seine Beschreibung mit folgender Aussage: »Doch plötzlich kam ein Leuchten über ihn, ein Funke blitzte auf, und er sagte: ›Jetzt verstehe ich.‹« Mit dem Satz »Jetzt verstehe ich« endet die Geschichte. Und dies ist bedeutsam, denn niemand von den Gründungsvätern der Quantenmechanik liebte das Gespräch mehr als Bohr, und trotzdem konnte nicht einmal er mitteilen, was es war, was er verstanden hatte!

Was ist der Grund für diese Unfähigkeit der Kommunikation? Wenn wir miteinander kommunizieren, tun wir dies im Modus der Objektivierung; wir sprechen über »etwas«. Wenn wir im nichtobjektivierenden Modus der Kontemplation, der geistigen Versenkung, zu einer tiefen Einsicht gelangen, dann ist diese Einsicht der Kommunikation im Subjekt-Objekt-Modus nicht zugänglich und es scheint keine Möglichkeit zu geben, anderen unsere Erkenntnis mitzuteilen.

Tiefe der Erkenntnis und Schwierigkeit der Kommunikation scheinen miteinander verknüpft zu sein. Heisenberg, einer der kritischsten und strengsten Denker des 20. Jahrhunderts, behauptete, die Verbindung zur »zentralen Ordnung« gefunden zu haben, und dessen war er sich absolut sicher. Seine Äußerung machte er übrigens nicht etwa in der Aufregung des Augenblicks, sondern erst dreißig Jahre später. Ich sehe keinen Grund, an Heisenbergs impliziter Behauptung zu zweifeln, Sinneseindrücke im Subjekt-Objekt-Modus seien nicht der einzige Zugang zu Erkenntnis. *Die Verbindung zur zentralen Ordnung oder das wahre Wesen der Wirklichkeit können in einem Augenblick der Einsicht erfahren werden, in dem der Subjekt-Objekt-Modus transzendiert ist.*

Der Ausdruck »Wahrnehmung im Subjekt-Objekt-Modus« bezeichnet einen Wahrnehmungsakt, in dem ich mir eines Objekts bewusst werde. Das Objekt kann äußerlicher Art sein, wie zum Beispiel ein Stern oder ein Floh, aber es kann auch innerlicher Art sein, wie zum Beispiel ein Gedanke oder ein Gefühl. In beiden Fällen handelt es sich um eine »Wahrnehmung im Subjekt-Objekt-Modus«, weil ich, das Subjekt, mir das Objekt als ein von mir getrenntes Ding bewusst mache.

Die verschiedenen Erkenntnisweisen werden von Platon in seinem Buch *Der Staat* behandelt. Gegen Ende des sechsten Buches lässt er Sokrates zwischen verschiedenen Arten der Erkenntnis unterscheiden. So beginnt Sokrates damit, Glaukon die Unterschiede zwischen der Erkenntnis der sinnlich wahrnehmbaren Welt und der Erkenntnis des nur durch den Verstand Einsehbaren zu erklären. Als Nächstes unterscheidet er zwischen zwei Arten der Erkenntnis des nur durch den Verstand Einsehbaren. Die erste Art werde durch die Geometrie veranschaulicht: Man beginnt mit gewissen Hypothesen, oder Axiomen, und untersucht dann die daraus ableitbaren Folgerungen. Bei dieser Erkenntnisweise seien die Axiome selbst nicht Gegenstand der Untersuchung. Platon formuliert dies so:

»Ich denke, du weißt, dass die Leute, die sich mit Geometrie und Rechnungen und ähnlichen Dingen beschäftigen, von bestimmten Voraussetzungen ausgehen. Bei jedem Beweisgang nehmen sie das Ungerade und das Gerade, die Figuren und die drei Arten von Winkeln und anderes, was damit verwandt ist, und legen es, als ob sie darüber Bescheid wüssten, ihrer Untersuchung zugrunde. Dabei denken sie nicht daran, sich und anderen darüber Rechenschaft zu geben, da diese Dinge ja jedem klar seien. Von diesen Grundlagen aus leiten sie nun gleich das weitere ab und gelangen schließlich folgerichtig zu dem, worauf sie es mit ihrer Untersuchung abgesehen hatten.«[1]

Dann verweist Platon darauf, dass bei solchen Untersuchungen sichtbare Gestalten zu Hilfe genommen werden. Um zum Beispiel Sätze in der Geometrie zu beweisen, zeichnet man Dreiecke, Rechtecke und andere geometrische Figuren. Diese würden aber nur als Bilder verwendet, während man jenes zu erblicken suche, das man auf keine andere Weise erblicken könne als mit dem vernünftigen Nachdenken. Diese erste Art der Erkenntnis, die wir als »diskursives Denken« bezeichnet haben, wird dann wie folgt charakterisiert:

> »Von dieser Art also sagte ich, sie sei zwar einsehbar, aber die Seele müsse sich bei ihrer Erforschung auf Voraussetzungen stützen. Sie gehe nicht auf den Anfang zurück, da sie nicht imstande sei, über die Voraussetzungen nach oben hin hinauszugehen, brauche hingegen als Bilder diejenigen Dinge, die ihrerseits durch das noch tiefer Stehende [die sichtbaren Gestalten] wieder abgebildet werden und die im Vergleich zu jenem als leibhaftig gelten und geschätzt werden.«

Die erste Art wird dann der zweiten und höheren Art der Erkenntnis, die wir als »Kontemplation« bezeichnet haben, gegenübergestellt:

»Nun merke auch, was ich mit dem zweiten Abschnitt des Einsehbaren meine. Es ist das, was die vernünftige Rede (Logos) selbst (d. h. ohne die Hilfe von Bildern) mit dem Vermögen der Auseinandersetzung (Dialektik) anrührt. Sie verwendet die Voraussetzungen nicht als Anfänge, sondern wirklich nur als Unterlagen, gleichsam als Stufen und Ansätze, *um bis zum Voraussetzungslosen, zum Anfang des Alls vorzudringen,* ihn anzurühren und dann wieder, im Anschluss an das, was von ihm ausgeht, zum Ende herabzusteigen. Dabei nimmt sie überhaupt nichts Wahrnehmbares zu Hilfe, sondern nur die Ideen selbst, schreitet so von Idee zu Idee und endet auch bei Ideen.« [Hervorhebungen hinzugefügt]

Das diskursive Denken erfolgt im Subjekt-Objekt-Modus. Wir haben dabei die sichtbaren Gestalten, die als Bilder verwendet werden, und die auf sie bezogenen nur durch den Verstand einsehbaren Ideen als geistige Objekte vor Augen. Wenn wir zum Beispiel über den Satz des Pythagoras nachdenken, stellen wir uns ein rechtwinkliges Dreieck vor und betrachten die Längen seiner Seiten. Bei der Kontemplation dagegen verhält es sich anders. Anstatt ein geistiges Objekt zu betrachten, dringen wir zu dem vor, was keiner Voraussetzung bedarf, »zum Anfang des Alls«. Durch das Überschreiten des Subjekt-Objekt-Modus wird, wie Heisenberg es ausdrückte, die Verbindung zur zentralen Ordnung hergestellt.

In dem Bemühen, diese höhere Art der Erkenntnis zu begreifen, sind wir vielleicht geneigt, uns der Antwort Glaukons auf Sokrates' Ausführungen anzuschließen: »»Ich verstehe das freilich nicht ganz‹, sagte er; ›denn du redest da offenbar von einer gewaltigen Aufgabe.‹«

Wenn es möglich ist, durch eine solch höhere Art der Erkenntnis zu tieferen Einsichten zu gelangen, ist es dann wirklich unmöglich, sie mitzuteilen? Dies hängt davon ab, was wir unter »mitteilen« verstehen. Den ganzen Tag teilen wir anderen Informationen, Gedanken und Gefühle mit. Die Kommunikation tiefer Wahrheiten kann jedoch nicht auf dieselbe Weise stattfinden. Die Rezeption solcher Wahrheiten setzt voraus, dass der Empfänger in der Lage ist, sie zu erfassen, das heißt, dass er oder sie bereit ist, den Subjekt-Objekt-Modus zu transzendieren. Eine solche Kommunikation ist also keine Mitteilung von Information, sondern die Kommunikation einer Erfahrung. Selbst wenn eine solche Kommunikation prinzipiell möglich ist, kann sie doch durch Beschränkungen, die im Empfänger begründet sind, unmöglich sein. Dieser letzte Aspekt ist weder sehr tief schürfend noch ist es schwer, ihn zu akzeptieren: Wenn Heisenberg zum Beispiel nicht seine Erfahrung auf Schloss Prunn, sondern den mathematischen Formalismus der Quantenmechanik hätte mitteilen wollen, wäre er dazu in der Lage gewesen? Immerhin wäre beim Empfänger eine langjährige mathematische Ausbildung erforderlich, um diesen Formalismus zu verstehen, die meisten von uns aber besitzen nicht die entsprechende Vorbildung.

Große wissenschaftliche Entdeckungen beruhen ebenso wie große Kunstwerke auf transzendenten Erfahrungen. In gewissem Sinne verweisen sie sogar auf die ihnen zugrunde liegenden ursprünglichen Erfahrungen. Betrachten wir zum Beispiel Mozarts Erfahrung beim Komponieren einer Symphonie. Seine Erfahrung muss sich von meiner Erfahrung als Zuhörer wesentlich unterscheiden. Trotzdem überträgt sich, während ich der Musik lausche, etwas von seiner Erfahrung auf mich, besonders *wenn ich mit höchster Aufmerksamkeit zuhöre*. Allerdings bleibt selbst dann der tief greifende Unterschied zwischen Mozarts Erfahrung beim Komponieren einer Symphonie und meiner Erfahrung beim Zuhören bestehen. Schilderungen von der Entstehung großer Kunstwerke wie auch von wissenschaftlichen Entdeckungen weisen darauf hin, dass man in solchen Augenblicken mit der noumenalen Welt, der Welt des nur mit dem Geist zu Erkennenden, in Verbindung steht. Meine Erfahrung des Zuhörens findet mehr oder weniger im Subjekt-Objekt-Modus statt. Während ich der Musik lausche, habe ich die meiste Zeit über das Gefühl, dass die Musik von »außen« kommt und ich sie »hier« empfange. Allerdings gilt dies nur mit der Einschränkung »mehr oder weniger« und »die meiste Zeit über«. Wenn meine Aufmerksamkeit gelöst und zugleich höchst konzentriert ist, gibt es Augenblicke, in denen der Subjekt-Objekt-Modus ausgelöscht wird. Solche Augenblicke rufen ein Glücksgefühl hervor. Es ist so, als würde durch sie eine Verbindung, und sei sie noch so flüchtig, zur Erfahrung der Musik hinter der Musik hergestellt, zur wahren Musik jenseits der wahrgenommenen Klänge.

Es scheint also, dass die Partitur einer Mozart-Symphonie *die Projektion einer Erfahrung von der Ebene des nicht-objektivierten Einsseins auf die Ebene der gewöhnlichen Erfahrung in Raum und Zeit – der Erfahrung im Subjekt-Objekt-Modus – darstellt.* Von der Ebene des Einsseins fließt etwas auf die Ebene der Erfahrung der Phänomene über. Dadurch überträgt sich etwas von der Erfahrung oder von der Erkenntnis des Einen auf die darunter liegende Ebene, aber immer nur so viel, wie diese Ebene aufnehmen kann. Die niedrigere Erfahrung kann wiederum auf die höhere Ebene verweisen, so dass unter der Voraussetzung, dass man innerlich bereit ist und die Aufmerksamkeit geschärft genug ist, eine Verbindung zwischen den zwei Arten der Erfahrung hergestellt werden kann.

Die Formulierung einer Einsicht, oder:
Begrenzte Erkenntnis

Das Prinzip, das wir gerade am Beispiel der Musik erörtert haben, scheint auch für die Erfahrung von Einsicht im wissenschaftlichen Bereich zu gelten. Eine Erfahrung der Einsicht überwindet den Subjekt-Objekt-Modus. Obwohl sie sich der Beschreibung entzieht, kann sie zur Entstehung einer wissenschaftlichen Theorie führen, die eng mit dieser Erfahrung verknüpft ist. Ein Beispiel dafür ist Heisenbergs Schilderung seiner Entdeckung des Unschärfeprinzips.

Führen wir uns noch einmal die wesentlichen Schritte dieser Entdeckung vor Augen. Während seines Aufenthalts an Bohrs Institut in Kopenhagen bemühte sich Heisenberg um die Auflösung eines scheinbaren Widerspruchs zwischen der mathematischen Formulierung der Quantenmechanik und einer experimentellen Tatsache, die damit unvereinbar schien. Die mathematische Formulierung ließ die Existenz kontinuierlicher Elektronenbahnen nicht zu, obwohl Heisenberg, wenn er die Aufnahmen der Nebelkammer betrachtete, die Bahn des Elektrons beobachten konnte. Mit diesem Problem rang er monatelang, bis er sich eines Abends an sein Gespräch mit Einstein und an dessen Äußerung erinnerte: »Erst die Theorie entscheidet darüber, was man beobachten kann.«

»Es war mir sofort klar, dass der Schlüssel zu der so lange verschlossenen Pforte an dieser Stelle gesucht werden müsse. Daher unternahm ich noch einen nächtlichen Spaziergang durch den Fälledpark, um mir die Konsequenzen der Einstein'schen Äußerung zu überlegen. Wir hatten ja immer leichthin gesagt: die Bahn des Elektrons in der Nebelkammer kann man beobachten. Aber vielleicht war das, was man wirklich beobachtet, weniger. Vielleicht konnte man nur eine diskrete Folge von ungenau bestimmten

293

Orten des Elektrons wahrnehmen. Tatsächlich sieht man ja nur einzelne Wassertröpfchen in der Kammer, die sicher sehr viel ausgedehnter sind als ein Elektron. Die richtige Frage musste also lauten: Kann man in der Quantenmechanik eine Situation darstellen, in der sich ein Elektron ungefähr – das heißt mit einer gewissen Ungenauigkeit – an einem gegebenen Ort befindet und dabei ungefähr – das heißt wieder mit einer gewissen Ungenauigkeit – eine vorgegebene Geschwindigkeit besitzt, und kann man diese Ungenauigkeiten so gering machen, dass man nicht in Schwierigkeiten mit dem Experiment gerät? Eine kurze Rechnung nach der Rückkehr ins Institut bestätigte, dass man solche Situationen mathematisch darstellen kann und dass für die Ungenauigkeiten jene Beziehungen gelten, die später als Unbestimmtheitsrelationen der Quantenmechanik bezeichnet worden sind.«[2] [Hervorhebungen hinzugefügt]

Heisenbergs Schilderung zufolge sind *die bahnbrechende Erkenntnis und die Formulierung dieser Erkenntnis zwei zeitlich getrennte Ereignisse.* Der Durchbruch wurde ermöglicht, als sich Heisenberg plötzlich an Einsteins Äußerung erinnerte: »Erst die Theorie entscheidet darüber, was man beobachten kann.« Nachdem ihm schlagartig klar geworden war, »dass der Schlüssel zu der so lange verschlossenen Pforte an dieser Stelle gesucht werden müsse«, stellte Heisenberg weitere Überlegungen und einige Berechnungen an. Erst danach war er in der Lage, das Unschärfeprinzip zu formulieren. Dies veranschaulicht auf wunderbare Weise die Beziehung zwischen der nicht-objektivierten *Erfahrung* der Einsicht und ihrer Projektion auf das herrschende Paradigma. Heisenbergs Darstellung verdeutlicht auch, dass es für die Formulierung einer tiefen Einsicht nicht ausreicht, sie erfahren zu haben – die Formulierung kann nicht in einem geistigen Vakuum erfolgen. Im Fall der Wissenschaft muss irgendein Element, oder müssen mehrere Elemente, dieser unbeschreiblichen Erfahrung mit Worten oder Formeln ausgedrückt werden, und diese Formulierung muss mit den bekannten Fakten übereinstimmen und in einem sinnvollen Zusammenhang mit den Formulierungen anderer bedeutender Einsichten stehen. Heisenberg musste nun also nachweisen, dass sein neu formuliertes Prinzip weder den Nebelkammeraufnahmen noch beliebigen Gedankenexperimenten, die er sich vorzustellen versuchte, widersprach.

Am Ende des vorigen Kapitels wurde die Frage aufgeworfen, worin die wahre Natur elementarer Quantenereignisse besteht, das heißt, was sie an sich, unabhängig vom Beobachter sind? Wenn die Gesamtheit unserer Erfahrungen auf Wahrnehmungen und Beobachtungen im Subjekt-Objekt-Modus beschränkt wäre, müsste die Antwort lauten, dass wir keine Möglichkeit haben, dies in Erfahrung zu bringen. Die Ergebnisse des vorliegenden Kapitels legen jedoch einen anderen Schluss nahe.

Eine Erfahrung der Einsicht kann zu einer unmittelbaren Erkenntnis der Wirklichkeit an sich führen, einer Erkenntnis, die mit dem Gefühl höchster Gewissheit verbunden ist. Dieses Wissen lässt sich nicht begrifflich ausdrücken. Eine begriffliche Formulierung kommuniziert nur Teilaspekte dieser Erkenntnis. Selbst wenn eine solche Formulierung einen Paradigmenwechsel einleitet, ist der sprachliche Ausdruck dieses Wandels eng mit der Kultur und den vielen implizit darin enthaltenen Paradigmen verknüpft. Die Formulierung zeichnet sich also nicht mehr durch die Gewissheit der Erfahrung aus.

Die Stellung des spekulativen Denkens

Ist es demnach sinnlos, sich mit ontologischen Fragen zu befassen, das heißt zu versuchen, das, was etwas an sich ist, begrifflich auszudrücken? Ist es eine Zeitverschwendung, sich um die Beantwortung der Frage »Was ist die wahre Natur elementarer Quantenereignisse?« zu bemühen? Keineswegs. Ebenso wie das aufmerksame Hören einer Mozart-Symphonie eine Verbindung zu der noumenalen Erfahrung herstellen kann, die ihr zugrunde liegt, kann uns der Versuch, die Formulierung einer Einsicht durch geistige Versenkung zu verstehen, der Erfahrung dieser Einsicht und dem damit verbundenen Gefühl höchster Gewissheit näher bringen.

Es gibt viele Schilderungen transzendenter Erfahrungen, die zu wichtigen Entdeckungen führten. Die Formulierung einer Entdeckung setzt jedoch voraus, dass die Äußerung einer Einsicht mit anderen relevanten Einsichten, Theorien und Fakten zu kohärenten begrifflichen Strukturen verwoben wird – ein Prozess, der spekulatives Denken erfordert. Hypothesen, die als Ergebnis eines solchen Prozesses entwickelt werden, übernehmen bei der Schaffung eines Gedankengebäudes oft eine vereinheitlichende Funktion. Diesen Ansatz verfolgte zum Beispiel Alfred North Whitehead bei der Formulierung seiner berühmten »Prozessphilosophie«, mit der wir uns im nächsten Kapitel beschäftigen werden.

Die schöpferische Verknüpfung von Einsichten, Spekulationen und diskursivem Denken kann in eine ontologische Beschreibung münden, aber sie muss es nicht. Für Heisenberg führte sie tatsächlich zu einer ontologischen Interpretation der Quantenmechanik. Für Niels Bohr dagegen führte sie zur Leugnung der Existenz einer »Quantenwelt« und zur Einführung komplementärer Beschreibungsweisen zur Erfassung der »ganzheitlichen Phänomene«, die bei Quantenmessungen in Erscheinung treten. Dies zeigt, dass sich die

Gewissheit, die man bei der Erfahrung einer Einsicht empfindet, nicht in ihren begrifflichen Formulierungen widerspiegelt.

Whiteheads »Prozessphilosophie« ist keine Interpretation der Quantentheorie. Sie ist vielmehr ein umfassendes philosophisches System, von dem sich herausgestellt hat, dass es mit den Ergebnissen der Quantenmechanik in erstaunlicher Übereinstimmung steht. Ihre Lehrsätze werden uns in die Lage versetzen, zu einem tieferen Verständnis der Natur elementarer Quantenphänomene und ihrer Rolle als »Atome der Wirklichkeit« zu gelangen. Bevor wir uns Whitehead zuwenden, wollen wir jedoch noch einmal unsere Freunde, Peter und Julie, besuchen.

Peters Zorn

Mein nächstes Treffen mit Julie und Peter fand in Paris statt, wo sie an einem Internationalen Symposium zum Thema »Statistische Methoden zur Bewertung der Wahrscheinlichkeit von Zusammenstößen mit Weltraumschrott in der interstellaren Raumfahrt« teilnahmen. Ich begrüßte sie kurz und gab ihnen Kopien der seit unserer letzten Begegnung neu hinzugekommenen Kapitel meines Buches. Dann verabredeten wir uns für den nächsten Tag in einem Straßencafé.

Als ich das Café betrat, waren Julie und Peter bereits da. Peter saß mit dem Rücken zu mir, doch an seiner Gestik konnte ich erkennen, dass er sehr aufgebracht war. Julie versuchte ihn zu beschwichtigen. Als ich näher kam, hörte ich, was er sagte.

»Das ist doch völliger Unsinn! Für wen hält er sich? Siehst du denn nicht, wie lächerlich und borniert das Ganze ist? Ich will damit nichts zu tun haben.«

»Psst, Peter!« Soeben hatte Julie mich erblickt. Sie wollte nicht, dass Peter meine Gefühle verletzte. Ich ging zum Tisch und begrüßte sie so unbefangen wie möglich, neugierig, worum es bei dem Streit ging. Ich brauchte nicht lang zu warten.

»Da bist du ja!« Peter versuchte gar nicht erst, seine Geringschätzung zu verbergen. »Kannst du mir erklären, was das hier soll?« fragte er und hielt mir die Kopien entgegen, die ich ihm am Vortag gegeben hatte. »Das ist absoluter Unsinn! Ich kann kaum glauben, dass du so etwas wirklich geschrieben hast! Ich will damit jedenfalls nichts mehr zu tun haben. Ich steige aus deinem Buch aus!«

Ich war verletzt und belustigt zugleich und wusste nicht, welches Gefühl stärker war. »Mein lieber Peter«, sagte ich. »Bevor du einen so drastischen Schritt tust, beruhige dich doch erst einmal und sag mir, was deinen Zorn erregt hat?«

»Na gut, ich werde es dir sagen.« Er beruhigte sich, aber nur ein wenig. »Wenn du das hier veröffentlichst, machst du dich zum Gespött der wissenschaftlichen Welt. Schau dir nur das letzte Kapitel, Kapitel 14, an. In einem einzigen kurzen Unterkapitel, S. 286 ff., erhebst du den Anspruch, das zentrale Problem der Erkenntnistheorie gelöst zu haben! Und in einem weiteren kurzen Unterkapitel, S. 293 ff., »löst« du auf dieselbe Weise das Problem der Transzendenz des Subjekt-Objekt-Modus! Und in Kapitel 12 versuchst du, mich davon zu überzeugen, dass dieser Tisch hier lebendig ist! Mein Freund, du bist ein guter Physiker. Auf dem Gebiet der Quantenphysik kennst du dich aus. Solange du darüber geschrieben hast, war alles in Ordnung. Warum beschränkst du dich nicht auf dein Fachgebiet?«

»Du meinst die Physik?«

»Nein, nicht einmal die ganze Physik. Auf dein Spezialgebiet innerhalb der Physik. Zum Beispiel könntest du wahrscheinlich keinen vernünftigen Vortrag auf diesem Symposium halten, an dem Julie und ich teilnehmen, weil du nichts über die statistischen Methoden zur Bewertung der Wahrscheinlichkeit von Zusammenstößen mit Weltraumschrott in der interstellaren Raumfahrt weißt.«

»Das ist wahr«, räumte ich ein, »aber das liegt nur daran, dass ich mir nie die Zeit genommen habe, mich mit diesem Thema zu beschäftigen. Wäre ich daran interessiert gewesen, hätte ich es mit meiner Kenntnis der physikalischen Prinzipien und der mathematischen Methoden schon geschafft, auf euerem Symposium einen verdammt guten Vortrag zu halten.«

»Du hast Recht. Tut mir Leid.« Auf Peters Ehrlichkeit war Verlass, selbst wenn er wütend war. »Worauf ich jedoch hinaus will, ist Folgendes: Wenn man die Wissenschaftsgeschichte von der Antike bis zur Renaissance betrachtet, scheinen die Menschen stets geglaubt zu haben, dass jeder Wissenschaftler alles wissen könne, was es zu wissen gibt. Oft war ein Wissenschaftler gleichzeitig Arzt, Theologe, Astrologe, Mathematiker, Physiker und noch vieles mehr. Irgendwann während des 19. Jahrhunderts kamen die Menschen jedoch zu dem Schluss, dass es so unermesslich viel zu wissen gibt, dass sich die Wissenschaftler notwendigerweise spezialisieren müssen. Und dies hat sich bewährt. Spezialisierung ist eines der Geheimnisse des wissenschaftlichen Fortschritts der letzten zwei Jahrhunderte. Davon scheinst du nichts bemerkt zu haben. Dein Buch enthält Abschnitte über Philosophie, Poesie, Psychologie, ja sogar Musik! Ich frage noch einmal: Warum beschränkst du dich nicht auf dein Fachgebiet?«

Die Atmosphäre an unserem kleinen runden Tisch war gespannt, und ich muss zugeben, dass ich ratlos war. Peter hatte mit seinen Einwänden nicht Unrecht. Warum schrieb ich das Buch so und nicht anders? Betrat ich, ohne mir dessen bewusst zu sein, ein geistiges Minenfeld? Ich war dankbar, dass genau in diesem Augenblick der Kellner an unserem Tisch erschien, um unsere Bestellung aufzunehmen. Er verschaffte mir dadurch eine kleine Pause zum Nachdenken. Aber Julie, die meine Beweggründe zu verstehen schien, kam mir zuvor.

»Sieh mal, Peter«, sagte sie, »du hast gerade die Vorteile der Spezialisierung gepriesen, und du hast damit ganz Recht. Aber haben wir nicht auch etwas über Komplementarität gelernt? Siehst du denn nicht, dass Spezialisierung für sich genommen zur Katastrophe führt? Ökonomen wollen die Wirtschaft stärken, aber als Wirtschaftsfachleute sind sie sich der Umweltschäden, die häufig durch ihre Maßnahmen verursacht werden, nicht bewusst. Umweltschützer sind entsetzt über diese Auswirkungen, aber da sie keine Psychologen sind, gelingt es ihnen nicht, in der Öffentlichkeit Verständnis für ihre Aktionen zu wecken. Sozialarbeiter sehen die Not armer Menschen, aber da sie keine Experten in Systemtheorie sind, greifen sie zu Maßnahmen, die die Probleme häufig noch verschlimmern. Und so gibt es viele Beispiele mehr. Verstehst du, was ich meine?«

»Ja, schon«, gab Peter zu, »aber was sollen wir tun? Was kann an die Stelle der Spezialisierung treten?«

»Ich habe gerade eben von Komplementarität gesprochen. Die Spezialisierung wird nicht ersetzt, aber sie muss von einem ganzheitlichen Ansatz ergänzt werden. Sonst werden die Spezialisten, die sich der Gültigkeitsgrenzen ihrer Abstraktionen nicht bewusst sind, diese auch weiterhin mit konkreten Tatsachen verwechseln. Wie du selbst leicht feststellen kannst, sind sich nur sehr wenige Menschen überhaupt bewusst, dass zwischen Abstraktion und konkreter Tatsache ein Unterschied besteht. Paradigmen werden für absolute Wahrheiten gehalten.«

»Im Fall der Physik ist die Situation geradezu lächerlich«, warf ich ein, nachdem ich mein Gleichgewicht wiedergefunden hatte. »Das Newton'sche Paradigma war philosophisch gesehen von Anfang an problematisch. Wie ich in Kapitel 12, S. 262 ff., erklärt habe, ergibt es in einem Uhrwerk-Universum zum Beispiel keinen Sinn, Menschen für ihre Handlungen verantwortlich zu machen. Man hätte also annehmen können, dass die Leute froh waren, dieses Paradigma loszuwerden. Aber nein! Heute wissen wir, dass das Newton'sche Begriffssystem falsch ist. Die Relativitätstheorie und die Quantenmechanik sind in Hunderten von Büchern erläutert worden. Trotzdem ist das Paradigma unserer Kultur vorwiegend vom Newton'schen Verständnis geprägt.«

»Und was gedenkst du, dagegen zu tun? Der langen Liste von Büchern ein weiteres hinzufügen?« Peters Haltung mir gegenüber hatte sich noch nicht grundsätzlich geändert.

»Nein, ich versuche nur auf dreierlei aufmerksam zu machen. Erstens ist das auf dem lokalen Realismus beruhende Paradigma schon innerhalb der Physik überholt. Und da die Physik sein einziger Daseinsgrund war, macht es keinen Sinn, weiter an ihm festzuhalten. Schon diese Erkenntnis zieht eine Revolution nach sich. So kann zum Beispiel die reduktionistische Erklärungsmethode nicht länger als die einzig gültige betrachtet werden. Zweitens, auch wenn die Physik kein vollständiges neues Weltbild bereitstellt, lässt sie doch eine Richtung erkennen. Der Indeterminismus, das Begriffssystem der Komplementarität, der von John Bell bewiesene Aspekt der Ganzheitlichkeit von Systemen, die neue Bedeutung, die der Begriff ›Möglichkeit‹ angenommen hat, sowie ein neues Verständnis der physikalischen Wirklichkeit, das auf der Vorstellung blitzartig in Erscheinung tretender Ereignisse als kleinster Einheiten beruht – all dies sind deutliche Anhaltspunkte für das neu entstehende Weltbild. Und drittens möchte ich die Befunde der Physik durch Anhaltspunkte aus anderen Bereichen der menschlichen Erfahrung ergänzen. Dazu gehören neben der Philosophie, Poesie und Musik auch Schilderungen intuitiver Einsichten. Die Erkenntnisse, die sich daraus ergeben, liegen zwar außerhalb der Physik, widersprechen ihr aber in keiner Weise. Das in Kapitel 12 behandelte Thema der Lebendigkeit der Natur ist ein Beispiel dafür. Schrödingers Ausführungen über das ›Prinzip der Objektivierung‹ sind ein weiteres. All diese Elemente zusammengenommen können uns bei der Suche nach einem neuen Paradigma helfen. Und die Suche nach einem neuen Paradigma ist – darüber müssen wir uns im Klaren sein – die Suche nach einer neuen Lebensweise.«

»Ich kann dem nur zustimmen«, mischte sich Julie, an uns beide gewandt, ein. »Bereits das wenige, das ich bisher gelesen habe, hat mein Denken und Fühlen beeinflusst. Besonders angetan hat es mir der Gedanke der Komplementarität. Er hat meinen Begriff von Wahrheit radikal verändert. Früher habe ich jede Formulierung einer Wahrheit als etwas Absolutes betrachtet. Das hat sich relativiert. Sie ist für mich nur noch eine von zwei komplementären Ausdrucksweisen. Bohrs Aussage, dass das Gegenteil einer Wahrheit ebenfalls eine Wahrheit ist, hat mich tief beeindruckt.«

»Wie meinst du das? Kannst du mir ein Beispiel geben?« Peter schien auf einmal sehr interessiert. Der ablehnende Ausdruck war aus seinem Gesicht verschwunden.

»Na schön. Als Teenager hat mich die Aussage ›Jeder Mensch ist eine Insel‹ tief berührt. Sie schien so wahr zu sein und brachte mein eigenes Gefühl der Einsamkeit so treffend zum Ausdruck. Später begegnete mir dann die Aussage ›Niemand ist eine Insel‹. Auch sie klang wahr, und plötzlich war ich verwirrt und wusste nicht mehr, welche der beiden Aussagen nun wirklich wahr ist. Dieser scheinbare Widerspruch hat mich all die Jahre nie ganz losgelassen. Die Vorstellung der Komplementarität hat mich jedoch in die Lage versetzt, diesen scheinbaren Widerspruch aufzulösen: Beide Aussagen sind wahr. Sie gelten unter Bedingungen, die sich gegenseitig ausschließen. Und insofern besteht zwischen ihnen gar kein Widerspruch.«

»Was meinst du mit ›sie gelten unter Bedingungen, die sich gegenseitig ausschließen‹?«

»Wir Astronauten wissen sehr gut, wie es sich anfühlt, vollkommen allein zu sein. Erinnerst du dich, als dein Raumschiff zwischen Mars und Jupiter von einem ziemlich großen Gesteinsbrocken getroffen wurde und du dich um zehn verschiedene Probleme gleichzeitig kümmern musstest? In diesem Augenblick warst du ein Beispiel dafür, dass jeder Mensch eine Insel ist. Aber es gibt auch ganz andere Augenblicke.« Julies Stimme wurde sanfter. »Ich erinnere mich zum Beispiel an einen Augenblick, in dem wir uns sehr nahe waren, und ich mit untrüglicher Sicherheit wusste, dass keiner von uns eine Insel ist.«

»Ja, ich erinnere mich an diesen Augenblick.« Peter war nun völlig entspannt. Ich war beeindruckt von dem Stimmungswandel, der in ihm vorgegangen war, seit ich das Café betreten hatte. Vielleicht hatte Empedokles mit seiner Auffassung von der Liebe als einem kosmologischen Prinzip ja doch Recht. Gespannt hörte ich zu, als nun Peter das Wort ergriff.

»Wenn ich es mir recht überlege, hat sich auch meine Einstellung verändert, seit ich angefangen habe, über einen Paradigmenwechsel nachzudenken. Nach unserem Gespräch über das Prinzip der Objektivierung wollte ich unbedingt herausfinden, wie es sich anfühlt, wenn man das Subjekt der Erkenntnis nicht aus der Fragestellung ausblendet. Wenn man versucht, aufmerksam zu sein, ohne sich auf ein Objekt zu konzentrieren, und die Aufmerksamkeit in das nicht objektivierte Ich eintauchen lässt. Ich befinde mich noch ganz am Anfang dieser Untersuchung. Ich stelle zum Beispiel fest, dass es mir fast unmöglich ist, einen solchen Punkt der Aufmerksamkeit zu erreichen. Gleichwohl spüre ich, dass es mit genügend Zeit, Geduld und geistiger Kraft möglich sein sollte, diesen Zustand zu erreichen. Schrödingers These hat mich also unbestreitbar tief beeinflusst.«

Schweigend saßen wir da und hingen unseren Gedanken nach. Trotzdem waren wir auf irgendeine Weise miteinander verbunden. Ich war daher nicht überrascht, als sich Peter nach einer Weile mir zuwandte und sagte:

»Wie du sicherlich gemerkt hast, bin ich nicht länger wütend. Allerdings bin ich noch immer beunruhigt. Glaubst du wirklich, die zentralen Fragen der Erkenntnistheorie und der Ontologie in den ersten beiden Abschnitten des vorliegenden Kapitels beantwortet zu haben?«

»Ich weiß es nicht«, gab ich nachdenklich zurück. »Ich bin überzeugt davon, dass das, was ich in diesen Abschnitten geschrieben habe, wahr ist. Und ich bin mir gewiss, dass ich nicht der Erste bin, der solche Ideen hat. Die Formulierung dieser Gedanken mag neuartige Aspekte enthalten, gleichwohl sind sie im Wesentlichen seit langem bekannt.« Ich hielt inne, suchte seinen Blick und fuhr dann fort. »Da ist noch etwas, über das wir uns unterhalten müssen. Bist du mir immer noch böse, weil ich behaupte, dass dieser Tisch lebendig ist?«

Peter schien belustigt, aber dann runzelte er leicht die Stirn. »Ich bin nicht mehr böse«, sagte er, »aber glaubst du das wirklich?«

»Ich glaube, dass das Universum und alle seine Bestandteile lebendig sind«, antwortete ich. »Aber es gibt verschiedene Stufen von ›Lebendigkeit‹. Nehmen wir zum Beispiel deinen Körper. Dein Haar ist lebendig, ebenso dein Herz. Aber dein Herz ist in einem weitaus höheren Maße lebendig als dein Haar. Dein Herz kann unmöglich als unbelebter Gegenstand betrachtet werden, während es, um die Lebendigkeit deiner Haare zu erkennen, schon einer gewissen Übung oder Ausbildung bedarf. Prinzipiell ist jedoch dein ganzer Körper und jeder einzelne seiner Bestandteile lebendig. Die Frage, ob der Tisch lebendig ist, sehe ich unter einem ähnlichen Blickwinkel. Dieser billige, massengefertigte Tisch aus Plastik und Metall ist, ebenso wie dein Haar, nicht sehr lebendig. Bei anderen Tischen, die in meisterhafter Handarbeit hergestellt werden, verhält es sich schon anders. Doch solche graduellen Unterschiede ändern nichts am Prinzip.«

»Das Paradigma des lebendigen Universums ist gewiss von großer Anziehungskraft«, räumte Peter ein. »Ich wünschte, ich könnte es mir zu Eigen machen.«

Es war Julie, die das letzte Wort hatte: »Und was verhindert, dass du es dir zu Eigen machst, Peter? Versuch es herauszufinden. Es lohnt sich.«

Epigraph: F. Merrell-Wolff, *Transformations in Consciousness*, S. 163.

1 Platon, *Der Staat, Sechstes Buch,* 510 c, 510 e, 511 a–c, S. 559–563.

2 W. Heisenberg, *Der Teil und das Ganze,* S. 96–97.

Entsprechend der »Prozessphilosophie« Whiteheads leben wir nicht in einem Universum der Objekte, sondern in einem Universum der Erfahrungen: Die elementaren Einheiten des Universums sind »Pulse der Erfahrung«. Wie passt diese Vorstellung zur Quantenmechanik? Eine vollständige Übereinstimmung zwischen der Philosophie Whiteheads und der Quantenmechanik ist nicht zu erwarten, da die Quantenmechanik dem Prinzip der Objektivierung unterworfen ist, welches Erfahrungen aus seinem Untersuchungsbereich ausschließt. Es erweist sich jedoch, dass elementare Quantenereignisse den von Whitehead beschriebenen »Erfahrungspulsen« so nahe kommen, wie dies objektivierten Dingen überhaupt möglich ist.

> »Der Verstand sagt: ›Scheinbar ist Farbe, scheinbar Süßigkeit, scheinbar Bitterkeit, in Wirklichkeit nur Atome und Leeres‹; worauf die Sinne entgegnen: ›Du armer Verstand, von uns nimmst du deine Beweisstücke und willst uns damit besiegen? Dein Sieg ist dein Fall.‹«   *Demokrit*

Erfahrungsereignisse

Was ist die wahre Natur elementarer Quantenereignisse? Was sind sie an und für sich? Endlich sind wir in der Lage, eine Antwort auf diese Fragen vorzuschlagen – eine Antwort, die auf der Prozessphilosophie Alfred North Whiteheads beruht.

Wenn das Universum lebendig ist, folgt daraus nicht notwendigerweise, dass seine grundlegenden Bestandteile, die im Rahmen der Quantenmechanik als elementare Quantenereignisse in Erscheinung treten, die fundamentalen Akte des Lebens also, elementare Erfahrungen, sind? Whitehead zufolge sind die Grundbausteine der Realität isolierte Einheiten, die er je nach Kontext als »Erfahrungsereignisse«, »Pulse der Erfahrung«, »wirkliche Ereignisse« oder »wirkliche Einzelwesen« bezeichnet, wobei diese Begriffe für ihn synonym sind. Er vertritt die These, »dass diese Existenzeinheiten, diese Erfahrungsereignisse, die wirklich wirklichen Dinge sind, die in ihrer kollektiven Einheit ein sich entwickelndes Universum zusammenfügen – und dabei stets in einen kreativen Fortschritt hineintreiben«.[1]

Der von Whitehead vorgeschlagene Paradigmenwechsel ist radikal: Die fundamentalen »Atome der Realität« sind Erfahrungen! Damit unterscheidet sich seine Auffassung grundlegend vom gegenwärtigen Weltbild, das auf dem Prinzip der Objektivierung beruht. Dem heutigen Weltbild zufolge sind die Grundbausteine der Wirklichkeit, die so genannten Elementarteilchen, unbelebte Materieteilchen. Große Materiestücke, die aus diesen Teilchen bestehen, wie zum Beispiel Sterne und Planeten, sind ebenfalls unbelebt. Den Lebewesen kommt auf kosmologischer Ebene keine Bedeutung zu. Somit sind auch die Erfahrungen, die auf Lebewesen beschränkt sind, bedeutungslos. Was könnte Whitehead bewogen haben, sich so vollständig von diesem Paradigma zu lösen und die Vorstellung einzuführen, dass Erfahrungen die Grundlage all dessen sind, was existiert?

Meines Wissens ließ sich Whitehead nie über die Entstehung seines Systems aus. Er stellt es als ein kohärentes logisches System vor, das danach strebt »ein in sich konsistentes Verständnis der beobachteten Dinge zu erlangen«.[2] Sein Schüler, Victor Lowe, befasst sich jedoch recht eingehend mit Whiteheads Motivation, seinem System den Begriff der Erfahrung zugrunde zu legen. Lowe glaubt, dass dies sowohl intuitive als auch analytische Gründe hatte.

Die intuitive Triebfeder lässt sich wie folgt beschreiben: »Wir fühlen instinktiv, dass wir in einer Welt ›pulsierender Wirklichkeiten‹ leben; und solche ›direkten Überzeugungen‹ sind der fundamentale Prüfstein jeder philosophischen Theorie.«[3] Wie in Kapitel 12 erwähnt, sind solche intuitiven Eingebungen auch den Feinfühligeren unter den Dichtern, Künstlern und Wissenschaftlern eigen.

Vom analytischen Standpunkt führt die Annahme, Erfahrungen seien die elementaren Einheiten des Universums, zur Auflösung einer Dichotomie, die die abendländische Philosophie seit Descartes behindert hat, der Dichotomie von Materie und Geist. Descartes zufolge gibt es zwei Arten von Wirklichkeit: eine materielle und eine geistige. Diese Arten von Wirklichkeit sind ungleichartig und inkommensurabel: Der Tisch, den ich vor mir sehe, ist materieller Natur, während meine Absicht, weiterzutippen, geistiger Natur ist; den beiden Arten von Wirklichkeit ist nichts gemeinsam. Aus der Dualität von Materie und Geist ergeben sich jedoch beträchtliche Probleme. Wie können zum Beispiel diese vollkommen verschiedenartigen Dinge zueinander in Beziehung gesetzt werden? Wie löst meine Absicht, den Arm zu heben – ein geistiges Ereignis – das tatsächliche Ereignis des Anhebens des Arms aus? Whiteheads brillante Analyse dieser Schwierigkeiten führte ihn zu der Schlussfolgerung, dass ein in sich konsistentes Paradigma auf der Hypothese beruhen müsse, dass es letztendlich nur eine Art von Wirklichkeit gibt. Und wenn es nur eine Wirklichkeit gibt, dann muss sie von der Art der Erfahrung sein, denn die Existenz von Erfahrungen kann nicht geleugnet werden. Wir sind uns nicht nur sicher, dass wir Erfahrungen machen, vielmehr ist alles, was wir über das Universum zu wissen glauben, einschließlich der von Materialisten vertretenen Auffassung des Primats der Materie, aus unseren Erfahrungen abgeleitet. Wie das Zitat zu Beginn dieses Kapitels zeigt, ist dies eine Erkenntnis, zu der schon

Demokrit vor rund 2500 Jahren gelangte! Lowe führt dazu aus:

> »Die Annahme des Primats der Erfahrung beseitigt nicht nur den Dualismus von Materie und Geist, sondern auch den Dualismus von Tatsache und Wert. Whitehead sträubt sich gegen die Vorstellung, Werte seien ausschließlich höheren Wesen inhärent; vielmehr wohnen sie auch dem ›trivialsten Hauch von Sein‹ inne. Beim menschlichen Leben sucht er die Werte nicht in höheren Gefilden, sondern er charakterisiert sie unmittelbar als die lebendige Essenz gegenwärtiger Erfahrung. Wenn jeder Hauch von Sein ein Pulsieren irgendeiner Art unmittelbarer Erfahrung ist, dann kann es keinen endgültigen Dualismus von Wert und Tatsache im Universum geben.«[4]

Schließlich führt Lowe noch Whiteheads Vorliebe für »konkrete Unmittelbarkeit« als weitere Triebfeder an.[5] Whitehead habe scharf zwischen Abstraktionen und konkreten Tatsachen unterschieden. Es sei deshalb nur nahe liegend für ihn gewesen, Abstraktionen wie zum Beispiel die unabhängige Existenz materieller Objekte als Grundlage seines Gedankengebäudes abzulehnen und stattdessen die einzigen konkreten Fakten, die wir kennen, nämlich Erfahrungen, zur Grundlage seines Denkens zu machen.

Was ist eine Erfahrung?

Wir wollen ein wenig tiefer in das Weltbild Whiteheads eindringen. Wenn »Pulse der Erfahrung« die Grundbausteine der Realität sind, was ist dann in der Whitehead'schen Terminologie eine »Erfahrung«?

Um uns dieser Frage zu nähern, klären wir zunächst, was eine Erfahrung nicht ist. Eine Erfahrung kann, aber muss nicht *bewusst* sein. Als Julie sich mit Peter über seine Autofahrt unterhielt, wies sie ihn darauf hin, dass er oft Auto fahre, ohne sich seiner selbst, seiner Umgebung oder der Tatsache seines Steuerns bewusst zu sein. Während Peter fährt, macht er die ganze Zeit Erfahrungen. Er nimmt Dinge wahr, schätzt Entfernungen ab, trifft Entscheidungen. Dennoch ist er sich seiner Erfahrungen nicht bewusst. Diese Unterscheidung zwischen bewussten und unbewussten Erfahrungen ist von entscheidender Bedeutung. Wenn Whitehead den Begriff der »Erfahrung« auf Tiere, Pflanzen und vermeintlich unbelebte Dinge ausdehnt, dann meint er damit nicht, dass sie sich ihrer Erfahrungen bewusst sind; er weist nur darauf hin, dass sie Erfahrungen machen.

Doch was bedeutet es, eine Erfahrung zu machen? Allein schon der Ausdruck »eine Erfahrung machen« ist zu abstrakt. Die Trennung zwischen »mir« als »der Person, die die Erfahrung macht« und »der Erfahrung selbst« ist ein geistiges Konstrukt, das nicht mit der tatsächlichen Erfahrung übereinstimmt. Die konkrete Tatsache ist die Erfahrung selbst – das *Sein* und nicht das Machen einer Erfahrung. Whiteheads »Pulse der Erfahrung« sind genau das – *Erfahrungseinheiten, die ihr Subjekt erschaffen, während sie sich selbst erschaffen.*

Endlich sind wir in der Lage, die Frage »Was ist eine Erfahrung?« zu beantworten. Ein »Erfahrungspuls« ist ein Prozess, der erstens »individuellen Selbstgenuss in einem Aneignungsprozess«, zweitens »unmittelbaren Selbstgenuss« bei der »Transformation von Potenzialität in Aktualität« und drittens das Vorhandensein eines »Ziels« in diesem Prozess der Selbsterschaffung impliziert.[6] Dies soll im Folgenden erläutert werden.

Eine Erfahrung entsteht im Kontext eines bereits existierenden Universums. Sie muss sich das »aneignen«, bzw. sich zu dem in Beziehung setzen, was bereits stattgefunden hat. Während ich zum Beispiel Musik höre, eignet sich meine Erfahrung in jedem Augenblick die Töne an, die einen Sekundenbruchteil vorher erzeugt wurden. Die körperliche Verfassung des Zuhörers, seine musikalische Vorbildung, die Akustik des Raumes usw. – all diese Faktoren aus der unmittelbaren und entfernten Vergangenheit beeinflussen das Wesen der Erfahrung. *Wie* sie in die Erfahrung eintreten, hängt davon ab, wie ich sie mir aneigne.

Über diesen Prozess der Aneignung hinaus (den Whitehead auch als »Prehension« oder »Erfassen« bezeichnet hat) impliziert der Vorgang der Erfahrung in jedem beliebigen Augenblick »die Transformation von Potenzialität in Aktualität«. Diese Transformation hängt, wenn wir beim Beispiel des Musikhörens bleiben, von meiner Aufmerksamkeit ab. Während die Musik fortdauert, habe ich die Möglichkeit, der Musik zuzuhören oder mich beliebigen anderen Aktivitäten zu widmen. Wenn ich ihr zuhöre, kann ich versuchen, ein bestimmtes Instrument herauszuhören, ich kann auf die Melodie achten oder die Komposition mit anderen mir bekannten Musikstücken vergleichen. Die Fülle der Möglichkeiten ist unbegrenzt, doch nur sehr wenige werden in der Erfahrung verwirklicht.

Die Auswahl der in der Erfahrung realisierten Möglichkeit impliziert den dritten Aspekt, nämlich das »Ziel«. Die Daten, die zur Verwirklichung ausgewählt werden, werden nicht bloß als eine Sammlung verschiedenartiger Dinge verwirklicht; vielmehr werden sie zu einem strukturierten Ganzen zusammengefügt. Während ich zum Beispiel einer Symphonie lausche, erfasse ich die Klänge der verschiedenen daran beteiligten Instrumente, aber ich erfasse sie nicht »nebeneinander«. Vielmehr erfasse ich sie in einer Wechselbeziehung, die in mir die Erfahrung erzeugt, genau diese Symphonie zu hören. Indem ich dies tue, folge ich dem »Ziel« der Erfahrung.

»Das Ziel«, so Whitehead, »ist jener Gefühlskomplex, in dem diese Daten auf diese Weise erlebt werden.«[7]

Damit kommen wir zum Kernpunkt unserer Beschreibung. Während sich jeder einzelne Erfahrungspuls viele verschiedene Daten, die durch »die vorhergehende Wirkungsweise des Universums zur Verfügung gestellt« werden, aneignet, entsteht eine neue Einheit. *Sein wesentliches Merkmal ist der Selbstgenuss bei der Verschmelzung des Vielen zum Einen.* Dieses »Eine« ist neu – eine neue Art der Vereinigung des Vielen. Das Werden des Universums ist folglich ein »kreatives Fortschreiten ins Neue«.[8]

Das von mir gewählte Beispiel des Musikhörens beruht auf einer Reihe bewusster Erfahrungen. Whiteheads Charakterisierung der Erfahrung gilt jedoch für den unbewussten wie den bewussten Bereich. So schließt sie beispielsweise auch Peters unbewusste Erfahrungen beim Autofahren mit ein. Ebenso gilt sie für die Erfahrungen von Tieren, Pflanzen, Bakterien und beliebigen anderen Dingen – wie zum Beispiel von Staubkörnern, Sternen oder dem Universum als Ganzen. All diese »Einzelwesen« der Natur bezeichnet er als »Gesellschaften« von »Pulsen der Erfahrung«.

Nach dieser kurzen Erläuterung der von Whitehead postulierten »wirklichen Einzelwesen« oder »Pulse der Erfahrung« möchte ich noch kurz etwas zur wiederholten Verwendung des Begriffs »Selbstgenuss« anmerken. Zunächst einmal meint Whitehead damit nicht, dass sich die wirklichen Einzelwesen ihres »Selbstgenusses« notwendigerweise bewusst sind. (So kann Peter beim Autofahren durchaus Freude beim Anblick eines Oldtimers empfinden, ohne sich dessen bewusst zu sein.) Zweitens wird der Begriff in einem verallgemeinerten Sinn verwendet und gibt lediglich zu verstehen, *dass jedes wirkliche Einzelwesen einen absoluten Wert an und für sich besitzt.* Und schließlich verweist dieser Begriff ebenso wie das Wort »Erfahrung« über seine wörtliche Bedeutung

312

hinaus auf eine Richtung des Denkens und der Kontemplation. Diesem Aspekt wollen wir uns im nächsten Abschnitt zuwenden.

Neuordnung des Denkens

Alle verbalen Definitionen und Erklärungen sind relativ: Sie definieren oder erklären einen Begriff unter Rückgriff auf andere bestehende Begriffe. Indem wir sie verwenden und miteinander mischen, erzeugen wir eine neue Bedeutung. Wenn eine neue Idee jedoch wirklich revolutionär ist, erfordert ihre Rezeption mehr als nur die Herstellung neuer Verbindungen zwischen alten Bedeutungen. Sie erfordert strukturelle Veränderungen der Denkmuster.

Zum Glück besitzen wir die angeborene Fähigkeit, unsere Denkmuster an neue Erfahrungen anzupassen. Solche Anpassungen sind das Ergebnis der Konfrontation zwischen einem alten Paradigma und neuen Wahrnehmungen. Gefühle der Beunruhigung bilden einen wesentlichen Bestandteil dieses Prozesses und sind treffend als »kreative Frustration« bezeichnet worden. Wie der Psychologe Jean Piaget bei der Untersuchung der geistigen Entwicklung von Kindern feststellte, wird das Streben nach *Assimilation* der neuen Aspekte der Außenwelt in das alte Paradigma durch ein anderes Streben ergänzt, nämlich das Streben nach *Akkommodation* der eigenen Denkweise an das Neue. Das Ergebnis dieser sich ergänzenden Bestrebungen ist eine innere Neuordnung – das Entstehen eines neuen geistigen Paradigmas.

Die geistige Entwicklung von Kindern schreitet in Phasen voran. Jeder Übergang von einer Phase zur nächsten ist, wie Piaget gezeigt hat, durch eine Neuordnung der geistigen Fähigkeiten des Kindes gekennzeichnet, wodurch neue Denkweisen möglich werden. Eine solche Neuordnung kann nicht direkt gelehrt werden, da alles, was man dem Kind sagt, von ihm in seine bestehenden Denkweisen assimiliert wird. Die erforderliche Neuordnung des Denkens ergibt sich vielmehr aus den Bemühungen des Kindes, neue Erfahrungen in sein bestehendes geistiges Bezugssystem zu integrieren und gleichzeitig das Bezugssystem an die neuen Erfahrungen anzupassen.

Wenn wir die Whitehead'schen Vorstellungen von »Erfahrung« und »Selbstgenuss« verstehen wollen, müssen wir einen ähnlichen Prozess durchlaufen. In seinen Erklärungen bedient sich Whitehead ganz normaler Wörter wie »Aneignung«, »tatsächlich« und »Ereignis«, doch werden sie in einem verallgemeinerten Sinn verwendet, durch den eine neue Denkweise angedeutet wird. Mehr als Andeutungen sind im Zusammenhang mit der Entwicklung neuer Denkweisen niemals möglich. Es liegt dann an uns, durch diskursives Denken und stille Kontemplation zu versuchen, aus den Andeutungen die vorgeschlagene Neuordnung des Denkens in uns entstehen zu lassen.

Immer wenn ich über die von Whitehead eingeführten Begriffe nachdenke, erfahre ich an mir selbst, wie schwer es ist, die alten Denkweisen abzulegen. Wenn ich mir zum Beispiel ein »wirkliches Einzelwesen« vorstelle, drängt sich mir unweigerlich ein verschwommenes Bild von einem »Etwas« auf. Ich muss mich daran erinnern, dass ein wirkliches Einzelwesen kein »Ding« ist, sondern, wie wir im nächsten Kapitel sehen werden, ein atemporaler Prozess der Selbsterschaffung. Gewiss, eine Ansammlung wirklicher Einzelwesen wie die, die ich als »meinen Computer« bezeichne, mag mir als ein »Ding« *erscheinen*. Dieser Eindruck spiegelt jedoch nicht das Wesen dieser Ansammlung wider, sondern ist das Ergebnis meiner Objektivierung dieser Ansammlung wirklicher Einzelwesen.

Die kosmologische Funktion der Empfindungen

»›Wirkliche Einzelwesen‹ – auch ›wirkliche Ereignisse‹ genannt – sind«, so Whitehead, »die letzten realen Dinge, aus denen die Welt zusammengesetzt ist. Man kann nicht hinter die wirklichen Einzelwesen zurückgehen, um irgendetwas Realeres zu finden. Sie unterscheiden sich voneinander: Gott ist ebenso ein wirkliches Einzelwesen wie der trivialste Hauch von Sein im weit entlegenen leeren Raum. Aber obwohl es verschiedene Grade der Bedeutung und Funktionsdifferenzen gibt, stehen sie doch, gemessen an den Prinzipien, die in der Wirklichkeit zum Ausdruck kommen, alle auf derselben Stufe.«[9]

Als wir uns mit dem Prozess des Kollapses von Quantenzuständen auseinander setzten, wurde auf den atemporalen Charakter dieses Prozesses hingewiesen. Wir haben gesehen, dass der Kollaps keine Zeit in Anspruch nimmt, sondern dass vielmehr das *Ende* dieses Prozesses durch das Erscheinen eines elementaren Quantenereignisses in der Raumzeit gekennzeichnet ist. Ein solches Ereignis ist kurz: es ist vorbei, kaum dass es eingetreten ist.

Ein wirkliches Einzelwesen steht in einer ähnlichen Beziehung zur Zeit wie der Kollaps: Ein wirkliches Einzelwesen ist ein atemporaler Prozess der Selbsterschaffung. Sein »genetisches« Werden von Phase zu Phase ist ein komplexer Prozess, der nicht in der Zeit stattfindet. Wenn der Prozess vollendet ist, erscheint das vollendete Einzelwesen in der Raumzeit – und vergeht fast ebenso schnell, wie es in Erscheinung getreten ist. Indem es vergeht, wird es jedoch unsterblich. Die Tatsache, dass es in Erscheinung getreten ist, kann niemals ausgelöscht werden. Es ist somit zu einer »eigensinnigen Tatsache« geworden, die sich jedes nachfolgende wirkliche Einzelwesen aneignen muss.

Jedes wirkliche Einzelwesen ist eine von allen anderen wirklichen Einzelwesen abgegrenzte Einheit. Diese Aussage scheint dem Offensichtlichen zu widersprechen: Gebirge haben über Jahrmillionen Bestand, Blumen über Wochen; jeder von uns hat das Gefühl, über Jahrzehnte hinweg dieselbe Person zu sein. Wenn aber jedes wirkliche Einzelwesen diskret ist und nur für einen kurzen Augenblick in Erscheinung treten soll, wie erklärt sich dann diese scheinbare Kontinuität in der Natur und in uns selbst?

Whitehead betrachtet Berge, Blumen und Menschen als »Gesellschaften« oder sukzessive Ansammlungen wirklicher Einzelwesen. In jedem Augenblick ist der Berg eine neue Ansammlung von Einzelwesen. Er scheint eine (relativ) dauerhafte Einheit zu sein, da sich die sukzessiven Ansammlungen wirklicher Einzelwesen, die ihn verkörpern, sehr gleichen. Ebenso gilt beim Hören von Musik, dass dieselbe Note einige Sekunden überdauern kann. In diesen wenigen Sekunden mache ich eine Reihe von Erfahrungen, die sich sehr ähnlich sind. Die Umgebung, in der diese Erfahrungen entstehen, bleibt dieselbe und jede Erfahrung – mit Ausnahme der ersten – »imitiert« die vorangegangene. Da meine Aufmerksamkeit zu grobmaschig ist, um die körnige Natur dieser Kette wirklicher Einzelwesen zu erkennen, erscheint sie mir als ein kontinuierliches Ganzes – genauso wie Sanddünen aus dem Flugzeug gesehen glatt wirken, weil die körnige Beschaffenheit des Sandes nicht zu erkennen ist oder genauso wie sich Personen in einem Film kontinuierlich zu bewegen scheinen, weil die Folge der diskreten Einzelbilder von uns nicht zu unterscheiden ist.

Wenden wir uns nun einem anderen Thema zu: Wir haben wiederholt davon gesprochen, dass ein wirkliches Einzelwesen andere wirkliche Einzelwesen »erfasst«, oder sich diese »aneignet«. Wie geschieht das? In welcher Beziehung steht ein gegebenes wirkliches Einzelwesen, das den Prozess seiner eigenen Selbsterschaffung repräsentiert, zu den wirklichen Einzelwesen, die es im Laufe dieses Prozesses erfasst?

Um diese Frage zu beantworten, müssen wir kurz abschweifen und uns mit dem Prozess der Wahrnehmung beschäftigen. Aneignung oder Erfassung (auch als Prehension bezeichnet) stellt ein verallgemeinertes Analogon der menschlichen Wahrnehmung dar. Umgekehrt ist die menschliche Wahrnehmung ein Beispiel für Erfassung, das einzige Beispiel, das uns vertraut ist. Whiteheads allgemeine Charakterisierung der Prehensionen beruht auf einer scharfsinnigen Analyse menschlicher Wahrnehmung.

Whitehead zufolge gibt es »ein undefinierbares Set an verborgenen körperlichen Gefühlen, welche den Hintergrund des Gefühls formen, dessen Gegenstände gelegentlich aufflackernd hervortreten«.[10] Diese »verborgenen körperlichen Gefühle« sind das *Mittel*, durch das wir uns die von den Sinnen dargebotenen Einzelwesen aneignen. Betrachten wir die Sinneswahrnehmung des Tastens: Wenn ich die Oberfläche des Tisches berühre und seine Beschaffenheit wahrnehme, nehme ich in Wirklichkeit »verborgene körperliche Gefühle« meiner Fingerspitzen wahr. Diese werden an das Gehirn übermittelt, welches sie objektiviert und eine Wahrnehmung konstruiert: die Beschaffenheit der Tischoberfläche. Dasselbe Prinzip gilt auch für die anderen Sinneswahrnehmungen. Wir sehen zum Beispiel mit den Augen. Dies bedeutet, dass der (bewussten oder unbewussten) Erfahrung, etwas zu sehen, die verborgene, unbewusste Erfahrung des »Fühlens der Augen« zugrunde liegt.

Darüber hinaus sind die Inhalte unserer Wahrnehmungen von Emotionen auslösenden Einflüssen durchdrungen. Wenn wir uns umsehen, erblicken wir Formen und Farben, aber die Formen und Farben beeinflussen auch unsere Gefühle: Rot wirkt aufrüttelnd, grün beruhigt, blau hat eine kühlende Wirkung. Kreise wirken harmonisch, scharfe Kanten irritieren. Wohlklingende Melodien erfreuen uns, während kreischende Geräusche uns reizen. Diese Empfindungen werden sowohl direkt, das heißt physiologisch, als auch indirekt, durch die Erinnerung an analoge Erfahrungen in der Vergangenheit, ausgelöst. Unsere Wahrnehmungen sind also in subtile Gefühle und Empfindungen eingebettet, derer wir uns gewöhnlich nur vage bewusst sind.

Diese Beobachtung wird von Whitehead zu der These verallgemeinert, dass ein wirkliches Einzelwesen die anderen wirklichen Einzelwesen, die in seinem Universum als »eigensinnige Tatsachen« existieren, durch Erfassen »empfindet«. »Es gibt nichts in der realen Welt«, so Whitehead, »das nur träge Tatsache wäre. Jede Realität ist da, um empfunden zu werden; sie löst Empfindungen aus und sie wird empfunden.«[11]

Victor Lowe hat meines Erachtens Recht, wenn er vor einer Überinterpretation des Begriffs »Empfindung« warnt: »›Empfunden zu werden‹ bedeutet, in einem integrativen, teilweise selbstschöpferischen Prozessatom als Teil der inneren Essenz dieses Prozesses enthalten zu sein.«[12] Empfinden ist eine Beziehung zwischen dem, der empfindet, und dem, was empfunden wird. Es ist diese Bedeutung des Wortes »Empfinden«, die verallgemeinert wird, um die Beziehung zwischen jedem wirklichen Einzelwesen als Prozess der Selbsterschaffung und jedem anderen wirklichen Einzelwesen, das im Universum als »eigensinnige Tatsache« existiert, zu beschreiben.

Die Erklärung der beobachteten Dinge

An diesem Punkt unserer Darstellung erhebt sich die Frage,

»ob diese Faktoren des Lebens, wie es eben interpretiert wurde, mit irgendetwas korrespondieren, das wir in der Natur beobachten. Jede Philosophie ist ein Streben danach, ein in sich konsistentes Verständnis der beobachteten Dinge zu erlangen. Also ist ihr Vorgehen auf zweierlei Weise geleitet: Einerseits geht es darum, zu einem kohärenten, in sich selbst konsistenten Verstehen zu gelangen, andererseits darum, eine Erklärung für die beobachteten Dinge zu finden. Es ist also unsere wichtigste Aufgabe, die oben genannte Lehre mit dem Leben in der Natur und mit unseren direkten Beobachtungen zu vergleichen.«[13]

Wie stellen wir einen solchen Vergleich an? Sollten wir dazu den wissenschaftlichen Ansatz wählen? Nein. Der wissenschaftliche Ansatz ist in keiner Weise geeignet, die Lebendigkeit der Dinge zu erkennen. Seine Methodik schließt die Möglichkeit einer solchen Erkenntnis geradezu aus. Whitehead meint dazu:

>»Wissenschaft kann keinen individuellen Genuss in der Natur ausmachen: Sie kann kein Ziel in der Natur finden, sie kann keine Kreativität in der Natur finden; sie findet bloß Sukzessionsregeln. Diese Negationen sind als solche wahr für die Naturwissenschaft. Sie sind ihrer Methodologie inhärent. Der Grund für die Blindheit der Physik liegt in der Tatsache, dass die Wissenschaft nur mit der halben Wahrheit umgeht, die von der menschlichen Erfahrung bereitgestellt wird. Sie teilt den nahtlosen Mantel, oder, um die Metapher etwas glücklicher zu wählen, sie untersucht den Mantel, der oberflächlich ist, und negiert den Körper, der fundamental ist.«[14]

Whitehead behauptet also, dass die wissenschaftliche Methodik die Wissenschaft blind für einen wesentlichen Aspekt der Realität mache, nämlich das Primat der Erfahrung. Dadurch leugne sie die halbe Wahrheit. Innerhalb des von Descartes geprägten dualistischen Bezugssystems von Geist und Mate-

rie als getrennten und inkommensurablen Wesenheiten be-
schränke sich die Naturwissenschaft auf die Untersuchung
objektivierter Phänomene, wobei sie das Subjekt und die
geistigen Ereignisse, die die Erfahrungen dieses Subjekts
ausmachen, negiere.

Die Annahme des kartesianischen Paradigmas und die
Negation geistiger Ereignisse sind bereits Grund genug, um
den Verdacht der »Blindheit« nahe zu legen, aber auch unabhängig von diesen Verdachtsmomenten tritt die Blindheit der
Wissenschaft offen zutage: Wissenschaftliche Entdeckungen,
so beeindruckend sie sein mögen, sind im Grunde oberflächlich. Die Wissenschaft kann die in der Natur beobachteten
Gesetzmäßigkeiten konstatieren, aber sie kann sie nicht erklären. Betrachten wir zum Beispiel Newtons Gravitationsgesetz. Es zeigt, dass scheinbar so verschiedene Phänomene
wie das Herabfallen eines Apfels vom Baum und die Bewegung der Erde um die Sonne verschiedene Aspekte derselben
Gesetzmäßigkeit sind: der Schwerkraft. Dem Newton'schen
Gravitationsgesetz zufolge nimmt die Anziehungskraft zwischen zwei Objekten proportional zum Quadrat ihres Abstands ab. Eine Erklärung hatte Newton dafür jedoch nicht.
Auch nicht für die noch grundlegendere Frage, warum der
Raum dreidimensional und die Zeit eindimensional ist.
Whitehead bemerkt dazu: »Keines dieser Naturgesetze gibt
den geringsten Beweis dafür ab, wirklich notwendig zu sein.
Sie sind [lediglich] die Vorgehensweisen, die sich innerhalb
der Skala unserer Beobachtungen in der Tat durchsetzen.«[15]

Diese Analyse lässt erkennen, dass die Fähigkeit der Wissenschaft, die Wirklichkeit zu ergründen, begrenzt ist. Wenn
die Realität wirklich aus diskreten Einheiten besteht und
diese Einheiten ihrem Wesen nach »Pulse der Erfahrung«
sind, dann ist die Wissenschaft zwar vielleicht in der Lage, die
diskrete Beschaffenheit der Natur zu erkennen, aber sie hat
keinen Zugang zur subjektiven Seite der Natur, da wir, um auf

Schrödinger zurückzukommen, das Subjekt der Erkenntnis aus dem Bereich dessen, was wir an der Natur verstehen wollen, ausschließen. Daraus folgt, dass wir uns in dem Bemühen »eine Erklärung für die beobachteten Dinge zu finden« nicht auf die Wissenschaft stützen können, sondern uns nach einer Alternative umsehen müssen.

Wenn wir uns auf unsere unmittelbare Beobachtung der Natur und unserer selbst anstatt auf die Wissenschaft stützen, stellen wir Folgendes fest:

»Erstens, dass diese [von Descartes eingeführte] scharfe Trennung zwischen Geist und Natur keine Grundlage in unseren fundamentalen Beobachtungen findet. Wir leben in der Natur. Zweitens sollten wir schließlich geistige Operationen auch unter jenen Faktoren ausmachen, welche die Natur konstituieren. Drittens sollten wir die Vorstellung vom leer laufenden Getriebe im Prozess der Natur ablegen. Jeder Faktor, der aufkommt, macht einen Unterschied. Und dieser Unterschied kann nur hinsichtlich des individuellen Charakters dieses Faktors ausgedrückt werden.«[16]

Whitehead fährt dann fort, unsere Erfahrungen im Allgemeinen und unsere Beobachtungen der Natur im Besonderen zu analysieren, und gelangt so zu der zentralen Forderung nach »gegenseitiger Immanenz«. Diese gegenseitige Immanenz ist im Fall der menschlichen Erfahrung offensichtlich: Ich bin ein Teil des Universums, und da ich das Universum erfahre, ist das erfahrene Universum ein Teil von mir. Whitehead führt dazu aus: »Beispielsweise befinde ich mich in einem Raum, der Raum ist aber auch ein Gegenstand in meiner gegenwärtigen Erfahrung. Aber meine gegenwärtige Erfahrung ist das, was ich jetzt bin.«[17] Eine Verallgemeinerung dieser Beziehung auf alle wirklichen Ereignisse führt zu der Schlussfolgerung, dass die Welt einerseits in das Ereignis und das Ereignis andererseits in die Welt einbezogen ist.[18] Aus solchen Überlegungen folgt naturgemäß der Gedanke, dass sich jedes wirkliche Ereignis sein Universum aneignet.

Die Beschreibung eines wirklichen Einzelwesens als abgegrenzte Einheit gibt somit nur einen Teilaspekt des Ganzen wieder. Der andere, komplementäre Aspekt ist folgender: Es liegt in der Natur jedes wirklichen Einzelwesens, dass es in einer engen Wechselbeziehung zu allen anderen Einzelwesen im Universum steht. Jedes wirkliche Einzelwesen ist ein Prozess des Erfassens oder des sich Aneignens aller anderen wirklichen Einzelwesen und der daraus resultierenden Erschaffung eines neuen Einzelwesens, der Selbsterschaffung.

Die Befunde der Quantenmechanik

Das Element der Erfahrung oder Lebendigkeit kann durch wissenschaftliche Methoden nicht nachgewiesen werden. Es gibt jedoch andere Aspekte des Whitehead'schen Gedankensystems, die der wissenschaftlichen Analyse zugänglich sind. In dem vorliegenden Abschnitt wollen wir auf eine bemerkenswerte Übereinstimmung zwischen grundlegenden Aussagen der Whitehead'schen Philosophie und Entdeckungen der Quantenphysik eingehen. Diese Übereinstimmung ist umso erstaunlicher, wenn man bedenkt, dass Whitehead die Arbeiten von Heisenberg und Schrödinger nicht kannte, als er sein philosophisches System entwickelte.

Der Vergleich zwischen der Quantenmechanik und Whiteheads philosophischem System sollte mit den von Whitehead postulierten »Atomen der Realität« beginnen: Gibt es in der Quantenmechanik so etwas wie »wirkliche Einzelwesen«? Oder anders ausgedrückt, welcher quantenmechanische Begriff (wenn es überhaupt einen gibt) entspricht Whiteheads Begriff eines wirklichen Einzelwesens?

Ein wirkliches Einzelwesen besitzt innere und äußere, bzw. subjektive und objektive Aspekte. Subjektiv, das heißt an sich, ist ein wirkliches Einzelwesen ein »Puls der Erfahrung«. Objektiv, das heißt für das übrige Universum, ist es eine »eigensinnige Tatsache«, etwas, das sich ereignet hat, und als solche ist das wirkliche Einzelwesen ein Gegenstand der Erfassung. Da der subjektive Aspekt der wissenschaftlichen Betrachtung nicht zugänglich ist, wollen wir uns auf den objektiven Aspekt konzentrieren. Die gesuchte Übereinstimmung tritt dabei sofort zutage: *Der objektive Aspekt der Whitehead'schen wirklichen Einzelwesen entspricht dem Prozess des Kollapses, der zur Erscheinung eines elementaren Quantenereignisses in der Raumzeit führt.*

Ein elementares Quantenereignis ist ein »vorübergehend aufflackernder Seinsblitz«. Es tritt durch den atemporalen Prozess des Kollapses aus einem Hintergrund von Möglichkeiten in Erscheinung und verschwindet so schnell, wie es aufgetaucht ist. Durch sein vorübergehendes Auftreten als wirkliches Ereignis erzeugt es eine Unstetigkeit im Möglichkeitsfeld. Diese elementaren Quantenereignisse sind die fundamentalen Bausteine des tatsächlichen physikalischen Universums.

Diese Beschreibung elementarer Quantenereignisse steht in völligem Einklang mit Whiteheads Beschreibung des objektiven Aspekts wirklicher Einzelwesen. Was die äußere Welt des wirklichen Einzelwesens betrifft, so tritt es in ihr als einmaliges Ereignis in Erscheinung und verschwindet sofort wieder. Durch sein Erscheinen bewirkt es außerdem eine abrupte Veränderung des Hintergrunds von Möglichkeiten, aus dem es hervorgetreten ist. Indem es nämlich zu einer »eigensinnigen Tatsache« geworden ist, verändert es die Möglichkeiten der Zukunft. Das Gleiche gilt für ein elementares

Quantenereignis. Ein Elektron, das sich zum Beispiel auf einen Leuchtschirm zu bewegt, wird durch das Auftreffen an einem bestimmten Ort des Schirms zu einem elementaren Quantenereignis; die Welle seiner künftiger Möglichkeiten ändert sich dadurch abrupt und breitet sich von diesem Ort neu aus.

Die Übereinstimmung zwischen wirklichen Einzelwesen und elementaren Quantenereignissen wird noch deutlicher, wenn es um die Frage der Identität geht. Wie wir in Kapitel 13, S. 278 ff., gesehen haben, besitzen Elementarteilchen keine den Augenblick ihrer momentanen Existenz überdauernde Identität.

In dem folgenden Zitat von Schrödinger werden unsere Ergebnisse treffend zusammengefasst:

»Es grenzt geradezu ans Burleske: genau in denselben Jahren, in denen es uns Schlag auf Schlag gelang, auf die verschiedenste Art Einzelteilchen zu isolieren, ihre augenblickliche Einwirkung auf Testobjekte wahrnehmbar zu machen, sehen wir uns andererseits gezwungen, die Vorstellung zu verlassen, dass ein solches Teilchen ein individuelles Etwas sei, welches seine ›Dasselbigkeit‹ prinzipiell für immer beibehält. Wir müssen das Gegenteil versichern. Wenn wir jetzt und hier, sagen wir, ein Elektron beobachten, so ist das grundsätzlich ein isoliertes Ereignis. Selbst wenn wir einen Augenblick später an einer ganz nahe benachbarten Stelle wieder ein Elektron beobachten – ja selbst, wenn den Umständen nach ein enger ursächlicher Zusammenhang zwischen diesen beiden Beobachtungen zu setzen ist –, so hat es doch keinen völlig klaren und unzweideutigen Sinn zu behaupten, dass wir beide Male *dasselbe* Teilchen beobachtet hätten. Die Umstände mögen es bequem und sehr empfehlenswert machen, sich so auszudrücken; aber es ist stets nur eine abgekürzte

Sprechweise; denn es gibt andere Fälle, wo die ›Dasselbig-keit‹ jeden Sinn verliert; vor allem aber, es kann keine scharfe Grenze gezogen werden zwischen Fällen der einen und der anderen Art, der Übergang ist fließend; wobei immer wieder zu betonen ist: es handelt sich nicht darum, dass die Versuchsanordnung *uns die Feststellung* der Identität mit mehr oder weniger Sicherheit oder gar nicht *erlaubt*, vielmehr darum, dass die Behauptung, es sei dasselbe Teilchen, wirklich und wahrhaftig keinen apodiktischen Sinn hat.«[19] [Hervorhebungen im Original]

Wie wir in vorliegenden Kapitel S. 313 ff. gesehen haben, trifft diese Eigenschaft mangelnder Identität ebenso auf Whiteheads wirkliche Einzelwesen zu: Jedes wirkliche Einzelwesen ist einzigartig und von anderen wirklichen Einzelwesen abgegrenzt und verschieden. Die fortdauernde Existenz von Dingen in der Natur ist nur scheinbar. Der Eindruck von Kontinuität ergibt sich aus der Ähnlichkeit verschiedener wirklicher Einzelwesen und verschiedener aufeinander folgender »Gesellschaften« wirklicher Einzelwesen. Mit anderen Worten, es gibt kein »Ding«, das von einem Augenblick zum nächsten identisch bleibt. Wir haben lediglich den *Eindruck* Zeit überdauernder Identität, weil immer neue wirkliche Einzelwesen fortlaufend ähnliche Muster erzeugen.

Ein Grinsen ohne Katze

Nachdem ich die ersten sechs Abschnitte dieses Kapitels noch einige Male überlesen hatte, wurde ich unsicher. Mir schienen sie ausreichend klar zu sein, aber würden sie auch meinen Lesern klar sein? Ich beschloss, Peter und Julie zu fragen. Ich lud sie zu einer Tasse Tee ein und bat sie, die ersten sechs

Unterkapitel durchzulesen. Schweigend saßen wir eine Weile da, dann wandte sich Peter an mich.

»Unsere letzte Unterhaltung hat mich nachhaltig beeindruckt«, gab er zu, »und nach dem, was ich jetzt gelesen habe, begreife ich allmählich, dass der Übergang zu einem Whitehead'schen Paradigma in der Tat eine tief greifende Erfahrung sein kann. Aber ich bin mir noch unsicher. Worin liegt deiner Meinung nach die wirkliche Bedeutung dieses Paradigmenwechsels?«

Ich antwortete mit einer Gegenfrage: »Wenn ich dich bitten würde, das Universum in groben Zügen zu charakterisieren, was würdest du antworten?«

»Hm, lass mich mal überlegen. Also, zunächst ist das Universum materieller Natur. Dieser Tisch, diese Tasse Tee, unsere Körper, die Erde, die Sterne, die Galaxien – all dies sind Ansammlungen von Materie.«

Julie sah enttäuscht aus. »Ist das alles?«, fragte sie.

Peter war erstaunt. »Was gibt es sonst noch?«

»Na, wie steht es mit den Ideen, der Kunst, der Musik? Und mit der Liebe?«

»Dir wird es vielleicht nicht gefallen, was ich denke, aber ich sage es trotzdem«, erwiderte Peter, »die Dinge, die du erwähnt hast, haben eine materielle Komponente. Kunst zum Beispiel ist Farbe auf Leinwand, Musik sind Schallwellen in der Luft; selbst die Liebe besitzt eine materielle Komponente in Form von Erregungen des Nervensystems. Natürlich gebe ich dir Recht, dass diese materielle Komponente nicht alles ist, was Kunst, Musik und Liebe ausmacht. Aber der Rest ist … wie soll ich sagen? Nicht so richtig greifbar. Irgendwie schwammig.«

Julie holte zu einer scharfen Erwiderung aus, aber ich kam ihr zuvor. »Wunderbar«, sagte ich, »alles ist Materie, und das Übrige – wie sagtest du – ›irgendwie schwammig‹. Aber was ist Materie? Wohlgemerkt, mir geht es nicht um eine Definition.

Wir versuchen lediglich, die Bedeutung des Paradigmas auf einer intuitiven Ebene zu erfassen. Wie würdest du auf deine Weise erklären, was ›Materie‹ ist?«

Leicht entrüstet erwiderte Peter: »Wenn es dir nicht um eine Definition geht, dann wissen wir beide doch ganz genau, was Materie ist. Materie ist dieser harte, undurchdringliche Stoff, der überall um uns herum einfach da ist. Wenn man dagegen tritt, tut einem der Fuß weh, wie schon Dr. Johnson vor mehr als 200 Jahren so anschaulich demonstrierte, um die Haltung des Idealismus zu widerlegen. Es ist der Stoff, an dessen Erforschung ihr Physiker so hart arbeitet.«

»Genau«, antwortete ich, »wir haben ihn sogar so genau erforscht, dass wir inzwischen wissen, dass er gar nicht existiert.«

»Wie bitte? Wie meinst du das?«

»Wir sprechen, etwas ungenau, von ›dem Elektron‹, aber jedes Mal, wenn das Vorhandensein ›des Elektrons‹ durch eine Messung bestätigt wird, handelt es sich um ein völlig neues Elektron. Dies gilt für alles, was aus Elektronen, Protonen und Neutronen besteht, das heißt, letztendlich für die gesamte ›Materie‹ um uns herum. Dass es dir so scheint, als bliebe dieser Tisch sich gleich, liegt daran, dass sich bestimmte Muster elementarer Quantenereignisse immerfort wiederholen.«

»Ich ahne, was du meinst, aber könntest du das noch etwas erläutern?«

»Gern«, antwortete ich, »angenommen, wir sind im Kino. Auf der Leinwand sehen wir über viele Augenblicke hinweg denselben Charlie Chaplin. Aber diese Illusion einer kontinuierlichen Präsenz wird durch viele getrennte Einzelbilder erzeugt.«

»Aha!«, rief Peter aus, »ich hab's! Materie ist wie der *Film* in deiner Kino-Analogie! *Materie ist das Substrat der Muster, die wir überall um uns herum sehen!*«

»Keine schlechte Idee«, erwiderte ich. »Leider ist sie falsch.«

»Warum glaubst du das?«

»Nach meinem besten Wissen und Gewissen – und ich spreche hier als Physiker – existiert dieses Substrat als Träger von Mustern, wie du es vorgeschlagen hast, einfach nicht. Schrödinger erläutert die Situation mit seinem üblichen Scharfblick.« Ich zog zwei Bücher aus dem Regal und las die gesuchte Passage vor:

»Was ist die Nutzanwendung all dieser Überlegungen auf die Physik, auf die kleinsten Teilchen, auf Gebilde, die aus solchen kleinsten Teilchen aufgebaut erscheinen, wie die Atome und Moleküle? Man hatte ihnen bisher eine Individualität zugeschrieben, die auf der fortdauernden Identität der Materie, des Materials, in einem solchen Teilchen oder Teilchenkomplex beruhen sollte. Wir gewinnen jetzt die Überzeugung, dass dies eine überflüssige, ja nahezu mystische, gedankliche Ergänzung des direkt Vorgefundenen ist. Denn was wir die Identität greifbarer makroskopischer Objekte nennen, ist etwas von dieser grob materialistischen Hypothese ganz Unabhängiges; diese Identität beruht auf einer *Erhaltung der Gestalt* ... Die Sprache hat sich der uralten Substanzhypothese so ganz und gar angepasst, dass wir fast notgedrungen denken, wenn wir Worte wie ›Form‹ oder ›Gestalt‹ hören, sie wären sinnlos, wenn wir nicht sagen, *was* diese Form oder Gestalt hat; es müsse, denken wir, doch ein Substrat sein als Träger der Gestalten. Das geht auf Aristoteles zurück, seine causa materialis und causa formalis. Das war für ihn und auf lange Zeit hinaus ein ganz adäquater Formalismus, den wir heute verlassen haben. Wir haben nur mit Gestalten zu tun, die teils wechseln, aber doch auch verharren. In dies hat sich der alte Gegensatz aufgelöst, der scharfe Gegensatz zwischen der absolut verharrenden *Substanz* und dem wechselnden *Akzidenz*. Er ist weicher geworden. Er ist graduell. Wir haben zu tun mit Gestalten, deren Züge alle Übergänge aufweisen von fast unbedingtem Beharren bis zu fast unübersehbar regellosem Wechsel.«[20] [Hervorhebung im Original]

Dann schlug ich das andere Buch auf. »Heisenberg macht eine ähnliche Aussage. Er sagt, dass die kleinsten materiellen Einheiten nicht etwa physikalische Objekte im üblichen Sinne, sondern Formen, Strukturen – oder im platonischen Sinne – Ideen seien, von denen man nur in der Sprache der Mathematik unzweideutig sprechen könne.«[21]

Belustigt mischte sich Julie ins Gespräch. »Dieses Verschwinden der Materie erinnert mich an die Szene aus *Alice im Wunderland*, als Alice die Edamer Katze trifft.« Sie fand das Buch im Regal und fuhr fort: »Hier ist es. Alice sagt zur Katze: ›und übrigens tätest du mir einen großen Gefallen, wenn du etwas weniger plötzlich auftauchen und verschwinden wolltest; man wird ja ganz schwindlig davon.‹

›Wie du willst‹, sagte die Katze und verschwand diesmal ganz allmählich, von der Schwanzspitze angefangen bis hinauf zu dem Grinsen, das noch einige Zeit zurückblieb, nachdem alles andere schon verschwunden war.

›So etwas!‹ dachte Alice; ›ich habe zwar schon oft eine Katze ohne Grinsen gesehen, aber ein Grinsen ohne Katze! Das ist doch das Allerseltsamste, was ich je erlebt habe.‹«[22]

Ich nickte, als sie das Buch schloss. »Ja«, pflichtete ich ihr bei, »die Muster, die wir überall um uns herum sehen, sind wie das Grinsen ohne die Katze. Die Vorstellung eines zugrunde liegenden materiellen Substrats ist falsch. Sie ist lediglich ein Konstrukt unseres Denkens, das jedoch keine Entsprechung in der Wirklichkeit hat. Im Rahmen unserer gewöhnlichen Denkweise ist die Abwesenheit von Materie in der Tat ›das Allerseltsamste, was ich je erlebt habe‹! Dagegen kommt im Whitehead'schen Paradigma die Annahme eines materiellen Substrats nicht vor. Dass sie fehlt, ist gerade ein wesentlicher Aspekt des Paradigmas. Und dies ist übrigens ein weiterer Punkt, in dem Whiteheads Paradigma mit den ›beobachteten Dingen‹ übereinstimmt.«

Peter war verwirrt. »Aber hier ist sie doch, die wirkliche Welt, sie existiert überall um mich herum. Wenn sie nicht aus Materie besteht, woraus dann?«

»Ich möchte deine Frage umformulieren: Wenn das alte Paradigma falsch ist, worin besteht dann das neue?«

»Als ersten Schritt auf dem Weg zu einer Beantwortung von Peters Frage schlage ich Folgendes vor«, sagte Julie: »*Das, was in Wirklichkeit existiert, ist das, was erfahren werden kann.*«

Julies Bemerkung ließ uns innehalten und über ihre Formulierung nachdenken. Schließlich sagte Peter zögernd: »Diese Aussage scheint mir nicht viel Bedeutung zu haben. Alles kann erfahren werden.«

»Keineswegs«, gab Julie entschieden zurück.

»Na gut, dann gib mir ein Beispiel für etwas, das nicht erfahren werden kann.«

»Das ist leicht: Eine Möglichkeit kann nicht erfahren werden. Man kann über sie nachdenken, aber man kann sie nicht erfahren.«

»Moment mal! Ist Denken nicht eine Erfahrung?«

»Natürlich ist es das. Aber was in diesem Augenblick erfahren wird, ist der Gedanke an die Möglichkeit, nicht die Möglichkeit selbst.«

»Gut, das akzeptiere ich«, räumte Peter ein, »aber deine Definition von Wirklichkeit ist so abstrakt, dass ich damit nichts anfangen kann.«

»Dies liegt nur daran, dass deine Denkweise so materialistisch ist!« Julies ungeduldige Ader brach hervor. »Wenn du meine Definition als gegeben annimmst, verschwinden die absurden Beschränkungen, die du dir eben selbst auferlegt hast, von ganz allein. Diese Tasse Tee, Mozarts Symphonien, Rembrandts Gemälde, meine Liebe für dich – dies alles existiert wirklich.«

Das letzte Glied der Aufzählung brachte Peter ein wenig aus dem Konzept, doch nahm er den Faden wieder auf: »Willst du damit sagen, dass alle diese Dinge – die Tasse Tee, Mozarts Symphonien und …, na ja, du weißt schon, – dass sie alle gleichartig sind?«

»Nein, das sage ich ganz und gar nicht!«, protestierte Julie. »Im Gegenteil, ich impliziere eine Hierarchie, die dem, was du vorgeschlagen hast, vollkommen widerspricht. Was die Frage ihrer wirklichen Existenz betrifft, so stehen alle diese Dinge auf derselben Stufe; sie sind alle gleich wirklich. Aber wir sind nun dein geliebtes materielles Substrat los. Wenn du also eine Hierarchie einführen willst, kann sie nicht auf Materie beruhen. Du hast gesagt, dass eine Symphonie verglichen mit einer Tasse Tee schwammig – weniger greifbar – sei, und diese Auffassung wird von unserer ganzen Kultur geteilt. Ich vertrete dagegen die Ansicht, dass Mozarts Symphonien auf eine viel realere Art wirklich sind als diese Tasse Tee.«

»Aber warum?«

»Aufgrund meiner vorigen Definition: ›Das, was in Wirklichkeit existiert, ist das, was erfahren werden kann.‹ Vergleiche die Bandbreite und die Tiefe der Erfahrungen, die von einer Mozart-Symphonie ausgelöst werden, mit jenen, die von dieser Tasse Tee verursacht werden. Wenn man die ›Realität‹ oder die ›tiefere Bedeutung‹ – die ›Seinsebene‹ – einer Sache bewerten möchte, sollte man sein Urteil auf die ›Realität‹ oder die ›Tiefe‹ der durch sie ausgelösten Erfahrung gründen.«

Peter war beeindruckt, und mir erging es nicht anders. Nach langem Schweigen wandte er sich an mich und sagte:

»So langsam begreife ich, was Du mit einem Paradigmenwechsel meinst.«

»Aber wir stehen doch noch immer ganz am Anfang unserer Suche«, antwortete ich. »Wir haben uns erst einen kleinen Schritt vom materialistischen Realismus entfernt.«

Die Gangart wechseln

Ein erfolgreiches neues Paradigma ist daran zu erkennen, dass es mühelos Probleme löst, die aus der Perspektive des alten Paradigmas verwirrend und beunruhigend sind. Als Magellan mit seinen Schiffen westwärts segelte und ohne den Kurs zu ändern, wieder an seinem Ausgangshafen ankam, war dies im Rahmen eines Weltbilds, das die Erde als Scheibe betrachtete, schwierig zu erklären. Wie einfach wurde dies jedoch, nachdem der Paradigmenwechsel von einer flachen zu einer kugelförmigen Erde vollzogen war!

Wie wir gesehen haben, hat die Quantenmechanik Eigenschaften der physikalischen Welt aufgedeckt, die verwirrend und beunruhigend sind. Die Schwierigkeiten ergeben sich jedoch daraus, dass wir versuchen, sie innerhalb des Newton'schen Begriffssystems zu formulieren und zu verstehen. Wenn wir das Whitehead'sche Bezugssystem verwenden, verschwinden die Merkwürdigkeiten. Lassen Sie uns unsere bisherigen Erkenntnisse zusammenfassen.

Whiteheads philosophisches System ist ein umfassendes und komplexes Paradigma zur Erklärung der Wirklichkeit. Eine seiner Schlüsselthesen lautet, dass die Wirklichkeit »atomistisch« ist, insofern als die Elemente der Realität diskret sind. Diese diskreten Elemente, die so genannten »wirklichen Einzelwesen« sind Prozesse der Selbsterschaffung. Die verschiedenen Phasen in der Entwicklung dieser Prozesse folgen zeitlich nicht aufeinander. Vielmehr ist ihr Endprodukt aus dem Blickwinkel anderer wirklicher Einzelwesen das Erscheinen »eigensinniger Tatsachen« in Raum und Zeit. Darüber hinaus sind die wirklichen Einzelwesen an sich keine Objekte. Sie sind ihrem Wesen nach »Pulse der Erfahrung«. Erfahrung ist das primäre Merkmal all dessen, was in Wirklichkeit existiert.

Diese Perspektive wirft neues Licht auf so manche Beobachtung, die im Rahmen des Newton'schen Weltbildes unverständlich bleiben musste. Wenn wir jedoch versuchen, das neue Paradigma wissenschaftlich zu verifizieren, stoßen wir auf ein Problem: Indem sich die wissenschaftliche Methodologie auf die objektivierten Aspekte der zu untersuchenden Gegenstände beschränkt, schließt sie die Möglichkeit aus, das Vorhandensein von Erfahrungen zu erkennen.

Aber auch wenn eine wissenschaftliche Verifizierung des Primats der Erfahrung unmöglich ist, kann doch die Frage, ob die objektiven Aspekte des Whitehead'schen Systems in Einklang mit den Erkenntnissen der Wissenschaft stehen, durchaus untersucht werden. Eine solche Untersuchung zeigt, dass das System Whiteheads natürliche Erklärungen für die Befunde der Quantenmechanik liefert. Merkmale, die seltsam und unerklärlich scheinen, wenn wir unseren gewohnten Denkschemata folgen, erweisen sich in der Whitehead'schen Denkweise als einfach und natürlich. Diese Übereinstimmung mit den Ergebnissen der Quantenmechanik stärkt unser Vertrauen in das umfassende und in sich konsistente philosophische System Whiteheads und insbesondere in seine These vom Primat der Erfahrung.

Das Wechselspiel zwischen dem Möglichen und dem Wirklichen ist für die ontologische Interpretation der Quantentheorie von zentraler Bedeutung. Im nächsten Kapitel wollen wir die Beziehung zwischen dem Möglichen und dem Wirklichen eingehender betrachten, und zwar sowohl im

Kontext der Quantenmechanik als auch im Kontext des Whitehead'schen Systems, wodurch wir zu einem tieferen Verständnis beider Denksysteme gelangen werden.

Epigraph: Zitiert von E. Schrödinger in: *Die Natur und die Griechen*, S. 59-60.

1 A. N. Whitehead, *Denkweisen*, S. 181.

2 Ebd., S. 182.

3 M. H. Fisch, Hrsg., *Classic American Philosophers*, S. 401.

4 Ebd.

5 Ebd.

6 A. N. Whitehead, *Denkweisen*, S. 181-182. [Whitehead spricht von »self-enjoyment«, was in der Übersetzung von Stascha Rohmer mit »Selbsterfahrung« wiedergegeben wird. Im Kontext der Ausführungen Malins erschien mir die wörtliche Übersetzung »Selbstgenuss« jedoch genauer. (A. d. Ü.)]

7 Ebd., S. 182.

8 A. N. Whitehead, *Prozess und Realität*, S. 74.

9 Ebd., S. 57-58.

10 A. N. Whitehead, *Denkweisen*, S. 183.

11 Zitiert von V. Lowe in: M. H. Fisch, Hrsg., *Classic American Philosophers*, S. 407.

12 Ebd., Fußnote 24.

13 A. N. Whitehead, *Denkweisen*, S. 182.

14 Ebd., S. 184. [Der von Whitehead verwendete Begriff »enjoyment« wird von Stascha Rohmer als »Erleben« wiedergegeben. Aus dem bereits in Anmerkung 6 genannten Grund habe ich mich für die wörtliche Übersetzung »Genuss« entschieden. (A. d. Ü.)]

15 Ebd.

16 Ebd., S. 186.

17 Ebd., S. 193.

18 Ebd.

19 E. Schrödinger, *Naturwissenschaft und Humanismus*, S. 26-27.

20 Ebd., S. 29-30, 31.

21 W. Heisenberg in: K. Wilber, Hrsg., *Quantum Questions*, S. 51.

22 L. Carroll, *Alice im Wunderland*, S. 68-69.

16. Das Mögliche und das Wirkliche

Der Übergang vom Möglichen zum Wirklichen spielt sowohl in der Prozessphilosophie Whiteheads als auch in der Quantenmechanik eine zentrale Rolle. Dieses Kapitel ist einer tieferen Analyse dieses Vorgangs gewidmet. Mit Hilfe von »Experimenten der verzögerten Wahl« wird gezeigt, dass die Möglichkeiten in einer anderen Beziehung zur Zeit stehen als die wirklichen Ereignisse. Dies führt zu der Frage, ob ein Quantenzustand die Möglichkeiten an sich beschreibt oder das Wissen, das über sie zur Verfügung steht. Zum Abschluss des Kapitels werden wir das Experiment Bells und den Begriff der Lokalität unter einem neuen Blickwinkel betrachten.

> »›Ülkiger und ülkiger!‹,« rief Alice (und in ihrer Überraschung entging ihr, dass man das eigentlich gar nicht sagen kann).«
> *Lewis Carroll*

Das gleichzeitige Nebeneinander von Gegenteilen

Whitehead zufolge ist jedes wirkliche Einzelwesen schöpferische Aktivität. Diese Aktivität wird als ein Prozess der Selbsterschaffung beschrieben, »in dem jenen Faktoren des Universums, die vor diesem Prozess nur unrealisiert als Potenzialitäten existiert haben, ein wirkliches Sein verliehen wird. Der Prozess der Selbsterschaffung ist die Transformation von Potenzialität in Aktualität, und die Tatsache einer solchen Transformation beinhaltet die Unmittelbarkeit des Selbstgenusses.«[1] Wir wollen diesen Aspekt des schöpferischen Prozesses – die Transformation von Potenzialität in Aktualität oder, anders ausgedrückt, die Verwandlung des

Möglichen in das Wirkliche – innerhalb des Whitehead'schen Systems genauer betrachten und ihn mit seinem Gegenstück in der Quantenmechanik vergleichen, dem Kollaps von Quantenzuständen.

Die Unterscheidung zwischen dem Möglichen und dem Wirklichen spielt nicht nur in der Philosophie, insbesondere der Philosophie Whiteheads und den meisten philosophischen Systemen der griechischen Antike, sondern auch im Begriffssystem der Quantenmechanik eine zentrale Rolle. Es erscheint daher sinnvoll, unsere Untersuchung mit der Frage zu beginnen: Worin besteht der wesentliche Unterschied zwischen dem Möglichen und dem Wirklichen?

Wir benutzen Wörter wie »wirklich«, »tatsächlich«, »möglich« und »potenziell« jeden Tag und wissen sehr gut, was wir damit meinen. Angenommen, ich stehe unter einer Eiche und sehe auf dem Boden eine Eichel liegen. Die Eichel ist eine *potenzielle* Eiche. Dies bedeutet nicht nur, dass aus ihr (möglicherweise) in der Zukunft eine Eiche werden kann, sondern dass sie jetzt (noch) keine Eiche ist. Im Kontext unseres alltäglichen Lebens ist uns diese Unterscheidung zwischen dem Potenziellen und dem Wirklichen klar, aber was bedeutet sie im Quantenkontext, wenn wir die Begriffe zum Beispiel auf Elektronen anwenden?

Auf beiden Ebenen ist der wesentliche Unterschied derselbe: *Konkurrierende Möglichkeiten bestehen gleichzeitig nebeneinander, während konkurrierende Wirklichkeiten sich gegenseitig ausschließen.*

Gerade jetzt stehe ich vor der Entscheidung, ob ich die Wände meines Arbeitszimmers weiß oder blau streichen soll. Noch gibt es beide Möglichkeiten: die Möglichkeit, dass die Wände weiß gestrichen werden und die Möglichkeit, dass sie blau gestrichen werden. Diese zwei Potenzialitäten existieren nebeneinander, da das Vorhandensein der einen Möglichkeit das Vorhandensein der anderen Möglichkeit nicht behindert.

Morgen früh jedoch, wenn ich damit beginne, mein Zimmer zu streichen, wird nur eine der beiden Möglichkeiten realisiert werden. Als Wirklichkeiten schließen sie sich gegenseitig aus.

Dies lässt sich auch wie folgt ausdrücken: Potenzialitäten unterliegen der logischen Verknüpfung von »und«, während Wirklichkeiten der logischen Verknüpfung von »entweder-oder« unterliegen. Noch sind die Wände meines Zimmers potenziell weiß *und* potenziell blau. Sobald sie jedoch gestrichen sind, werden sie *entweder* weiß *oder* blau sein.

Diese Unterscheidung gilt auf atomarer und subatomarer Ebene ebenso wie im alltäglichen Leben. Betrachten wir das Auftreffen eines Elektrons auf einem Leuchtschirm. Vor dem Auftreffen, solange das Elektron nur eine potenzielle und keine wirkliche Existenz hat, bestehen alle Möglichkeiten für das Auftreffen an verschiedenen Orten gleichzeitig nebeneinander. Mit dem Auftreffen auf dem Schirm tritt das Elektron jedoch an einem bestimmten Ort in Erscheinung. Das tatsächliche Auftreffen an Ort A und das tatsächliche Auftreffen an einem anderen Ort B schließen sich gegenseitig aus.

Experimente der verzögerten Wahl

Während der soeben erläuterte Unterschied sowohl für Situationen des Alltagslebens als auch für die Quantenebene gilt, wenden wir uns nun einer Unterscheidung zu, die erstmals im Kontext der Quantenmechanik entdeckt wurde und sehr rätselhaft anmutet. Sie betrifft die Beziehung, in der Möglichkeiten und wirkliche Ereignisse zur Zeit stehen, und lässt sich wie folgt beschreiben: Eine Veränderung gegenwärtiger Bedingungen kann vergangene Ereignisse nicht beeinflussen, aber sie kann dazu führen, dass sich unter bestimmten Umständen die Entwicklung der Potenzialitäten rückwirkend verändert. Salopp ausgedrückt, kann sie dazu führen, dass die Geschichte der Möglichkeiten umgeschrieben wird. Versuche, bei denen sich vergangene Möglichkeiten in Anpassung an gegenwärtige Situationen verändern, werden als »Experimente der verzögerten Wahl« oder »delayed-choice«-Experimente bezeichnet.

Das im Folgenden beschriebene Beispiel beruht auf der in Kapitel 11, S. 245 ff., erläuterten Versuchsanordnung (Abb. S. 245). Zur Erinnerung: Ein Lichtstrahl kommt von links und wird beim Auftreffen auf den linken halbdurchlässigen Spiegel geteilt. Der Teil des Lichtstrahls, der reflektiert wird, folgt Weg a, während der andere Teil des Lichtstrahls vom Spiegel durchgelassen wird und Weg b einschlägt. Der reflektierte Strahl wird von zwei gewöhnlichen Spiegeln abgelenkt und trifft dann an einem weiteren halbdurchlässigen Spiegel wieder mit dem durchgelassenen Lichtstrahl zusammen. Wieder werden beide Lichtstrahlen durch den Spiegel geteilt. Der Strahl von Weg a teilt sich in einen Strahl, der nach rechts reflektiert wird (1) und in einen Strahl, der durch den Spiegel hindurch seinen Weg nach unten fortsetzt (2). Der Strahl von Weg b teilt sich in einen Strahl, der seinen Weg nach rechts fortsetzt (3) und in einen Strahl, der nach unten reflektiert wird (4).

Dann untersuchten wir, was geschieht, wenn man die Intensität des eintreffenden Lichtstrahls so weit reduziert, dass nur noch einzelne Photonen ankommen. Ein Photon nach dem anderen trifft auf den Spiegel, durchläuft die Versuchsanordnung und verlässt sie wieder. In diesem Fall können wir nicht länger davon sprechen, dass die halbdurchlässigen Spiegel Lichtstrahlen teilen. Wir müssen vielmehr untersuchen, was mit jedem einzelnen Photon geschieht, wenn es auf diese Spiegel trifft.

338

Gegen Ende von Kapitel 11, S. 245 ff., betrachteten wir eine Variante dieses Versuchsaufbaus (dargestellt in Abb. S. 249). Bei dieser Variante ist der normale Spiegel in der rechten oberen Ecke des Versuchsaufbaus an einer leichten Feder aufgehängt, so dass er zu schwingen beginnt, wenn etwas mit ihm zusammenstößt. Es wird angenommen, dass die Feder so empfindlich ist, dass sogar ein einzelnes Photon ausreicht, um den Spiegel in Schwingungen zu versetzen.

Durch die Diskussion dieses Experiments und seiner Variante gelangten wir zu dem folgenden Schluss: Im ursprünglichen Experiment, wenn alle Spiegel starr befestigt sind, befindet sich jedes Photon in einem Zustand der Superposition von (1) der Bewegung entlang Weg a und (2) der Bewegung entlang Weg b. Das Photon folgt also, grob gesprochen, »bis zu einem gewissen Grad« Weg a und »bis zu einem gewissen Grad« Weg b. Aber natürlich ist dies nur eine vereinfachte Ausdrucksweise, denn in Wirklichkeit gibt es kein Photon, das sich auf beiden Wegen bewegt. Die Superposition ist eine Überlagerung von Potenzialitäten.

In der abgewandelten Form des Experiments mit dem federnd aufgehängten Spiegel ist eine Überlagerung der Wege a und b nicht länger möglich. Wieder salopp gesprochen, folgt hier jedes Photon entweder Weg a oder Weg b. Der tatsächlich eingeschlagene Weg kann experimentell bestimmt werden: Wenn das Photon Weg a einschlägt, trifft es auf den federnd aufgehängten Spiegel und versetzt ihn in Schwingungen, während dies auf Weg b nicht geschieht. Man kann also den tatsächlich eingeschlagenen Weg bestimmen, indem man beobachtet, ob der Spiegel in Schwingungen versetzt wird. Wieder ist diese Ausdrucksweise nicht ganz zutreffend, denn es gibt kein wirkliches Photon, das sich entlang der beiden Wege bewegt. Die Aussage »Das Photon bewegt sich entlang Weg a« bedeutet, dass eine gewisse Möglichkeit besteht, das Photon auf Weg a zu entdecken, wenn ein Messapparat dort aufgestellt wird. Der federnd aufgehängte Spiegel ist eine solche Messapparatur. Aufgrund seiner Anwesenheit kollabiert der Quantenzustand des potenziellen »Photons entlang Weg a« am Ort des federnd aufgehängten Spiegels und das Photon tritt durch den Akt des Auftreffens auf den Spiegel als ein wirkliches elementares Quantenereignis in Erscheinung.

Um das Gesagte noch einmal zusammenzufassen, wollen wir die in den Abbildungen S. 245 und S. 249 dargestellten Versuchsanordnungen vergleichen. Salopp gesprochen, »wählt« das Photon in Abbildung S. 245 *keinen* der beiden Wege aus. Es durchläuft die Versuchsanordnung als eine Superposition von Möglichkeitswellen entlang der Wege a und b. In Abbildung S. 249 »wählt« das Photon einen Weg. Es folgt entweder Weg a oder Weg b, wobei die Auswahl des Wegs für jedes Photon zufällig ist.

Es findet also eine Wahl zwischen zwei Möglichkeiten statt: Möglichkeit 1 besteht darin, dass das Photon die Versuchsanordnung in einem *Zustand der Überlagerung der Wege a und b* durchquert, während Möglichkeit 2 darin besteht, dass es die Versuchsanordnung *entweder auf Weg a oder auf Weg b* durchläuft. Wann wird diese Entscheidung getroffen?

Der Gedanke liegt nahe, dass diese Entscheidung beim Eintritt des Photons in die Versuchsanordnung getroffen wird, das heißt, wenn es auf den halbdurchlässigen Spiegel links in der Versuchsanordnung trifft. Der ausschlaggebende Faktor für die Entscheidung ist dabei die Art der Befestigung des rechten oberen Spiegels in der Versuchsanordnung. Wenn er starr befestigt ist, gilt Möglichkeit 1, wenn er federnd aufgehängt ist, gilt Möglichkeit 2.

Doch halt! Diese Antwort kann nicht richtig sein. Betrachten wir das folgende Szenario: Wenn das Photon in die Versuchsanordnung eintritt, ist der rechte obere Spiegel starr befestigt; der Weg des Photons ist somit eine Superposition

(Möglichkeit 1). Während das Photon jedoch seinen Weg durch die Versuchsanordnung fortsetzt, wird die starre Befestigung des Spiegels durch eine federnde Aufhängung ersetzt. Dies geschieht, nachdem die Entscheidung bereits gefallen ist und das Photon sich schon in einem Zustand der Superposition befindet. Was passiert nun mit dem Photon?

Die Antwort lautet: Kein Problem. Das Photon schaltet einfach unterwegs von Möglichkeit 1 auf Möglichkeit 2 um. Es schreibt sozusagen seine Geschichte um und verhält sich so, als wäre beim Eintritt in die Versuchsanordnung Möglichkeit 2 gewählt worden.

Eine solche Modifizierung des ursprünglichen Experiments, bei der nachträglich, das heißt, nach dem Eintritt des Photons in die Versuchsanordnung, die starre Befestigung des Spiegels durch eine federnde Aufhängung ersetzt wird, ist das Kennzeichen eines »Experiments der verzögerten Wahl«.

An dieser Stelle sind zwei Erläuterungen notwendig. Zum einen ist das hier diskutierte Experiment natürlich ein in der Praxis undurchführbares Gedankenexperiment. Die Lichtgeschwindigkeit ist so groß, dass es unmöglich ist, die Versuchsanordnung in der kurzen Zeitspanne, in der sich das Photon durch die Messapparatur bewegt, zu verändern. Es wurden jedoch äquivalente Versuche durchgeführt, bei denen nicht apparative Veränderungen der Versuchsanordnung, sondern elektronische Schaltungen die Entscheidungsverzögerung herbeiführten.

Zum anderen wurde in den vorangegangenen Abschnitten eine sehr saloppe Ausdrucksweise benutzt. Die Beschreibungen von Photonen, die verschiedene Wege einschlagen, müssten korrekterweise in Aussagen über sich verändernde Potenzialitäten »übersetzt« werden. Da der Text dadurch jedoch hoffnungslos umständlich würde, habe ich darauf verzichtet. Ich vertraue darauf, dass sich die richtige Bedeutung dennoch erschließt.

Wir haben diesen Abschnitt mit einer neuen Unterscheidung zwischen Potenzialitäten und wirklichen Ereignissen eingeleitet. Am Beispiel eines Experiments der verzögerten Wahl sind wir nun in der Lage, die Bedeutung dieser Unterscheidung zu ergründen. Stellen wir uns vor, wir führen das Experiment durch. Ein Photon ist in die Messapparatur eingetreten und wir ersetzen nun die starre Befestigung des Spiegels durch eine federnde Aufhängung. Dieses tatsächlich stattfindende Ereignis der Veränderung der Spiegelbefestigung beeinflusst die Geschichte des Möglichkeitsfeldes des Photons. Das Möglichkeitsfeld verändert sich rückwirkend von einer Superposition (Möglichkeit 1) zur Auswahl eines Wegs (Möglichkeit 2).

Daraus folgt, dass die Aussage »Jetzt findet ein wirkliches Ereignis statt« in einer ganz anderen Beziehung zur Zeit steht als die Aussage »Jetzt besteht diese oder jene Möglichkeit«. Die erste Aussage weist auf das Entstehen einer »eigensinnigen Tatsache« hin, die niemals ausgelöscht werden kann. Vergangene Möglichkeiten können sich dagegen in Abhängigkeit von gegenwärtigen Ereignissen ändern.

Der Eintritt des Möglichen in das Wirkliche

»Experimente der verzögerten Wahl« lassen eine merkwürdige Flexibilität in der Beziehung zwischen den Potenzialitäten und der Zeit erkennen. Der Grund für diese Flexibilität liegt darin, dass Möglichkeiten im Gegensatz zu wirklichen Ereignissen nicht in der Raumzeit existieren; sie *beziehen sich* lediglich auf spezifische Orte und spezifische Zeitpunkte. Und sie existieren nicht in der Raumzeit, weil *Möglichkeiten an sich zeitlos sind*. Was bedeutet das?

Betrachten wir den Unterschied zwischen »Zeitlosigkeit« und »Unvergänglichkeit«. »Unvergänglichkeit« ist das Gegen-

342

teil von »Veränderung«. Es bedeutet ein fortdauerndes Bestehen in der Zeit. »Zeitlosigkeit« dagegen bedeutet ein Sich-
gleich-Bleiben, da es im Wesen des betreffenden Gegenstands
liegt, dass er in keiner Beziehung zur Zeit steht. Zum Beispiel:
Wenn man wie Aristoteles glaubt, dass das Universum keinen
Anfang und kein Ende hat, dann kann man sagen: »Das Universum ist unvergänglich.« Diese Aussage bedeutet, dass das
Universum einen Anfang und/oder ein Ende haben *könnte*,
aber dass es dies nicht hat. Die Zahl Drei dagegen ist nicht unvergänglich; sie ist zeitlos, da sie außerhalb der Zeit steht.
Zahlen, mathematische Beziehungen, Farben, Klänge, Gerü-
che, die Schönheit, die Wahrheit, die Gerechtigkeit, kurzum,
die Platonischen Ideen sind ebenso wie die Potenzialitäten
ewig. Whitehead spricht von »zeitlosen Gegenständen«.

Wenn wir zu verstehen versuchen, was ein wirkliches Einzelwesen ist, müssen wir nicht nur betrachten, wie es sich die
»eigensinnigen Tatsachen« des Universums »aneignet«, sondern auch, in welcher Beziehung es zu den zeitlosen Gegenständen steht. Das Verständnis eines Blattes beinhaltet zum
Beispiel ein Verstehen seiner Beziehung zu der Grünschattie-
rung, die es aufweist, und zu den Grünschattierungen, die es
nicht aufweist: Wenn sich das Grün eines bestimmten Blattes
von dem Grün seiner Nachbarn unterscheidet, dann kann
dies ein Hinweis darauf sein, dass etwas mit ihm nicht
stimmt. Ebenso beruht ein Verständnis des Blattes auch auf
einem Verstehen seiner Beziehung zur Form – der Form, die
es tatsächlich besitzt, und den Formen, die es hätte annehmen können, aber nicht angenommen hat. Kurzum, das Verständnis eines wirklichen Einzelwesens erfordert nicht nur
einen Bezug zu dem, was ist, sondern auch zu dem, was sein
könnte, also nicht nur zur Wirklichkeit, sondern auch zur
Möglichkeit.

Die Beziehung eines zeitlosen Gegenstands zu anderen
zeitlosen Gegenständen ist festgelegt. Die Zahl Drei ist bei-

spielsweise die Quadratwurzel der Zahl Neun. Die Beziehung eines zeitlosen Gegenstands zu einem wirklichen Einzelwesen, oder zu einer Gesellschaft wirklicher Ereignisse, ist dagegen a priori unbestimmt (Whitehead bezeichnet diese Beziehung als ein »Eintreten«). So können in einem bestimmten Gemälde drei oder auch vier Zitronen abgebildet sein. Die besondere Weise des Eintretens zeitloser Gegenstände in wirkliche Ereignisse ist eine Auflösung dieser Unbestimmtheit. Durch sie wird die a priori unbestimmte Beziehung festgelegt. In diesem bestimmten Gemälde hätte zum Beispiel eine beliebige Anzahl von Zitronen abgebildet sein können; wenn es jedoch vollendet ist, ist diese Unbestimmtheit aufgelöst: Es enthält genau drei Zitronen.

Der Kollaps von Quantenzuständen

Die obige Erörterung der Beziehung zwischen zeitlosen Gegenständen und wirklichen Einzelwesen ist von unmittelbarer Bedeutung für das Verständnis des Kollapses von Quantenzuständen. In Anbetracht der Tatsache, dass der Kollaps im Begriffssystem der Quantenmechanik dem objektiven Aspekt eines wirklichen Einzelwesens entspricht, sind wir nun in der Lage zu verstehen, wie Whiteheads System die Experimente der verzögerten Wahl zu erklären vermag.

Betrachten wir die Möglichkeit der Selbsterschaffung eines bestimmten wirklichen Einzelwesens, wie etwa eines Photons, das auf einen federnd aufgehängten Spiegel trifft. Die Entscheidung darüber, ob dieses wirkliche Einzelwesen in Erscheinung treten wird oder nicht, hängt davon ab, welche der verschiedenen Möglichkeiten, die ja zeitlose Gegenstände sind, ausgewählt wird. Diese Möglichkeiten sind: (1) das Photon bleibt, während es die Versuchsanordnung passiert, in einem Zustand der Superposition von Weg a und Weg b; (2) Auswahl des Wegs a und (3) Auswahl des Wegs b. Diese Möglichkeiten sind als solche zeitlos. Sie bestehen gleichzeitig nebeneinander und werden erst festgelegt, wenn die Möglichkeit besteht, dass ein wirkliches Einzelwesen in Erscheinung tritt.

Eine solche Möglichkeit ist gegeben, wenn das Photon auf den federnd aufgehängten Spiegel treffen kann. Möglichkeit 1 wird also in dem Augenblick, in dem der Spiegel federnd aufgehängt wird, ausgeschlossen. Es bleibt die Wahl zwischen den Möglichkeiten 2 und 3. Bei der Auswahl der Möglichkeit 3 wird der Spiegel nicht getroffen und es entsteht kein wirkliches Einzelwesen. Wird Möglichkeit 2 ausgewählt, tritt das Photon beim Auftreffen auf den federnd aufgehängten Spiegel tatsächlich in Erscheinung. Der entscheidende Punkt ist folgender: *Die Entscheidung für eine der Möglichkeiten 1, 2, oder 3 fällt erst dann, wenn die Möglichkeit des Auftreffens gegeben ist.* Das erste wirkliche Einzelwesen, das sich in dem Experiment selbst erschaffen kann, ist das Photon, das auf den federnd aufgehängten Spiegel trifft. Der Zeitpunkt des Eintritts dieser Möglichkeit und nicht der vermutete Eintritt des Photons in die Versuchsanordnung stellt also den Zeitpunkt der Entscheidung dar. Der Satz »Ein Photon tritt in die Versuchsanordnung ein« ist nur ein Gedanke und beschreibt kein wirkliches Einzelwesen.

Das Phänomen der verzögerten Entscheidung ist befremdlich, wenn wir es uns unter dem Blickwinkel eines materiellen Photons vorstellen, das den Versuchsaufbau passiert. Der Eindruck des Befremdlichen verschwindet jedoch, wenn wir uns die Situation unter dem Blickwinkel der Beziehung zwischen wirklichen Einzelwesen und zeitlosen Gegenständen vorstellen.

Beschreibung der Wirklichkeit oder Beschreibung unserer Kenntnis?

Wir sind nun so weit, dass wir auf zwei bislang ungelöste Fragen zurückkommen können. Die erste betrifft die Auseinandersetzung um die ontologische bzw. die erkenntnistheoretische Deutung der Quantentheorie (Kapitel 4, S. 106 ff.) und die zweite betrifft das Bell'sche Experiment, bei dem sich Einflüsse scheinbar schneller als mit Lichtgeschwindigkeit ausbreiten (Kapitel 7, S. 163 ff.). Die Erkenntnisse, die wir hinsichtlich der Beziehung zwischen dem Potenziellen und dem Wirklichen inzwischen gewonnen haben, werden zu einer Klärung dieser Fragen beitragen. Die folgenden Erläuterungen stellen meine eigenen Schlussfolgerungen dar.

Die Philosophie Whiteheads ist ein leistungsfähiges ontologisches System. Ihre Übereinstimmung mit der Quantenmechanik verleiht ihr zusätzlich Glaubwürdigkeit. Doch können wir auch aus der Quantenmechanik ontologische Behauptungen ableiten? In Kapitel 4, S. 106 ff., stellten wir die Auffassungen, die Bohr und Heisenberg in Bezug auf diese Frage vertraten, einander gegenüber. Bohrs Antwort auf diese Frage hätte gelautet: »Nein, das können wir absolut nicht. Die Quantenmechanik beschreibt nicht die Natur, sie beschreibt das, was wir über die Natur sagen können.« Heisenberg dagegen hätte geantwortet: »Natürlich können wir das. Die Quantenmechanik sagt uns, was atomare und subatomare Teilchen sind. Sie sind Möglichkeitsfelder, die, wenn sie gemessen werden, Wirklichkeit werden.« Wer hat nun Recht?

Es zeigt sich, dass Bohrs erkenntnistheoretische Auffassung durch ein gewichtiges Argument aus der speziellen Relativitätstheorie gestützt wird: Wenn ein Quantenzustand kollabiert, verändern sich alle Möglichkeiten im Raum instantan und gleichzeitig. Der speziellen Relativitätstheorie zufolge ist Gleichzeitigkeit jedoch ein relativer Begriff. Wie wir in Kapitel 2, S. 49 ff., gesehen haben, schlugen die zwei Gesteinsbrocken, die mit den Raumschiffen von Peter und Julie kollidierten, bei Julie genau gleichzeitig ein, während sie in Peters Bezugssystem zeitlich versetzt eintrafen. Der Kollaps stellt sich also für Peter anders dar als für Julie. Wenn die ontologische Interpretation richtig ist, verkörpert der Kollaps jedoch eine Veränderung von Möglichkeiten, und eine solche Veränderung hinge dann nicht von der jeweiligen Perspektive ab. Für die erkenntnistheoretische Interpretation ist dies dagegen kein Problem. In Julies Bezugssystem verkörpert der Kollaps das Wissen, das ihr über das Quantensystem zur Verfügung steht, in Peters Bezugssystem verkörpert er das Wissen, das ihm zur Verfügung steht.

Wir behaupten also, dass die erkenntnistheoretische Interpretation die richtige ist. Allerdings muss diese Behauptung, wie ich festgestellt habe, modifiziert werden (siehe dazu Anhang S. 479 ff.): Ein Quantenzustand beschreibt nicht das tatsächliche Wissen, sondern das verfügbare oder potenzielle Wissen. Wenn bestimmte Informationen über ein Quantensystem verfügbar sind, hängt der Quantenzustand nicht davon ab, ob jemand diese Information zur Kenntnis nimmt oder nicht.

Aber unser Plädoyer für die erkenntnistheoretische und gegen die ontologische Interpretation ist noch nicht das letzte Wort in dieser Angelegenheit. Es stellt sich heraus, dass die beiden Deutungen bei einfachen nichtrelativistischen Quantensystemen übereinstimmen, in solchen Systemen also, in denen die Auswirkungen der speziellen Relativitätstheorie wie Relativität der Gleichzeitigkeit vernachlässigt werden können. Dies hat folgenden Grund:

Betrachten wir ein einfaches Quantensystem wie etwa ein Elektron. Ein Elektron kann einem vollständigen Satz von Messungen unterworfen werden. Sein Quantenzustand ist folglich erfahrbar. Dieser Quantenzustand enthält alle Informationen, die über das Elektron verfügbar sind, das heißt die Wahrscheinlichkeiten aller möglichen Ergebnisse aller möglichen Messungen; er umfasst somit den gesamten Inhalt des Möglichkeitsfeldes, das wir als »das Elektron« bezeichnen. Als wirkliches Einzelwesen existiert das Elektron aber nur dann, wenn es gemessen wird. Zwischen den Messungen ist das Elektron ein Möglichkeitsfeld, dessen vollständiger Inhalt im Quantenzustand zusammengefasst ist. Daraus folgt: *Die Beschreibung dessen, was über das Elektron erfahrbar ist, das heißt sein Quantenzustand, ist identisch mit der Beschreibung dessen, was es ist.*

In dem von Whitehead geschaffenen Paradigma kann die Beschreibung dessen, was ein wirkliches Einzelwesen ist, nicht mit der Beschreibung dessen identisch sein, was über das wirkliche Einzelwesen durch Messungen und Beobachtungen erfahrbar ist. Jedes wirkliche Einzelwesen ist eine Erfahrung, und dieser Erfahrungsaspekt ist nur ihm selbst zugänglich. Ein Elektron, das nicht gemessen wird, ist jedoch kein wirkliches Einzelwesen. Vielmehr ist es der Satz von Möglichkeiten, der die Ergebnisse aller möglichen Messungen enthält; und diese sind erfahrbar. Für ein nichtrelativistisches Elektron stimmen die Interpretationen Bohrs und Heisenbergs also überein!

Die Übereinstimmung der beiden Interpretationen gilt für einfache, nicht aber für komplexe Systeme. Unsere Beweisführung beruht auf der Annahme, dass es möglich ist, das betrachtete System einem vollständigen Satz von Messungen zu unterziehen. Diese Annahme ist für komplexe Systeme jedoch nicht erfüllt.

Zusammenfassend lässt sich also feststellen: Wenn wir unter »erkenntnistheoretisch« das mögliche und nicht das tatsächliche Wissen verstehen, ist im Prinzip die erkenntnistheoretische Interpretation die korrekte Deutung. In den meisten Situationen, mit denen wir es in der Praxis zu tun haben, spielt die Relativität der Gleichzeitigkeit jedoch keine Rolle, und die betrachteten Quantensysteme sind relativ einfach. Unter solchen Bedingungen stimmen die beiden Interpretationen überein, und es steht uns frei, für welche wir uns entscheiden.

Bells Experiment unter einem neuen Blickwinkel

Die Beziehung zwischen der Quantenmechanik und der Philosophie Whiteheads beruht auf Wechselseitigkeit. Die Quantenmechanik trägt zur Untermauerung der Whitehead'schen Vision bei und Whiteheads philosophisches System erleichtert uns das Verständnis der scheinbar seltsamen Eigenschaften der Quantenwelt. Ein Beispiel für diese Beziehung ist die in Kapitel 15, S. 322 ff., diskutierte Auffassung, wonach »elementare Quantenereignisse« dem objektivierten Aspekt der von Whitehead postulierten »wirklichen Einzelwesen« entsprechen. Im vorliegenden Abschnitt wollen wir nun die Bell'schen Korrelationen aus der Whitehead'schen Perspektive betrachten. Diese Neubetrachtung wird auch zu einer Klärung des Begriffs der »Lokalität« beitragen.

In Kapitel 7, S. 163 ff., wurde die Verletzung der Bell'schen Korrelationen diskutiert, ohne dass wir zu einem endgültigen Ergebnis gelangt wären: Die Korrelationen scheinen zu zeigen, dass sich etwas, das wir als *Einflüsse* bezeichnet haben, schneller als Licht ausbreiten kann. Allerdings kann dieser Umstand nicht dazu benutzt werden, *Signale* mit Überlichtgeschwindigkeit zu übermitteln. Es hat also den Anschein, als ob Einflüsse sich schneller als Licht bewegen können, während dies für Signale nicht gilt. Wie können wir zu einem Verständnis dieses merkwürdigen Sachverhalts gelangen?

In einem EPR- oder Bell-Experiment scheinen sich zwei gleichzeitig stattfindende Ereignisse gegenseitig zu beeinflussen, gleichgültig, wie groß die Entfernung zwischen ihnen ist. Ihr Abstand kann prinzipiell sogar astronomische Ausmaße annehmen. Selbst wenn die Ereignisse sehr weit entfernt voneinander stattfinden, scheinen sie miteinander verknüpft (»verschränkt«) zu sein, so als würden sie sich gegenseitig »spüren«. Es ist die Vermutung geäußert worden, dass eine solche Verschränkung existiert, *weil die beiden Ereignisse einen einzigen Schöpfungsakt darstellen, ein einziges »wirkliches Einzelwesen«, das aus einem gemeinsamen Möglichkeitsfeld heraus entsteht.*[2] Wenn jedoch ein einziger Akt des Übergangs vom Möglichen zum Wirklichen an zwei getrennten Orten in Erscheinung tritt, dann ist dies nicht das Ergebnis eines Vorgangs, bei dem etwas zwischen diesen beiden Orten übermittelt wird. Die Grenze der Lichtgeschwindigkeit gilt hier somit nicht. Dies erklärt, warum solche Schöpfungsakte nicht dazu benutzt werden können, Signale schneller als mit Lichtgeschwindigkeit zu übermitteln. Zwar beherrscht jeder Experimentator einige der Bedingungen, denen dieser Akt der Selbsterschaffung unterliegt – er kann zum Beispiel bestimmen, welche Spinkomponente von seiner Messapparatur gemessen wird –, aber das Ergebnis des Schöpfungsakts liegt nicht in seiner Hand; er kann nicht bestimmen, ob der von dem Apparat in seinem Raumschiff gemessene Spin nach oben oder unten zeigt.

Um ein Signal zu übermitteln und zu empfangen, sind zwei Schöpfungsakte erforderlich. Durch die Übermittlung und den Empfang eines Signals wird eine Situation geschaffen, in der ein vollendetes wirkliches Einzelwesen ein anderes bestimmt. Solche Übermittlungen können nicht schneller als mit Lichtgeschwindigkeit erfolgen. Die Unterscheidung zwischen Einflüssen und Signalen entspricht somit genau der Unterscheidung zwischen zwei Ereignissen, die Teile eines einzigen Akts der Selbsterschaffung sind, und zwei Ereignissen, die, obschon verbunden, getrennte Schöpfungsakte darstellen.

Eine profane Analogie mag dazu beitragen, diese Unterscheidung zu verdeutlichen. Stellen Sie sich eine Tänzerin vor, die beim Tanzen in einer graziösen Bewegung ihr linkes Bein und den rechten Arm anhebt. Dies entspricht dem einzelnen Schöpfungsakt, von dem wir gesprochen haben. Wenn die Tänzerin dagegen einen Juckreiz an ihrem linken Bein verspürt und sie infolgedessen ihren rechten Arm zum linken Bein führt, dann entspricht dies zwei miteinander verknüpften, aber getrennten Ereignissen. Das graziöse Anheben von Arm und Bein ist in Wirklichkeit eine einzige Bewegung; ihre zwei miteinander korrelierten Komponenten finden gleichzeitig statt. Die zwei Ereignisse des Juckens und Kratzens sind dagegen zeitlich voneinander getrennt, da das eine die Reaktion auf das andere ist. In dem einen Fall ist das gleichzeitige Anheben von Hand und Fuß der Ausdruck eines einzigen geistigen Akts, während in dem anderen Fall der Juckreiz und das Bedürfnis, sich zu kratzen, zwei verschiedene geistige Akte sind.

In Kapitel 8, S. 179 ff., untersuchten wir die Auswirkungen, die die Bell'sche Entdeckung auf das Paradigma der lokalen Realität hat, und stellten fest, dass die Prämisse der Lokalität, unabhängig davon, ob der Realismus aufgegeben wird oder nicht, fallen gelassen werden muss. Was verstehen wir jedoch unter »Lokalität«, wenn wir sagen, dass die Annahme der Lokalität nicht gerettet werden kann?

Die Annahme der Lokalität besagt, dass sich nichts schneller als Licht fortpflanzen kann. Im Falle der Ausbreitung eines Einflusses von Ort A nach Ort B wird der Einfluss jedoch nicht durch eine physikalische Größe übermittelt, die von A ausgeht und in B eintrifft. Vielmehr verändert eine Messung, die an Ort A durchgeführt wird, die Möglichkeiten für die

Erschaffung eines wirklichen Einzelwesens, das an den Orten A und B lokalisiert ist. Und eine solche Veränderung unterliegt nicht der Grenze der Lichtgeschwindigkeit.

Dies führt uns zu dem Schluss, dass die Aussage »Nichts kann sich schneller als Licht bewegen« auf zwei verschiedene Arten interpretiert werden kann: (1) Keine physikalische Größe kann sich schneller als Licht bewegen; und (2) nichts, was an Ort A geschieht, kann das, was an Ort B geschieht, schneller als mit Lichtgeschwindigkeit beeinflussen. In den EPR- wie auch in Bells Experimenten wird diese zweite Bedeutung des Begriffs Lokalität verletzt. Die Annahme der »Lokalität« in ihrer ersten Interpretation bleibt dagegen bestehen.

Epigraph: L. Carroll, *Alice im Wunderland*, S. 19.

1 A. N. Whitehead, *Denkweisen*, S. 181. Wie bereits in Kapitel 15, Anm. 6 und 14, erläutert, wurde hier der Begriff »self-enjoyment« in Abweichung von der Übersetzung Stascha Rohmers mit »Selbstgenuss« wiedergegeben. (A. d. Ü.)

2 E. Schrödinger in: J. A. Wheeler und W. H. Zurek, Hrsg., *Quantum Theory and Measurement*, S. 157.

III   Die Physik und das Eine |

Whiteheads Prozessphilosophie liefert eine metaphysische Grundlage für das Verständnis der Wirklichkeit, aber es gibt wesentliche Fragen, die von ihr nicht beantwortet werden: Besteht die Wirklichkeit aus verschiedenen Stufen, von denen manche in einem metaphysischen Sinn »höher« sind als andere? Spielen die Menschen im kosmologischen Schema eine Rolle? Haben sie darin überhaupt einen Platz?

Diese Fragen fallen weder in den Zuständigkeitsbereich der westlichen Wissenschaft im Allgemeinen noch in den der Quantenmechanik im Besonderen. Trotzdem lässt sich aus dem geheimnisvollen »Kollaps der Quantenzustände« eine Fülle von Hinweisen ableiten. Der Kollaps, oder anders ausgedrückt, der Prozess des Übergangs vom Möglichen zum Wirklichen, setzt eine Auswahl voraus: Nur eine der vielen bestehenden Möglichkeiten wird realisiert. Doch wie wird eine Entscheidung getroffen? Paul Dirac vertrat die Auffassung, dass »die Natur eine Wahl trifft«. Wie können wir uns die Natur als ein Wesen vorstellen, das »eine Wahl trifft«?

Im dritten Jahrhundert n. Chr. entwickelte der neuplatonische Philosoph Plotin einen vielschichtigen Wirklichkeitsbegriff, in dem unter anderem die Vorstellung formuliert wird, die Natur schaue und erschaffe das, was sie erschaffe, wegen des Schauens. Den modernen Menschen befremdet eine solche Vorstellung. Allerdings zeigt eine genaue Unter-

353

suchung der Naturgesetze und insbesondere des Zusammentreffens von Ordnung und Zufall, dass die Diskrepanz zwischen einem philosophischen System wie dem Plotins und der Quantentheorie nicht so groß ist, wie sie zunächst scheint.

In Plotins Vision einer vielschichtigen Wirklichkeit sind die höheren Ebenen durch geistige Versenkung in das Subjekt erreichbar. Der Mensch hat einen bedeutungsvollen Platz im kosmologischen Schema inne. Die grundsätzliche Selbstbeschränkung unserer Wissenschaft, das heißt, ihr Festhalten am Prinzip der Objektivierung, verhindert eine Übereinstimmung zwischen der Quantentheorie und Plotins Vision. Doch wieder ergeben sich aus der Auseinandersetzung mit dem Messprozess in der Quantenmechanik und insbesondere mit der Rolle des Beobachters interessante Anregungen.

Teil III endet mit einem Kapitel über »Die Physik und das Eine«. Das zentrale Anliegen der modernen Physik ist die Suche nach »der Weltformel«, einer allumfassenden Theorie, die im Prinzip in der Lage ist, alle Probleme zu lösen. Dieses nach außen gerichtete Streben wird mit einem Jahrtausende alten, nach innen gerichteten Streben verglichen, dem Streben nach dem, was Plotin »das Eine« nannte. Wir untersuchen den Subjekt-Objekt-Modus der Wahrnehmung und die Möglichkeit, über ihn hinauszugehen, und kommen zu dem Schluss, dass die Physik unvollständig bleiben wird, solange sie das Subjekt der Erkenntnis ausschließt. Wahre Einheit muss auf der Transzendenz des Prinzips der Objektivierung beruhen.

17. Stufen des Seins

Um unsere Skizzierung des in der Entstehung begriffenen Weltbildes zu vervollständigen, müssen wir über Whitehead hinausgehen und jene Fragen in Angriff nehmen, die er unbeantwortet ließ. In diesem Kapitel wollen wir der Frage nachgehen, ob das Universum hierarchisch aufgebaut ist. Es wird gezeigt, dass die Existenz verschiedener Stufen der Erfahrung auf die Existenz verschiedener Stufen des Seins hinweist. Eine solche hierarchische Struktur ist ein wesentlicher Bestandteil der Philosophien Platons und Plotins. In welcher Beziehung stehen diese philosophischen Ideen zu den Erkenntnissen der Physik? Wenn wir uns vergegenwärtigen, dass die Physik dem Prinzip der Objektivierung unterworfen ist, werden gewisse Ähnlichkeiten sichtbar. So können die Naturgesetze als objektivierte Platonische Formen verstanden werden, während der Kollaps der Quantenzustände im Sinne einer Teilhabe der noumenalen Welt an der phänomenalen Welt, der Ideenwelt an der Welt der Erscheinungen, interpretiert werden kann.

> »Immer wieder wenn ich aus dem Leib aufwache in mich selbst, lasse das andre hinter mir und trete ein in mein Selbst; sehe eine wunderbar gewaltige Schönheit und vertraue in solchem Augenblick ganz eigentlich zum höheren Bereich zu gehören ...«
> *Plotin*

Stufen der Erfahrung

Der Gedanke, dass die Wirklichkeit aus »Pulsen der Erfahrung« besteht, ist ein Eckpfeiler der Philosophie Whiteheads. Doch obwohl Whitehead eine umfassende Theorie dieser »Erfahrungspulse« oder »wirklichen Einzelwesen« – ihrer allgemeinen Eigenschaften, Struktur und Entstehung – entwickelte, schenkte er der Frage ihrer Hierarchie wenig Beachtung. Die einzige Äußerung, die Whitehead zu diesem Thema macht, betrifft den graduellen Unterschied zwischen Gott, der wie alle Elemente der Realität ein »Puls der Erfahrung« ist, und anderen »Pulsen der Erfahrung«. Im Großen und Ganzen spielt die Hierarchie der wirklichen Einzelwesen jedoch keine Rolle in seiner Prozessphilosophie.

Um uns mit der Vorstellung verschiedener Erfahrungs- und Seinsstufen vertraut zu machen, wollen wir untersuchen, was Platon, der Stammvater der abendländischen Philosophie, und sein bemerkenswerter geistiger Schüler Plotin dazu zu sagen haben. Nach einer Erörterung der für unsere Fragestellung relevanten Aspekte ihrer Philosophie kehren wir zur modernen Physik zurück und vergleichen ihre Erkenntnisse mit dem platonischen Paradigma. Den Abschluss dieses Kapitels bilden einige Bemerkungen über die Beziehung zwischen den Ideen Platons, Plotins und Whiteheads.

Platon übte beträchtlichen Einfluss auf die Entwicklung Heisenbergs aus, und Schrödinger vertiefte sich so intensiv in die griechische Philosophie, dass er ein Buch darüber schrieb: *Die Natur und die Griechen.* Das Interesse der Gründungsväter der Quantenmechanik an der griechischen Philosophie war kein Zufall.

Bevor wir uns jedoch Platon und Plotin zuwenden, wollen wir zunächst unsere eigenen Erfahrungen betrachten. Unser wissenschaftlich geprägtes Weltbild ermutigt uns nicht, unsere Erfahrungen im Hinblick auf ihre »Tiefe« oder »Realität« zu unterscheiden und abzustufen. Trotzdem tun wir genau das, wenn wir uns auf unsere Intuition und den gesunden Menschenverstand verlassen.

Betrachten wir zum Beispiel Heisenbergs Erfahrung einer »zentralen Ordnung«, die er als junger Mann auf Schloss

Prunn machte (Kapitel 10, S. 220 ff.). Ist es nicht offensichtlich, dass eine solche Erfahrung auf einer anderen Ebene stattfindet als meine Erfahrung beim Lesen der Zeitung? Wenn man von einem Kunstwerk, einem Musikstück, dem Leiden eines Kindes zutiefst berührt ist, unterscheidet sich diese Erfahrung dann nicht qualitativ von der Erfahrung irgendwelcher Tagträume, während man an der Bushaltestelle auf den Bus wartet?

Die Antwort ist so offenkundig, dass sie keiner weiteren Erläuterung bedarf. Es ist für uns ein Leichtes, jede unserer Erfahrungen auf einer kontinuierlichen Skala des »Wirklichen« als mehr oder weniger »real« oder mehr oder weniger »tiefgehend« einzuordnen. In Raum und Zeit macht es dagegen keinen wesentlichen Unterschied, ob ich tief bewegt vor dem Bild der Mona Lisa stehe, oder ob ich in Tagträume versunken an der Bushaltestelle auf den Bus warte.

Die Erforschung der *Erfahrung* ist das Thema von Marcel Prousts berühmtem siebenteiligen Romanzyklus *Auf der Suche nach der verlorenen Zeit*. Im siebten Band, *Die wiedergefundene Zeit,* setzt sich Proust mit einer Folge innerer Ereignisse auseinander, bei denen Augenblicke der Vergangenheit nicht als Erinnerungen in der Gegenwart erfahren werden, sondern so, als ob sie neu erlebt würden.

Proust beschreibt sich selbst, wie er in niedergeschlagener Stimmung auf dem Weg zu einem Fest ist.

»Als ich die traurigen Gedanken, von denen ich eben sprach, noch in mir bewegte, war ich in den Hof des Guermantes'schen Palais eingetreten und hatte in meiner Zerstreuung nicht bemerkt, dass ein Wagen sich näherte; beim Anruf des Chauffeurs hatte ich gerade noch Zeit, rasch auf die Seite zu springen. Ich wich so weit zurück, dass ich unwillkürlich auf die schlecht behauenen Pflastersteine trat, hinter denen eine Remise lag. In dem

Augenblick aber, als ich wieder Halt fand und meinen Fuß auf einen Stein setzte, der etwas höher war als der vorige, schwand meine ganze Mutlosigkeit vor der gleichen Beseligung dahin, die mir zu verschiedenen Epochen meines Lebens einmal der Anblick von Bäumen geschenkt hatte, die ich auf einer Wagenfahrt in der Nähe von Balbec wiederzuerkennen gemeint hatte, ein andermal der Anblick der Kirchtürme von Martinville oder der Geschmack einer Madeleine, die in einen Teeaufguss eingetaucht war, sowie noch viele andere Empfindungen, von denen ich gesprochen habe ...«[1]

Nach einer Beschreibung der intensiven Erfahrungen, die auf diese Begebenheit folgten, fährt Proust fort, den Ursprung des plötzlichen Glücksgefühls und der Vision zu erforschen, die durch sein Auftreten auf die unebenen Pflastersteine ausgelöst wurden:

»Fast gleich darauf erkannte ich sie [die Vision]; es war Venedig, über das mir meine Bemühungen, es zu beschreiben, und die angeblich von meinem Gedächtnis festgehaltenen Augenblicksbilder nie etwas hatten sagen können, das mir aber eine Empfindung, wie ich sie einst auf zwei ungleichen Bodenplatten im Baptisterium von San Marco gehabt hatte, samt allen an jenem Tage mit dieser einen verknüpften Empfindungen, die damals abwartend an ihrem Platz in der Reihe vergessener Tage geblieben waren, aus denen sie ein jäher Zufall gebieterisch heraus entboten hatte, von neuem schenkte.«[2]

Während Proust diese Erfahrung weiter analysiert, insbesondere das Gefühl von Glück und die Freiheit von Angst, einschließlich der Angst vor dem Tod, entdeckt er, dass das Wesen, das diese Erfahrung machte, nicht sein gewöhnliches Ich war:

358

»In der Tat war es so, dass das Wesen, das damals in mir jenen Eindruck verspürt hatte, ihn jetzt in dem wiederfand, was es an Gemeinsamem zwischen einem Tage von ehemals und dem heutigen gab, was daran außerhalb der Zeit gelegen war; es war ein Wesen, das nur dann in Erscheinung trat, wenn es auf Grund einer solchen Identität zwischen Gegenwart und Vergangenheit sich in dem einzigen Lebenselement befand, in dem es existieren und die Essenz der Dinge genießen konnte, das heißt außerhalb der Zeit. Dadurch erklärte sich, dass meine Sorgen um meinen Tod in dem Augenblick ein Ende gefunden hatten, in dem ich unbewusst den Geschmack der kleinen Madeleine wiedererkannte, weil in diesem Augenblick das Wesen, das ich zuvor gewesen war, außerzeitlich wurde und daher den Wechselfällen der Zukunft unbesorgt gegenüberstand.«[3]

Nach der Schilderung seiner außergewöhnlichen Erfahrung äußert Proust die Überzeugung, dass tiefe Erfahrungen stets ein Sich-Entfernen aus der Zeit und den Eintritt in eine außerzeitliche Dimension bedeuten. Wie wir sehen werden, kann dieses Beispiel dazu beitragen, einige der von Platon in seinen Dialogen sehr abstrakt formulierten Behauptungen mit konkreten menschlichen Erfahrungen zu verknüpfen.

Der Ursprung der Erfahrungen

Im vorigen Abschnitt ging es um die Spanne *menschlicher* Erfahrung. Whitehead zufolge sind jedoch *alle* Elemente der Realität »Pulse der Erfahrung«. Wenn schon die menschlichen Erfahrungen vielschichtig sind, wie viel mehr Abstufungen sind dann notwendig, um alle sichtbaren und unsichtbaren Aspekte der Realität – die ja auch Erfahrungen sind – zu charakterisieren! Wie können wir diese enorme Bandbreite erfassen? Wie lässt sich die Erfahrung eines sich in der Erde ringelnden Wurms mit der Erfahrung Mozarts bei der Komposition seines Requiems vergleichen?

Wir benötigen ein Vergleichsprinzip – und es scheint, dass Julie mit ihrer Definition des Wirklichen einen ersten Hinweis auf ein solches Prinzip geliefert hat. Wie Sie sich vielleicht aus Kapitel 15, S. 325 ff., erinnern, schlug Julie auf Peters Frage nach dem Wesen des Wirklichen folgende Antwort vor: *»Das, was in Wirklichkeit existiert, ist das, was erfahren werden kann.«* Nach dieser Auffassung ist Mozarts Erfahrung höher zu bewerten als die des Wurms, insofern als sie in anderen empfindungsfähigen Wesen – uns zum Beispiel – tiefere Erfahrungen auslösen kann. *Es wird also vorgeschlagen, die Seinsebene eines wirklichen Einzelwesens danach zu beurteilen, ob es fähig ist, tiefe Erfahrungen auszulösen.* Obwohl sich aus diesem Ansatz kein quantitativer Maßstab ergibt, schlägt er doch eine vernünftige Methode zur Bewertung der Seinsebenen wirklicher Einzelwesen vor.

Julies Ansatz führt jedoch zu einem merkwürdigen Widerspruch: Ein bedeutendes Kunstwerk ist zweifellos in weitaus stärkerem Maße dazu angetan, tiefe Erfahrungen auszulösen als etwa ein Küchenstuhl. Wenn wir jedoch van Goghs Bild des Küchenstuhls betrachten, zeigt sich, dass ein Küchenstuhl offenbar tiefe Erfahrungen in van Gogh bewirkte. Ebenso gilt, dass die Erfahrung, die Prousts Stimmungswandel herbeiführte, durch etwas so Simples wie das Auftreten auf unebene Pflastersteine ausgelöst wurde. Wie lässt sich die Allgemeingültigkeit des von Julie vorgeschlagenen Ansatzes mit solch bemerkenswerten Ausnahmen in Einklang bringen?

Dazu müssen wir die Unterscheidung zwischen *Erfahrungsstufen* und *Seinsstufen* heranziehen. Bevor wir uns in den kommenden Abschnitten ausführlicher mit der Vorstellung von Seinsstufen beschäftigen werden, untersuchen wir zunächst nur die zwei von Platon beschriebenen Seinsstufen: die Welt des Seins (die noumenale Welt) und die Welt des Werdens (die Sinneswelt) – oder anders formuliert, die Ideenwelt der ewigen Formen und die Welt der vorübergehenden Erscheinungen. In jeder Erfahrung sind beide Welten gegenwärtig, aber der Grad der Teilhabe des Noumenalen (des nur geistig Erkennbaren) an der Erfahrung variiert. Zum Beispiel: Je schöner ein Objekt ist, desto stärker ist in ihm die Form der Schönheit gegenwärtig. Die Ebene einer Erfahrung kann also danach beurteilt werden, inwieweit das in ihr gegenwärtige Noumenale nicht durch die vergänglichen Aspekte verschleiert wird.

Eine solche Denkweise erklärt, warum große Kunstwerke als »höher« oder »realer« zu bewerten sind als etwa der Akt des Zeitungslesens: In ihnen tritt die Form der Schönheit sichtbarer hervor. Heisenbergs Erfahrung auf Schloss Prunn gehört zu den »hohen« Erfahrungen, weil er in ihr die Form der Ordnung mehr oder weniger direkt wahrnahm.

Berücksichtigt man, dass das Noumenale in jeder Erfahrung und in jedem Objekt gegenwärtig ist (wenn auch zuweilen nur undeutlich), löst sich das soeben im Zusammenhang mit van Gogh geschilderte Paradoxon auf: Ein großer Künstler besitzt die Gabe, das Noumenale im Alltäglichen zu erkennen und es so auf ein Stück Leinwand zu bannen, dass in dem Betrachter die ursprüngliche Erfahrung bis zu einem gewissen Grad wiedererweckt wird. Der Grad der Wiedererweckung hängt dabei natürlich nicht nur von dem Kunstwerk ab, sondern auch von der Offenheit des Betrachters. Prousts Erfahrung kann auf ähnliche Weise erklärt werden. Abgesehen davon, dass er ein äußerst sensibler Mensch war, machte Proust die Erfahrung des »Außerzeitlichen«, das heißt des Noumenalen im Weltlichen erst dann, als er für die Erfahrung reif war; in gewissem Sinne sind die sieben Bände des Romanzyklus der Bericht seiner allmählichen Reifung.

Die Erfahrung des Noumenalen

Platons Weltbild ist im siebten Buch seines Werks *Der Staat* in einer wunderbaren Geschichte zusammengefasst, die als »Höhlengleichnis« bekannt ist:

Das Höhlengleichnis entwirft eine Vision der Wirklichkeit, die im Wesentlichen aus drei Stufen des Seins besteht: erstens dem »Guten«, das die höchste Stufe der Realität und den Ursprung des Seins der nächsten Stufe darstellt; zweitens der Ideenwelt der ewigen Formen (mit Ausnahme des Guten) und drittens, der Sinneswelt der vergänglichen Erscheinungen in Raum und Zeit. Die vergänglichen Erscheinungen sind »Schattenbilder« der Formen; sie besitzen keine eigene Existenz, sondern haben ihren Ursprung im Sein der Formen. Wir, die wir gewohnt sind, die Welt ausschließlich durch unsere Sinne wahrzunehmen, gehen fälschlicherweise davon aus, dass die Sinneswelt eine unabhängige Existenz besitzt, ja wir halten sie sogar für die einzige Realität. Wir gleichen in dieser Hinsicht den Gefangenen in der Höhle, die die Schatten mit den Gegenständen verwechseln, die diese Schatten werfen.

Können wir uns aus unserem Irrtum befreien und die wahre Realität erfahren, zunächst die Formen und schließlich das Gute? Eine genauere Beschäftigung mit dem Höhlengleichnis lässt darauf schließen, dass dies möglich ist. Platon selbst führt ein Beispiel für jemanden an, der, nachdem er »die wahre Gerechtigkeit« gesehen hat, vor Gericht dazu Stellung nehmen muss. Zweifellos sind solche Personen nicht häufig anzutreffen, denn die reale Welt ist nur über einen »schwierigen und steilen Anstieg« zu erreichen. Gleichwohl ist sie erreichbar und man kann sich des Eindrucks nicht erwehren, dass sie weder Platon noch seinem Lehrer Sokrates fremd war.

Allerdings pflegte Platon weder die eigenen noch die Erfahrungen des Sokrates als Beweismittel anzuführen. Am

Ende des Höhlengleichnisses lehnt er sogar die Gewähr für das Gesagte ab. So lässt er Sokrates zu Glaukon sagen: »Wenn du dann den Weg hinauf und die Schau der Oberwelt als den Aufstieg der Seele zur Welt des Denkbaren annimmst, dann verfehlst du nicht meine Ansicht, da du sie ja zu hören wünschst. Nur Gott weiß, ob sie auch richtig ist.«[4] Plotin dagegen schildert seine Erfahrungen explizit:

> »Immer wieder wenn ich aus dem Leib aufwache in mich selbst, lasse das andre hinter mir und trete ein in mein Selbst; sehe eine wunderbar gewaltige Schönheit und vertraue in solchem Augenblick ganz eigentlich zum höheren Bereich zu gehören; verwirkliche höchstes Leben, bin in eins mit dem Göttlichen und auf seinem Fundament gegründet; denn ich bin gelangt zur höheren Wirksamkeit und habe meinen Stand errichtet hoch über allem was sonst geistig ist: nach diesem Stillestehen im Göttlichen, wenn ich da aus dem Geist herniedersteige in das Überlegen – immer wieder muss ich mich dann fragen: Wie ist dies mein jetziges Herabsteigen denn möglich?«[5]

Wenn das Wirkliche das ist, was erfahren werden kann, dann sind wir gezwungen, die noumenale Welt – die Welt des geistig Erkennbaren – als wirklich zu betrachten. Alle Berichte von Erfahrungen des Noumenalen, von Plotin im 3. Jahrhundert bis zu Proust und Heisenberg im 20. Jahrhundert, stimmen in einem Punkt überein: Wenn die noumenale Welt erfahren wird, dann wird sie realer als die Sinneswelt erfahren; gewöhnliche Erfahrungen verblassen im Vergleich dazu, ja sie erscheinen geradezu bedeutungslos.

Platons Vision dreier Seinsebenen bildet den Ausgangspunkt unserer Erörterung. Eine ausführlichere Darstellung dieser Hierarchie des Seins liefert Plotin, dem wir uns nun zuwenden wollen. Seine Darstellung beruht sowohl auf eigenen Erfahrungen als auch auf seiner eindrucksvollen geistigen Kapazität.

Die Hierarchie des Seins nach Plotin

Plotin spricht im Wesentlichen von fünf Stufen des Seins: dem Einen, dem Nous (was gelegentlich auch mit Geist oder Weltgeist übersetzt wird), der Seele, der Natur und der Sinneswelt.

Das Eine – das dem »Guten« bei Platon entspricht – repräsentiert das höchste Prinzip der Einheit. Es kann mit dem Verstand nicht erfasst, höchstens angedeutet werden, aber selbst diese »Andeutung« ist von zweifelhaftem Wert. Das Eine ist dem Denken nicht zugänglich, da das Denken notwendigerweise Unterscheidungen trifft: Das Nachdenken über X impliziert eine Unterscheidung zwischen X und nicht X. Wenn ich über das Eine nachdenke, treffe ich eine Unterscheidung zwischen dem »Einen« und dem »Nicht-Einen«. Ich denke also an zwei Dinge; mein Geist steht nicht in Einklang mit dem wahren Einen. Sogar die Unterscheidung zwischen »Sein« und »Nichtsein« findet keine Anwendung auf das Eine. Seine Transzendenz ist so vollkommen, dass man nicht einmal sagen kann, »das Eine ist«.

Der Nous dagegen ist die Verkörperung des Prinzips des Seins. Er *ist* im wahrsten Sinne des Wortes »ist«. Es ist dabei ein Kennzeichen des wahren Seins, dass es zwischen Sein und Erkenntnis keinen Unterschied zulässt. *Die Erkenntnis des Seins ist Erkenntnis durch Identität.* »Der Nous besitzt, oder vielmehr ist, die Wahrheit, da in ihm der Erkennende, das Erkennen und das Erkannte und der Schauende, das Schauen und das Geschaute identisch sind.«[6]

Plotins Ausführungen über die Seele, die nächste Ebene der Hierarchie, sind überaus komplex. Im Wesentlichen ist die Seele Nous. Sie ist jedoch jener Aspekt des Nous, der auf die Materie gerichtet ist. Der Begriff »Nous« wird je nach Kontext in zwei verschiedenen Bedeutungen verwendet: als der Nous insgesamt und als der höhere Aspekt des Nous im Gegensatz zur Seele und zur Natur. Die Seele selbst besitzt unzählige Aspekte: die Weltseele, die auf die Welt gerichtet ist, die Einzelseelen der Menschen, die auf die einzelnen Menschen gerichtet sind; die Seelen von Tieren und Pflanzen. So wie die Seele ein Aspekt des Nous ist, sind auch diese verschiedenen Seelen nicht voneinander getrennt, sondern verschiedene Facetten der Seele an sich.

In der fünften *Enneade* erläutert Plotin den Unterschied zwischen den Erkenntnisformen des Nous und der Seele:

»Und sein Erkennen [das Erkennen des Nous] besteht nicht darin, dass er sucht, sondern darin, dass er *hat*. Auch Glückseligkeit kommt ihm zu – nicht als etwas nachträglich Erworbenes, sondern alles ist in Ewigkeit bei ihm – und die Ewigkeit im wirklichen Sinne, deren Imitation die Zeit ist, welche um die Seele kreist und dabei immer das eine hinter sich lässt und auf das nächste zugreift. Denn mit der Seele geschieht immer und immer wieder etwas anderes, sie ist einmal Sokrates und dann wieder ein Pferd, immer *eins* von allem, was ist; der Geist [Nous] dagegen ist *alles*. Er enthält also alles so, dass es in einem und demselben Punkt stillsteht – *er ist und weiter nichts*, und das »ist« ist ewig. Es gibt hier nirgendwo Zukunft (er ist ja auch dann noch) oder Vergangenheit (es gibt ja dort nichts, was vergangen ist), sondern immer nur Gegenwart, weil alles immer mit sich identisch ist und quasi zufrieden mit sich selbst, so wie es ist. Und für jedes einzelne von ihnen gilt, dass es Geist [Nous] und Sein ist.«[7]

Die Seele ist wie der Nous atemporal: Die Zeit »umkreist« sie. Und trotzdem geschieht mit der Seele – im Gegensatz zum Nous – immer und immer wieder etwas anderes, »sie ist einmal Sokrates und dann wieder ein Pferd«. Der Nous »schaut« durch die Form der Identität, die Seele »schaut« durch die Form der Verschiedenheit. Das Schauen der Seele kann man sich also aus verschiedenen Akten oder Elementen bestehend vorstellen.

Die Natur ist der niedere Teil der Weltseele:

> »Eine Stufe unter der Seele bildet die Natur eine ewig unveränderliche Ebene des Schauens, die hinter dem klaren Schauen der im Nous verharrenden Seelen zurückbleibt. Trotzdem könnte die Materie, zumindest gemäß der ›Stufenlehre‹ des Plotinismus, ohne diesen niederen Teil der Weltseele nicht entstehen.«[8]

Die Sinneswelt schließlich ist wie ein Spiegelbild der noumenalen Welt in der Materie: Sie besitzt kein eigenes Sein, sondern ist das Produkt des Schauens der Natur, so wie ein Traum das geistige Produkt des Träumenden ist. *Die Materie ist das Prinzip, das ein solches Spiegelbild ermöglicht.* So wie mein Spiegelbild lediglich meine Erscheinung reflektiert und nicht mein »Sein« enthält, besitzt auch die Sinneswelt als solche kein Sein. Da Materie das Prinzip ist, das die Erscheinung eines solchen »Nicht-Seienden« ermöglicht, *ist* die Materie nicht. Sie ist »die letzte der Formen« und verkörpert »das Sein des Nicht-Seienden«.[9]

Das Bild der Sinneswelt als ein Spiegelbild des Noumenalen ist lediglich eine Metapher. Es verdeutlicht zwar einen Aspekt dieser Beziehung, aber verbirgt einen anderen. Im Falle von Spiegelbildern besteht zwischen dem Objekt und seinem Spiegelbild eine räumliche Trennung; das Objekt befindet sich vor dem Spiegel, während das Spiegelbild dahinter zu sein scheint. Zwischen der Sinneswelt und dem Nous besteht dagegen keine solche Trennung. *Der Nous ist das Sein der Sinneswelt.* Zeitliche und räumliche Unterscheidungen sind auf den Nous nicht anwendbar, weil das Sein an sich nicht in Raum und Zeit *ist*, auch wenn das Sein beliebiger Seiender mit Erscheinungen in Raum und Zeit *verknüpft* sein kann. So ist mein Sein zwar mit meinem Körper verknüpft, aber es *ist* nirgendwo in Raum und Zeit.

Als ich mich zum ersten Mal mit Plotin beschäftigte, erschien mir seine Philosophie fremd, willkürlich, abstrakt, nahezu bedeutungslos. Je tiefer ich jedoch in sie eindrang, desto mehr lernte ich sie schätzen. Ihre Tiefe, Subtilität und Wahrheit traten immer klarer zutage. Die zunehmende Vertrautheit mit dem Plotin'schen Denken ähnelte dem langsamen Erwerb der Fähigkeit, Gedichte in einer Fremdsprache zu lesen und allmählich ein Gespür für das zu entwickeln, was sie vermitteln können. Insbesondere wurde mir bewusst, dass ich darauf achten musste, nicht ständig Plotins Aussagen in mein wissenschaftliches Paradigma zu übersetzen. Auf diesen Aspekt werden wir in diesem Kapitel S. 373 ff. zurückkommen, wenn wir die Beziehung zwischen Plotins Begriff des Nous und unserem Begriff der Naturgesetze diskutieren.

Die Natur schaut

»Nehmen wir an, wir würden – zunächst nur spielerisch, bevor wir es im Ernst zu vertreten versuchen – die Behauptung aufstellen: Alles strebt nach Schau; das ist das Ziel, auf das alles hinblickt, nicht nur die vernünftigen Lebewesen, sondern auch die irrationalen, die Natur, die sich in den Pflanzen befindet, und die Erde, die diese erzeugt; und sofern sie in naturgemäßem Zustand sind, erreichen sie alle dieses Ziel, in dem Maße, wie es ihnen jeweils möglich ist, aber bei den einen geht das Schauen, d. h. das Erreichen des Ziels, auf eine andere Weise vor sich als bei den anderen: bei manchen im wahren Sinne, bei anderen dagegen so, dass sie nur eine Imitation, ein Abbild davon aufnehmen. Würde nicht jeder die Paradoxie dieser Behauptung unerträglich finden?«[10]

Plotin führt die Idee, dass die Natur schaue und das, was sie erschaffe, wegen des Schauens erschaffe, behutsam ein. Der Gedanke muss seinen Zeitgenossen ebenso fremd gewesen sein wie uns heute, und trotzdem war es ihm ernst damit, wie die Fortsetzung der *Enneade* III 8 zeigt.

Eine Idee wirkt befremdlich, wenn sie unserem Paradigma widerspricht. Es kann daher aufschlussreich sein, zu untersuchen, welche Auffassung die Dichter, die ja von dem jeweils gültigen Paradigma ihrer Zeit relativ frei sind, von einer solchen Idee vertreten. Da Dichtung der Ausdruck einer direkten Erfahrung ist, können Dichter gerade durch die Art, wie sie Paradigmen benutzen, um sie zu überschreiten, dazu beitragen diese Paradigmen transparenter zu machen.

Erinnern wir uns zum Beispiel daran, wie Wordsworth seine Erfahrung der »Wesen der Natur« in Worte kleidete:

»Ihr Wesen der Natur, im Himmel und
auf Erden! Ihr Visionen auf den Hügeln!
Seelen einsamer Orte! ...«[11]

In Shelleys Versdrama *Der entfesselte Prometheus*, das – ebenso wie Wordsworth' Gedicht – von Whitehead in *Wissenschaft und moderne Welt* zitiert wird, spricht die Erde als ein Wesen, das durchaus fähig ist zu schauen:

»Unter der nächt'gen Pyramide kreis' ich
in seligem Traum, die in den Himmel ragt,
in meinem Schlaf sieghafte Freude flüsternd –
dem Jüngling gleich, in Liebestraum gelullt,
der seufzend liegt im Schatten der Geliebten,
die hell und wärmend seine Ruh' bewacht.«[12]

Poetische Formulierungen dieser Art können dazu beitragen, die Kluft zwischen der Vorstellung einer dem Schauen hingegebenen Natur und unserer wissenschaftlich geprägten Weltsicht, wonach Flüsse und Berge unbelebt sind, zu überbrücken. Plotin liefert uns jedoch weitaus mehr als nur die poetische Formulierung einer solchen Erfahrung. Seine Idee, dass die Natur ein Schauen in sich habe und wegen des Schauens erschaffe, ist ein wesentlicher Bestandteil eines voll entwickelten Weltbilds.

Wahrheit, Sein, Erkenntnis, Leben und Schauen (Kontemplation) sind verschiedene Bezeichnungen für das, was der Nous ist. Aber den konzeptionellen Unterschieden zwischen diesen Begriffen entsprechen keine wirklichen Unterschiede im Nous. Sie entsprechen vielmehr den Unterscheidungen in unserer Erfahrung, das heißt, den verschiedenen Aspekten, die in unserer Erfahrung des Nous, des wahren Seins, zutage treten können, wenn diese Erfahrung nicht vollständig ist.

Der Nous verkörpert eine so hohe Stufe der Wirklichkeit, dass in ihm die meisten Gegensätze miteinander verschmelzen. Zum Beispiel bin ich, der Erkennende, in unserer gewöhnlichen Erkenntnisweise verschieden von dem, was erkannt wird. Im Nous dagegen geschieht das Erkennen durch Identität: der Erkennende, das Erkannte und die Erkenntnis sind eins. Einer solchen Erfahrung nähern wir uns vielleicht an, wenn wir in Beziehung zu einem anderen Menschen für einen Augenblick das Gefühl einer tiefen Gemeinsamkeit empfinden.

Ein anderer Gegensatz, der im Nous aufgelöst wird, ist der zwischen Aktivität und Passivität. Wieder lässt sich die Möglichkeit einer solchen Verschmelzung in außergewöhnlichen Augenblicken ahnen. Tänzer und Athleten sprechen zuweilen von »dem Ruhepunkt«, aus dem ihre Bewegungen hervorgehen, wenn sie in Höchstform sind. Augenblicke intensiver Kontemplation können als Augenblicke tiefer Ruhe beschrieben werden, die jedoch das genaue Gegenteil von Unbeweglichkeit und Trägheit darstellen.

Wie wir in Kapitel 10, S. 228 ff., gesehen haben, unterscheiden sich Kontemplation und diskursives Denken grundsätzlich voneinander. Kontemplation hat damit zu tun, die zeitlose Dimension der noumenalen Welt zu erfahren. Es ist also durchaus nicht seltsam, sich die höchste Form der Kontemplation als die Tätigkeit des Nous selbst vorzustellen – eine intensive ewige Tätigkeit, die sich von ewiger Ruhe nicht unterscheidet. Und da Seele und Natur Aspekte des Nous sind, ist auch ihnen diese Fähigkeit des Schauens eigen, wenngleich auf einer niedrigeren Ebene.

Möglicherweise hat die vorangegangene Diskussion dazu beigetragen, die Vorstellung einer schauenden Natur zu verdeutlichen. Aber wie ist der zweite Gedanke Plotins zu verstehen, dass nämlich die Natur, das, was sie erschafft, wegen des Schauens erschafft? Auch diese Idee ist ein integraler Bestandteil seines Weltbilds: *Jede Stufe des Seins geht aus der ihr übergeordneten Ebene durch Kontemplation hervor, wobei Kontemplation nichts anderes bedeutet als bloße Gegenwart.* Das Erschaffende hat weder die Absicht, zu erschaffen, noch unternimmt es dazu irgendwelche Anstrengungen. Es erschafft allein durch seine Gegenwart – und dies ist die höchste Form des Erschaffens. So erschafft das Eine den Nous, der Nous die Seele, die Seele die Natur und die Natur die Sinneswelt. Mit der Sinneswelt kommt die Schöpfung zu einem Abschluss, denn die Sinneswelt als solche *ist nicht.* Sie besitzt

370

kein Sein, sondern ist wie ein Spiegelbild des Seins. Und ein Spiegelbild ist natürlich nicht fähig, etwas zu erschaffen.

Die Erschaffung durch Kontemplation geschieht nicht nur unbeabsichtigt und mühelos, das Erschaffende wird dadurch auch nicht »vermindert«. Betrachten wir zum Beispiel die »Erschaffung« eines Bildes im Spiegel. Das Bild vermindert die Substanz des reflektierten Objekts nicht. Ebenso wenig verringert sich die Substanz eines Objekts, wenn es einen Schatten wirft. Und so ist auch das Erschaffen des Nous aus dem Einen, das Erschaffen der Seele aus dem Nous oder das Erschaffen der Natur aus der Seele eine Art »Überfließen« des Seins des Erschaffenden – mit einem wichtigen Unterschied: Anders als beim gewöhnlichen, physikalischen Überfließen verringert sich das Erschaffende durch die Tätigkeit des Erschaffens in keiner Weise.

Aus unserer Diskussion ergeben sich sofort mindestens drei Fragen. Wenn das Erschaffen allein aufgrund des Seins des Erschaffenden geschieht, wozu braucht man dann die Vorstellung der Kontemplation?

Betrachten wir zum Beispiel die Erschaffung der Natur durch die Weltseele. Das, was erschaffen wird, ist in hohem Maße geordnet und somit eine Manifestation von Intelligenz. Welcher Art diese intelligente, ewige Tätigkeit der Weltseele ist, darauf liefert die Vorstellung der Kontemplation einen Hinweis: Die Weltseele erschafft die Natur allein aufgrund ihres Seins als ein *Schauendes*.

Wenn das Erschaffende schaut, was ist der Gegenstand dieses Schauens? Das von ihm Geschaffene?

Keineswegs. Der Nous schaut sich selbst; die Weltseele schaut den Nous und die Natur schaut die Weltseele. So geht im Fall der Weltseele aus der Kontemplation der vollkommenen Intelligenz und Ordnung des Nous wie aus einer Art unbeabsichtigtem Überfließen die Ordnung der Natur hervor. Wir können die Weltseele vielleicht mit einem Dichter vergleichen, der in ekstatischer, wortloser Verzückung in die Betrachtung der Sterne versunken ist. Das Gedicht, das er schließlich verfasst, ist jedoch – so gelungen es sein mag – nur ein blasses Abbild der ursprünglichen Erfahrung.

Gewöhnlich assoziiert man die Vorstellung von Erschaffung nicht mit Kontemplation, sondern mit planvoller physischer Aktivität. Wie können wir eine rein geistige Aktivität, nämlich die Kontemplation, als einen Vorgang der Erschaffung begreifen?

Diese Frage trifft den Kern der Vision Plotins. Um sie zu erläutern, ist es notwendig, eine Reihe von Vorstellungen miteinander in Einklang zu bringen. So beruht unsere normale Vorstellung von Erschaffen darauf, dass wir die Sinneswelt als »substanziell« betrachten. Für Plotin ist die Sinneswelt dagegen nichts als ein Spiegelbild oder ein Traum. So wie wir die Träume durch rein geistige Aktivität erschaffen, erzeugt die Natur die Sinneswelt durch eine höhere Art des Träumens: »Wir sind von solchem Stoff, aus dem die Träume werden.«

Das gleiche Prinzip gilt auch für die anderen Ebenen. Im Gegensatz zur Sinneswelt, die *nicht* ist, hat die Natur ein Sein. Die Ebene ihres Seins liegt jedoch so tief unter der Ebene der Seele, dass das Schauen der Seele ausreicht, um die Natur als eine Art unbeabsichtigter Nebenwirkung entstehen zu lassen. Ein ähnliches Prinzip gilt für die Erschaffung der Seele aus dem Nous und die Erschaffung des Nous aus dem Einen.

Selbst beim gewöhnlichen Tun ist die sichtbare körperliche Aktivität nur die Spitze des Eisbergs, besonders wenn es um künstlerisches Schaffen geht. Die körperlichen Bewegungen eines Kunsthandwerkers sind durchdrungen von geistiger Konzentration, Zielgerichtetheit, der – meist unbewussten – Nutzung früherer Erfahrungen und so weiter.

Wenn wir verstehen möchten, warum sich die Bilder, die wir im Spiegel sehen, so und nicht anders bewegen, müssen wir die Bewegungen der realen Objekte vor dem Spiegel untersuchen, jener Objekte, deren Spiegelbilder wir betrachten. Wir werden die Ursache der Bewegungen der Spiegelbilder niemals verstehen, wenn wir nur die Spiegelbilder analysieren, so als existierten sie für sich, unabhängig von den Objekten. Da die Sinneswelt für Plotin in ähnlicher Weise nur ein Spiegelbild des Noumenalen ist, geht all das, was wir um uns herum in der Sinneswelt wahrnehmen, einschließlich des körperlichen Tuns, in Wirklichkeit auf das Sein, beziehungsweise auf das Schauen des Nous und die Gegenwart des Einen zurück.

Was schließlich die höchste Form menschlichen Schaffens betrifft, die Erschaffung eines musikalischen, literarischen oder sonstigen Kunstwerks, so scheint wahre Kontemplation der wesentliche Bestandteil dieser Tätigkeit zu sein. Künstler, die Augenblicke höchster Kreativität beschreiben, schildern ihre Tätigkeit meist als rein spontan und kontemplativ. Planen, Korrigieren und Überprüfen kommen darin nicht vor.

Die Naturgesetze

Wenn ich über noumenale Dinge wie den Nous, die Seele oder die Natur nachdenke, begegnet mir eine ähnliche Schwierigkeit wie bei dem Versuch, Whiteheads »wirkliche Ereignisse« zu verstehen. Mein Verstand spielt mir einen Streich, indem er sich diese Dinge als geistige Objekte vorstellt. Ich sehe zum Beispiel den Nous als ein amorphes »Etwas« vor meinem geistigen Auge, obwohl ich weiß, dass er das nicht ist. Der Nous ist nichtobjektiviertes und nichtobjektivierbares Sein.

Plotin beginnt die Beschreibung seines Aufstiegs in die Welt des Noumenalen folgendermaßen: »Immer wieder wenn ich aus dem Leib aufwache in mich selbst, lasse das andre hinter mir und trete ein in mein Selbst ...« Der erste Schritt dieses Aufstiegs ist somit eine Abkehr von der objektivierten Welt und ein Eintauchen in die nichtobjektivierbare Welt des Selbst.

Wenn wir über etwas nachdenken, beginnen wir für gewöhnlich damit, von dem Gegenstand unseres Nachdenkens ein geistiges Bild zu erzeugen, das wir wie ein Objekt betrachten können. Das ist verständlich: Diese Gewohnheit der Objektivierung hat sich im alltäglichen Leben bewährt. Wenn wir jedoch versuchen, über tiefere Fragen nachzudenken, müssen wir damit vorsichtig sein.

Es ist nicht einfach, über die Welt des Noumenalen nachzudenken. Die Sicherheit, mit der Plotin über sie schreibt, resultiert aus seiner Erfahrung. Wenn wir also seine Ideen wirklich begreifen wollen, müssen wir sie zu unserer eigenen Erfahrung in Beziehung setzen.

Auch wenn nur wenige von uns ähnliche Erfahrungen wie Plotin gemacht haben, können sicherlich die meisten von uns auf außergewöhnliche Erfahrungen der einen oder anderen Art zurückblicken: Augenblicke der geistigen Versenkung, ein vollkommenes Glücksgefühl beim Tanzen oder beim Spielen eines Instruments oder die Eingebung einer vollkommenen Formulierung beim Verfassen eines Gedichts. Solche Augenblicke vermitteln das Gefühl, mit einer höheren Ebene in Verbindung zu stehen, die über das Alltägliche hinausgeht. Wenn wir über Geist, Seele und die Natur nachdenken, mag es hilfreich sein, sich solche Erfahrungen zu vergegenwärtigen.

Wenn wir zum Beispiel auf einer abstrakten Ebene über den Nous nachdenken, mag es verwirrend sein, sich ihn als lebendig vorzustellen. Ist der Nous, das Prinzip des Seins, schließlich nicht eine Art abstraktes Prinzip? Keineswegs, würde Plotin antworten. Der Nous ist das wahre, vollkommene Sein; er impliziert das vollkommene Gute, die vollkommene Schönheit und das vollkommene Leben. Der Nous ist mehr als nur lebendig; er ist gleichsam das Leben selbst. »Es gibt eine Stufenleiter der Erkenntnis und der Wahrheit, die dasselbe ist wie die Stufenleiter des Lebens. Die reineren Erkenntnisse und die reineren Leben sind die wahreren Erkenntnisse und die wahreren Leben. Das Reinste und das Wahrste ist der Nous.«[13]

Dieser Gedanke, dass der Nous lebendig ist, mag verwirrend sein, wenn wir auf einer abstrakten Ebene darüber nachdenken, aber im Kontext solcher außergewöhnlichen Erfahrungen, wie Proust sie beispielsweise machte, löst sich das Rätsel auf: Während solcher Erfahrungen ist man der noumenalen Welt näher; man fühlt und ist auf eine intensive Weise lebendig. Wenn solche Augenblicke vorüber sind, empfindet man den Übergang zur gewöhnlichen Seinsebene wie einen Abstieg. *Es ist, als ob der Grad unserer Lebendigkeit in jedem Augenblick dem Grad unserer Berührung der noumenalen Welt in diesem Augenblick entspricht.* Aus dem Blickwinkel solcher Erfahrungen ist es natürlich, sich den Nous als den Ursprung des Lebens oder als das Leben selbst vorzustellen.

Für die Griechen war es selbstverständlich, dass eine höhere Stufe des Seins mit einer höheren Stufe des Lebens verknüpft ist. Im Mittelalter, als Platonismus und Aristotelismus Eingang in das christliche Denken fanden, vertrat man dasselbe allgemeine Weltbild, nur in etwas anderer Gestalt. Gott wurde zum höchsten und lebendigsten Wesen, und die Stufen zwischen ihm und uns wurden von himmlischen Wesen wie den Engeln und Erzengeln bevölkert. Newton, dessen Werk schließlich zum Zusammenbruch dieses Weltbilds führte, war selbst ein überzeugter Vertreter dieser Auffassung.

Im Zeitalter der Aufklärung vollzog sich jedoch ein grundlegender Wandel. Als der große Mathematiker, Physiker und

Astronom Pierre Simon de Laplace sein Buch *Darstellung des Weltsystems* vorstellte, fragte Napoleon, welchen Platz Gott in diesem System einnehme. Darauf erwiderte Laplace: »Sire, diese Hypothese benötige ich nicht.« Diese Antwort nimmt in ihrer Arroganz und Schärfe die Haltung des modernen Wissenschaftlers vorweg.

Für Plotin ist die Sinneswelt lediglich ein Spiegelbild des Noumenalen; für die Naturwissenschaft dagegen ist sie die Realität, die einzige Realität, die es gibt. Die Welt der Naturwissenschaft ist die Welt, so wie sie von den Sinnen wahrgenommen wird. Merkwürdigerweise fehlt der Nous darin nicht völlig; er hat nur seine Lebendigkeit verloren. Der Gedanke, dass die Sinneswelt durch ein unsichtbares Substrat zusammengehalten und gelenkt wird, gehört zu den grundlegenden Prämissen der Wissenschaft. Und dieses unsichtbare Substrat sind die so genannten »Naturgesetze«.

Die Naturgesetze sind vereinheitlichende Prinzipien, die die Ereignisse der physikalischen Welt bestimmen. Betrachten wir zum Beispiel das Newton'sche Gravitationsgesetz. Es ist das unsichtbare Prinzip hinter der sichtbaren Bewegung des Mondes um die Erde oder der Erde um die Sonne. Es ist auch das unsichtbare Prinzip, das dem Herabfallen der Äpfel vom Baum zugrunde liegt. Aus diesem Grund ist es ein *vereinheitlichendes* Prinzip: In der Welt der Erscheinungen deutet nichts auf eine Gemeinsamkeit zwischen herabfallenden Äpfeln und der Bewegung des Mondes um die Erde hin, und trotzdem sind diese zwei Phänomene auf der unsichtbaren Ebene der Naturgesetze eng verwandt. Sie sind genau genommen Manifestationen ein und desselben Naturgesetzes. Ebenso erklären die Maxwell'schen Gleichungen des Elektromagnetismus die Eigenschaften von Licht, Röntgenstrahlen, Wärmestrahlung und Radiowellen. Trotz ihrer Verschiedenheit sind alle diese Phänomene elektromagnetische Wellen, die denselben Gleichungen gehorchen.

Wir glauben wie die Griechen an die Existenz unsichtbarer vereinheitlichender Prinzipien, die der scheinbaren Vielfalt der sinnlich wahrnehmbaren Welt zugrunde liegen. Im Gegensatz zu den Griechen betrachten wir diese Prinzipien jedoch als unbelebt. Für uns sind sie mathematische Beziehungen, denen das Verhalten von Objekten ebenso unterliegt wie das Verhalten von Menschen den Gesetzen ihres jeweiligen Landes – mit dem einzigen Unterschied, dass die Objekte im Gegensatz zu den Menschen keine andere Wahl haben als zu gehorchen.

Der Umstand, dass wir die Naturgesetze als unbelebt betrachten, ist kein Zufall. Er folgt notwendigerweise aus dem, was Schrödinger als »Prinzip der Objektivierung« bezeichnete – jener stillschweigenden Annahme, auf der die moderne Wissenschaft beruht:

»Damit [mit dem ›Prinzip der Objektivierung‹] meine ich genau dasselbe, was auch oftmals die *Hypothese der realen Außenwelt* genannt wird. Ich behaupte, es handelt sich dabei um eine gewisse Vereinfachung, die wir einführen, um das unerhört verwickelte Problem der Natur zu meistern. Ohne es uns ganz klarzumachen und ohne dabei immer ganz streng folgerichtig zu sein, schließen wir das *Subjekt der Erkenntnis* aus aus dem Bereich dessen, was wir an der Natur verstehen wollen. Wir treten mit unserer Person zurück in die Rolle eines Zuschauers, der nicht zur Welt gehört, welch letztere eben dadurch zu einer *objektiven* Welt wird.«[14] [Hervorhebungen im Original]

Der Ausschluss des Subjekts der Erkenntnis, das heißt unserer selbst, »aus dem Bereich dessen, was wir an der Natur verstehen wollen« ist gleichbedeutend mit dem Ausschluss des Lebens aus der Natur. Da die Seele, das Innerste des Menschen, ein Aspekt des Nous ist, müssen wir, um uns der Welt des Noumenalen anzunähern, wie Plotin vorgehen, der seinen Ansatz so beschreibt: »[ich] lasse das andre hinter mir und trete ein in mein Selbst«. Eine solche Annäherung wird jedoch durch das Prinzip der Objektivierung ausgeschlossen. Von Wissenschaftlern wird erwartet, dass sie die Gegenstände ihrer Forschung als Objekte behandeln. Dadurch beraubt man sie jedoch der Möglichkeit, sich dem Nous anzunähern und den Nous als Ursprung der Naturerscheinungen zu erfahren. Dieser Ausschluss geschieht stillschweigend und ist daher umso unumstößlicher. Aber der Nous *ist*. Plotin und andere haben ihn in all seiner Herrlichkeit erfahren, und auch wir erlangen in unseren Sternstunden eine Ahnung von ihm. Als Grundlage der wissenschaftlichen Erklärungen hat sich der Nous somit in Form der Naturgesetze erhalten. Er ist jedoch in der einzigen Form erhalten geblieben, die ihm die Naturwissenschaft zubilligen kann, nämlich als ein totes Prinzip.

Die Schnittstelle zwischen der Welt des Noumenalen und der Welt des Phänomenalen

Um des Denkens willen treffen wir eine Unterscheidung zwischen dem Phänomenalen (dem sinnlich Wahrnehmbaren) und dem Noumenalen. In Wirklichkeit jedoch sind sie eins. *Das Noumenale ist das Sein des Phänomenalen*, so wie dem Objekt vor dem Spiegel das Sein seines Spiegelbilds innewohnt und das Sein des Schattens in Platons Höhle in dem Objekt enthalten ist, das den Schatten wirft. In ähnlicher Weise treffen wir auch eine Unterscheidung zwischen den Naturgesetzen und den Naturereignissen, obwohl sie in Wirklichkeit lediglich verschiedene Aspekte der Prozesse der Natur sind.

Wenn wir uns das Noumenale und das Phänomenale ebenso wie die Naturgesetze und die Naturereignisse als verschieden vorstellen, kommen wir nicht umhin, uns Gedanken über die Beziehung zwischen diesen Begriffspaaren zu machen. Sowohl im Kontext der griechischen Philosophie als auch im naturwissenschaftlichen Kontext geht es hier um die Frage der Beziehung zwischen Sein und Werden beziehungsweise zwischen Zeitlosigkeit und Zeit.

Ich war überrascht, als ich feststellte, dass ein wesentlicher Aspekt dieser Frage im philosophischen wie auch im wissenschaftlichen Kontext auf dieselbe Weise beantwortet werden kann. In beiden Paradigmen stellt das Zeitlose für das Zeitgebundene beziehungsweise die Sinneswelt einen Satz von Möglichkeiten zur Verfügung. Diese Möglichkeiten sind als solche zeitlos. Die Entscheidung, welche von ihnen in der Sinneswelt verwirklicht wird, entspricht dem Übergang vom Zeitlosen zum Zeitgebundenen.

Wir wollen den Gedanken, dass die Erscheinungen Spiegelbilder des Noumenalen sind, weiterverfolgen und dazu die Spiegelbilder gewöhnlicher Objekte betrachten. Ein und dasselbe Objekt kann viele Spiegelbilder haben, je nachdem wo es sich relativ zum Spiegel befindet. Darüber hinaus gibt es verschiedene Spiegelbilder, je nachdem ob der Spiegel eben, konvex oder konkav geformt ist. Jedes mögliche Spiegelbild offenbart nur einen Aspekt des Objekts, und kein Spiegelbild zeigt es in seiner Gesamtheit. Die verschiedenen möglichen Spiegelbilder sind also als Möglichkeiten stets gegenwärtig, während – wenn wir nur einen Spiegel haben und die Position des Objekts relativ zum Spiegel feststeht – jeweils nur eine dieser Möglichkeiten realisiert wird.

Elektronen als Quantenmöglichkeitsfelder können wir uns auf ähnliche Weise vorstellen. Während sich ein Elektron auf einen Leuchtschirm zu bewegt, sind alle Möglichkeiten für sein Auftreffen an verschiedenen Orten des Schirms gegenwärtig. Es gibt jedoch einen Augenblick der Wahl, den wir als »Kollaps des Quantenzustands« bezeichnet haben. Der Aufprall findet nur genau an einem Ort auf dem Leuchtschirm statt, wo er ein elementares Quantenereignis auslöst.

Je tiefer wir in die Vorstellung eindringen, dass die Verwirklichung von Möglichkeiten die Schnittstelle zwischen dem Zeitlosen und dem Zeitgebundenen ist, umso deutlicher werden die Parallelen zwischen Plotins Auffassung und der in der Quantenphysik vertretenen Weltsicht. Wie im vorliegenden Kapitel, S. 364 ff., erläutert, betrachtet Plotin die Materie als *nicht seiend*. Sie ist »das Sein des Nicht-Seienden«. Dies steht völlig in Einklang mit Schrödingers Aussage:

> »Die Sprache hat sich der uralten Substanzhypothese so ganz und gar angepasst, dass wir fast notgedrungen denken, wenn wir Worte wie ›Form‹ und ›Gestalt‹ hören, sie wären sinnlos, wenn wir nicht sagen, *was* diese Form oder Gestalt hat; es müsse, denken wir, doch ein Substrat sein als Träger der Gestalten. ... Die Substanz hat ihre Rolle ausgespielt. Wir haben nur mit Gestalten zu tun, die teils wechseln, aber doch verharren.«[15]

Aber Plotin charakterisiert die Materie nicht nur als das, was nicht ist, sondern – und dies ist erst recht bemerkenswert – als Verkörperung des Zufalls, als Abwesenheit von Ordnung. Ordnung kommt aus der Welt des Noumenalen; die Ordnung, die in der Sinneswelt anzutreffen ist, ist auf die Gegenwart des Nous zurückzuführen; Materie, »die letzte der Formen« ist die Negation des Noumenalen und die Negation der Ordnung. Das Begriffssystem der Quantenmechanik deckt sich mit dieser Perspektive. Das Erscheinen eines elementaren Quantenereignisses als Folge eines Kollapses unterliegt sowohl dem Zufall als auch der Ordnung. Die Ereignisse sind zufällig, aber die Zufälligkeit gehorcht, wie wir in Kapitel 4,

S. 96 ff., gesehen haben, einer Wahrscheinlichkeitsverteilung. Diese Wahrscheinlichkeitsverteilung ist der Ausdruck vollständiger Ordnung. Sie wird von einer Wellengleichung wie zum Beispiel der Schrödinger'schen Wellengleichung präzise determiniert. Da Wellengleichungen ein Ausdruck der Naturgesetze und damit des Noumenalen sind, zeichnen sie sich naturgemäß durch Ordnung und Determiniertheit aus. Auf tatsächliche Situationen angewendet, sorgen sie für Ordnung, indem sie den Zufall den Gesetzen der Wahrscheinlichkeitstheorie unterwerfen. Der Zufall wird dadurch zwar nicht eliminiert, aber ihm wird ein statistisches Muster auferlegt. Die wirklichen Ereignisse sind niemals völlig geordnet, da in ihnen die vollkommene Ordnung der noumenalen Welt mit der Zufälligkeit der Materie zusammentrifft. Und mit »Materie« meinen wir nicht »ein materielles Substrat«, sondern das, was nicht ist, aber als die Bedingung für das Auftreten elementarer Quantenereignisse zu sein scheint.

Betrachten wir schließlich Heisenbergs Auffassung der Elementarteilchen. Heisenberg war beeindruckt von der Tatsache, dass Elementarteilchen keine »kleinen Dinge« sind und dass sie am vollständigsten nicht durch Worte, sondern durch mathematische Symbole und Gleichungen beschrieben werden. Er gelangte zu dem Schluss, dass »die kleinsten Materieeinheiten in Wirklichkeit nicht physikalische Objekte im landläufigen Sinne sind, sondern Formen, Strukturen oder – im Platonischen Sinne – Ideen, über die man nur in der Sprache der Mathematik eindeutig sprechen kann«.[16]

Unsere Untersuchung der Bedeutung dieser mathematischen Symbole scheint Heisenbergs Behauptung zu unterstützen, wenn auch noch nicht schlüssig. Die Diskussion um die erkenntnistheoretische oder die ontologische Interpretation der Quantenmechanik (Kapitel 16, S. 346 ff.) führte zu dem Schluss, dass die Quantenzustände der Elementarteilchen unter den meisten Bedingungen nicht nur beschreiben, was diese sind, sondern auch, welches Wissen über sie verfügbar ist, weil nämlich das über sie verfügbare Wissen und ihr Sein identisch sind. Wie jedoch auf S. 367 ff. dieses Kapitels erläutert wurde, ist die Identität von Erkennen und Erkanntem ein Kennzeichen des Nous! Während Plotin sogar den Erkennenden in diese Identität einbezieht, ist in einer naturwissenschaftlichen Theorie nicht zu erwarten, dass der Erkennende in ihr auftaucht, denn die Wissenschaft schließt gerade durch das Prinzip der Objektivierung das Subjekt der Erkenntnis (das heißt, den Erkennenden) aus dem Bereich dessen, was wir an der Natur verstehen wollen, aus.

Im Gegensatz zu den anderen Parallelen, die in diesem Abschnitt zwischen dem Weltbild Plotins und der Quantenmechanik gezogen wurden, bleibt die zuletzt genannte, so suggestiv und faszinierend sie sein mag, unvollständig. Nach Plotins Auffassung ist die Identität des Erkennens, des Erkennenden und des Erkannten im Nous stets gegeben und wahr. Dagegen trifft die Konvergenz der erkenntnistheoretischen und der ontologischen Interpretation von Quantenzuständen in manchen Fällen zu, in anderen nicht. Zwischen beiden Interpretationen besteht ein grundsätzlicher Unterschied, und wenn dieser Unterschied signifikant ist, erweist sich die erkenntnistheoretische Deutung als die korrektere Interpretation. Diese Diskrepanz zwischen der Philosophie Plotins und der Quantentheorie wollen wir im Folgenden näher betrachten.

Das Zusammentreffen von Ordnung und Zufall

Wir haben uns in diesem Buch immer wieder auf drei Begriffssysteme bezogen: die Quantenmechanik und die philosophischen Systeme von Whitehead und Plotin. In Kapitel 15,

S. 306 ff., wurde darauf hingewiesen, dass das umfassende metaphysische System Whiteheads auf einzigartige Weise geeignet ist, natürliche Erklärungen für die überraschenden Eigenschaften der Quantenmechanik zu bieten. In diesem Kapitel wurde eine mögliche Übereinstimmung zwischen dem System Plotins und der Quantenmechanik diskutiert.

Zwischen Plotins und Whiteheads Auffassung von Realität gibt es zahlreiche Übereinstimmungen, aber auch einige grundlegende Unterschiede. Insbesondere existieren für Plotin die Formen wirklich, während sie für Whitehead »zeitlose Gegenstände« sind, die nicht in der Wirklichkeit existieren. Darüber hinaus setzen Plotin und Whitehead in ihren philosophischen Systemen unterschiedliche Schwerpunkte. Plotin zum Beispiel beschäftigt sich ausführlich mit den verschiedenen Stufen des Seins und den zwischen ihnen bestehenden Beziehungen, während Whitehead dieses Thema nur flüchtig berührt.

Ein vollständiger Vergleich der Auffassungen Plotins und Whiteheads würde den Rahmen dieses Buches sprengen. Wir werden uns daher zum Abschluss dieses Kapitels auf einige Bemerkungen beschränken, die Möglichkeiten der Harmonisierung der beiden Positionen andeuten. So ist die platonische Vorstellung vom Nous vergleichbar mit Whiteheads Gottesbegriff, insbesondere mit dem, was er als die »Urnatur Gottes« bezeichnet.[17] Im Gegensatz zu Platon und Plotin schreibt Whitehead aber Gott neben seiner »uranfänglichen Natur«, die zeitlos ist, noch eine »folgerichtige Natur« zu, die im Fluss begriffen ist. Allerdings wirkt sich dieser Unterschied zwischen den beiden Denksystemen meines Erachtens nicht auf ihre jeweilige Beziehung zur Quantentheorie aus. Relevant für unser Thema ist vielmehr der Vergleich zwischen Plotins Idee, dass die Natur schaut und aus dem Schauen heraus schöpferisch tätig ist, und Whiteheads Beschreibung »wirklicher Einzelwesen« als Prozesse der Selbsterschaffung.

383

Wenn Whitehead behauptet, dass wirkliche Einzelwesen Prozesse sind, dann meint er damit nicht Prozesse in der Zeit, sondern atemporale Prozesse. Ebenso ist auch das Schauen der Natur bei Plotin kein temporaler Prozess. Es ist vielmehr ein Ausdruck des Lebens der Natur, das nicht in der Zeit stattfindet.

Diese zuletzt genannte Vorstellung kann durch eine Analogie verdeutlicht werden: So wie das Leben eines Filmstars nicht in dem auf die Leinwand projizierten Bild enthalten ist, *sind Leben und Sein niemals in Raum und Zeit*. Wenn wir überhaupt eine Raummetapher benutzen wollen, müssen wir sagen, dass Leben und Sein in einer anderen Dimension stattfinden.

Die Wachsfiguren in Madame Tussauds Wachsfigurenkabinett in London sind so gut gemacht, dass sie fast lebendig wirken. Als Gegenstände in Raum und Zeit sind diese Figuren mit ihren lebendigen Vorbildern fast identisch. Man könnte sich zum Beispiel Königin Elizabeth vorstellen, wie sie neben ihrer eigenen Wachsfigur steht. Wenn sie sich nicht bewegt, wäre man vielleicht für einen Moment im Zweifel, welche Figur die echte Königin ist. Das, was das *Leben* Königin Elizabeths ausmacht, ist jedoch nicht ihre raumzeitliche Erscheinung. Raumzeitliche Erscheinungen sind reine Äußerlichkeiten. So ist mit dem Aufkommen neuer Technologien der Bau eines Roboters denkbar, der sowohl das Aussehen als auch die Bewegungen einer lebenden Person nahezu perfekt imitiert, gleichwohl aber ist er nur ein Roboter.

Die Vorstellung, dass Leben und Sein niemals in Raum und Zeit sind, ist sowohl Plotin als auch Whitehead eigen. Whiteheads atemporaler Prozess der Selbsterschaffung endet mit etwas vollständig Erschaffenem, das, wenn es objektiviert wird, in Raum und Zeit erscheint. Ebenso hat das Schauen der Natur, das selbst atemporal ist, die sinnlich wahrnehmbare raumzeitliche Welt zur Folge.

Er scheint mir, dass die Auffassungen Plotins und White-heads zur Erschaffung der Sinneswelt miteinander in Einklang gebracht werden können, *wenn wir die wirklichen Einzelwesen als Aspekte des Schauens der Natur betrachten.* Das »Schauen der Natur« ist offenkundig eine äußerst komplizierte Angele-genheit und umfasst eine unendliche Vielzahl von Möglichkei-ten. Wenn wir das Gesamtbild betrachten und dabei wichtige Unterschiede außer Acht lassen, können wir die wirklichen Einzelwesen in gewissem Sinne als die grundlegenden Ele-mente dieses unendlichen Prozesses des Schauens betrachten.

Damit sind wir nun in der Lage, auf die in Kapitel 11, S. 242 ff., vorgestellte Äußerung Paul Diracs zum Kollaps von Quantenzuständen zurückzukommen: »Die Natur trifft eine Wahl.« Die Gedankengänge, die bis jetzt in diesem Buch er-örtert wurden, sind vermutlich von der Denkweise Diracs (wenn auch nicht von der Schrödingers oder Heisenbergs) weit entfernt. Trotzdem ermöglichen sie eine Betrachtungs-weise der Natur, die Diracs Äußerung einschließt. Eine Wahl muss getroffen werden, weil Materie, das heißt die Beschaf-fenheit der raumzeitlichen Erscheinungen – in Übereinstim-mung mit Plotin und auch der Quantentheorie – rein zufällig ist. Die Wahl beruht auf dem »Schauen der Natur«, durch das der Materie in Form der Auferlegung von Wahrscheinlich-keitsverteilungen etwas von der Ordnung des Noumenalen zuteil wird. In jedem wirklichen Einzelwesen treffen das Nou-menale und das Phänomenale, Ordnung und Zufall, zusam-men. Die Anwendung einer gesetzmäßigen Wahrscheinlich-keitsverteilung auf den Prozess der Selbsterschaffung eines wirklichen Einzelwesens ist ein Aspekt des »Schauens der Natur«. Indem sich das Einzelwesen dem Zufall unterwirft, das heißt, indem es sich auf irgendeine zufällig bestimmte Art verwirklicht, ist es aber auch ein Ausdruck der Regellosigkeit, die der Materie eigen ist. Der Prozess der Selbsterschaffung eines wirklichen Einzelwesens ist daher die Schnittstelle zwischen dem »Schauen der Natur« und der Materie, die die Beschaffenheit der raumzeitlichen Erscheinungen ist. Diracs Auffassung von der Natur als jener Instanz, die eine Wahl trifft, entspricht der Vorstellung dieser Schnittstelle.

Aquarellmaler benutzen manchmal ein Verfahren, das als »Spritztechnik« bekannt ist: Der Künstler taucht einen Pinsel in Farbe und schüttelt dann den Pinsel so, dass ein unregelmäßiges Muster winziger Farbkleckse auf der Leinwand entsteht. Das Ergebnis der Spritztechnik kann durch die Wahl der Farbe, die Wahl des Abstands von der Leinwand beim Schütteln des Pinsels, durch die Art der Schüttelbewegung und so weiter beeinflusst werden. Es liegt aber nicht im Interesse des Künstlers, den genauen Ort jedes winzigen Farbkleckses zu bestimmen. Vielmehr will er einen bestimmten Gesamteindruck erzeugen. Die Zufälligkeit des Auftreffens der einzelnen Farbkleckse auf der Leinwand ist sogar notwendig, um den gewünschten Eindruck zu erzielen.

Die Natur scheint im Hinblick auf die Sinneswelt ähnlich zu verfahren wie ein Maler, der sich der Spritztechnik bedient. Sie erschafft zunächst durch das Schauen eine allgemeine Wahrscheinlichkeitsverteilung und überlässt dann die Entscheidungen hinsichtlich einzelner Ereignisse dem Zufall, indem sie sich der der Materie innewohnenden Zufälligkeit unterwirft. Dieses Zusammentreffen von Ordnung und Zufall lässt genau jene Verteilung elementarer Quantenereignisse entstehen, die tatsächlich vorkommt.

Plotin und das neu entstehende Weltbild

Zum Abschluss dieses Kapitels wollen wir noch die folgende Frage erörtern: Ist das philosophische System Plotins wirklich das Fundament des neuen Weltbilds?

Die Philosophie Plotins übt aus mehreren Gründen große Anziehungskraft auf mich aus: Erstens aufgrund der von ihr vertretenen Hierarchie von Seinsebenen. Zweitens aufgrund der faszinierenden Übereinstimmung zwischen Diracs Auffassung vom Kollaps von Quantenzuständen (»Die Natur trifft eine Wahl«) und Plotins Vorstellung, dass die Natur »schaut« und aus ihrem Schauen schöpferisch tätig ist. Drittens aufgrund der Tatsache, dass Plotins System nicht nur auf tiefem Nachdenken, sondern auch auf nicht minder tiefen Erfahrungen beruht. Und viertens aufgrund des Platonischen Geistes, der sich in ihm widerspiegelt: Da auch die Prozessphilosophie Whiteheads vom Platonischen Geist durchdrungen ist, scheint das von Plotin vollständig ausformulierte neuplatonische System in besonderer Weise geeignet, sie zu ergänzen.

Trotzdem ist es nur die unbeschreibliche Erfahrung selbst, die, wie wir in Kapitel 14, S. 286 ff., gesehen haben, mit dem Gefühl »äußerster Gewissheit« einhergeht. Jede begriffliche Formulierung kann sich als unzulänglich erweisen, sie mag in einem Kontext angemessen, in einem anderen jedoch unzureichend oder sogar falsch sein. Wir werden auf die Frage des Stellenwerts begrifflicher Systeme im Epilog zurückkommen.

In Bezug auf sein eigenes System äußert sich Whitehead zu dieser Frage wie folgt:

»Abschließend möchte ich daran erinnern, wie oberflächlich, schwach und unvollkommen alle Anstrengungen bleiben, die Tiefen in der Natur der Dinge auszuloten. In der philosophischen Diskussion ist die leiseste Andeutung dogmatischer Sicherheit hinsichtlich der Endgültigkeit von Behauptungen ein Zeichen von Torheit.«[18]

Nach der Lektüre der letzten fünf Kapitel beginnen sich vielleicht die Umrisse des in der Entstehung begriffenen neuen

Paradigmas hinsichtlich des Wesens der Wirklichkeit abzuzeichnen. Auf eine entscheidende Frage sind wir jedoch bislang noch nicht eingegangen: Welchen Platz hat die Menschheit und jeder Einzelne von uns in der Ordnung der Natur?
Dieser Frage ist das nächste Kapitel gewidmet.

Epigraph: *Plotins Schriften*, Band I a, *Enneade* IV 8.1, S. 129.
1 M. Proust, *Die wiedergefundene Zeit*, S. 256–257.
2 Ebd., S. 258.
3 Ebd., S. 263.
4 Platon, *Der Staat*, S. 206–217.
5 *Plotins Schriften*, Band I a, *Enneade* IV 8.1, S. 129.
6 J. N. Deck, *Nature, Contemplation, and the One*, S. 42.
7 Plotin, *Ausgewählte Schriften*, *Enneade* V 1.4, S. 87.
8 J. N. Deck, *Nature, Contemplation, and the One*, S. 57.
9 Ebd., S. 93.
10 Plotin, *Ausgewählte Schriften*, *Enneade* III 8.1, S. 144.
11 Zitiert nach: A. N. Whitehead, *Wissenschaft und moderne Welt*, S. 103.
12 Ebd., S. 105.
13 J. N. Deck, *Nature, Contemplation, and the One*, S. 44.
14 E. Schrödinger, *Geist und Materie*, S. 58.
15 E. Schrödinger, *Naturwissenschaft und Humanismus*, S. 31.
16 Zitiert in: K. Wilber, Hrsg., *Quantum Questions*, S. 51.
17 A. N. Whitehead, *Prozess und Realität*, S. 614–618.
18 Ebd., S. 27.

18. Unser Platz im Universum

Haben wir einen Platz im Universum? Kommt uns im kosmologischen Schema eine Rolle zu? Wenn das Universum weitgehend unbelebt ist, lautet die Antwort offenkundig: nein. Ist es dagegen vielschichtig und lebendig, dann hat unser Bewusstsein, insbesondere unsere angeborene Fähigkeit, höhere Bewusstseinsebenen zu erreichen, vielleicht tatsächlich eine kosmologische Funktion. Wenn man sich näher mit der Rolle des Beobachters bei Quantenmessungen sowie mit Heisenbergs Entdeckung des Unschärfeprinzips beschäftigt, deutet manches darauf hin, dass wir in der Tat eine Aufgabe im Universum haben: nämlich eine Beziehung zwischen der phänomenalen und der noumenalen Ebene herzustellen.

»Wir begreifen das Wunder des Seins, aber der Gedanke beschämt uns; nur bei seltenen Gelegenheiten geben wir zu, dass wirkliche Möglichkeiten existieren. Wir vergessen, dass der Mensch als ein Ort des Zusammentreffens der phänomenalen und der noumenalen Welt geschaffen wurde. Das wahre Wesen jedes Menschen ist innere Ruhe und Glückseligkeit. Der Umstand, dass wir nicht das werden, was uns zu sein aufgegeben ist, tut dieser Wahrheit keinen Abbruch.« *William Segal*

Haben wir einen Platz im Universum?

In den unermesslichen Weiten des Weltraums gibt es Milliarden und Abermilliarden von Galaxien und Galaxienhaufen, die sich zum Teil aufeinander zu und zum überwiegenden Teil voneinander weg bewegen. Die meisten dieser Galaxien sind so weit von uns entfernt, dass wir sie nur mit Hilfe leistungsstarker Teleskope wahrnehmen können. Nur eine Galaxie ist klar und deutlich am Nachthimmel zu erkennen: die Milchstraße, die Galaxie, die wir selbst bewohnen. Jede Galaxie enthält Milliarden und Abermilliarden von Sternen. Unsere Sonne, die eher am Rande der Milchstraße liegt, ist ein Stern von durchschnittlicher Größe. Dennoch ist sie tausendmal größer als unser eigener Planet. Sie umkreist das Zentrum der Milchstraße, so wie sie selbst von der Erde umkreist wird.

Eine Milliarde ist eine sehr große Zahl. Jede Galaxie ist nur ein unbedeutendes Staubkörnchen unter Milliarden von Galaxien. Jeder Stern ist nur ein unbedeutendes Staubkörnchen unter den zahllosen Sternen, die eine Galaxie bevölkern. Die Erde ist winzig verglichen mit der Sonne. Wir sind winzig verglichen mit der Erde. Ist es in Anbetracht all dessen nicht völlig offensichtlich, dass dem Menschen im kosmologischen Schema nur ein Platz von absoluter und vollkommener Bedeutungslosigkeit zukommt?

Lassen Sie uns die stillschweigenden Annahmen, die dieser Einschätzung zugrunde liegen, einer Prüfung unterziehen. Sie beruhen zunächst auf Erwägungen der Größe. Nicht nur wir, sondern auch die Erde, die Sonne, ja die ganze Milchstraße, sind verglichen mit der Größe des gesamten Universums winzig. Ist Größe jedoch ein angemessener Maßstab für Bedeutung?

Eine Milliarde ist wirklich eine sehr große Zahl. Trotzdem gibt es viele Beispiele dafür, dass ein einzelner großer Wissenschaftler, Philosoph, Künstler, Forscher, Politiker oder Religionsführer das Leben von Milliarden von Menschen beeinflusst hat. Auf der Ebene des menschlichen Körpers können sehr kleine Drüsen einen Menschen krank oder gesund machen. Ein Virus kann einen Prozess in Gang setzen, der Tod oder Gesundung bewirkt.

Betrachten wir als Nächstes die Erde. Wir haben in den letzten Jahrzehnten erfahren, dass unsere Handlungen großräumige Auswirkungen auf die Erde haben können. Einzelne Wissenschaftler können durchaus einen bedeutenden Einfluss auf die gesamte Erde haben. Betrachten wir zum Beispiel Mario Molina und Sherwood Rowland. Ihre Entdeckung, dass vom Menschen hergestellte Chemikalien die Ozonschicht der Erde zerstören, kann sich auf die Zukunft des ganzen Planeten auswirken! Eine einzige große Führungspersönlichkeit kann unser ökologisches Denken revolutionieren und dadurch einen signifikanten Einfluss auf die Zukunft der Erde ausüben.

Die beiden letzten Beispiele können kombiniert werden. Wenn ein solcher Wissenschaftler oder eine solche Persönlichkeit einem Virus zum Opfer fällt, dann könnte dieses eine Virus das Schicksal der gesamten Erde beeinflussen!

Zwischen den möglichen Auswirkungen von Menschen auf die Gesellschaft oder die Erde und den möglichen Auswirkungen von Viren auf den menschlichen Körper besteht jedoch ein bedeutender Unterschied: Der Einfluss der großen Wohltäter der Menschheit ist das Ergebnis zielgerichteter und bewusster Bemühungen. Die Folge ist, dass sich ihr Einfluss für gewöhnlich in der angestrebten Richtung manifestiert – zumindest kurzfristig und manchmal auch langfristig. So sind zum Beispiel die Folgen der kopernikanischen Revolution für uns noch immer spürbar, und zwar genau so, wie Kopernikus es beabsichtigte – das geozentrische Weltbild wurde abgelöst. Die langfristigen Auswirkungen des Wirkens von Gandhi sind schwieriger abzuschätzen, doch in beiden Fällen ist der Umstand, dass jeder von ihnen einen Einfluss auf Millionen, ja sogar Milliarden von Menschen ausgeübt hat, kein Zufall. Er ist vielmehr das Resultat ihrer überragenden geistigen Fähigkeiten und Bemühungen in ihren jeweiligen Bereichen des Denkens und Handelns.

Im Falle eines Virus verhält es sich anders. Die Auswirkungen seiner Tätigkeit sind, soweit wir es beurteilen können, unbeabsichtigt. Die Folgen seiner Aktivität für die Person, in deren Körper es eingedrungen ist, sind, was das Virus betrifft, zufällig. In der Tat bleibt die Aktivität eines einzelnen Virus sogar in den allermeisten Fällen ganz ohne Folgen; nur unter außergewöhnlichen Umständen ist die gesundheitliche Verfassung eines Menschen so angeschlagen, dass ein einzelnes Virus das Gleichgewicht zwischen Gesundheit und Krankheit kippen kann.

Im Allgemeinen ist es also das Vorhandensein von Bewusstsein, das es relativ kleinen Einheiten, wie etwa einzelnen Menschen, erlaubt, vergleichsweise große Gebilde, wie etwa eine Gesellschaft, eine Zivilisation oder die Erde zu beeinflussen.

Das Gefühl der Bedeutungslosigkeit, das die moderne Wissenschaft in uns weckt, wird genau dadurch ausgelöst, dass sie es versäumt, die einzigartigen Fähigkeiten des menschlichen Bewusstseins zu würdigen. Wie wir sehen werden, ist diese mangelnde Wertschätzung keine notwendige Eigenschaft des Kosmos, sondern unseres gegenwärtigen Paradigmas.

Das kosmologische Bild, das ich zu Beginn dieses Abschnitts skizziert habe, prägt erst seit kurzem das menschliche Denken. So ist der Begriff der Galaxie noch keine hundert Jahre alt. Wenn wir nur 700 Jahre zurückgehen, begegnen wir in Dantes *Göttlicher Komödie* einer großartigen kosmologischen Vision, die sich von unserer heutigen Sichtweise beträchtlich unterscheidet: Die Erde steht darin im Mittelpunkt des Universums; Rom und Jerusalem befinden sich an kosmologisch bedeutsamen Orten; der Weg des Dichters und Pilgers von der Mitte der Erde über den Berg der Läuterung bis hinauf in den Himmel zeigt ihm den Platz Luzifers und der in alle Ewigkeit verdammten Seelen, den Platz der Engel und der in alle Ewigkeit gesegneten Seelen sowie den Platz Gottes. Es steht außer Frage, dass der Mensch einen zentralen Platz in diesem Universum einnimmt. Wir sind Gott, dem Schöpfer des Universums, immerhin so wichtig, dass er seinen eigenen Sohn auf die Erde entsendet, um uns zu erlösen!

Wie verdienstvoll Dantes Vision in geistiger und poetischer Hinsicht auch sein mag, so kann sie doch heute nicht mehr ernsthaft als wahrheitsgetreue Darstellung des physikalischen Universums betrachtet werden. Aber wird die zu Beginn dieses Abschnitts skizzierte heutige Vision in 700 Jahren noch Bestand haben? Ist nicht vielmehr davon auszugehen, dass ein neues kosmologisches Paradigma das gegenwärtige ersetzen wird, und ist es dann nicht denkbar, dass unsere Stellung im Universum innerhalb des neuen Paradigmas ganz anders definiert wird?

Auch wenn man unmöglich vorhersehen kann, wie das im Jahre 2700 gültige Weltbild beschaffen sein mag, ist es doch durchaus möglich, auf wichtige Mängel des heutigen Paradigmas hinzuweisen. So wird das Universum nicht nur als im Wesentlichen unbelebt betrachtet, an die Stelle der verschiedenen Seinsstufen tritt darüber hinaus nur eine einzige Unterscheidung, nämlich die zwischen Existenz und Nichtexistenz. Wie wir jedoch gesehen haben, versetzt gerade der relativ hohe Grad an Bewusstsein kleine Einheiten in die Lage, größere Gebilde zu beeinflussen. In einem Paradigma, das von einem belebten, intelligenten Universum ausgeht, ist dies kaum verwunderlich. Wenn wir das Universum als lebendig und von Geist durchdrungen betrachten, ist die ausschlaggebende Frage nicht die Größe unseres Körpers im Vergleich zur Größe des Universums, sondern die Stellung unserer tatsächlichen und potenziellen Intelligenz relativ zur Intelligenz des Universums – zum Nous.

Was die menschliche Intelligenz betrifft, so ist es von entscheidender Bedeutung, auf den Unterschied zwischen tatsächlicher und potenzieller Intelligenz hinzuweisen. Offenbar ist unsere tatsächliche Intelligenz, die weitgehend auf zufälligen geistigen Assoziationen beruht und größtenteils unseren Körper und unser Ich betrifft, auf kosmologischer Ebene in der Tat unbedeutend. Wenn jedoch Platons Höhlengleichnis eine tiefe Wahrheit ausdrückt, dann steht unsere potenzielle Intelligenz auf einer ganz anderen Ebene. Solange wir Schatten mit tatsächlichen Gegebenheiten verwechseln, ist unser Denken wertlos, aber wir haben das Potenzial, die Höhle zu verlassen, aufzusteigen und mit der Intelligenz des Nous in Verbindung zu treten. Wenn wir unser Denken so erweitern, dass es dieses Potenzial einschließt, dann erscheint die Frage unserer Stellung im Universum in einem neuen Licht.

Dass aus den Gefangenen in Platons Höhlengleichnis Menschen werden können, die sich frei unter der Sonne bewegen, weist auf die Möglichkeit eines Wechsels der Bewusstseinsebene hin, das heißt auf die Möglichkeit der Erkenntnis der noumenalen Welt als der wirklichen Welt, die das Sein des Phänomenalen ist. Der Unterschied zwischen einem Höhlenbewohner und einem freien Menschen kann mit dem Unterschied zwischen einer Person, die träumt, und einer Person im Wachzustand verglichen werden. Die Erfahrungen, die wir als Träumende machen, zeigen außerdem, warum unsere im Vergleich zum Universum winzige Größe für die Frage unserer Stellung im Universum vielleicht wirklich keine Rolle spielt.

Stellen Sie sich vor, Sie liegen im Bett und träumen. Sie träumen von Galaxien, Sternen und bewohnten Planeten. Sie sehen sich selbst als eine winzige Person auf einem kleinen Planeten, der um einen Stern kreist. Und siehe da! Plötzlich rast aus dem Weltraum ein riesiger Stern auf Ihren Planeten zu und droht mit ihm zusammenzustoßen. Sie suchen nach Möglichkeiten, Ihren Planeten zu retten, doch was können Sie als kleiner Mensch auf einem kleinen Planeten schon ausrichten?

Schweißgebadet wachen Sie auf und stoßen einen Seufzer der Erleichterung aus: Gott sei Dank, es war nur ein Traum!

Während Sie schlafen, sind Sie sich der Tatsache nicht bewusst, dass Sie gar nicht jener winzige Mensch auf einem kleinen Planeten sind, von dem Sie träumen. Der ganze Traum findet vielmehr nur in Ihrem Geiste statt. In Wirklichkeit sind Sie der Schöpfer Ihres Traums und als solcher haben Sie potenziell die Macht, den Traum beliebig zu ändern. Ihre Gefühle der Ohnmacht und Bedeutungslosigkeit beruhen auf dem irrtümlichen Glauben, Sie seien die Traumfigur und nicht der Träumende.

Vielleicht ist also unsere Überzeugung, wir seien im kosmologischen Maßstab bedeutungslos, nichts anderes als die Überzeugung des Höhlenbewohners – eine Überzeugung, die sich nur auf die Erforschung der Erscheinungen um uns herum stützt. Mit Shakespeare könnten wir dagegen entdecken, dass »wir von solchem Stoff sind, aus dem die Träume werden« und dass die Frage nach unserer Stellung im Universum neu untersucht werden muss – nicht unter dem Blickwinkel unserer körperlichen Größe im Vergleich zur Größe des Universums, sondern unter dem Blickwinkel unserer Stellung in Bezug auf die noumenale und die phänomenale Welt.

Auch wenn Dantes Vision in ihrer wörtlichen Deutung als obsolet betrachtet werden muss, ist sie doch als poetische oder symbolische Darstellung der menschlichen Verfassung überaus lebendig. Sogar auf uns rationale, materialistische Wesen des 20. Jahrhunderts verfehlt sie ihre Wirkung nicht. In ähnlicher Weise spiegelt auch das gegenwärtige kosmologische Weltbild nur einen *Teilaspekt* des wahren Bildes, aber gewiss nicht die ganze Wahrheit wider. Wenn wir im Geiste Bohrs die wissenschaftlichen, philosophischen und poetischen Ausdrucksformen als komplementär anstatt kontradiktorisch begreifen, gelangen wir vielleicht zu einer neuen Einsicht hinsichtlich unserer Stellung im Universum.

Wie wir in den vorangegangenen Kapiteln gesehen haben, unterstützt eine unvoreingenommene Bewertung der vielfältigen menschlichen Erfahrungen die Vorstellung eines Universums, das belebt, intelligent und vielschichtig im Sinne verschiedener Seinsstufen ist. Wenn aber das Universum wirklich lebendig ist, dann ist es seinem Wesen nach funktional: Es ist ein geordnetes Ganzes, nicht eine zufällige Ansammlung zusammenhangloser, unbelebter Galaxienhaufen. In einem lebendigen Organismus kommt jedem einzelnen Bestandteil eine Funktion zu. Wenn also die Natur lebendig ist, folgt daraus, dass die Frage nicht lauten kann, ob wir in ihr einen Platz haben, sondern welches unser organischer Platz in der Natur ist.

Kann die Physik und insbesondere die Quantenmechanik zur Beantwortung dieser wichtigen Frage beitragen? Überraschenderweise lautet die Antwort: ja. Wie wir noch sehen werden, lässt eine Untersuchung der Rolle des Beobachters in der Quantenmechanik darauf schließen, dass sich hinsichtlich der Frage unserer Stellung im Universum ein Paradigmenwechsel vollzieht.

Bevor wir näher auf die Rolle des Beobachters in der Quantenmechanik eingehen, wollen wir jedoch diesen Abschnitt mit einer wichtigen Feststellung beschließen: »Einen Platz im Universum zu haben« kann, aber muss nicht gleichbedeutend damit sein, »kosmologische Bedeutung« zu haben. Aufgrund der organischen Natur des Universums ist es zwar sicher, dass uns ein Platz oder eine Funktion im Universum zukommt, aber es kann sich herausstellen, dass diese Funktion von lokaler und nicht globaler Bedeutung ist. Wenn wir das Universum mit dem menschlichen Körper vergleichen, dann kann unsere Aufgabe der einer Drüse entsprechen, deren ordnungsgemäße Funktion für die Gesundheit des Körpers unerlässlich ist, sie kann aber auch der irgendeines kleinen Teils einer Zelle entsprechen. Im letzteren Fall kann es durchaus sein, dass der Zustand dieser einzelnen Zelle für den Körper als Ganzes unerheblich ist und erst der Zustand von Millionen solcher Zellen auf den Körper eine spürbare Wirkung ausübt.

Auf die Frage der möglichen kosmologischen Reichweite unserer Funktion im Universum werden wir im letzten Abschnitt dieses Kapitels eingehen.

Die Rolle des Beobachters in der Quantenmechanik

In Kapitel 6, S. 136 ff., berichtete ich kurz von John Archibald Wheelers Versuch, Einstein vom fundamentalen Charakter der Quantenmechanik zu überzeugen. Wheeler hat ein Talent für griffige Formulierungen und einfache Geschichten, die komplizierte Sachverhalte veranschaulichen. Vor einigen Jahren versuchte er anhand einer kleinen Geschichte, die wesentlichen Merkmale von Quantenmessungen zu erläutern. Die Geschichte dreht sich um eine besondere Variante des vor allem in den USA verbreiteten Spiels der zwanzig Fragen.

Bei der gewöhnlichen Spielvariante verlässt eine Person das Zimmer, während die anderen sich auf ein Wort einigen. Wenn die Person wieder hereingerufen wird, muss sie versuchen, das Wort durch höchstens zwanzig Fragen, auf die nur mit ja und nein geantwortet werden darf, herauszufinden.

Bei der von Wheeler entwickelten Variante wird, während eine Person draußen wartet, kein Wort ausgewählt, sondern die übrigen Mitspieler vereinbaren folgendes Vorgehen: Wenn die Person durch Fragen versucht, das Wort herauszufinden, kann jeder der Spieler nach Belieben mit ja oder nein antworten, aber – und das ist der springende Punkt – bei seiner Antwort muss er sich ein Wort vorstellen, das nicht nur zu seiner eigenen Antwort, sondern auch zu allen vorigen Antworten passt.

Wheeler weist darauf hin, dass zwischen den beiden Varianten des Spiels der zwanzig Fragen und den zwei Begriffen von Messung – dem klassischen Begriff und dem Quantenbegriff – eine Reihe von Parallelen bestehen:

»Erstens, gingen wir davon aus, dass das Wort bei Spielbeginn bereits ›da‹ war, so wie die Physik früher davon ausging, dass Ort und Impuls des Elektrons unabhängig von irgendwelchen Akten der Beobachtung einfach ›da‹ waren. Zweitens, die Informationen über das Wort wurden in Wirklichkeit durch die Fragen der Spieler schrittweise erzeugt, so wie die Experimente, die ein Beobachter durchführt, schrittweise Informationen über ein Elektron erzeugen. Drittens, wenn wir uns entschlossen hätten, andere Fragen zu stellen, wäre ein anderes Wort herausgekommen – so wie der Experimentator verschiedene Ergebnisse erzielt hätte, wenn er verschiedene Größen oder dieselben Größen in verschiedener Reihenfolge gemessen hätte.«[1]

Zudem legt die Entscheidung des Spielers für eine bestimmte Frage zusammen mit allen vorangegangenen Antworten fest, welche Art von Antwort er erhält. Es steht jedoch nicht in seiner Macht zu entscheiden, ob die Frage mit ja oder nein beantwortet wird. Ebenso entscheidet die Art von Experiment, der ein Quantensystem wie zum Beispiel ein Elektron unterworfen wird, über die Art von Eigenschaft, die das Elektron aufweist – zum Beispiel, ob es einen bestimmten Wert für den Ort oder den Impuls besitzen wird. Aber der Experimentator hat keinen Einfluss darauf, welchen Wert die Messung ergeben wird. Und schließlich entspricht die erforderliche Konsistenz der Antworten der Konsistenz der Ergebnisse verschiedener Messungen.

398

Wheeler versäumt es natürlich nicht, auf die begrenzte Reichweite dieser Analogie hinzuweisen. Es gibt wichtige Unterschiede zwischen den beiden Spielversionen einerseits und klassischen sowie Quantenmessungen andererseits. Trotzdem gelangt er zu dem Schluss:

> »Der Vergleich zwischen Beobachtungen im Quantenbereich und dem Spiel der zwanzig Fragen lässt zwar vieles außer Acht, aber den wichtigsten Punkt macht er deutlich. In der Welt der Quantenphysik *gibt es ein elementares [Quanten-]Phänomen erst dann, wenn es beobachtet wird.* Ebenso gibt es in der Überraschungsversion des Spiels erst dann ein Wort, wenn es durch die Auswahl der gestellten Fragen und die gegebenen Antworten Wirklichkeit wird.«[2] [Hervorhebung im Original]

Das Thema der Quantenmessungen spielte in den vergangenen Kapiteln eine wichtige Rolle. Wenn Sie die Ausführungen noch einmal rekapitulieren und sich dabei Wheelers Analogie vergegenwärtigen, dann werden Sie vermutlich zu einigen neuen Einsichten gelangen. In diesem Kapitel wollen wir uns auf die Rolle des Beobachters in Quantenmessungen konzentrieren.

Wie wir gerade gesehen haben, ist es im Spiel der zwanzig Fragen die Aufgabe des Ratenden, sich Fragen auszudenken und sie zu stellen. Der Ratende hat aber keinen Einfluss auf die Antworten. Ebenso gilt im Zusammenhang mit Quantenmessungen, dass der Experimentator oder Beobachter zwar beliebige Versuchsanordnungen entwickeln kann. Nachdem er sich jedoch für eine Art von Experiment entschieden hat, hat er keinen Einfluss mehr auf das Ergebnis. Aus der Tatsache, dass ein Quantensystem wie zum Beispiel ein Elektron für sich genommen nur eine Möglichkeit ist, folgt, dass die Rolle des Beobachters darin liegt, zielgerichtet bestimmte Bedingungen für den Übergang des Möglichen zum Wirklichen zu schaffen. Diese Bedingungen legen fest, welche Art von Wirklichkeit in Erscheinung treten wird, aber ihre besonderen Eigenschaften bestimmen sie nicht.

Physikalische Gesetze als Zeichen allgemeiner Wahrheiten

Was können wir daraus (wenn überhaupt) in Bezug auf unsere Stellung im Universum schließen?

Die Physik erforscht die einfachsten Systeme der Natur – noch dazu auf einer sehr hohen Abstraktionsebene. So werden Planeten in den meisten Fällen als punktartige Teilchen betrachtet, Muskeln als unbelebte Stränge eines festen Materials, und Flüssigkeiten als kontinuierlich – ihre diskrete atomare Struktur wird ignoriert. Trotzdem haben die Erkenntnisse der Physik oft auf ähnliche Prinzipien in Wissensgebieten schließen lassen, deren Gegenstände weitaus komplexer sind, zum Beispiel in der Psychologie oder Soziologie. Warum?

Der Grund scheint mit einer tiefen Wahrheit über das Wesen der Wirklichkeit zusammenzuhängen: *Es gibt grundlegende Prinzipien und Arten von Beziehungen, die auf allen Ebenen gleich sind, von den einfachsten so genannten unbelebten Systemen bis hin zum Universum als Ganzes.* Während sich manche Prinzipien nur auf bestimmte Untersuchungsgebiete beziehen, sind andere universal, das heißt, sie gelten für Gegenstände, Menschen, Gesellschaften, Planeten und Galaxien gleichermaßen. Diese universalen Prinzipien und Beziehungsarten sind am leichtesten in den einfachsten Systemen zu erkennen. Ihre präziseste Formulierung und die klarste Darstellung ihres Anwendungsbereichs finden sie im

Kontext der Physik. Hat man sie erst innerhalb der Physik verstanden, kann man auch ihre Bedeutung und ihre Anwendungen in anderen Zusammenhängen erforschen.

Betrachten wir zum Beispiel die Anziehung von Gegensätzen. In der Physik manifestiert sich dieses Prinzip als das Coulomb'sche Gesetz der elektrostatischen Anziehung, der Anziehung zwischen positiv und negativ geladenen Teilchen. Das Gesetz wird durch eine mathematische Formel ausgedrückt; die Stärke der Anziehungskraft kann präzise berechnet werden, und die Bedingungen für die Anwendbarkeit des Gesetzes sind wohl verstanden. Aber das Prinzip der Anziehung von Gegensätzen manifestiert sich auch außerhalb der Physik. In der Biologie beispielsweise äußert es sich in der Anziehung zwischen den Geschlechtern. Hier gibt es allerdings keine einfache Möglichkeit, die Anziehungskraft quantitativ zu bestimmen oder ihre Variation zu erklären.

Ein weiteres Beispiel liefert das Trägheitsgesetz. Als physikalisches Gesetz besagt es, dass Objekte in ihrem Bewegungszustand verharren, das heißt, sich mit derselben Geschwindigkeit und in dieselbe Richtung weiterbewegen, solange nicht eine Kraft auf sie einwirkt. Trägheit bezeichnet jedoch ein Prinzip, das sich Veränderungen in vielerlei Hinsicht widersetzt, angefangen von meiner eigenen Faulheit bis hin zur extrem langen Lebensdauer politischer und sozialer Institutionen.

Das dritte Beispiel, Niels Bohrs Begriffssystem der Komplementarität, ist besonders vielseitig. Die Komplementarität ist weniger ein Prinzip als vielmehr ein Bezugsrahmen, innerhalb dessen die Beziehungen zwischen scheinbar widersprüchlichen Aspekten eines Systems verstanden werden können. Bohr entdeckte es infolge seiner Bemühungen um die Lösung eines physikalischen Problems: nämlich die Auflösung des scheinbaren Widerspruchs zwischen dem teilchenartigen und dem wellenartigen Verhalten von Quantensystemen. Das gleichzeitig von Heisenberg entdeckte Unschärfeprinzip erwies sich als eine präzise Formulierung des Komplementaritätsgedankens im Kontext der Atomphysik. Bohr war jedoch überzeugt, dass seine Entdeckung nicht nur in der Physik, sondern auch in der Psychologie, der Soziologie und der Erkenntnistheorie angewendet werden könnte. Wie wir in Kapitel 12, S. 262 ff., gesehen haben, eignet sie sich sogar für die Analyse von Witzen!

Solche Manifestationen derselben allgemeinen Prinzipien oder Begriffssysteme in verschiedenen Wissensgebieten lassen es möglich erscheinen, dass die im letzten Abschnitt geschilderten Erkenntnisse hinsichtlich der Rolle des Beobachters in der Quantenmechanik auf ein universell gültiges Prinzip hinweisen. So wie der Komplementaritätsgedanke eine neue Sichtweise für zahlreiche nicht mit der Physik in Zusammenhang stehende Fragen eröffnete, kann die Rolle des Beobachters in der Quantenmechanik zu einer neuen Betrachtungsweise hinsichtlich unserer Stellung im Universum führen.

Anatomie einer Entdeckung

In Kapitel 14, S. 293 ff., erörterten wir den Prozess, der zu Heisenbergs Entdeckung des Unschärfeprinzips führte. Eine Neubetrachtung dieses Prozesses fördert eine faszinierende Übereinstimmung zwischen der Anatomie dieser Entdeckung und der Rolle des Beobachters in der Quantenmechanik zutage.

Wir haben darauf hingewiesen, dass Heisenbergs Bericht seiner Entdeckung auf wunderbare Weise die Beziehung zwischen der nichtobjektivierten Erfahrung der Einsicht und ihrer Projektion auf das zeitgebundene Paradigma einer Kultur veranschaulicht: *Der Ursprung der Erkenntnis ist eine transzendentale Erfahrung, eine intuitive Einsicht, die mit der Funktionsweise des gewöhnlichen, dualistischen Geistes der Gegensätze und Unterscheidungen unvereinbar ist. Die Formulierung der Einsicht erfolgt, wenn dieser gewöhnliche, dualistische Geist mit der Intuition in Berührung kommt und sein Bestes tut, um die Intuition auf dualistische Art und Weise in Worte und Symbole zu fassen.* Wir haben weiter darauf hingewiesen, dass im Fall der Wissenschaft eine solche Formulierung nur dann gültig ist, wenn sie in der Sprache der Wissenschaft abgefasst und sie mit wissenschaftlichen Methoden nachprüfbar ist.

Wir wollen diesen Prozess der Entdeckung und Formulierung einer Erkenntnis unter dem Blickwinkel der Beziehung zwischen der noumenalen und der phänomenalen Welt analysieren. Das Unschärfeprinzip, das einen Aspekt des Komplementaritätsgedankens darstellt, existiert in der noumenalen Welt als eine Idee oder Form. Diese Idee war es, die Heisenberg im Augenblick der Erkenntnis erblickte. Dadurch, dass er sie erblickte, wurde er in die Lage versetzt, sie auf der phänomenalen Ebene des zwischenmenschlichen Austausches mit Hilfe von Worten und mathematischen Symbolen auszudrücken, das heißt, sie als kohärente Erkenntnis innerhalb eines zeitgebundenen kulturellen Paradigmas zu formulieren.

Der Weg zur Erkenntnis beruhte darauf, dass Heisenberg seine Aufmerksamkeit bewusst auf die noumenale und die phänomenale Welt zugleich richtete. Er betrachtete sowohl die Erscheinungen, die ihn vor ein Rätsel stellten, als auch die alten Prinzipien, die ungeeignet waren, sie zu erklären.

Damit sind wir schließlich in der Lage, eine Parallele zwischen Heisenbergs Erkenntnisstreben und einer Quantenmessung zu ziehen. Die Steuerung der bewussten Aufmerksamkeit im Prozess der Entdeckung entspricht der Schaffung der Versuchsbedingungen in einer Quantenmessung: So wie der Versuchsaufbau *die Art von Ergebnis* festlegt, die ein Experiment hervorbringen wird, bestimmte Heisenbergs Betrachtungsweise der noumenalen und der phänomenalen Welt *die Art von Entdeckung,* die er machen konnte. So musste es zum Beispiel die Entdeckung eines physikalischen Prinzips und nicht die Eingebung eines Gedichts oder eines Musikstücks sein. Aus der Analogie geht noch mehr hervor: Während Heisenberg in seine Betrachtung versunken war, war es ihm unmöglich, in die spezifische Natur der bevorstehenden Entdeckung einzugreifen. Es stand nicht in seiner Macht, das Unschärfeprinzip zu verändern und ein anderes Prinzip zu entdecken. Ebenso wenig hat der Beobachter eines Experiments die Möglichkeit, das Ergebnis des Experiments zu bestimmen. Wenn zum Beispiel der Ort eines Elektrons gemessen wird, kann der Beobachter nicht bestimmen, an welchem Ort das Elektron nachgewiesen wird.

Bewusste Aufmerksamkeit – das heißt eine Aufmerksamkeit, die auf das Noumenale und das Phänomenale zugleich gerichtet ist – entspricht nicht dem gewöhnlichen Alltagsdenken. Jeder, der schon einmal mit tief greifenden Fragen gerungen hat, weiß, dass dieses Ringen mit mindestens zwei verschiedenen Denkweisen verbunden ist: Ausgangspunkt ist für gewöhnlich ein verbaler oder symbolischer Denkmodus; man betrachtet verbal formulierte Ideen und sucht nach einer Lösung, indem man bewusst mögliche Beziehungen zwischen Ideen und Symbolen untersucht. Wenn dieses Vorgehen nicht zu einer Lösung führt, geht man in einen anderen Denkmodus über, der sich so »anfühlt«, als ob man in eine nichtverbale, nichtsymbolische Dimension eintaucht. Dies ist ein Beispiel für die Erfahrung bewusster Aufmerksamkeit. Es ist nur folgerichtig, sich eine solche Erfahrung auf die noumenale Welt bezogen vorzustellen, da es diese Erkenntnisweise ist, die zur Entdeckung eines Prinzips führen kann.

Prinzipien, Ideen, Formen gehören zur noumenalen Welt. Der Augenblick der Erkenntnis eines Prinzips kann daher als ein Augenblick des Durchbruchs in die noumenale Dimension verstanden werden, als ein Augenblick des »Schauens der Idee selbst«.

Der Abschnitt, S. 397 ff., endete mit der Feststellung, dass »*die Rolle des Beobachters darin liegt, zielgerichtet bestimmte Bedingungen für den Übergang des Möglichen zum Wirklichen zu schaffen.* Diese Bedingungen legen fest, welche Art von Wirklichkeit in Erscheinung treten wird, aber sie bestimmt nicht ihre besonderen Eigenschaften.« Analog dazu besteht die Rolle des Wissenschaftlers im Erkenntnisprozess darin, dass er durch bewusste Aufmerksamkeit bestimmte Bedingungen für den Übergang von der noumenalen zur phänomenalen Welt, das heißt für die Entdeckung und Formulierung eines Prinzips, schafft. Über diesen Zustand der bewussten Aufmerksamkeit hinaus übt der Wissenschaftler keinen weiteren Einfluss auf die Entdeckung aus.

Die Analogie zwischen der Rolle des Beobachters in der Quantenmechanik und der Rolle des Wissenschaftlers im Erkenntnisprozess ist sehr weitgehend. Für die phänomenale Welt verkörpert das Noumenale eine Fülle von Möglichkeiten. Der Übergang vom Möglichen zum Wirklichen, der sich im Rahmen einer Quantenmessung vollzieht, entspricht dem Übergang des Wissenschaftlers von der noumenalen zur phänomenalen Welt, wenn er versucht, seine Entdeckung zu formulieren. Diese Analogie ist ein Beispiel dafür, dass sich dasselbe allgemeine Prinzip in verschiedenen Zusammenhängen manifestieren kann.

So interessant diese Übereinstimmung sein mag, stellt sich doch die Frage, was sie mit dem Thema dieses Kapitels zu tun hat, der Frage nach unserem Platz im Universum? Um diese Frage zu beantworten, müssen wir unsere potenzielle, nicht unsere tatsächliche Intelligenz betrachten. Diese potenzielle

Intelligenz verwirklicht sich in den höchsten Augenblicken unserer Existenz, zum Beispiel, wenn wir zu einer tiefen Erkenntnis gelangen. Wie wir im nächsten Abschnitt sehen werden, trägt die Erforschung der Beschaffenheit und der Bedeutung solcher Augenblicke dazu bei, unsere kosmologische Funktion zu erhellen.

Unser Platz in der natürlichen Ordnung

Wir sind nun in der Lage, zum Kern der Frage vorzudringen: Welches ist unser Platz in der natürlichen Ordnung des Universums? Bevor wir die Frage beantworten, wollen wir kurz untersuchen, wie sich der Stellenwert der Frage durch den Paradigmenwandel von einem Uhrwerk-Universum zu einem organischen Universum ändert.

Wenn das Universum so ist, wie es die klassische (Newton'sche) Physik beschreibt, dann funktioniert es automatisch. Wir müssen uns über unseren »Platz« darin keine Gedanken machen, weil wir keinen haben. Das Gefühl, Kontrolle über irgendetwas zu haben, ja sogar nur unseren Körper in der Gewalt zu haben, ist eine Illusion: Unser Körper besteht aus Atomen, und die Bewegungen jedes Atoms sind durch die Anordnung der Atome in der fernen Vergangenheit des Universums vollständig determiniert.

Die moderne Physik lehrt uns zwar, dass das Universum nicht nach der Vorstellung Newtons funktioniert, aber sie kann uns keine Antwort darauf geben, ob es lebendig ist oder nicht. Diese Frage habe ich daher unter Rückgriff auf andere Quellen zu beantworten versucht. Die in den Kapiteln 12, 14 und 17 erörterten Hinweise legen den Gedanken nahe, dass das Universum lebendig, intelligent und vielschichtig im Sinne verschiedener Seinsstufen ist. Wenn aber das Universum ein Organismus ist – wie es zu Beginn dieses Kapitels, S. 389 ff., gefolgert wurde –, dann lautet die Frage nicht, ob wir einen Platz im Universum haben, sondern welcher Platz uns darin zukommt.

Das optimale Funktionieren des Ganzen hängt von der optimalen Funktion seiner Teile ab. Wenn mein Körper insgesamt gut in Form ist, dann gilt dies auch für alle seine Teile. Gleichzeitig hat meine gute körperliche Verfassung eine positive Auswirkung auf meine Gefühle und Gedanken. Analog dazu gilt: Wenn wir organische Teile des Universums sind, dann erfüllen wir unsere Aufgabe in der Ordnung des Universums, wenn wir auf unsere höchste und beste Weise tätig sind.

Der Vergleich mit einem Orchester trägt vielleicht dazu bei, das Gesagte zu verdeutlichen. Wenn ein Orchester eine Symphonie spielt, erfüllt jedes Mitglied des Orchesters seine Aufgabe, wenn er oder sie unter Berücksichtigung sowohl des ganzen Orchesters als auch des eigenen Parts gut spielt. Der Wunsch, den eigenen Part gut zu spielen und sich im Einklang mit dem ganzen Orchester zu befinden, entspricht dem gewöhnlich durch den Dirigenten zum Ausdruck gebrachten kollektiven Bedürfnis, dass die Symphonie gut aufgeführt wird.

Um unseren Platz im Universum zu erkennen, ist es daher meines Erachtens erforderlich, auf unsere tiefsten Sehnsüchte zu hören und die Augenblicke unserer höchsten Erfüllung zu untersuchen. Und selbst, wenn uns das Wesen unserer tiefsten Sehnsucht nicht bewusst sein mag, gibt es doch zahlreiche Hinweise darauf, dass Augenblicke, in denen man in Berührung mit der noumenalen Welt kommt, mit einem Gefühl der höchsten Erfüllung einhergehen. Die Vermutung liegt also nahe, *dass unsere Funktion im Universum darin besteht, eine Beziehung zwischen der phänomenalen und der noumenalen Welt herzustellen.* Wie wir im Rahmen unserer

Diskussion der Heisenberg'schen Entdeckung gesehen haben, *setzt dies voraus, dass wir unsere Aufmerksamkeit auf beide Welten zugleich richten.*

Auf den ersten Blick mag diese Idee seltsam und verwirrend anmuten: Was bedeutet es, »eine Beziehung zwischen der phänomenalen und der noumenalen Welt herzustellen«?

Das Gefühl der Verwirrung rührt jedoch daher, dass unser Denken vom materialistischen Paradigma geprägt ist, in dem die Vorstellung verschiedener Seinsebenen nicht anerkannt wird. Innerhalb dieses Paradigmas ergibt die soeben vorgeschlagene Antwort hinsichtlich unseres Platzes im Universum keinen Sinn. Wenn wir uns jedoch einem Weltbild öffnen, das auf der Lebendigkeit und der Vielschichtigkeit des Universums beruht, dann lässt sich unser Gefühl der Befremdung vielleicht mildern und eine Lösung für das Rätsel finden.

Im vorigen Kapitel lernten wir die Auffassung Plotins näher kennen, der das Universum als lebendig und vielschichtig begriff. Lesen wir weiter, was Plotin in seinen *Enneaden* schreibt:

»Im Gegensatz zu all diesen Stellen, wo er [Platon] das Eintreten der Seele in den Körper verwirft, preist er aber im *Timaios* den Kosmos (und meint damit diese irdische Welt) und nennt ihn einen ›seligen Gott‹, und vom Schöpfer in seiner Güte sei ihm die Seele gegeben auf dass diese Welt geistbegabt sei, denn geistbegabt sollte sie sein, das aber war nicht möglich ohne die Seele; zu diesem Ende also entsandte Gott die Seele in das All, zu diesem Ende aber auch zu einem jeden von uns, um der Vollkommenheit des Alls willen; denn es sollten alle Arten von Wesen, die in der geistigen Welt waren, auch in der sinnlichen vorhanden sein.

… Daher es denn sogar von unserer Seele heißt, wenn sie zu jener der vollkommenen [Weltseele] gelangt, werde sie mit ihr vollkommen, ›wandle mit ihr in der Höhe und durchwalte den ganzen Kosmos‹; wenn sie also Abstand nimmt, nicht drinnen in den Leibern ist, niemand zu eigen ist, dann werde sie wie die Allseele [Weltseele] mit ihr das All durchwalten mit leichter Mühe. Nicht schlechthin also, das liegt in diesen Worten, ist es für die Seele ein Übel, wenn sie dem Leibe Teil gibt am Heil und am Sein; Fürsorge für das Niedere verhindert ja nicht unter allen Umständen, dass das Fürsorgende im höchsten und besten Sein verharre. Denn zwiefacher Art ist alle Fürsorge: das Allgemeine waltet durch ein ruhiges Gebieten, ein königliches Regieren; im Einzelnen vollzieht sich dann die Fürsorge durch ein eigenhändiges Tun, bei welchem das handelnde Subjekt vermöge der Berührung mit dem Objekt der Handlung an dem Objekt der Handlung ›sich befleckt‹.

… Die Aufgabe der vernünftigen Seele aber ist gewiss das Denken; nicht aber das Denken allein, dann unterschiede sie ja nichts vom Geist. Denn da ihr außer ihrer Eigenschaft als geistige noch etwas anderes zufiel, das sie nicht Geist bleiben ließ, hat sie eine eigentümliche Wirksamkeit so gut wie jedes geistige Wesen: Sie kann blicken auf das, was über ihr ist, dann denkt sie, sie kann auf sich selbst blicken, dann ist sie formender, ordnender Regent des ihr Nachgeordneten.«[3]

Wenn Plotin von der »Seele« spricht, meint er damit das, was im heutigen Sprachgebrauch als »Selbst« bezeichnet wird, das heißt, er spricht von den einzelnen Menschen. Plotins Aussage lautet also, dass jeder von uns eine doppelte Aufgabe in der Ordnung des Universums zu erfüllen hat: Erstens, die rechtmäßige Teilhabe an der Verantwortung der Weltseele, die »den ganzen Kosmos durchwalte« und zweitens, die Lenkung des Einzelnen.

Diese Auffassung Plotins hat weitreichende Implikationen: *Die Ordnung und Vollkommenheit des Universums hängt von jedem Einzelnen von uns ab!* Jeder von uns stellt einen Aspekt der Weltseele dar; diese Seele wurde der Welt vom Schöpfer verliehen, damit sie »geistbegabt« sei; »denn geistbegabt sollte sie sein, das aber war nicht möglich ohne die Seele«. »Um der Vollkommenheit des Alls willen« ließ Gott aber auch jedem von uns Seele zuteil werden, »denn es sollten alle Arten von Wesen, die in der geistigen Welt waren, auch in der sinnlichen vorhanden sein«.

Wie können wir diese Ehrfurcht gebietende Vision zu dem Bild in Beziehung setzen, das wir von uns selbst haben? Plotin macht dazu einige Andeutungen. Unsere Seele werde wie die Weltseele »mit leichter Mühe« die Welt durchwalten, »wenn sie also Abstand nimmt, nicht drinnen in den Leibern ist, niemand zu Eigen ist«. Damit meint Plotin einen Zustand, in dem unsere Aufmerksamkeit nicht auf körperliche Belange, Begehrlichkeiten oder das Selbst gerichtet ist, sondern auf die noumenale Welt, die Welt des nichtobjektivierten Ich. Wir sind also mit anderen Worten aufgerufen, den Subjekt-Objekt-Modus zu transzendieren und in einen Zustand der Kontemplation einzutreten.

Die doppelte Aufgabe der Teilhabe an der Lenkung des Universums und an der Lenkung des eigenen Seins erfordert somit Kontemplation und nicht logisches Denken und Handeln. An der Ordnung des Universums mitzuwirken, kann nicht durch die vergleichsweise niedrige Fähigkeit des sequentiell vorgehenden diskursiven Denkens erreicht werden. Es setzt vielmehr voraus, dass man mit Aspekten der noumenalen Welt in Verbindung tritt, so wie dies zum Beispiel Heisenberg auf Schloss Prunn für einen Augenblick gelang, als er die Form der Ordnung erschaute.

Augustinus, der von Plotin beeinflusst war, vergleicht in seinen *Bekenntnissen* die Erfahrung der Ewigkeit als ein Erleben des Noumenalen mit der Erfahrung der Zeit als einem Erleben des Phänomenalen. Dabei weist er – offenkundig aufgrund eigener Erfahrungen – darauf hin, dass unsere gewöhnliche Denkweise nicht geeignet ist, ein Verständnis der Ewigkeit zu erlangen:

> »Sie [die Menschen] versuchen, Ewiges zu beurteilen, aber noch flattert ihr Herz zwischen vergangenen und künftigen Dingveränderungen; noch ist es leer. Wer wird es in die Hand nehmen und auf der Stelle festhalten, dass es ein wenig zum Stand kommt und sich ein wenig errafft vom Glanz der immer stehenden Ewigkeit? Es soll sie vergleichen mit Zeitabläufen, die niemals stillstehen, und soll sie unvergleichlich finden … Wer nimmt das Herz des Menschen in die Hand, dass es zum Stand komme und sehe, wie die Ewigkeit, stillstehend, Zukünftiges und Vergangenes bestimmt, ohne selbst zukünftig oder vergangen zu sein?«[4]

Akte der Kontemplation

Wie wir soeben gesehen haben, hat nach Plotin jeder von uns eine doppelte Aufgabe in der Ordnung des Universums zu erfüllen: Erstens, die rechtmäßige Teilhabe an der Verantwortung der Weltseele, die »den ganzen Kosmos durchwalte« und zweitens, die Lenkung des Einzelnen. Eine Seele, die diese doppelte Aufgabe erfüllt, »kann blicken auf das, was über ihr ist, dann denkt sie, sie kann auf sich selbst blicken, dann ist sie formender, ordnender Regent des ihr Nachgeordneten«.

Um unseren Platz in der natürlichen Ordnung einzunehmen, sind wir aufgerufen, uns in die Stille der Ewigkeit, in das Noumenale, zu versenken und aus dieser Position heraus die

Ebene der Erscheinungen zu ordnen. »Fürsorge für das Niedere verhindert ja nicht unter allen Umständen, dass das Fürsorgende im höchsten und besten Sein verharre«, versichert Plotin und bekräftigt, dass es möglich ist, mit der noumenalen und der phänomenalen Ebene zugleich in Verbindung zu stehen, das heißt, einen Zustand bewusster Aufmerksamkeit zu erlangen.

Es gibt verschiedene Stufen der bewussten Aufmerksamkeit. Die Beziehung zwischen der noumenalen und der phänomenalen Dimension kann je nach dem Grad der Aufmerksamkeit mehr oder weniger gegenwärtig sein. Die höchste Stufe bildet die Erfahrung der Einheit dieser beiden Dimensionen. Diese Erfahrung ist zwar an sich nicht zu beschreiben, aber die Formulierungen und die Handlungen, zu denen sie Anlass gibt, offenbaren stets unerwartete Beziehungen zwischen scheinbar verschiedenen, ja sogar unvereinbar scheinenden Phänomenen. Solche Offenbarungen finden in den verschiedensten Situationen statt. Ausnahmslos werden sie jedoch von einem Gefühl äußerster Gewissheit begleitet. Betrachten wir drei Beispiele.

Das erste Beispiel ist Prousts Schilderung zweier Ereignisse, die zeitlich getrennt stattgefunden haben, jedoch gleichzeitig erfahren werden (siehe Kapitel 17, S. 355 ff.). Der Schriftsteller Colin Wilson schreibt dazu:

»Es gibt gewisse Augenblicke, in denen wir uns *der Wirklichkeit anderer Zeiten und Orte* plötzlich vollkommen bewusst werden. Proust beschrieb einen solchen Moment in *Unterwegs zu Swann*, als der Protagonist ein Gebäckstück in eine Tasse Tee eintaucht und in die Wirklichkeit seiner Kindheit zurückversetzt wird. ›Ich hatte aufgehört, mich mittelmäßig, zufallsbedingt, sterblich zu fühlen.‹ Der Historiker Arnold Toynbee beschrieb gewisse Momente, in denen geschichtliche Ereignisse für ihn eine solche Rea-

lität erlangten, als würden sie hier und jetzt stattfinden.«[5]
[Hervorhebung im Original]

Dies ist ein Beispiel für die Offenbarung einer tiefen inneren Beziehung, die zuweilen so weit geht, dass, wie im Falle Prousts, scheinbar unzusammenhängende, in Raum und Zeit weit auseinander liegende Ereignisse praktisch eins werden.

Das zweite Beispiel betrifft die Erfahrung der Entdeckung eines wissenschaftlichen Prinzips oder Gesetzes. So offenbart Newtons Gravitationsgesetz eine enge Beziehung zwischen so verschiedenen Erscheinungen wie dem Herabfallen eines Apfels vom Baum und der Umlaufbewegung des Mondes um die Erde. Beides sind Manifestationen desselben Gesetzes. Heisenbergs Unschärfeprinzip wiederum offenbart die dem Messprozess innewohnenden Beschränkungen, die für viele verschiedene atomare Erscheinungen gelten.

Unser drittes Beispiel beruht auf einer wahren Geschichte, die der inzwischen verstorbene Mythenforscher Joseph Campbell dem amerikanischen Fernsehjournalisten Bill Moyers erzählte:

»Auf Hawaii gab es vor etwa vier oder fünf Jahren einen außergewöhnlichen Vorfall, der dieses Problem veranschaulicht. Es gibt dort einen Ort namens Pali, wo die Passatwinde aus dem Norden durch eine große Bergkette gesaust kommen. Viele Leute gehen gern dort hinauf, um sich das Haar vom Wind zerzausen zu lassen oder manchmal um Selbstmord zu begehen – Sie wissen schon, wie die, die von der Golden Gate Bridge springen. Eines Tages fuhren zwei Polizisten die Straße nach Pali hinauf, als sie gleich hinter dem Geländer, das die Autos vor dem Abstürzen sichert, einen jungen Mann erblickten, der eben springen wollte. Das Polizeiauto hielt an, und der Polizist auf der Rechten sprang hinaus, um den Mann zu packen, erwischte ihn aber just im Sprung und wurde selber mitgerissen, als der zweite Polizist gerade noch rechtzeitig kam und beide zurückziehen konnte. Ist Ihnen klar, was plötzlich mit diesem Polizisten geschehen war, der sich mit diesem unbekannten jungen Mann dem Tod in den Rachen geworfen hatte? Alles andere in seinem Leben war von ihm abgefallen – die Verpflichtung gegenüber seiner Familie, die Verpflichtung gegenüber seinem Beruf, die Verpflichtung gegenüber seinem eigenen Leben –, alle seine Wünsche und Hoffnungen für sein Leben waren einfach verschwunden. Es hätte für ihn den Tod bedeutet.

Später fragte ihn ein Zeitungsreporter: ›Warum haben Sie nicht losgelassen? Sie wären mit umgekommen.‹ Und wie berichtet, antwortete er: ›Ich konnte nicht loslassen. Wenn ich diesen jungen Mann losgelassen hätte, hätte ich keinen Tag mehr weiterleben können.‹ Wie das?

Schopenhauers Antwort lautet, eine solche seelische Krise stelle den Durchbruch einer metaphysischen Erkenntnis dar, nämlich dass man selbst und der andere eins ist, zwei Erscheinungsformen des einen Lebens, und die anscheinende Getrenntheit komme nur, weil wir Formen unter den Bedingungen von Raum und Zeit wahrnehmen. Unsere wahre Wirklichkeit liegt in unserer Identität und Einheit mit allem Leben. Das ist eine metaphysische Wahrheit, die einem in Krisensituationen spontan klar werden kann. Denn sie ist, laut Schopenhauer, die Wahrheit des Lebens.«[6]

Diese drei Beispiele veranschaulichen sehr unterschiedliche Arten unvermuteter Beziehungen, ja sogar von Einheit. Die Entdeckung eines wissenschaftlichen Prinzips offenbart eine den natürlichen Erscheinungen zugrunde liegende Einheit; Prousts Erfahrung enthüllt eine unerwartete Beziehung zwischen lang zurückliegenden Ereignissen in seinem Leben; Campbells Geschichte wiederum betrifft die Erkenntnis der wesentlichen Einheit allen menschlichen Lebens. In allen drei Fällen wurde die Illusion, in der die Höhlenbewohner in Platons Gleichnis befangen sind, zumindest für einen Augenblick durchbrochen. *In Augenblicken wie diesen nehmen wir unseren rechtmäßigen Platz im Universum ein.*

Der Ruf des Noumenalen

Ich hatte Peter einige Monate nicht gesehen und war fest davon überzeugt, dass er nach der Lektüre dieses Kapitels die gewohnte ablehnende Haltung mir gegenüber einnehmen würde. Ich wusste zwar, dass er sich schließlich mit der Vorstellung eines lebendigen, intelligenten und vielschichtigen Universums angefreundet hatte, aber dass unsere Akte der Kontemplation von Bedeutung sind, ja dass sie eine Wirkung auf das Wohlergehen des Universums haben – für diese Vorstellung erwartete ich von ihm keine Zustimmung.

Ich war daher angenehm überrascht, als er mich nach der Lektüre des Kapitels anrief und mir in freundlichem Ton ein Treffen vorschlug. Er und Julie seien zufällig in der Stadt. Er fragte, ob ich nicht Lust hätte, sie zu treffen, um »Themen von gemeinsamem Interesse« zu erörtern.

Wir trafen uns in unserem Lieblingscafé, und es dauerte nicht lange, bis er zur Sache kam. »Ich habe gerade dein letztes Kapitel gelesen«, begann er das Gespräch, »und meine Verwirrung ist größer denn je. Was du geschrieben hast, ist stimmig und einleuchtend. Trotzdem beschlich mich beim Lesen immer wieder das beunruhigende Gefühl, dass du nicht Recht haben kannst. Es war seltsam, aber manchmal empfand ich fast so etwas wie Ehrfurcht bei dem, was ich las, und manchmal tatest du mir wegen solcher Ideen geradezu Leid.« In Gedanken versunken musterte er mich, so als könne er auf diese Weise herausfinden, welchen seiner Eindrücke er trauen sollte.

Mit meiner Einschätzung hatte ich also doch nicht so weit danebengelegen, dachte ich im Stillen. Der Gedanke, dass der Mensch eine kosmologische Aufgabe hat, geht ihm offenbar gegen den Strich. Dennoch war ich ihm dankbar für seine Offenheit. Julie dagegen schätzte seine Bemerkung nicht so sehr. Sie befürchtete, dass er meine Gefühle verletzt haben könnte. Anstatt jedoch über ihre eigenen Eindrücke zu reden, kam sie gleich auf seinen Einwand zu sprechen.

»Wenn das, was du gelesen hast, stimmig und einleuchtend ist«, fragte sie Peter, »was stört dich dann daran? Was willst du mehr?«

»Ich will die Wahrheit«, entgegnete Peter ernst. »Es mag zwar wirklich zu weit gehen, unserem Freund hier vorzuwerfen, seine Ideen seien bemitleidenswert, andererseits müssen Ideen, so faszinierend und stimmig sie sein mögen, nicht unbedingt richtig sein.«

»Da hast du Recht«, pflichtete ich ihm bei.

Unser Gespräch stockte für eine Weile, aber wir fühlten uns miteinander wohl und genossen das Schweigen. Nach einer Weile fiel mein Blick jedoch auf Peter und ich sah, dass es in ihm brodelte. Er konzentrierte sich so sehr darauf, seine Gedanken zu formulieren, dass er, als er schließlich das Wort ergriff, weiterhin auf seine Tasse starrte.

»Unser Schweigen gerade eben war angenehm«, sagte er. »Ich empfand sogar so etwas wie Kontemplation dabei. Ja, es war angenehm und wohltuend für mich, aber mit Sicherheit habe ich dabei nichts für andere, für die Erde oder gar das Universum getan. Was soll es bedeuten, dass wir für das Universum wichtig sind, ja dass es für das Universum wichtig ist, dass wir uns der *Kontemplation* hingeben?«

»Stimmt«, fiel Julie ein, »das ist ein Punkt, den ich auch nicht verstehe. Im vorigen Kapitel machtest du uns mit Plotins Vorstellung vertraut, dass die Natur schaue und aus dem Schauen heraus das notwendige Handeln hervorbringe. Hier haben wir nun dieselbe Idee bezogen auf den Menschen: Wir sind dazu berufen, zu schauen, anstatt zu handeln; oder vielmehr, unser Schauen ist das Handeln, das erforderlich ist, um das Universum zu ordnen und zu vervollkommnen. Das verstehe ich einfach nicht.«

Ausnahmsweise war Julie derselben Ansicht wie Peter und das freute ihn. »Angenommen, es läge in meiner Macht, etwas für das Universum zu tun«, begann er, »dann wäre es doch meine Aufgabe, unverzüglich damit anzufangen! Um die Ozonschicht zu retten, könnte ich eine Demonstration gegen die Verwendung von FCKWs organisieren oder an meinen Abgeordneten schreiben und ihn auffordern, etwas gegen die globale Erwärmung zu unternehmen.«

»Ich habe nichts gegen diese Art von Handeln«, erwiderte ich. »Aber, wenn Molinas und Rowland, denen wir die Entdeckung verdanken, dass FCKWs die Ozonschicht zerstören, auf eine Antikernkraft-Demonstration gegangen wären, anstatt über die Chemie der Atmosphäre nachzudenken, dann müsste die Erde heute vermutlich noch mehr leiden, als sie es ohnehin schon tut.«

Mit einem Stirnrunzeln nahm Peter meine Äußerung über das Leiden der Erde zur Kenntnis, verzichtete jedoch auf eine Erwiderung. »Das ist zwar richtig«, gab er nach einer Pause zu, »trotzdem bin ich verwirrt.«

Julie griff den Faden auf. »Was ist mit meiner Frage?«, wandte sie ein. »Wie kann Kontemplation das notwendige Handeln hervorbringen?«

Ich fühlte mich plötzlich niedergeschlagen. Schließlich hatte ich geglaubt, Julies Frage in diesem Kapitel beantwortet zu haben, und nun gelang es mir nicht, mich meinen besten Freunden, den Freunden, die ich selbst geschaffen hatte, verständlich zu machen! Ich hatte das Gefühl wie bei der Messung eines

Quantensystems. Indem ich mir Julie und Peter ausgedacht hatte, hatte ich diese Unterhaltung geschaffen, nichtsdestoweniger entzog sich der Ausgang des Gesprächs meiner Kontrolle. Ich konnte die Geschichte nicht einfach verändern und sie auf meine Seite bringen, ohne meine schriftstellerische Integrität aufzugeben. Mutlos und in Gedanken versunken saß ich da. Schließlich blickte ich auf und sah, dass Julie mich erwartungsvoll ansah. Und so machte ich einen erneuten Anlauf.

»Sieh mal«, begann ich, »alle Wohltäter der Menschheit – die großen Philosophen, Wissenschaftler, Künstler, Musiker, sogar die wenigen politischen Führungspersönlichkeiten, die wie Abraham Lincoln vom Gefühl einer Mission beseelt waren – sie alle waren Menschen, die die Fähigkeit zur Kontemplation besaßen und sie ausübten. Ist nicht jedes große philosophische, künstlerische, wissenschaftliche oder musikalische Werk, ja ist nicht sogar Lincolns Ansprache von Gettysburg wie eine Botschaft von einer anderen Wirklichkeitsebene, einer Ebene, die als noumenale Ebene bezeichnet werden kann? Sind nicht alle diese Werke Verbindungsglieder zwischen der noumenalen und der phänomenalen Ebene? Und wenn dies zutrifft, ist es dann vorstellbar, dass diese Werke entstanden sind, ohne dass ihre Schöpfer oder Entdecker diese Verbindung *erlebten*?«

Julie und Peter dachten lange über das nach, was ich gesagt hatte. Schließlich fasste Peter die im Raum schwebende Frage in Worte: »Ich gebe dir Recht«, begann er. »Aber was wäre gewesen, wenn Mozart zwar eine Symphonie erfahren, aber die Partitur nicht niedergeschrieben hätte? Oder wenn Präsident Lincoln die Gettysburg-Ansprache zwar verfasst, aber nicht gehalten hätte? Wenn alle diese Leute, die du als Wohltäter der Menschheit bezeichnet hast, *sich mit der Kontemplation begnügt* hätten?«

Ich war erleichtert. Ich hatte das Gefühl, *dass sie endlich auf die richtige Frage gestoßen waren!*

»Danke, Peter«, antwortete ich. »Das ist eine ausgezeichnete Frage. Ich will darauf zweierlei erwidern. Die erste Antwort, klingt vielleicht wie eine Ausrede, ist es aber nicht, und die zweite kommt der Sache dann schon näher.

Also, meine erste Antwort lautet: Das Szenario, dass sich all diese großen Persönlichkeiten nur der Kontemplation hingeben, ist nicht sehr wahrscheinlich. Es könnte vielleicht ausnahmsweise eintreten, aber es ist sicher nicht die Regel. Dass man der Erfahrung der Kontemplation Ausdruck verleiht, ist meist eine spontane Folge der Erfahrung. Darüber hinaus sind Prozesse wie das Malen eines Gemäldes kaum vorstellbar ohne eine fortdauernde Beziehung zwischen Schauen und Malen. Beim Verfassen eines Gedichts besteht eine ähnliche Beziehung zwischen der Erfahrung und den Worten, die sie ausdrücken. Sogar das Beispiel von Präsident Lincoln ist anders kaum denkbar – schließlich agierte er nicht in einem Vakuum. Seine Kontemplation und seine Handlungen waren miteinander verflochten und stellten einen Teil des politischen und gesellschaftlichen Kontextes dar, in dem er tätig war.

Eine bessere Erklärung, kann ich dir *im Rahmen des Paradigmas, das wir alle drei derzeit implizit verwenden*, nicht geben. Wenn wir zum Kern der Sache vorstoßen wollen, müssen wir einen Paradigmenwandel in Betracht ziehen, der unsere Denkweise von Grund auf revolutioniert.

Um die Richtung des Paradigmenwandels anzudeuten, verweise ich noch einmal auf die Traumanalogie. Wenn wir etwas träumen, was uns zutiefst beunruhigt oder heftige Gefühle in uns auslöst, dann können wir, solange wir träumen und uns mit der Figur unseres Traums identifizieren, nur innerhalb des Traums versuchen, Einfluss auf die Geschichte zu nehmen. Stellen wir uns dagegen vor, es gelänge uns, als dem Träumenden, unsere geistige Verfassung zu beeinflussen und die Konflikte zu lösen, die in unserem Traum zum

Ausdruck kommen. Stellen wir uns vor, wir würden einen Zustand der inneren Ruhe und Gelassenheit erreichen. Wir bräuchten uns in diesem Fall keine Sorgen mehr über unseren Traum zu machen. Unser Schlaf wäre tief und traumlos, und wenn wir doch etwas träumen sollten, so wären es angenehme Träume, die als Ausdruck oder Spiegelbild unserer geistigen Verfassung frei von Konflikten wären.

Wir wollen uns von dieser Analogie leiten lassen und versuchen, uns einen Paradigmenwandel vorzustellen, bei dem wir die Welt, die wir erfahren, als Projektion oder Spiegelbild eines Weltgeistes, des Nous, begreifen. Solange wir versuchen, unsere Welt durch Briefe an Abgeordnete, Demonstrationen etc. in Ordnung zu bringen, handeln wir zum größten Teil innerhalb dieser Projektion und erzielen bestenfalls magere Ergebnisse. Gewalt erzeugt wieder Gewalt. Stellen wir uns dagegen vor, wir handeln innerhalb eines Bezugssystems, in dem die noumenale und nicht die phänomenale Welt real ist. Damit sich in unseren Erfahrungen Ordnung, Glück und Fürsorge widerspiegeln, müssen wir es nur zulassen, dass wir in Beziehung zum Nous treten, dass wir ein Spiegelbild *seiner* Realität werden, die nämlich gleichbedeutend mit Ordnung, Glück und Fürsorge ist. Und um in Beziehung zum Nous zu treten, brauchen wir nur unsere Aufmerksamkeit in die Tiefen des nichtobjektivierten Ich eintauchen zu lassen. Genau dies aber ziehen wir im Kontext des gegenwärtigen Paradigmas niemals in Erwägung. Wenn wir es täten, würden wir vielleicht entdecken, dass wir im Innersten unserer Seele zum Nous gehören. Plotin zufolge handelt der Nous durch Kontemplation und seine Kontemplation ist schöpferisch. Wenn wir den Weg zu diesem, unserem rechtmäßigen Platz fänden, dann könnten wir an diesem kontemplativ-kreativen Akt teilhaben. Unsere Konflikte und Schwierigkeiten würden sich als Projektionen oder Spiegelbilder der Konflikte in unserer Seele erweisen. Diese wiederum sind die Folgen unserer

Entfremdung vom Nous, der als Weltgeist frei von Konflikten ist. Wenn wir den Weg zurück zu unserem Ursprung fänden, dann würde sich daraus ganz natürlich eine Lösung unserer Konflikte und Schwierigkeiten ergeben.«

»Was du gesagt hast, ist wirklich interessant«, erwiderte Peter. »Aber es beantwortet nicht meine Frage. Du sprichst von den möglichen psychologischen Auswirkungen der Kontemplation. Damit habe ich keinerlei Probleme. Du behauptest jedoch, dass die Akte der Kontemplation von kosmologischer Bedeutung sind und somit auch physikalische Konsequenzen zeitigen.«

»Genau die Unterscheidung zwischen Physik und Psychologie ist aber doch ein Kennzeichen des gegenwärtigen Paradigmas, das ich zu überwinden hoffe«, antwortete ich. »Trotzdem können wir, wenn du möchtest, die Frage von deinem Standpunkt aus betrachten. Akte der Kontemplation haben physikalische Auswirkungen. Wenn man zum Beispiel mit Menschen zusammentrifft, die zur Kontemplation fähig sind, die aufgrund ihrer Kontemplation um die Tiefe ihres Seins wissen, die in Berührung mit der noumenalen Welt stehen, dann spürt man etwas Besonderes. So heißt es beispielsweise von Abraham Lincoln, dass er gar nichts zu sagen oder zu tun brauchte, sondern allein aufgrund seiner bloßen Anwesenheit eine starke Wirkung ausübte. Bei den wenigen Gelegenheiten, als ich selbst das Glück hatte, außergewöhnlichen Menschen wie zum Beispiel Paul Dirac zu begegnen, habe ich etwas Ähnliches empfunden. Dirac war ein zurückgezogener, stiller Mensch. Er war für seine Schweigsamkeit berühmt. Als ich 1976 anlässlich einer Konferenz mehrere Tage mit ihm verbrachte, spürte ich seine stille Gegenwart, wann immer er im Raum war. Um diese Erfahrung physikalisch auszudrücken, müsste man wohl sagen, dass von ihm feine Schwingungen ausgingen, die sich in besonderer Weise auf die Gehirne anderer Menschen auswirkten. Seine kontemplative

Lebensweise äußerte sich also, wenn man so will, in einer physikalischen Wirkung, die er ausstrahlte.«

»Was meinst du damit, ›Er war für seine Schweigsamkeit berühmt‹?«, warf Julie ein. Das Gespräch hatte eine solche Intensität erreicht, dass wir über eine Unterbrechung froh waren.

»Als Beispiel möchte ich euch die Geschichte von Diracs Begegnung mit dem Schriftsteller Edward Morgan Forster erzählen«, erwiderte ich. »Ein gemeinsamer Freund hatte erfahren, dass Dirac an einem Treffen mit Forster interessiert war und so lud er beide zu einem Abendessen zu sich nach Hause ein. Als sie sich gesetzt hatten, wandte sich Dirac an Forster und fragte: ›Ist es möglich, dass es einen dritten Mann in der Höhle gab?‹ Er bezog sich auf die Höhlenszene in Forsters Roman *Auf der Suche nach Indien*. ›Nein‹, antwortete Forster, ›das ist völlig unmöglich.‹ Mehr Worte wurden an jenem Abend nicht mehr zwischen ihnen gewechselt.«

Schweigend saßen wir da und genossen unser Zusammensein. Nach einer Weile schloss unsere Aufmerksamkeit auch die Passanten, den starken Verkehr und die hohen Gebäude auf der anderen Seite der breiten Straße mit ein. Plötzlich wurde Peter klar, was er bisher nicht hatte in Worte fassen können. Er wandte sich zu mir und sagte: »Etwas verstehe ich noch nicht. Du kannst davon sprechen, dass Diracs kontemplative Wesensart die Menschen in seiner Umgebung, die Atmosphäre eines Raumes usw. beeinflusste. Aber schau dir das an!« Er machte mit seinen Armen eine weit ausholende Bewegung. »Wie kann die Kontemplation irgendeines Menschen diese Gebäude, diesen Verkehr, die ganze Stadt, das Land, ganz zu schweigen vom Sonnensystem oder den Galaxien, beeinflussen? Das ergibt keinen Sinn!«

»Vielleicht kannst du das erklären«, sagte ich zu Julie. »Schließlich warst du es, die in unserer letzten Unterhaltung festgestellt hat, dass das Wirkliche das ist, was erfahren werden kann.«

Julie dachte einen Augenblick nach, dann sagte sie zu Peter: »Es ist sehr schwer, sich von einem Paradigma zu lösen. Es ist so, als versuche man, die Köpfe der Hydra abzuschlagen. Sobald man einen abgeschlagen hat, wächst ein neuer nach. Du denkst noch immer, die phänomenale Welt existiere unabhängig von dem, was Schrödinger das Subjekt der Erkenntnis nannte. Aber die phänomenale Welt besitzt keine eigene Existenz. Die konkrete Tatsache ist nicht, dass sie unabhängig existiert, sondern vielmehr, dass sie für uns in *unserer* Erfahrung unabhängig zu existieren *scheint*. Wenn du einer bestimmten Erfahrungsweise verhaftet bist, dann wird das Universum für dich starr und unveränderlich sein. Aber dies ist nur *deine* in der Kultur verankerte und durch Konditionierung verstärkte Erfahrungsweise. Wie wir schon früher festgestellt haben, gibt es Menschen, die das Universum als lebendig *erfahren*. Wenn du eine andere Bewusstseinsebene erreichst, das heißt, wenn du in die noumenale Welt eintrittst, dann verändert sich das Universum. Nehmen wir Plotins Aussage: ›Immer wieder wenn ich aus dem Leib aufwache in mich selbst, lasse das andre hinter mir und trete ein in mein Selbst; sehe eine wunderbar gewaltige Schönheit und vertraue in solchem Augenblick ganz eigentlich zum höheren Bereich zu gehören; verwirkliche höchstes Leben, bin in eins mit dem Göttlichen und auf seinem Fundament gegründet; denn ich bin gelangt zur höheren Wirksamkeit und habe meinen Stand errichtet hoch über allem was sonst geistig ist …‹[7] Während er sich in einem solchen Zustand befand, muss ihm das ganze physikalische Universum, das uns so real erscheint, nur wie ein Traum vorgekommen sein. Aber, wenn das Paradigma eines lebendigen, intelligenten, vielschichtigen Universums wirklich eine fundamentale Wahrheit ist, für die in unserem materialistischen Paradigma kein Platz ist, dann – und dies ist der ausschlaggebende Punkt – ist Plotins Vision in einem unvergleichlich höheren

Maße gültig als unsere Vision. Er befand sich während seiner Erfahrung auf einer geistig viel höheren Ebene des Universums als wir uns derzeit befinden.«

»Danke, Julie«, sagte ich. »Das, was du gerade formuliert hast, deckt sich mit meiner Sichtweise von unserem Platz im Universum. Ich betrachte den Nous als den Ort aller Erfahrungsmöglichkeiten. Der Nous selbst jedoch ist zeitlos. Es liegt nicht in seinem Wesen, eine Beziehung zur phänomenalen Welt herzustellen. Dies ist unsere Aufgabe. Wenn wir es tun, durchdringt die Ordnung und Schönheit des Noumenalen unsere Welt der Erscheinungen. Wenn wir es nicht tun, werden die zwei Welten zerschnitten und das Universum büßt seine Vollkommenheit ein. Die Intensität und Wahrheit dieser Beziehung hängen von der Ebene unserer Erfahrung, das heißt vom Grad unserer Empfänglichkeit und bewussten Aufmerksamkeit ab.«

Peters Antwort auf meine letzte Bemerkung überraschte mich. »Ja«, stimmte er zu, »das ist genau wie bei einer Quantenmessung.«

Julies forschender Blick verriet ihr Interesse. »Erklär uns das bitte.«

»Bei einer Quantenmessung bestimmt der Beobachter durch den Versuchsaufbau die Art der Ergebnisse, die er erzielen wird«, erläuterte Peter. »Es liegt aber außerhalb seiner Macht, das konkrete Ergebnis zu bestimmen. Analog dazu haben wir, zumindest prinzipiell, Einfluss auf den Grad unserer Empfänglichkeit und Aufmerksamkeit, das heißt auf unsere Fähigkeit, als Vermittler zwischen der noumenalen und der phänomenalen Ebene zu fungieren. Wir können also festlegen, von welcher Art die Phänomene sein werden, die wir erfahren, aber wir können nicht präzise bestimmen, was wir erfahren werden. Bei einer Quantenmessung wird das konkrete Ergebnis durch eine unvorhersagbare Wechselwirkung zwischen Möglichkeitsfeldern und der Messapparatur ausgewählt. In ähnlicher Weise werden unsere konkreten Erfahrungen durch unser Erleben des Nous als Reservoir möglicher Erfahrungen bestimmt. Das Ergebnis dieses Erlebnisses ist aus unserer Sicht weitgehend unvorhersagbar.«

Es wurde spät, aber ich rührte mich nicht. Auch Julie und Peter als Projektionen meines Geistes verharrten reglos. Ich fühlte mich wohl in ihrer Gesellschaft. Doch allmählich ließ ich sie gehen. Sie entschwanden in die Nacht und ich blieb allein zurück – vor mir eine Tasse kalten Kaffees.

Die Bedeutung bewusster Aufmerksamkeit

Zu Beginn dieses Kapitels entwarfen wir ein anschauliches Bild von der Unermesslichkeit des Universums im Vergleich zur Winzigkeit des menschlichen Körpers. Unsere Diskussion zeigte jedoch, dass aus dem Größenunterschied nicht notwendigerweise die kosmologische Bedeutungslosigkeit des Menschen folgt. Das Anliegen dieses Kapitels war vielmehr die Entwicklung und Erläuterung der Idee, dass die Berufung des Menschen, sich seiner Aufgabe im Universum zu stellen, die Berufung zu bewusster Aufmerksamkeit ist – einer Aufmerksamkeit, in der sich die noumenale Dimension mit der phänomenalen verbinden kann. Damit kommen wir nun zur Frage, ob unsere Aufgabe von universaler Bedeutung ist. Hängt wirklich das Wohlergehen des gesamten Universums von uns ab?

Ich kann diese Frage nicht beantworten. Die folgenden Ausführungen sind als Andeutungen oder Anregungen gedacht; sie sind das Ergebnis von etwas, das ich als »Geflüster vom anderen Ufer« begreife – entsprechend dem Titel eines Buches, das mein Freund, der Physiker und Philosoph Ravi Ravindra aus Nova Scotia geschrieben hat.

Wie wir in Kapitel 15 gesehen haben, besteht das Universum nicht aus Materie im landläufigen Sinne, sondern aus Erfahrungen und Möglichkeiten für Erfahrungen. Es ist also mit anderen Worten ein gewaltiges Netzwerk von Erfahrungen und Möglichkeiten für Erfahrungen, die sich gegenseitig beeinflussen. Die Dimensionen dieses Netzwerks sind vertikal wie horizontal gewaltig: Es gibt nicht nur viele Erfahrungen, sondern auch eine gewaltige Bandbreite von Erfahrungsebenen, von der Ebene des Nous bis hin zum rudimentären »Puls der Erfahrung« eines Staubkörnchens. Innerhalb dieses Netzwerks haben wir eine einmalige Chance. Wir sind die einzigen Wesen, die das Noumenale und das Phänomenale zueinander in Beziehung setzen können, indem wir sie beide gleichzeitig erfahren. Diese Einzigartigkeit lässt auf eine kosmologische Bedeutung schließen. Genau das meinte ich mit meiner letzten Bemerkung gegenüber Julie und Peter im letzten Abschnitt.

Aus unserer gewohnten Perspektive mag eine solche Behauptung merkwürdig erscheinen. Die Erfahrung einer Person ist ihre innere Angelegenheit. Andere können die Erfahrung weder anfassen noch sehen. Wieso kann sie dann von so grundlegender Bedeutung sein? Unsere gewohnte Perspektive beruht auf der Illusion der Höhlenbewohner in Platons Gleichnis, die die Schattenwelt der Sinneswahrnehmungen für die wahre Welt halten. Dagegen entzieht sich die Erfahrung der wahren Welt unseren Sinnen, und somit wird ihre Existenz von unserer Kultur geleugnet. Manchmal kommt es jedoch überraschend zu Augenblicken wahrer Erkenntnis – einer Erkenntnis, die mit dem Gefühl äußerster Gewissheit einhergeht und deren Ursprung nicht die Sinneseindrücke sind. Im Fall des Polizisten auf Hawaii war dies die Erkenntnis der Einheit allen Lebens.

In einem Universum der miteinander verflochtenen Erfahrungen beeinflussen sich alle Erfahrungen wechselseitig.

Diese Einflüsse sind real, auch wenn sie unserem gewöhnlichen Geist nicht bewusst sein mögen. Aus diesem Grund kann es durchaus sein, dass die Ordnung und Vollständigkeit des Universums jenes Element erfordern, das Plotin »Denken« nannte [im Sinne der geistigen Hinwendung zum Nous und nicht zu verwechseln mit dem diskursiven Denken und das gewissermaßen von der noumenalen auf die phänomenale Ebene überfließt. Ebenso leicht ist es möglich, dass unsere bewusste Aufmerksamkeit der einzige Kanal für ein derartiges Überfließen ist.

Wenn dies zutrifft, dann tragen wir in der Tat eine große Verantwortung und unsere Möglichkeiten sind schier unvorstellbar. In der von Julie im vorigen Abschnitt zitierten Erfahrung Plotins geht es um die Fähigkeit des menschlichen Bewusstseins, sich zur höchsten Ebene des Nous aufzuschwingen: »denn ich bin gelangt zur höheren Wirksamkeit und habe meinen Stand errichtet hoch über allem was sonst geistig ist ...« Plotin bestätigt damit durch seine eigene Erfahrung die dem menschlichen Bewusstsein innewohnende Fähigkeit, sich mit der höchsten geistigen Ebene des Universums zu verbinden.

Alfred North Whitehead glaubte nicht, dass das menschliche Bewusstsein auf kosmologischem Maßstab bedeutsam sei. Trotzdem machte er wenige Monate vor seinem Tod in der letzten Tonbandaufzeichnung eines Gesprächs mit Lucien Price die folgende Aussage:

»Das schöpferische Prinzip ist überall, in belebter und so genannter unbelebter Materie, im Äther, im Wasser, in der Erde, im menschlichen Herz. Aber die Schöpfung ist ein kontinuierlicher Prozess, und ›der Prozess selbst ist die Wirklichkeit‹, denn kaum ist man irgendwo angelangt, macht man sich schon erneut auf die Reise. Insofern als der Mensch an diesem kreativen Prozess teilhat, hat er auch am Göttlichen, an Gott, teil und diese Teilhabe ist seine Unsterblichkeit, so dass die Frage, ob seine Individualität den Tod seines Körpers überdauert, irrelevant wird. Seine wahre Bestimmung als Mitschöpfer im Universum ist seine Würde und seine Erhabenheit.«[8]

Epigraph: W. C. Segal, *Middle Ground*, S. 2.
1   J. Wheeler, »Law Without Law«, in: J. Wheeler und W. Zurek, Hrsg., *Quantum Theory and Measurements*, S. 202.
2   Ebd.
3   *Plotins Schriften*, Band I a, *Enneade* IV 8.1–2, S. 131–137.
4   Augustinus, *Bekenntnisse*, XI. Buch, S. 311–312.
5   C. Wilson, *Quest*, Sommer 1993, S. 19–20.
6   J. Campbell, *Die Kraft der Mythen*, S. 120–121.
7   *Plotins Schriften*, Band I a, *Enneade* IV 8.1, S. 129.
8   L. Price, *Dialogues of Alfred North Whitehead*, S. 370–371.

19. Die Physik und das Eine

Um die nächste Phase ihrer Entwicklung zu erreichen, muss die Wissenschaft das Subjekt der Erkenntnis in ihre Untersuchung einbeziehen. Wie Schrödinger in einem Aufsatz mit dem Titel »Die Einheit des Bewusstseins« erläutert, gibt es viele Ichs, aber nur *ein* Bewusstsein, *ein* Subjekt der Erkenntnis. Das Streben nach der Einheit des Bewusstseins erfordert die Transzendenz des Subjekt-Objekt-Modus. Kann die Wissenschaft etwas zu diesem Streben beitragen? Das Begriffssystem der Komplementarität, das auf Bohrs Erkenntnis »Die Wahrheit wohnt im Abgrund« beruht, ist vielleicht ein erster solcher Beitrag.

> »Bei dem Versuch … die unbegreifliche Natur des Einen zu schauen, muss der Intellekt wie ein Vogel sein, der beim Fliegen durch die Luft keine Spur hinterlässt: die Tätigkeit des Intellekts muss wieder in der Stille aufgehen, in die er fortschreitet. Wir müssen intensiv darüber nachdenken, was die Natur des Einen ist, dann erreichen wir einen Punkt, an dem wir alles loslassen. Aber denken Sie ja nicht, dass die Diskussionen darüber sinnlos sind, denn das Eine ist das Wichtigste, das wir überhaupt in unserem Leben diskutieren können – jederzeit und an jedem beliebigen Ort; nichts kommt ihm an Bedeutung gleich.«
>
> *Anthony Damiani*

Die Physik und das Subjekt der Erkenntnis

In den vorigen Kapiteln haben wir in groben Zügen die wichtigsten Eigenschaften eines neuen Paradigmas der Realität skizziert. Im Zusammenhang mit diesem neuen Weltbild erörterten wir das Wesen der Wirklichkeit, die Lebendigkeit und Intelligenz des Universums, die verschiedenen Seinsebenen des Universums sowie unseren Platz im Universum. Offen blieb die Schlüsselfrage, die Plotin in die Worte kleidete: »Wer sind wir?«[1]

Gewiss, kein Paradigma ist in der Lage, diese Frage zu beantworten. Die Antwort kann nur als eine unbeschreibbare, tief empfundene Erfahrung erlebt werden, eine Erfahrung, die alle Paradigmen überschreitet. Ein Weltbild kann jedoch explizit oder implizit auf diese Frage Bezug nehmen, es kann uns ermutigen oder entmutigen, diese Frage zu stellen, und es kann Aussagen darüber treffen, *was wir nicht sind.* Wenn es der Frage positiv gegenübersteht, kann es dazu anregen, die Antwort in einer bestimmten Richtung zu suchen oder dazu beitragen, die Grenzen dieser Frage zu erkennen.

Die Naturwissenschaft nimmt Bezug auf diese Frage, indem sie sie ignoriert. Dies kann eine aktive, wenn auch negative Form der Bezugnahme sein, wie jeder, der einmal von einem Freund oder einem geliebten Menschen ignoriert wurde, bestätigen kann. Die Naturwissenschaft ignoriert die Frage, weil sie nicht das Instrumentarium besitzt, um sich mit ihr zu befassen. Dies gleicht der Haltung einer Person, die nur im Lichtkegel einer Straßenlaterne nach einem verlorenen Schlüssel sucht, weil es dort, wo sie den Schlüssel möglicherweise verloren hat, zu dunkel ist.

So verständlich diese ablehnende Haltung der Wissenschaft auch sein mag, ist sie doch unentschuldbar. Schließlich beruhen alle wissenschaftlichen Erkenntnisse letztendlich auf menschlichen Erfahrungen; der menschliche Geist ist das höchste Messinstrument. Trotzdem ist das Subjekt der Erkenntnis niemals als wissenschaftlicher Gegenstand thematisiert worden! Dies ist so, als benutzten wir ein Teleskop, um den Himmel zu erforschen, machten uns aber niemals die Mühe, zu fragen, was eigentlich ein Teleskop ist.

Die moderne Naturwissenschaft beruht nicht nur auf dem Prinzip der Objektivierung, sondern auch auf menschlichen Erfahrungen. Da aber Erfahrungen subjektiv und als solche nicht objektivierbar sind, wird ausgerechnet die Grundlage des wissenschaftlichen Strebens aus dem Bereich der wissenschaftlichen Forschung ausgeschlossen. Die Frage »Wer bin ich?« ist, da das Ich definitionsgemäß nicht objektiviert werden kann, wissenschaftlichen Methoden am allerwenigsten zugänglich.

Dies muss nicht notwendigerweise eine Beschränkung der Wissenschaft schlechthin sein, sondern ist möglicherweise nur eine Eigenschaft der Wissenschaft, so wie sie gegenwärtig praktiziert wird. Vielleicht ist *ja gerade die Einbeziehung des objektiven und subjektiven Bereichs in das wissenschaftliche Streben der nächste wichtige Schritt in der Entwicklung der Wissenschaft.*

Dieser Gedanke ist nicht neu. Er geht bereits auf die Griechen zurück, die sich sowohl für das Objekt als auch das Subjekt interessierten und beide als legitime Forschungsgebiete betrachteten. Im 20. Jahrhundert war es Schrödinger, der die Frage »Wer bin ich?« nicht nur als einen wesentlichen Teil der Wissenschaft betrachtete, sondern ihm sogar den wichtigsten Platz darin zuwies:

»Ich halte sie [die Naturwissenschaft] für einen integrierenden Teil unseres Bemühens, Antwort zu finden auf die eine große philosophische Frage, die alle anderen in sich begreift und die Plotin in die kurzen Worte gefasst hat: Wer sind wir denn eigentlich? Mehr als das: zur Aufhellung dieser Frage beizutragen, scheint mir nicht sowohl eines ihrer Ziele als vielmehr ihr eigentliches Ziel, das einzige, das zählt.«[2]

Ist es dazu erforderlich, die Naturwissenschaft, wie wir sie kennen, aufzugeben? Müssen wir dazu auf die Erkundung der Naturerscheinungen zugunsten einer wie auch immer gearteten Erforschung des Subjektiven verzichten? Wenn unser Ziel wirklich die Erforschung der Plotin'schen Frage ist, welchen Sinn hat dann unsere naturwissenschaftliche Forschung, das heißt die Erforschung der Sinneswelt um uns herum, angefangen von den Galaxien und Sternen bis zu den Viren und Molekülen?

Meines Erachtens kann, ja muss, die moderne Naturwissenschaft in die Erforschung unserer eigenen Natur einbezogen werden. Dazu bedarf es nur einer entsprechenden Verschiebung unserer Perspektive. Um zu erkennen, wie dies aussehen könnte, wollen wir für einen Augenblick abschweifen und unsere Beziehung zu unseren Träumen betrachten.

Wenn ich meine innere Welt erforschen möchte, sollte ich dann meinen Träumen Aufmerksamkeit schenken? Das kommt darauf an. Wenn ich mich der Illusion hingebe, dass meine Träume reale Geschehnisse in der äußeren Welt sind, dann werde ich durch die Beschäftigung mit ihnen keine Erkenntnisse über mich selbst gewinnen. Eine solche Untersuchung beträfe einen Bereich der Wirklichkeit, der zwar faszinierend wäre, jedoch nichts mit *mir* zu tun hätte. Vertrete ich dagegen – wie wir alle – die Auffassung, dass Träume Projektionen unseres Geistes sind, dann stellt die Beschäftigung mit ihnen ein wertvolles Hilfsmittel zur Erforschung der eigenen inneren Welt dar. Darauf beruhen schließlich zahlreiche Methoden der Psychotherapie, angefangen von der Freud'schen Psychoanalyse bis hin zur Gestalttherapie Perls.

Ich wage zu vermuten, dass Plotin, wenn er heute leben würde, reges Interesse an den Entdeckungen unserer Naturwissenschaften hätte und sie als *aufschlussreiche Hinweise auf die innere Welt* betrachten würde. Wie Sie sich erinnern mögen, besaß die Sinneswelt für Plotin keine eigene unabhängige Existenz, sondern war Ausdruck und Spiegelbild der Seele.

Das Selbst und das Ich

Wer also ist das Subjekt der Erkenntnis? Beginnen wir zunächst mit einer Untersuchung der gewöhnlichen Wahrnehmungen.

Ich schaue einen Baum an. Meine Aufmerksamkeit ist auf den Baum gerichtet, nicht auf mich selbst als derjenigen Person, die den Baum betrachtet. Im Kontext eines Wahrnehmungsaktes ist das Wissen, das ich von mir selbst habe, indirekt, das heißt, es beruht auf Schlussfolgerungen. Ich *weiß*, dass ich ein Objekt betrachte, folglich muss ich da sein, damit ich das Objekt betrachten kann. Andererseits ist das Wissen, dass *ich bin*, so elementar, dass es keines Beweises bedarf. Ich bin kein Gegenstand der Aufmerksamkeit, die auf den Baum gerichtet ist, weil *ich der Ursprung dieser Aufmerksamkeit bin*. Die Unmöglichkeit, mich selbst als ein Objekt im Subjekt-Objekt-Modus wahrzunehmen, gleicht der Unmöglichkeit, Licht zu sehen, wenn wir Gegenstände betrachten. Wenn wir einen Gegenstand betrachten, sehen wir ihn, weil Licht von ihm unser Auge erreicht. Das Auftreffen des Lichts auf unserer Netzhaut ermöglicht es uns zu sehen. Was wir jedoch – *mit Hilfe des Lichts* – sehen, ist der Gegenstand, nicht das Licht.

Bei jedem Wahrnehmungsakt besteht eine Trennlinie zwischen Subjekt und Objekt, das heißt zwischen der Person, die sieht und nicht gesehen wird, und dem Gegenstand, der gesehen wird. Diese Trennlinie verschiebt sich mühelos, während wir von einem Wahrnehmungsakt zum nächsten gleiten. Wenn ich zum Beispiel daran interessiert bin, das Subjekt in den Wahrnehmungsakt einzuschließen, kann ich *es,* das heißt »die Person, die den Baum sieht«, in meine Aufmerksamkeit einbeziehen. Ich betrachte nun also »mich selbst beim Sehen eines Baumes«. Dadurch hat sich dieses Selbst jedoch in ein Objekt verwandelt! Da aber bei einer Wahrnehmung im Subjekt-Objekt-Modus das »Ich« das Subjekt ist, kann das »Selbst«, das ich nun als ein Objekt sehe, nicht das Subjekt der Erkenntnis sein.

Genau diesen Sachverhalt findet der Protagonist in Poul Martin Møllers Erzählung *Abenteuer eines dänischen Studenten* so verwirrend – übrigens eine Erzählung, die auch Niels Bohr sehr schätzte. Die Hauptperson bezieht sich zwar auf Gedanken und nicht auf Wahrnehmungen, aber das zugrunde liegende Problem ist in beiden Fällen dasselbe. Hier ist eine Passage, die Bohr gern zitierte:

> »Ich beginne, über meine eigenen Gedanken nachzudenken. Ja, ich denke sogar darüber nach, dass ich nachdenke und gelange so zu einer unendlich zurückreichenden Reihe von ›Ichs‹, die sich jeweils selbst betrachten. Ich weiß nicht, wie weit ich zurückgehen muss, um das wirkliche ›Ich‹ zu finden, und in dem Augenblick, in dem ich bei einem Ich stehen bleibe, gibt es wieder ein ›Ich‹, das dahinter zurückgeht, um es zu betrachten. Ich fühle mich verwirrt und schwindlig, als blickte ich in einen bodenlosen Abgrund.«[3]

Das Ende der Passage markiert jedoch erst den Beginn der eigentlichen Untersuchung. Der zeitgenössische Philosoph Anthony Damiani drückte es so aus:

> »Wenn Sie in sich selbst hineinschauen, Ihr Inneres erforschen, erblicken Sie dann nicht das Nichts in sich? Oder

versuchen Sie, sich dem zu entziehen? Halten Sie einmal einen Augenblick inne und betrachten Sie sich selbst. Merken Sie nicht, dass sie stets da ist, die Leere, der Sie zu entfliehen versuchen?«[4]

Im weiteren Verlauf weist Damiani darauf hin, dass dieses Nichts, diese Leere in unserer Mitte, nichts anderes als unser wahres Selbst ist; er benutzt die Traumanalogie, um dies zu erklären:

»Denken wir uns einen Traum. Wir haben dabei eine Reihe von aufeinander folgenden Gedanken, die sich alle auf die unbekannte Mitte beziehen – auf jene Person, die den Traum hat. Das Wesen im Traum hat zwar das Gefühl, wirklich zu existieren …, [aber] die Wirklichkeit geht von der Person aus. Die Ansammlung von Gedanken ist das, worum es in dem Traum geht. Und diese Gedanken kreisen um die Wirklichkeit der Person. Wenn wir jedoch die Gedankenansammlung betrachten und erwarten, dort ein reales Ich zu finden, werden wir nur einen Gedanken nach dem anderen entdecken. Mit anderen Worten, es gibt eine Ebene des höheren Seins, die wir mit der Person gleichsetzen, und eine niedrigere Ebene, von der wir sagen, dass es der Traum ist. Die Person ist dem Traum immanent. Diese Immanenz verleiht dem Ich das Gefühl, *etwas* zu sein. Dies ist ein Missverständnis, eine Fehldeutung. … Es ist nur die Immanenz im Traum der träumenden Person, die es ermöglicht, dass ein Traum-Ich entsteht. Die Mitte dieses Strudels ist *nicht* neutral. Die Mitte des Strudels ist die Gegenwart des »ICH BIN« in der Matrix der Möglichkeiten.«[5] [Hervorhebung im Original]

Der Träumende, das heißt, die reale Person, die im Bett liegt und träumt, kann niemals eine der Traumfiguren sein. Trotzdem scheint der Traumfigur, mit der sich der Träumende identifiziert, ein Gefühl des »Ich« der träumenden Person immanent zu sein. Dieses Gefühl ist eine Projektion des Träumenden auf die Traumfigur. Analog dazu trifft man das Selbst oder die Seele niemals als ein Objekt an, das der Geist wahrnehmen kann. Ich empfinde mein Ich als ein unabhängig existierendes Wesen, nicht weil es tatsächlich so ist, sondern weil dies eine Projektion meines wahren Selbst ist.

Die Einheit des Bewusstseins

In Kapitel 9 erwähnten wir Schrödingers 1956 gehaltene Tarner-Vorlesungen, die als Buch unter dem Titel *Geist und Materie* veröffentlicht wurden. Besondere Aufmerksamkeit widmeten wir dabei der dritten Vorlesung, die das Prinzip der »Objektivierung« behandelt. Auch die vierte Vorlesung ist wie die dritte ein Glanzstück. Unter dem Titel »Das arithmetische Paradoxon. Die Einheit des Bewusstseins« widmet sie sich der folgenden Frage: Wir leben gewöhnlich unter dem Eindruck, dass es nur eine einzige objektive reale Welt, aber viele »Bewusstseins-Iche« gibt. Jeder von uns scheint sein eigenes Bewusstsein, sein eigenes »Selbst«, zu haben. Ist dieser Eindruck zutreffend? Wie viele Bewußtseine gibt es?

Die zwei Aspekte dieses Eindrucks – die scheinbare Existenz einer einzigen realen Außenwelt und die scheinbare Existenz vieler Bewusstseine – sind miteinander verknüpft. Die objektive Welt besitzt keine eigene unabhängige Existenz; sie ist vielmehr das Ergebnis des Objektivierungsprozesses – eines Prozesses, der auf der Spaltung der realen Welt in eine objektive Welt und ein erkennendes Subjekt beruht. Wenn es jedoch viele Bewusstseine, das heißt viele Subjekte der Erkenntnis gibt, warum scheint ihnen dann allen die eine objektive Welt gemeinsam zu sein?

Auf diese schwierige Frage hat Schrödinger eine kühne Antwort: »Offenbar gibt es nur einen … Ausweg: die Vereinigung aller Bewusstseine in eines. Die Vielheit ist bloßer Schein; in Wahrheit gibt es nur ein Bewusstsein.«[6] Diese seltsame Behauptung scheint jeglicher Erfahrung zu widersprechen. Denn ist es schließlich nicht offenkundig, dass es viele Bewußtseine gibt?

Keineswegs. Zwar gibt es offenkundig viele Körper und auch viele Ichs, aber wie die Gefangenen in Platons Höhle halten wir die Schatten für die realen Dinge. Wir verwechseln Ich mit Bewusstsein und schließen aus den Beweisen für die Existenz vieler Ichs auf die Existenz vieler Bewusstseine. Dagegen behauptet Schrödinger, dass den vielen Ichs in Wirklichkeit nur ein einziger Geist, ein einziges Bewusstsein, zugrunde liegt ebenso wie die vielen Traumfiguren nur auf einen Träumenden zurückgehen. Schrödinger fährt dann fort, seine Behauptung durch logische Analysen ebenso wie durch Hinweise auf direkte Erfahrungen zu stützen.

Logische Analyse: Die Aussage, dass es nur ein einziges Bewusstsein gibt, löst »das arithmetische Paradoxon« – die scheinbare Existenz einer einzigen realen Außenwelt und vieler Bewusstseine. Es gibt jedoch noch einen anderen überzeugenden Beweis:

»Die Identitätslehre [die Annahme, dass alle Bewusstseine eins sind] kann sich darauf berufen, dass sie durch die Erfahrungstatsache gestützt wird, dass das Bewusstsein nie in der Mehrzahl, immer nur in der Einzahl erlebt wird. Niemand von uns hat je mehr als ein einziges Bewusstsein erlebt, und es gibt auch nicht die Spur eines Indizienbeweises, dass dies je in der Welt stattgehabt hätte. … Ich sagte eben, dass wir uns eine Mehrzahl von Bewusstseinen in einem einzigen Geist nicht einmal vorstellen können. Wir können diese Worte immerhin aussprechen, aber sie beschreiben keine irgend denkbare Erfahrung. Selbst im pathologischen Fall einer ›gespaltenen Persönlichkeit‹ wechseln die beiden Personen miteinander ab, treten aber nie gemeinsam auf.«[7]

Es folgen einige Beispiele aus der Biologie und Psychologie, die dieses Argument untermauern.

Schrödinger beansprucht nicht, der Entdecker der »Lehre von der Einheit des Bewusstseins« zu sein. Im Gegenteil. Er zitiert sowohl klassische als auch moderne Gelehrte und beruft sich auf östliches wie westliches Gedankengut. Sein Ziel beschreibt er so: »Im Folgenden habe ich die Absicht, vielleicht den Weg zu ebnen für eine künftige Verschmelzung des Identitätsprinzips mit unserm eigenen naturwissenschaftlichen Weltbild, ohne dafür mit einem Verlust an Sachlichkeit und logischer Genauigkeit bezahlen zu müssen.«[8]

Die Lehre von der Einheit des Bewusstseins steht in Einklang mit Plotins Auffassung vom Wesen der Materie. Für Plotin ist die Materie wie ein Spiegel, der die noumenale Welt reflektiert (siehe Kapitel 17, S. 364 ff.). Auch jeder Mensch wirkt wie ein solcher Spiegel, insofern als jedes Gehirn sein eigenes Spiegelbild erzeugt. Diese Spiegelbilder sind jedoch lediglich Reflektionen des einen Geistes, und es braucht wohl nicht betont zu werden, dass dem Geist und nicht den Spiegelbildern Realität zukommt.

Direkte Erfahrungen: Wie soeben erwähnt, ist die Lehre von der Einheit des Bewusstseins immer wieder von Gelehrten und Mystikern der verschiedensten Epochen und Kulturen formuliert worden. Schrödinger verweist in diesem Zusammenhang auf die in Aldous Huxleys Buch *The Perennial Philosophy* geschilderten Beispiele. Ich möchte an dieser

Stelle jedoch ein eher ungewöhnliches Zeugnis für die Wahrheit dieser Lehre anführen.

Freeman Dyson gehört zur zweiten Generation der Quantenphysiker – jener Generation, die nach dem Zweiten Weltkrieg tätig war. Ihr gelang, was den Gründungsvätern der Quantenmechanik versagt geblieben war: die Entwicklung einer ausgereiften Theorie der Quantenelektrodynamik – eines Formalismus zur Berechnung der Effekte der elektromagnetischen Wechselwirkungen im atomaren und subatomaren Bereich. Dieses Problem wurde in den ausgehenden vierziger Jahren von vier Physikern der zweiten Generation gelöst: von Julian Schwinger, Richard Feynman, Sinitiro Tomonaga und Freeman Dyson. In seiner späteren beruflichen Laufbahn beschäftigte sich Dyson vornehmlich mit spekulativen Anwendungen der grundlegenden Theorien der Physik und weniger mit der Entwicklung der Theorien selbst. Insbesondere interessierte er sich für die Anwendung der Naturwissenschaft zur Erforschung neuer Möglichkeiten für die Menschheit, wie zum Beispiel die Kolonisierung des Weltalls.

Grundlegende philosophische Fragen spielen in Dysons Publikationen kaum eine Rolle; insbesondere ist mir nicht bekannt, dass er sich jemals in einer seiner Arbeiten mit dem Gedanken der Einheit des Geistes auseinander setzte. Trotzdem berichtet Kenneth Brower, der ein Buch über Freeman Dyson und seinen Sohn George, einen exzellenten Kanubauer, schrieb, folgende Episode:

»Freeman erzählte uns, dass er als Vierzehnjähriger eine eigene Religion begonnen hatte. Unglücklich darüber, dass die Heiden in der christlichen Religion aus Gründen, auf die sie keinen Einfluss hatten, verdammt waren, rief er eine eigene Sekte ins Leben. ›Ich war plötzlich überzeugt, dass alle Menschen gleich sind. Wir sind alle eine einzige Seele, die nur verschiedene Formen annimmt. Ich nannte es die Kosmische Einheit. ... Ich meine mich zu erinnern, dass ich sogar jemanden bekehren konnte. Die Kosmische Einheit hielt ungefähr ein Jahr.‹«[9]

Ich habe Freeman Dyson nie persönlich kennen gelernt und nie mit ihm über diese Episode gesprochen. Es könnte durchaus sein, dass er das Ganze nur als jugendliche Spinnerei betrachtet. Für mich signalisiert das Wort »plötzlich« in der obigen Schilderung jedoch einen intuitiven Sprung in die noumenale Dimension. Der Satz »Wir sind alle eine einzige Seele, die nur verschiedene Formen annimmt« ist eine deutliche Formulierung der Vorstellung von der Einheit des Geistes. Dieser begabte Vierzehnjährige machte plötzlich die Erfahrung des alles durchdringenden einen Geistes und zog daraus dieselbe Erkenntnis, die schon von den Gelehrten und Mystikern, die Aldous Huxley in *The Perennial Philosophy* zitiert, auf verschiedene Weise formuliert wurde.

Die Transzendenz des Subjekt-Objekt-Modus

Zum Abschluss von Kapitel 9 zitierte ich eine etwas rätselhafte Äußerung Schrödingers, mit der er seine Vorlesung über das Prinzip der Objektivierung beendete:

>»Die Welt gibt es für mich nur einmal, nicht eine existierende und eine wahrgenommene Welt. Subjekt und Objekt sind nur eines. Man kann nicht sagen, die Schranke zwischen ihnen sei unter dem Ansturm neuester physikalischer Erfahrungen gefallen; denn diese Schranke gibt es gar nicht.«[10]

Wir sind nun in der Position, die Bedeutung dieser Aussage zu verstehen oder zumindest zu erahnen, was Schrödinger hier denkt.

Wie Sie sich vielleicht aus Kapitel 17, S. 364 ff., erinnern mögen, beruht Plotins Weltbild auf einer Hierarchie der Wirklichkeitsstufen, an deren Spitze das »Eine« oder »Höchste« steht. Darunter folgen nacheinander der Nous, die Weltseele, die Einzelseelen, die Natur und die Sinneswelt. Diese Abstufung ist keine Rangordnung verschiedener Wesenheiten, sondern vielmehr eine Rangordnung der möglichen Erfahrungen der einen Realität. Wenn man sich der Kontemplation hingibt und immer tiefer in das Wesen der Wirklichkeit eindringt, lässt man schließlich die Sinneswelt hinter sich, transzendiert den Subjekt-Objekt-Modus der Wahrnehmung und erfährt seine Seele. Je tiefer man in den Zustand der Kontemplation versinkt und je mehr man sich auf seine »Mitte« besinnt, umso deutlicher spürt man die Einheit der eigenen Seele mit der Weltseele, die wiederum ein Aspekt des Nous ist. Und der Nous schließlich ist nichts anderes als das »Eine«.

Das Schreiben dieses letzten Absatzes ging schnell von der Hand. Mühelos formten sich die Worte zu Sätzen. Die Erfahrungen, die durch sie beschrieben werden, sind dagegen nur über einen »schwierigen und steilen Anstieg« zu erreichen, wie Platon es in seinem Höhlengleichnis formulierte. Werden einem jedoch Erfahrungen des Noumenalen zuteil (und es gibt verschiedene Arten und verschiedene Intensitätsstufen solcher Erfahrungen), dann spürt man sie mit äußerster Gewissheit und dem Gefühl, dass es unmöglich ist, sie anderen mitzuteilen. Heisenbergs Erfahrung auf Schloss Prunn ist dafür ein treffendes Beispiel. Sie überfiel ihn mit einem Gefühl höchster Gewissheit, aber alles, was er seinen Lesern dazu mitteilen konnte, war, dass für ihn auf einmal »die Verbindung zur Mitte« unbezweifelbar hergestellt war.

Erfahrungen der noumenalen Welt lassen sich nicht beschreiben, trotzdem haben viele von denen, die solche Erfahrungen gemacht haben, versucht, sie so gut wie möglich auszudrücken. Anthony Damiani formulierte es so:

»Die *Enneaden* sind Formulierungen höchster Wahrheiten, zu denen Plotin durch intuitive Erkenntnis gelangte und auf die nur unser inneres Wesen reagieren kann. Wir müssen dem Logos in unserer Seele erlauben, die Wirkung dieser Wahrheiten in sich aufzunehmen und die Bedeutung dieser intuitiven Erkenntnisse zu assimilieren, bevor wir unserem kritischen und ichbezogenen Intellekt erlauben, sich mit ihnen auseinander zu setzen. Mit anderen Worten, unsere geistige Aktivität muss zur Ruhe kommen, damit die betreffende Textstelle ohne Färbung in innerer Ruhe empfangen werden kann.«[11]

Je höher die Erfahrungsebene, desto schwieriger ist es, die Erfahrung zu formulieren. Im Falle Plotins gipfelt die Schwierigkeit darin, das »Eine« und unsere Beziehung zu diesem »Einen« in Worte zu fassen.

»Wenn der Schauende nun dann, wenn er schaut, auf sich selbst schaut, wird er sich als einen so erhabenen erblicken, vielmehr wird er mit sich selbst als einem so erhabenen vereinigt sein und sich als solchen empfinden, denn er ist dann einfach geworden. Das Geschaute aber (wenn man denn das Schauende und das Geschaute zwei nennen darf und nicht vielmehr beides eines) sieht der Schauende in jenem Augenblick nicht – die Rede ist freilich kühn –, unterscheidet es nicht, stellt es sich nicht als zweierlei vor, sondern er ist gleichsam ein anderer geworden, nicht mehr er selbst und nicht sein eigen, ist einbezogen in die obere Welt und jenem Wesen zugehörig, und so ist er Eines, indem er gleichsam Mittelpunkt mit Mittelpunkt berührt. Werden doch die Mittelpunkte von irdischen Kreisen zu einem, wenn sie zusammenfallen, und sind doch wieder zwei, wenn sie getrennt sind; so sprechen wir auch gewöhnlich vom Einen als einem Unterschiedenen. Weshalb denn auch die Schau so schwer zu beschreiben ist; denn wie kann einer von Jenem als einem Unterschiedenen Kunde geben, da er es, während er's schaute, nicht als ein Verschiedenes, sondern als mit ihm eines gesehen hat?«[12]

Die Erkenntnis des »Selbst« ist ebenso schwierig zu erlangen und unbeschreibbar wie die Erkenntnis des »Einen«. Dies liegt letztendlich daran, dass *Ich das Eine bin.* Wenn man akzeptiert, dass das »Eine« den wahren, namenlosen Ursprung des Seins bezeichnet und kein abstrakter Begriff ist, dann kann die Aussage »Ich bin das Eine« merkwürdigerweise bewiesen werden: Wenn ich nicht das »Eine« wäre, dann würde die Ebene des »Einen« mindestens zwei Dinge enthalten, mich und das »Eine«. Sie wäre also gar nicht wirklich das »Eine«.

Gegen Ende seiner Ausführungen über »Das arithmetische Paradoxon. Die Einheit des Bewusstseins« kommt Schrödinger noch einmal auf die Doppelrolle des Geistes zu sprechen. Geist ist einerseits der Weltgeist, andererseits »mein« oder »dein« Bewusstsein, ein Bewusstsein, das mit einem endlichen Wesen verknüpft ist, welches geboren wurde und sterben wird. Er benutzt zwei Metaphern, um diese Doppelrolle zu veranschaulichen: Erstens, Homer als Verfasser der *Odyssee* und als Figur des blinden Barden in der Odyssee, von der gemeinhin angenommen wird, dass sie Homer verkörpere; zweitens, Dürer als Schöpfer einer Zeichnung, die unter den vielen abgebildeten Figuren ihn selbst zeigt.

Solche Metaphern helfen uns dabei, die Doppelrolle des Geistes in Beziehung zur Sinneswelt zu begreifen. Auf der einen Seite ist der Geist die Bühne, die dem Schauspiel der Erscheinungen vorgeordnet ist. In der Terminologie der modernen Kosmologie könnte man sagen, dass der Geist schon vor dem Urknall existierte und auch noch existieren wird, nachdem das Universum wieder in sich zusammengefallen ist (falls dies überhaupt geschieht). Auf der anderen Seite spiegelt sich das Schauspiel der Erscheinungen – und sei es noch so unvollkommen – in unseren Bewusstseinen wider. Trotzdem sind die einzelnen Bewusstseine letztendlich nichts anderes als der eine Geist, das »Eine«, so wie die Realität einer Traumfigur letztendlich das Bewusstsein des Träumenden ist. Für den Einzelnen ist daher das Streben nach Erfahrung des Einsseins, das Streben nach der Erfahrung der eigenen Identität wie auch das Streben nach der Erfahrung des Wesens der Wirklichkeit dasselbe.

Die Grenzen der Wissenschaft

Das wissenschaftliche Streben nach einem Verständnis der Wirklichkeit ist mit der folgenden Schwierigkeit behaftet: Tiefe Wahrheiten lassen sich erkennen. Hohe Wirklichkeitsstufen lassen sich erfahren und begreifen; die Erfahrungen gehen sogar mit einem Gefühl höchster Gewissheit einher. Da sie jedoch die Dualität überwinden, lassen sie sich nicht in der Sprache der gewöhnlichen zwischenmenschlichen Kommunikation vermitteln – einer Sprache, die von Gegensätzen und Unterscheidungen lebt. Die Folge davon ist, dass solche Erfahrungen nutzlos, ja aus der Perspektive der modernen Wissenschaft, die auf eindeutiger sprachlicher Kommunikation beruht, sogar bedeutungslos sind.

Die Beziehung zwischen Wissenschaft und Sprache beschäftigte Niels Bohr ein Leben lang. Er schrieb dazu:

»Da das Ziel der Wissenschaft darin besteht, unsere Erfahrung zu erweitern und zu ordnen, muss jede Untersuchung der Bedingungen menschlicher Erkenntnis den Charakter und den Anwendungsbereich unserer Kommunikationsmittel berücksichtigen. Deren Grundlage ist natürlich die zum Zweck unserer Orientierung in der Umwelt und zur Organisation menschlicher Gemeinschaften entwickelte Sprache.«[13]

Bohr wusste jedoch nur zu gut, dass sich wahre Erkenntnis dieser Art von Kommunikation nicht leicht erschließt. Er zitierte in diesem Zusammenhang gerne einige Zeilen aus einem Gedicht von Schiller:

»Nur die Fülle führt zur Klarheit
Und im Abgrund wohnt die Wahrheit.«[14]

Mit dem Begriffssystem der Komplementarität löste Bohr dieses Problem. Er akzeptierte die Tatsache, dass das, was über eine Quantengröße wie etwa ein Elektron oder ein Atom erfahrbar ist, nicht in einer einzigen Beschreibung ausgedrückt werden kann. Es sind mindestens zwei scheinbar widersprüchliche Beschreibungen erforderlich. In Wirklichkeit sind die Beschreibungen jedoch nicht widersprüchlich, sondern komplementär, weil sie sich auf verschiedene Umstände beziehen. Jede von ihnen erfasst einen Aspekt der Wahrheit, aber keine verkörpert die ganze Wahrheit. Die Wahrheit »liegt im Abgrund« zwischen ihnen und kann nur in dem Maße erfahren werden, in dem es gelingt, sich beide Beschreibungen wie auch die Bedingungen, unter denen sie gelten, gleichzeitig zu vergegenwärtigen.

Das Begriffssystem der Komplementarität ist in gewissem Sinne paradox: Es wurde infolge der Bemühungen um eine eindeutige Beschreibung von Quantensystemen entdeckt, obwohl es gleichwohl ausgerechnet die Unmöglichkeit einer solchen Beschreibung offenbart.

Die Entdeckung, dass etwas unmöglich ist, stellt oft einen wichtigen Meilenstein in der Geschichte der Physik dar. So gelangte man erst zu einem wahren Verständnis des Energiebegriffs, als entdeckt wurde, dass es unmöglich ist, Energie zu erzeugen oder zu vernichten. Jede scheinbare Erzeugung oder Vernichtung von Energie ist in Wirklichkeit die Überführung einer Form von Energie in eine andere. Heisenbergs Unschärfeprinzip ist eine Aussage über die Unmöglichkeit, gleichzeitig Ort und Impuls eines Teilchens mit beliebiger Genauigkeit zu messen. Das Begriffssystem der Komplementarität ist die Entdeckung der Unmöglichkeit, Quantensysteme durch eine einzige Beschreibung vollständig zu erfassen.

Das Begriffssystem der Komplementarität kann also als ein erster Schritt auf dem Weg zu einer Transformation der Wissenschaft in eine Erkenntnisweise betrachtet werden, die auch unbeschreibbare Wahrheiten zu erfassen vermag. Die Schwierigkeit, wissenschaftliche Methoden auf die Erforschung von Wahrheiten anzuwenden, die sich nur der inneren Erfahrung erschließen, reicht jedoch weitaus tiefer. Sie betrifft zweierlei: erstens, die Daten, das heißt das Rohmaterial der wissenschaftlichen Untersuchung, und zweitens, die Verarbeitung der Daten.

Die Daten: Die Newton'sche Physik beruht ausschließlich auf Sinnesdaten. Ihre spektakulären Erfolge verleiteten die Naturwissenschaftler dazu, andere Arten von Erfahrungen wie zum Beispiel Gefühle oder Intuitionen als irrelevant zu betrachten. Auch die führenden Philosophen der Aufklärung, John Locke, David Hume und Immanuel Kant, waren vom Erfolg der Newton'schen Physik so tief beeindruckt, dass sie die Zulässigkeit anderer Erfahrungen als Sinneserfahrungen für die Wahrheitsfindung bestritten. Wie Locke es formulierte: »Nichts ist im Geist, was nicht zuvor in den Sinnen war.«[15]

Kant widersprach Locke zwar insofern, als er von der Existenz apriorischer geistiger Strukturen zur Assimilierung der Sinneserfahrung ausging, allerdings stimmte er mit Locke, Hume und anderen Empirikern darin überein, dass Sinneswahrnehmungen die einzig verlässliche Quelle der Erkenntnis des Universums darstellen. Richard Tarnas charakterisierte die Situation prägnant so:

»Hatte Platon die Sinneswahrnehmungen für schwache Kopien der Ideen gehalten, so hielt Hume die Ideen für schwache Kopien von Sinneseindrücken. Während der langen Entwicklung des westlichen Denkens vom antiken Idealismus zum modernen Empirismus war die Basis des Wirklichen auf den Kopf gestellt worden: Sinnliche Erfahrung, nicht ideales Erkennen war der Maßstab der Wahrheit. Und diese Wahrheit war zutiefst problematisch.«[16]

Die Überlegungen, die Kant anstellte, führten ihn zu der Schlussfolgerung, dass die Welt der Erscheinungen eine Schöpfung des menschlichen Geistes sei und dass darüber hinaus nur die Welt der Erscheinungen erkennbar sei. Daraus folgt, dass die einzige Erkenntnis, zu der wir gelangen können, die unseres eigenen Geistes ist. Die Wirklichkeit an sich entzieht sich unserer Erkenntnis.

Kants Analyse ist gültig, *wenn Sinneswahrnehmungen die einzig zulässige Quelle der Erkenntnis sind.* Aber was ist, wenn Platon und Plotin Recht haben und tiefe Wahrheiten ausgerechnet dann erfahrbar werden, wenn man einen Weg findet, die Sinneswahrnehmungen hinter sich zu lassen und den Subjekt-Objekt-Modus der Wahrnehmung zu überwinden? Was ist, wenn die moderne Wissenschaft solche Erfahrungen nicht deshalb ignoriert, weil sie ungültig sind, sondern weil sie durch ihre Unbeschreibbarkeit nicht in den Rahmen der modernen Wissenschaft passen?

William James zufolge »empfinden wir weder Neugier noch Verwunderung angesichts von Dingen, die so weit jenseits unseres Horizonts liegen, dass wir weder Begriffe haben, um uns auf sie zu beziehen, noch Maßstäbe, an denen wir sie messen können«. Als Beispiel erwähnt er eine Beobachtung Charles Darwins, als dieser Feuerland besuchte. »Die Feuerländer auf Darwins Reise zeigten Erstaunen über die kleinen Boote, aber die großen Schiffe nahmen sie wie selbstverständlich hin.«[17]

Die Verarbeitung der Daten: Zu den naturwissenschaftlichen Methoden der Verarbeitung von Daten gehören Induktion und Deduktion. Dabei handelt es sich um zwei Varianten des *diskursiven Denkens,* um Operationen des logischen Geistes also. Obwohl der Prozess der wissenschaftlichen Entdeckung sicherlich auch auf intuitiven Erkenntnissen beruht, die die Logik transzendieren, sind solche Erkenntnisse kein Bestandteil der Wissenschaft an sich, da sie die innere Welt des Wissenschaftlers betreffen.

Ist das diskursive Denken die einzig zulässige Methode zur Verarbeitung der Wahrnehmungsdaten? Aus dem Blickwinkel der Kontemplation ist das diskursive Denken eine relativ oberflächliche Methode des Erkenntnisstrebens, so wie die Sinneserfahrung im Subjekt-Objekt-Modus eine relativ oberflächliche Methode der Wahrnehmung ist. Plotin unterscheidet zwischen einer höheren, kontemplativen Weise der Erkenntnis – der Erkenntnis durch die Vision des Einsseins mit dem Höchsten – und einer niederen Erkenntnisweise – der Erkenntnis durch den Verstand. In der ersten Erkenntnisweise sind Erkenntnis und Erfahrung eins. Die zweite Erkenntnisform impliziert dagegen eine Trennung zwischen den Daten und ihrer Verarbeitung. In der ersten Erkenntnisweise »erschaut die Seele nun den Quell des Lebens und den Quell des Geistes, den Urgrund des Seienden, die Ursache des Guten, die Wurzel der Seele«.[18] Ein Teil der Seele ist ständig mit die-

448

ser Vision verbunden, während ein anderer Teil immer wieder dazu neigt, diese Verbindung zu verlieren.

»Weshalb bleibt denn nun die Seele nicht dort oben? Nun, weil sie noch nicht gänzlich herausgelangt ist. Es wird aber eine Zeit kommen, wo man ununterbrochen schauen wird, ohne dass der Leib einen noch irgend belästigt. – Diese Belästigung trifft übrigens nicht das Schauende in uns, sondern das andere, welches, während das Schauende die Schau ruhen lässt, nicht ruhen lässt die Wissenschaft, die in Beweisen und Argumenten und einem Selbstgespräch der Seele sich vollzieht; das Schauen aber und das Schauende ist nicht mehr Vernunft, sondern größer als Vernunft, vor der Vernunft und über der Vernunft, ebenso wie das Geschaute.«[19]

Gewiss, weder Platon noch Plotin lehnen das diskursive Denken ab; ihre eigenen Schriften sind erfüllt von logischen Argumenten. Sie weisen lediglich auf den relativen Wert des diskursiven Denkens für das Streben nach Erkenntnis hin. Das diskursive Denken hat seinen Platz, aber dieser Platz ist weit entfernt von der beseligenden Vision des »Einen«, von der Erfahrung des Einswerdens.

Was ist jedoch mit uns armen Teufeln, die wir niemals diese Vision erfahren haben? Was sollen wir tun? Plotin meint, dass wir zumindest die Existenz und die Überlegenheit der noumenalen Erkenntnis- und Seinsweise zugeben müssen, *da die Ordnung der Natur auf einen Ursprung der Ordnung hinweist.*

»... aber auch, wenn er sie [die noumenale Welt] nicht betritt – wenn er diese Kammer für etwas Unsichtbares hält, nämlich für den Urquell und Urgrund, so wird er wissen, dass nur der Urgrund den Urgrund erblickt, nur ihm sich vereinigt, und nur das Gleiche mit dem Gleichen; so wird er nichts von dem Göttlichen, welches die Seele schon vor der Schau innehaben kann, versäumen, und wird das Übrige von der Schau erwarten; und dies Übrige ist für ihn, wenn er über alles hinausgeschritten ist, dasjenige, was vor allem ist.«[20]

Den modernen Wissenschaftlern und Philosophen scheint es in Bezug auf die Wahrheit ähnlich zu gehen wie den Feuerländern in Bezug auf Darwins Schiff. Die Wahrheit ist da, sie ist wiederholt mit äußerster Gewissheit erfahren worden. Aber die Wissenschaft, die ausschließlich auf Sinneserfahrung und diskursivem Denken beruht, kann mit ihr nicht umgehen. Vielleicht ist ja gerade die Befreiung aus diesem Stillstand die wissenschaftliche Herausforderung des 21. Jahrhunderts.

Das Streben der Physik: Die große Vereinheitlichung

Der Ausschluss des Subjekts der Erkenntnis – das heißt unserer selbst – aus dem Bereich dessen, was wir an der Natur verstehen wollen, ist gleichbedeutend mit dem Ausschluss des Lebens aus der Natur. Die Möglichkeit, das »Eine«, den Ursprung des Lebens, in einer Vision direkt zu erfahren, ist folglich in unserem gegenwärtigen wissenschaftlichen Paradigma nicht gegeben. Dennoch wohnt die Sehnsucht nach dieser Vision jeder Seele inne, die diese Erfahrung noch nicht gemacht hat. Diese Sehnsucht mag unbewusst sein, gleichwohl ist sie vorhanden. Da das Streben nach Erfüllung dieser Sehnsucht innerhalb der Wissenschaft durch das Prinzip der Objektivierung ausgeschlossen ist, manifestiert es sich dort in der einzigen Form, die ihr die Wissenschaft geben kann, nämlich im Streben nach der großen Vereinheitlichung – das heißt, in der Suche nach der einen Theorie, die alle Erscheinungen erklärt.

Die Suche nach einer solchen Theorie ist nicht neu. Als Newton vor 300 Jahren seine *Principia* veröffentlichte, wurde sein Werk als die große Vereinheitlichung gefeiert. Kein Geringerer als Kant zeigte sich überzeugt, dass die Newton'sche Physik die höchste Wahrheit bezüglich der Welt der Erscheinungen verkörpere. Diese Auffassung wurde durch die Erfolge des Newton'schen Systems im 18. und 19. Jahrhundert immer wieder bestätigt. Seinen Höhepunkt erreichte der Siegeszug der Newton'schen Physik schließlich in der zweiten Hälfte des 19. Jahrhunderts, als James Clerk Maxwell seine Theorie des Elektromagnetismus formulierte. Maxwells Theorie schien in guter Übereinstimmung mit dem Newton'schen Begriffssystem zu stehen, wenn man bereit war, die Vorstellung zu akzeptieren, dass der Raum absolut und mit einer als »Äther« bezeichneten unbekannten Substanz angefüllt war.

Während sich das 19. Jahrhundert seinem Ende zuneigte, bekräftigte der Physiker A. A. Michelson noch einmal die Gültigkeit des Newton'schen Begriffssystems als endgültiger Theorie. So äußerte er 1894, dass es in der Physik nichts Grundlegendes mehr zu entdecken gebe. Zwei unbedeutende Probleme trübten dieses Bild nur geringfügig. Eines davon resultierte paradoxerweise aus Michelsons eigener Arbeit: Das Michelson-Morley-Experiment von 1886 zeigte, dass die Lichtgeschwindigkeit von der Bewegung der Lichtquelle relativ zum Äther unabhängig war, eine experimentelle Tatsache, die schwer zu erklären war. Das zweite Problem betraf die Energiemenge, die von glühend heißen Körpern ausgesandt wird. Berechnungen zufolge sollte diese Energie unendlich sein – was offenkundig absurd war. Die Wissenschaftler waren sich jedoch einig, dass diese kleinen Störungen des Gesamtbildes sehr bald im Rahmen des Newton'schen Begriffssystems gelöst werden können. Diese Hoffnung erwies sich als trügerisch: Das Michelson-Morley-Experiment wurde 1905 durch Einsteins spezielle Relativitätstheorie erklärt – eine Theorie, die das Newton'sche Paradigma hinsichtlich Raum und Zeit ablöste; das Strahlungsproblem wurde von Max Planck im Jahre 1900 durch die Einführung der »Quantenhypothese« gelöst, die die Quantenrevolution einleitete und schließlich den Newton'schen Begriff von Materie von Grund auf erneuerte. Kaum zwanzig Jahre später, in den zwanziger Jahren des 20. Jahrhunderts, lag das Newton'sche Paradigma in Trümmern.

Seitdem hat sich in der Physik viel ereignet. Zwei neue Arten von Wechselwirkung wurden entdeckt: die »starke Wechselwirkung«, die den Zusammenhalt der Atomkerne bewirkt, und die so genannte »schwache Wechselwirkung«, die für radioaktive Prozesse gilt. Eine Theorie, die die elektromagnetische und die schwache Wechselwirkung vereint, wurde 1979 vorgeschlagen und in den achtziger Jahren bestätigt. Heute suchen die Physiker nach einer Theorie, die neben der starken Wechselwirkung auch die Gravitation einbezieht. Mit einer solchen Theorie wäre die Hoffnung auf die »große Vereinheitlichung« erfüllt.

Wie stehen die Aussichten für eine solche Vereinheitlichung? Der gegenwärtig vielversprechendste Anwärter für eine solche einheitliche Theorie, die so genannte Stringtheorie, ist mathematisch so komplex und begrifflich so wenig fassbar, dass die Möglichkeit einer experimentellen Bestätigung noch in weiter Ferne liegt. Trotzdem äußern sich manche Physiker, darunter Stephen Hawking, vorsichtig optimistisch. Andererseits haben wir nicht vergessen, was dem Newton'schen Paradigma widerfahren ist. Selbst die Optimisten weisen darauf hin, dass eine einheitliche Theorie, sollte sie je gefunden werden, mit dem Auftauchen neuer Daten plötzlich hinfällig werden kann.

Ob eine Theorie, die das Ideal der großen Vereinheitlichung erfüllt, in greifbare Nähe gerückt ist oder nicht, mag dahingestellt sein. Ich persönlich halte es jedoch für unwahrscheinlich, dass eine solche Theorie, selbst wenn sie gefunden werden sollte, in der Lage sein wird, einen endgültigen Bezugsrahmen für das Verständnis der Wirklichkeit bereitzustellen. Jede naturwissenschaftliche Theorie ist ein Begriffssystem, das auf dem Prinzip der Objektivierung beruht. Da sie es versäumt, das Subjekt der Erkenntnis einzubeziehen, reflektiert sie ein totes Bild eines lebenden Universums. Selbst wenn ein solches Bild zeitweilig mit den wissenschaftlichen Daten konsistent wäre, müssten über kurz oder lang die lebendigen Aspekte des Universums in Erscheinung treten und die Unzulänglichkeiten dieser Theorie bloßstellen. Wie Hawking überdies bemerkte, beantwortet eine solche Theorie nicht unsere eigentliche Frage. Sie ist »nur ein System von Regeln und Gleichungen. Wer bläst [jedoch] den Gleichungen den Odem ein und erschafft ihnen ein Universum, das sie beschreiben können? Die übliche Methode, nach der die Wissenschaft sich ein mathematisches Modell konstruiert, kann die Frage, warum es ein Universum geben muss, welches das Modell beschreibt, nicht beantworten.«[21]

Ich glaube, dass künftige Historiker, wenn sie auf die letzten 500 Jahre abendländischer Zivilisation zurückblicken, dies aus einer Perspektive tun werden, in der die noumenale und die phänomenale Welt im Rahmen einer neuen Wissenschaft miteinander vereint sind. Künftige Historiker werden die heutige naturwissenschaftliche Selbstbeschränkung auf Sinneserfahrungen und diskursives Denken sowie unser Festhalten am Prinzip der Objektivierung, welches das lebendige Universum zu einer gewaltigen Ansammlung toter Materie degradiert, als eine vorübergehende Verirrung betrachten.

Zwar mag eine solche Verirrung notwendig, ja sogar unvermeidlich sein, trotzdem werden wir schließlich vielleicht dasselbe darüber sagen wie Einstein, als er sich gegenüber Heisenberg von der Philosophie Machs distanzierte, die eine so entscheidende Rolle bei der Entdeckung der speziellen Relativitätstheorie gespielt hatte: »Vielleicht habe ich diese Art von Philosophie benützt, aber sie ist trotzdem Unsinn.«[22]

Epigraph: Das Zitat stammt aus den Anmerkungen A. Damianis zu den *Enneaden*; siehe Plotinus, *Enneads*, Appendix I, S. 711–737.

1 In der Übersetzung von E. Schrödinger in: *Naturwissenschaft und Humanismus*, S. 69. In der englischen Übersetzung von McKenna (Plotinus, *Enneads* VI 4.14, S. 600) wird diese Frage sinngemäß mit »Was sind wir?« wiedergegeben.

2 E. Schrödinger, *Naturwissenschaft und Humanismus*, S. 69.

3 Zitiert nach: H. J. Folse, *The Philosophy of Niels Bohr*, S. 54.

4 A. Damiani, *Standing in Your Own Way*, S. 19.

5 Ebd., S. 21.

6 E. Schrödinger, *Geist und Materie*, S. 79.

7 Ebd., S. 81–82.

8 Ebd., S. 82.

9 K. Brower, *Starship and the Canoe*, S. 232.

10 E. Schrödinger, *Geist und Materie*, S. 75.

11 Zitiert in: Plotinus, *Enneads*, Appendix I, S. 711.

12 *Plotins Schriften*, Band I a, *Enneade* VI 9.10, S. 203.

13 Niels Bohr Archives, »Atoms and Human Knowledge – Nicola Tesla«, Nachdruck eines Vortrags, der im Rahmen der Nicola-Tesla-Konferenz im Jahre 1956 gehalten wurde; zitiert in: H. J. Folse, *Philosophy of Niels Bohr*, S. 16.

14 Ebd., S. 54.

15 Zitiert in: R. Tarnas, *Idee und Leidenschaft*, S. 420.

16 Ebd., S. 428–429.

17 W. James, *Principles of Psychology*, S. 110–111.

18 Plotins *Schriften*, Band I a, *Enneade* VI 9.9, S. 197.

19 Ebd., *Enneade* VI 9.10, S. 201–203.

20 Ebd., *Enneade* VI 9.11, S. 205.

21 S. W. Hawking, *Eine kurze Geschichte der Zeit*, S. 217.

22 W. Heisenberg, *Der Teil und das Ganze*, S. 80.

Epilog

Wenn ein langes und bedeutungsvolles Projekt zu Ende geht, überkommt einen zuweilen eine besondere Stimmung. So empfand ich zu Hause an meinem Schreibtisch im ländlichen Vermont eine Mischung aus Befriedigung, Traurigkeit, einem unerklärlichen leisen Bedauern und Unlust, als ich vor mir auf dem Computerbildschirm in fett gedruckten Buchstaben das Wort »Epilog« las. Draußen vor dem Fenster bot sich mir ein herrlicher Anblick: eine sonnige Landschaft mit Bäumen, Blumen, Wolken und einem zartblauen Himmel. Der Augenblick war lebendig; die Frage nach seiner Bedeutung stellte sich überhaupt nicht. Erst als ich meine Gedanken sammelte und meine Aufmerksamkeit wieder auf die mit der Beendigung dieses Buches verbundenen Fragen lenkte, tauchte ich plötzlich wieder in unsere heutige Zeit, unsere moderne Zivilisation und Kultur ein und die wohl bekannten existenziellen Fragen kehrten zurück.

Solange ich das Weltbild dieser postmodernen Epoche teile, gibt es für meinen Geist keine Orientierung, keinen Wegweiser, keinen Leitstern. Die Natur ist darin unpersönlich, leblos, ohne Bedeutung, ohne Wert. Getrenntheit und Verwirrung kennzeichnen den zwischenmenschlichen Bereich. Um dieser Herausforderung zu begegnen, haben Tausende von Propheten Tausende kleiner Wahrheiten verkündet. Begierig verschlang ich sie alle, aber ich blieb hungrig. Können die Gedanken dieses Buches einen Ausweg aus dieser misslichen Lage weisen?

Ich fühlte mich unsicher und je mehr ich über diese existenziellen Dinge nachdachte, desto unsicherer wurde ich. Erst als meine Gedanken abzuschweifen begannen und ich einen kleinen Zweig betrachtete, der sich anmutig in der Brise wiegte, kehrte das Gefühl der Sinnhaftigkeit zurück. Obwohl sich dieses Gefühl einer Beschreibung entzieht, war es gleichwohl da.

Wieder löste ich meinen Blick vom Fenster und wandte meine Aufmerksamkeit den Papieren auf meinem Schreibtisch zu. Während ich einen Stapel von Zitaten durchblätterte, die ich im Laufe der Jahre gesammelt hatte, stieß ich auf ein zerknittertes Blatt Papier, auf dem mir folgende Worte ins Auge stachen: »Wenn man über die inneren und äußeren Objekte, über Bäume und Berge, über Gedanken und Gefühle, hinaus bis zu ihrem Ursprung blickt …« In dem Augenblick hörte ich einen Wagen in die Auffahrt einbiegen und erkannte die lebhaften Stimmen von Julie und Peter. Rasch steckte ich das Papier in meine Tasche und ging hinaus, um sie zu begrüßen. Im Schatten eines Baumes nahmen wir Platz und genossen den Anblick.

Nach einer Weile sagte Peter: »Ich bin froh, dass du dieses Buch geschrieben hast. Es behandelt ein wichtiges und schwieriges Thema: die Tatsache, dass unser Weltbild aus widersprüchlichen Einzelteilen zusammengesetzt ist. Beim Lesen deines Buches hatte ich nicht das Gefühl, dass es das Problem löst, gleichwohl lässt es eine Richtung erkennen. Ich weiß nicht, wie ich es ausdrücken soll. Mein Hunger ist zwar nicht gestillt, aber ich weiß nun, wo ich nach Nahrung suchen kann.«

»Ich möchte mehr über diese Richtung hören, von der du eben gesprochen hast«, warf Julie ein, »über die Richtung eines Weltbildes, von dem wir uns zu Recht Orientierung erhoffen können. Aber bevor wir uns mit der Lösung befassen, ist es vermutlich sinnvoll, sich zunächst Klarheit über das Problem zu verschaffen.

Erinnerst du dich an Dantes *Göttliche Komödie?* Vor 700 Jahren verkörperte Dantes Vision ein umfassendes Weltbild für den abendländischen Menschen. Wir Menschen hatten einen zentralen Platz im Universum, und wir waren uns dieses Platzes bewusst. Seit damals haben – verbunden mit den

Namen Kopernikus, Descartes und Kant – drei große geistige Revolutionen stattgefunden. Sie haben dazu geführt, dass uns jegliches Gefühl von Sinn und Gewissheit abhanden gekommen ist. Richard Tarnas skizzierte dies in seinem Buch *Idee und Leidenschaft* treffend so: Mit Kopernikus verloren wir unseren Platz im Zentrum des physikalischen Universums. Mit Descartes verloren wir unseren Platz in der Natur überhaupt: Wir wurden zu körperlosen geistigen Wesen in einem unbelebten Universum. Darüber hinaus löste Descartes mit seinem radikalen Zweifel eine Bewegung aus, die schließlich mit Kant zum Verlust der Überzeugung führte, der Mensch könne überhaupt zu wahrer Erkenntnis gelangen, zur Erkenntnis der eigentlichen Welt, die keine Schöpfung unseres eigenen Geistes ist. Ich glaube, dass wir erst versuchen sollten, uns über diese Verluste klar zu werden, bevor wir beginnen, über die Lösung, das heißt, über das neu entstehende Weltbild zu sprechen.«

»Die entscheidende Frage«, warf ich ein, »ist doch in Wirklichkeit die: Wie bedeutsam sind die Erkenntnisse von Kopernikus, Descartes und Kant? Seltsamerweise lassen sich aus der Quantenmechanik einige Hinweise auf die Beantwortung dieser Frage ableiten. Zwar ist die Quantenmechanik kein eigenständiges Weltbild, sondern als Produkt des klassischen wissenschaftlichen Paradigmas ein wesentlicher Bestandteil unseres heutigen Weltbilds; gleichwohl geht sie in einigen wesentlichen Punkten über dieses hinaus und gibt so Hinweise auf seine mögliche Erneuerung. Heisenberg zum Beispiel wies darauf hin, dass der Materiebegriff, wie er sich aus der Quantenmechanik ergibt, in Wirklichkeit platonisch ist. Weitere Hinweise fand ich bei Whitehead, dessen philosophisches System ebenfalls im Wesentlichen platonisch geprägt ist und in das sich die Erkenntnisse der Quantenmechanik sehr gut einfügen. Auch Schrödinger und Plotin verdanke ich, wie ihr wisst, wertvolle Einsichten.

Platon und Plotin nahmen sich der kopernikanischen Herausforderung an, lange bevor sie formuliert wurde. Für Platon stand die Sonne und nicht die Erde im Mittelpunkt des physikalischen Universums; trotzdem minderte dies unsere kosmologische Rolle nicht im Geringsten. Unsere Rolle hat nichts mit dem Ort zu tun, an dem sich unsere Körper im physikalischen Universum befinden, sondern mit unserer Beziehung zur Weltseele, dem Nous. Unsere Rolle hängt ausschließlich von der Tiefe unserer Erfahrungen ab.«

»Ich begreife, worauf du hinauswillst«, stimmte Peter mir zu. »Du glaubst, dass die vermeintlichen Beschränkungen, die Descartes und Kant entdeckten, ebenfalls nur das Resultat ungültiger Annahmen sind. So gingen diese Philosophen zum einen davon aus, dass das diskursive Denken, das auf dem dualistischen, logischen Verstand beruht, das einzige zulässige Mittel sei, um zu gewissen Erkenntnissen über das Universum zu gelangen. Zum anderen hielten sie die Sinneswahrnehmungen für die einzigen relevanten Daten beim Streben nach Erkenntnis.«

»Das ist richtig«, erwiderte ich. »Aus einer platonischen Perspektive, deren Gültigkeit durch Erfahrungsberichte bedeutender Persönlichkeiten der abendländischen Kulturgeschichte bestätigt wird, sind diese Annahmen offenkundig falsch.«

»Wenn ich über unsere heutige westliche Zivilisation nachdenke«, warf Julie ein, »so ist es das mit ihr verbundene Leiden, das mir am meisten auffällt, die Entfremdung von der Natur und von allem Mystischen, die Langeweile und so weiter.«

»Auch dieses Leiden«, gab ich zur Antwort, »resultiert aus der unnötigen Beschränkung, die sich der westliche Geist selbst auferlegt, indem er sich ausschließlich auf Sinneserfahrungen und die dualistische analytische Methode verlässt. Ob wir uns dessen bewusst sind oder nicht, unser tiefstes Bedürfnis besteht darin, mit dem ›Einen‹, dem höchsten vereinheitlichenden Prinzip, in Verbindung zu treten. Da das ›Eine‹ jedoch alle Unterscheidungen transzendiert, kann man sich ihm nicht auf dualistische Weise annähern. Aber der menschliche Geist hat die Möglichkeit, durch eine höhere Seinsweise mit dem ›Einen‹ in Verbindung zu treten, eine Seinsweise, die dadurch eingeleitet wird, dass der Geist zur Ruhe kommt. Wie Augustinus es formulierte: ›Wer nimmt das Herz des Menschen in die Hand, dass es zum Stand komme und sehe, wie die Ewigkeit, stillstehend, Zukünftiges und Vergangenes bestimmt, ohne selbst zukünftig oder vergangen zu sein?‹[1] Unsere Entfremdung ist somit letztlich eine Entfremdung von unseren eigenen Möglichkeiten.«

»Das leuchtet mir ein«, stimmte Peter zu, »aber trotzdem komme ich nicht weiter. Ich begreife, dass die vermeintlichen Beweise, die höchsten Wahrheiten könnten nicht mit letzter Gewissheit erkannt werden, falsch sind. *Trotzdem entziehen sich die höchsten Wahrheiten meiner zuverlässigen Erkenntnis.* Das meinte ich, als ich sagte, dass mein Hunger noch nicht gestillt ist.«

In diesem Augenblick wurden wir von einem Reh abgelenkt, das am Waldrand erschien und sich behutsam dem Gemüsegarten näherte, der in etwa 30 Metern Entfernung von uns begann. Keiner von uns rührte sich. Trotzdem muss es unsere Gegenwart gespürt haben, denn es drehte seinen Kopf in unsere Richtung, betrachtete uns neugierig und verschwand mit langen anmutigen Sätzen wieder im Wald.

Bewundernd pfiff Peter durch die Zähne. »Erstaunlich.«

Mein Blick fiel auf Julie und als ich ihren schelmischen Gesichtsausdruck sah, wusste ich sofort, dass sie etwas im Schilde führte. »Als du gerade eben das Reh anschautest«, fragte sie Peter, »*spürtest du da den geringsten Zweifel?*«

Peter war überrascht. »Zweifel woran? Was meinst du?«

»Na, am Universum, an der Erkenntnis, an gültigen und ungültigen Annahmen ...«

»Natürlich nicht. Darüber dachte ich doch gar nicht nach.«

»Siehst du!«, erwiderte Julie, als ob sie eben ein unschlagbares Argument angebracht hätte, auf das es nichts mehr zu entgegnen gab.

Wenn dieser Wortwechsel am Anfang des Buches stattgefunden hätte, wäre Peter sicherlich verwirrt, ratlos, ja sogar ärgerlich gewesen. Er hätte einen Streit mit Julie vom Zaum gebrochen und es hätte mich einige Abschnitte gekostet, bis ich sie beide wieder besänftigt hätte. Mittlerweile waren wir jedoch miteinander vertraut geworden und Peter respektierte Julies Art, ihn auf bestimmte Dinge aufmerksam zu machen. Er schaute zunächst Julie und dann mich an, und als er keine Antwort erhielt, schloss er seine Augen und saß still da. Ich hätte nicht sagen können, ob er nachdachte oder sich der Kontemplation hingab. Schließlich öffnete er seine Augen und lächelte. Julie strahlte: »Schieß los.«

»Also gut«, erwiderte Peter. »Zunächst versuchte ich zu verstehen, was du gerade gesagt hattest. Allmählich wurde ich jedoch immer ruhiger und verlor schließlich das Interesse daran. Ich merkte, dass meine Zweifel zwar nicht ausgeräumt waren, aber dass *sie aufgehört hatten, wichtig zu sein.* Ich begriff, dass die ganzen existenziellen Nöte, die Entfremdung, die Langeweile, die Sinnlosigkeit, bis hin zum ›Tod Gottes‹ nur auf einer falschen Verwendung des Bewusstseins beruhten.«

»Was meinst du damit?«, fragte ich dazwischen.

»Ausgerechnet du solltest doch wissen, was ich meine«, gab er zurück, etwas unwirsch, wie ich fand. »Obwohl diese Vorstellung auch schon von anderen vor dir geäußert wurde, habe ich sie schließlich aus *deinem* Buch. Wir sind daran gewöhnt, immer den dualistischen Teil unseres Bewusstseins zu benutzen. Aber dieser Teil des Geistes ist nicht geeignet, um die letzten Fragen zu begreifen. Er ist einfach das falsche Werkzeug. Wenn man versucht, mit einem Küchenmesser eine feine Figur zu schnitzen, wird man zwangsläufig frustriert sein. Und wenn man gewohnt ist, immer andere verantwortlich zu machen, anstatt in sich selbst hineinzuhorchen, sich selbst zu erforschen, wie Sokrates empfahl, dann wird man zwangsläufig zu dem Schluss gelangen, Gott sei gegen uns oder das Universum bedeutungslos und so weiter. Schließlich wird man sogar daran das Interesse verlieren und sich nur noch langweilen.«

»Wir folgen dir. Sprich weiter«, forderte Julie ihn leise auf.

»Als mein Geist immer mehr zur Ruhe kam«, fuhr Peter fort, »dämmerte es mir, dass ich Sinn und Erfahrung nur in mir selbst finden kann, im Subjekt der Erkenntnis, das von den inneren und äußeren Objekten getrennt ist. Dann geschah etwas, was ich nicht beschreiben kann. Aber es war eine tief greifende, starke Erfahrung.«

Ich erinnerte mich an das Zitat, das ich eingesteckt hatte und sagte zu Peter: »Ich bin vorhin auf eine Schilderung gestoßen, die deine Erfahrung sehr gut zu beschreiben scheint. Ich habe den Text vor langer Zeit abgeschrieben, aber ich kann mich momentan nicht erinnern, von wem er stammt.« Ich zog den Zettel aus der Tasche und las laut vor:

»Wenn man über die inneren und äußeren Objekte, über Bäume und Berge, über Gedanken und Gefühle, hinaus bis zu ihrem Ursprung blickt, oder besser gesagt, wenn man die inneren und äußeren Objekte mit so geschärfter Aufmerksamkeit betrachtet, dass sich der Subjekt-Objekt-Modus auflöst, eröffnet sich plötzlich eine andere Wirklichkeit. So wie die physikalische Welt um uns herum unvorstellbare Dimensionen zu besitzen scheint, betreten wir nun eine innere Welt, die von unvorstellbarer Tiefe ist. Die einzelne Seele, die Weltseele, der Nous, das Eine – dies sind nur Namen. Die Breite und Tiefe der durch sie bezeichneten potenziellen Erfahrungen verweist jedoch über das einzelne Subjekt auf eine kosmologische Dimension und noch darüber hinaus.

Diese unbeschreibbare höhere Wirklichkeit ist der Ursprung von Sinn und Erfahrung in der so genannten gewöhnlichen Wirklichkeit. In ihrem Licht verflüchtigen sich die postmodernen Behauptungen, dass der Relativismus eine fundamentale Wahrheit sei (was schon an sich ein eklatanter Widerspruch ist!), ganz von selbst –, gerade so wie die Dunkelheit dem Sonnenlicht weichen muss.

Die Erfahrung kommt einem zwiespältig vor. Die andere Wirklichkeit ist nicht die uns vertraute Wirklichkeit. Doch dieser Eindruck entsteht erst *aus der diesseitigen Perspektive*, wenn die Erfahrung vorüber ist und der gewöhnliche Geist sich mit ihr auseinander setzt. *Aus ihrem eigenen Blickwinkel* ist die Wirklichkeit, die sich eröffnet, über jede Dichotomie erhaben; sie empfängt uns wie ein Zuhause – und doch können wir nicht bleiben.

Der Umstand, dass wir nicht bleiben können, verweist auf die wahre Schwierigkeit – das Problem der Verbindung der beiden Bereiche: die Durchdringung des Phänomenalen mit dem Noumenalen und die Manifestation des Noumenalen im Phänomenalen. Dies bedeutet einerseits, die innere Dimension durch die äußeren Phänomene wahrzunehmen und das Unbeschreibbare hinter den Worten, Formeln und Symbolen zu erkennen, und andererseits, Phänomene zu erschaffen, die das Noumenale reflektieren, und das Unbeschreibbare in Worten und Symbolen auszudrücken.

Angesichts der Intensität einer solchen Tätigkeit verblassen existenzielle Zweifel zur Bedeutungslosigkeit. Und dann kommt schließlich der Zeitpunkt, an dem man ohne den geringsten Zweifel weiß, dass dieser Platz zwischen dem Phänomenalen und dem Noumenalen unser Platz im Universum ist.«

»Ja«, sagte Peter langsam, »das ist zwar mehr als ich selbst sagen könnte, aber es stimmt mit meiner Erfahrung überein und es ergibt Sinn.«

»Ich empfinde das Gleiche«, fügte Julie hinzu. »Und für mich gibt es noch einen weiteren Aspekt, den ich hervorheben möchte. Die noumenale Welt ist der *Ursprung* der Bedeutung. Der Ursprung selbst ist unbeschreibbar, aber die Bedeutung kann bis zu einem gewissen Grad in Worte gefasst werden.« Sie hielt kurz inne – irgendetwas schien ihr unklar zu sein –, dann fuhr sie mit ihrer Erklärung fort. »Wenn ich jedoch versuche, die neue Bedeutung, die Richtung dieses neu entstehenden Paradigmas, zu formulieren, dann gelange ich zu einem etwas paradoxen Schluss. Die Vorstellung eines lebendigen, vielschichtigen Universums, in dem wir Menschen eine organische Rolle spielen, liefert mir zwar eine wertvolle geistige Orientierung, die Sinn ergibt, aber wir dürfen weder die Lehre des postmodernen Relativismus noch Bohrs Komplementaritätsprinzip ignorieren. Ich habe das Gefühl, dass die Relativisten insofern Recht haben, als sich jedes Paradigma, das als Begriffssystem formuliert wird, auf die Kultur bezieht, in der es formuliert wurde. Daraus folgt, dass jedes Begriffssystem in seiner Fähigkeit, essentielle Wahrheiten und endgültige Antworten über das Universum und uns selbst bereitzustellen, begrenzt ist. Wir müssen also jedes Paradigma, selbst das, von dem wir persönlich zutiefst überzeugt sind, als lediglich einen Aspekt des Strebens nach Erkenntnis der Wahrheit betrachten. Es muss noch durch etwas anderes ergänzt werden.«

»Und was wäre das?« Es schien fast, als hielte Peter den Atem an.

»Durch den Ursprung des Paradigmas natürlich: die unbeschreibbare Erfahrung! Die Erfahrung selbst kann durch nichts ersetzt werden. Der Hunger, von dem du gesprochen hast, kann nur durch die Erfahrung gestillt werden, und trotzdem besteht ein echtes Bedürfnis danach, diese Erfahrung, wenn sie stattgefunden hat, als ein Paradigma zu formulieren. Die wesentliche Funktion des Paradigmas ist es also, den Geist auf die Möglichkeit der Erfahrung hinzuweisen. Und somit besteht die Rolle des Paradigmas letztlich darin, sich selbst zu negieren – und dies ist sehr merkwürdig.«

Peter versank in Nachdenken. »Diese Vorstellung beunruhigt mich«, sagte er schließlich. »Sie erweckt in mir kein Gefühl der Entfremdung, der Hoffnungslosigkeit, schon gar nicht der Langeweile – aber sie beunruhigt mich.«

»Das soll sie auch.« Julie war unnachgiebig. »In dem, was ich gerade sagte, steckt implizit noch eine weitere Botschaft. Der westliche Geist in der zweiten Hälfte des zweiten Jahrtausends ist ausgesprochen dumm gewesen.«

Überrascht zuckten Peter und ich zusammen. »Was meinst du damit?«, fragten wir fast einstimmig.

»Aber das ist doch offensichtlich. Das Geheimnis des Universums zu ergründen, sein wahres Wesen zu erforschen, ist eine Herausforderung, die schon immer gegenwärtig war und die auch immer gegenwärtig bleiben wird. Der westliche Geist hat sich jedoch von dieser Herausforderung abgekehrt, er erklärte Schattenwesen zur Realität und gab sich der Illusion hin, das ›Eine‹ unter den Schattenwesen zu finden. Das ist dumm. Betrachten wir nur Ernst Mach. Dieser oberflächliche Philosoph übte gegen Ende des 19. und Anfang des 20. Jahrhunderts einen solchen Einfluss aus, dass sowohl der junge Einstein als auch der junge Heisenberg in seinen Bann gerieten!«

»Und dennoch«, wandte Peter lächelnd ein, »kam Machs Einfluss eine entscheidende Rolle bei der Schaffung der Einstein'schen Relativitätstheorie wie auch der Heisenberg'schen Quantenmechanik zu. Wie erklärst du dir das?«

Julie sah ratlos aus. »Ich weiß es nicht«, erklärte sie schließlich.

»Das ist eine ausgezeichnete Frage«, pflichtete ich Peter bei. »Wie um alles in der Welt ist es möglich, dass eine Philosophie, die so offenkundig falsch ist wie die Ernst Machs, einen so starken Einfluss auch auf die klügsten Köpfe ausübte und dass ihr Einfluss darüber hinaus *dem Fortschritt der Wissenschaft* diente?«

Schweigend saßen wir da und dachten über diese Frage nach. Die Minuten vergingen und schließlich ergriff Julie das Wort. »Vielleicht können wir das Rätsel lösen, wenn wir Peters Frage unter dem Blickwinkel des neuen, in der Entstehung begriffenen Paradigmas betrachten und die Evolution des westlichen Geistes als die Entwicklung eines Organismus begreifen. Als mein kleiner Bruder neun oder zehn Jahre alt war, machte er eine Phase durch, in der er wirklich unausstehlich war. Damals konnte ich es kaum ertragen, aber im Nachhinein sehe ich, dass es eine Entwicklungsphase war, die er einfach durchlaufen musste. Ebenso ist es möglich, dass Wissenschaft, Kunst und Literatur im Rahmen ihrer Entwicklung zwangsläufig Phasen durchlaufen müssen, in denen sie auf falschen Vorstellungen aufbauen.«

»Das leuchtet mir ein«, antwortete Peter. »Dies erklärt sogar, warum so häufig im Laufe der Geschichte die einflussreichsten Denker nicht unbedingt die scharfsichtigsten waren. Wenn eine Zivilisation ein Organismus mit bestimmten Bedürfnissen ist, dann wären die Denker, die im Mittelpunkt der Aufmerksamkeit stehen, einfach jene, denen es gerade gelungen ist, die Gedanken zu formulieren, die die Zivilisation zu jenem Zeitpunkt braucht. Andere Denker, die ihrer Zeit voraus sind, würden dagegen weniger beachtet werden.«

»Ja«, erwiderte ich. »Ernst Mach ist dafür ein gutes Beispiel. Er gab der Wissenschaft den damals so dringend benötigten neuen Impuls. Mach entwickelte seine Position vor dem Hintergrund der in Deutschland in der zweiten Hälfte des 19. Jahrhunderts verbreiteten spekulativen Philosophie, die zwar wortreich, aber nicht unbedingt immer sehr inhaltsreich war. Machs Verdienst lag nun gerade in der Forderung, dass wir uns über das, worüber wir sprechen, genau im Klaren sein sollten. Einstein akzeptierte diese Forderung, wandte sie auf den Zeitbegriff an und erschuf die spezielle Relativitätstheorie. Heisenberg näherte sich den atomaren Phänomenen mit einer ähnlich strengen Methode und entdeckte die Quantenmechanik. Sobald Machs Ideen jedoch ihren Zweck erfüllt hatten, konnte man sie getrost als Unsinn abtun.«

Für Julie und Peter wurde es allmählich Zeit zu gehen. Ich winkte ihnen zum Abschied noch einmal zu und kehrte dann an meinen Computer zurück. Während ich vor dem Bildschirm saß, ließ mich Peters Einwand nicht los. Ich hatte das Gefühl, dass Julies Antwort weitaus mehr erklären konnte als nur die Frage, warum Mach um die Jahrhundertwende einen so starken Einfluss ausgeübt hatte. Die Notwendigkeit, sich von offenkundig falschen Vorstellungen leiten zu lassen, ist vielleicht sogar in einem noch viel größeren Maßstab wirksam gewesen. Die Gegenwart ist unverkennbar eine Zeit, in der sich ein bedeutender Paradigmenwechsel vollzieht, aber blicken wir noch einmal auf den letzten großen Paradigmenwandel zurück, jenen, der zur Entwicklung des Newton'schen Begriffssystems führte. Dieser Paradigmenwechsel war für den menschlichen Geist zutiefst problematisch. Er gab uns das Gefühl, Fremde zu sein, eine Laune der Natur, bewusste Wesen in einem Universum, das fast vollständig ohne Bewusstsein ist, und es weckte in uns die Überzeugung, dass sogar die Freiheit des Willens, die wir in Bezug auf die Bewegungen unseres Körpers verspüren, in Anbetracht der strikten Determiniertheit des Universums nur eine Illusion sei. Trotzdem war es vermutlich notwendig, dass der westliche Geist eine Phase durchlief, in der er ein solches Paradigma akzeptierte.

Der überwältigende Erfolg der Newton'schen Physik führte dazu, dass die meisten Wissenschaftler und die meisten Philosophen der Aufklärung ihr bedingungslos vertrauten. Was das Streben nach Erkenntnis der Wirklichkeit betraf, so betrachteten sie alle anderen Ausdrucksweisen menschlicher Erfahrung wie zum Beispiel Berichte transzendenter Erfahrungen, Poesie, Kunst und so weiter als irrelevant. Diese Beschränkung auf die Naturwissenschaft als der einzigen Methode, die Wahrheit über das Universum zu erfahren, ist offenkundig überholt. Die Naturwissenschaft muss sich von der Illusion ihrer Autarkie und der Autarkie der menschlichen Vernunft befreien. Sie muss sich mit anderen Erkenntnisweisen verbinden, insbesondere der Kontemplation, und sie muss dazu beitragen, dass die Erfahrung höherer Seinsstufen bis hin zur Erfahrung des Einsseins für jeden von uns erreichbar wird.

Wenn dies wirklich die Richtung des in der Entstehung begriffenen Weltbildes darstellt, dann wird der Paradigmenwechsel, den wir derzeit durchlaufen, den menschlichen Geist wahrhaftig beflügeln. Es wird sich herausstellen, dass er in Einklang mit unserem tiefsten bewussten oder unbewussten Streben steht – dem Streben danach, die Schattenwelt Platons hinter uns zu lassen und in das Licht des Göttlichen einzutreten.

1 Augustinus, *Bekenntnisse,* XI.11, S. 312.

1 Die Relativität der Gleichzeitigkeit und die Relativität der Länge

Beweis der Relativität der Gleichzeitigkeit

Die vollständige Geschichte von Julies und Peters Begegnung im Weltall legt die Relativität der Gleichzeitigkeit als eine unvermeidliche Folge der zwei grundlegenden Postulate der speziellen Relativitätstheorie dar.

Um die Beweisführung so klar wie möglich zu machen, werden wir Peter und Julie mit übermenschlichen Fähigkeiten ausstatten: Ihre Reaktionszeiten sind Milliarden mal kürzer als die gewöhnlicher Sterblicher. Sie können Signale und andere Wahrnehmungen genau differenzieren, auch wenn diese nur um Milliardstel Bruchteile von Sekunden auseinander liegen. Wir müssen unsere Helden mit solch übermenschlichen Fähigkeiten ausstatten, da einige der Ereignisse unserer Geschichte aufgrund der Lichtgeschwindigkeit in extrem rascher Abfolge stattfinden. Beginnen wir also nun mit der vollständigen Geschichte:

Es waren einmal zwei Astronauten namens Peter und Julie. Weit entfernt von Sternen und Planeten flogen sie mit ihren Raumschiffen, die aus einem widerstandsfähigen, durchsichtigen Kunststoff hergestellt waren, durch die Tiefen des Weltalls. Jede Rakete war mit jeweils zwei Uhren ausgestattet, die an entgegengesetzten Enden des Raumschiffs angebracht und miteinander synchronisiert waren. In der Mitte ihres jeweiligen Raumschiffs standen Peter und Julie als »in der Mitte befindliche Beobachter«.

Die Raumschiffe bewegten sich aus entgegengesetzten Richtungen genau aufeinander zu und wären aufgrund einer Unachtsamkeit Peters beinahe frontal zusammengestoßen. Glücklicherweise entgingen sie der Katastrophe um Haaresbreite. Die Begegnung verlief jedoch noch aus anderem Grund denkwürdig. Julie schilderte mir das Ereignis wie folgt (siehe Abb. S. 52):

»Ich stand in der Mitte meines mit konstanter Geschwindigkeit dahinfliegenden Raumschiffs, als plötzlich Peters Raumschiff auftauchte und mit großer Geschwindigkeit auf mich zuraste. Ich war sehr erleichtert, als ich feststellte, dass er mein Raumschiff nicht rammen würde. Doch genau in dem Augenblick, als sich unsere beiden Raumschiffe auf gleicher Höhe befanden, geschah etwas Merkwürdiges: Die Enden unserer beiden Raketen wurden gleichzeitig von zwei kleinen Gesteinsbrocken getroffen. Ein Gesteinsbrocken schlug am vorderen Ende meiner Rakete und gleichzeitig am hinteren Ende von Peters Rakete ein, und der andere an meinem hinteren Ende und gleichzeitig an Peters vorderem Ende (wie gesagt, die Enden unserer Raketen berührten sich zu dem Zeitpunkt fast). Zum Glück waren die Brocken nicht groß genug, um unsere Hülle zu durchschlagen, doch erschütterten sie unsere Raumschiffe so heftig, dass meine beiden Uhren stehen blieben. Später erzählte mir Peter, dass auch seine Uhren stehen geblieben waren. Die beiden Einschläge fanden übrigens genau gleichzeitig statt.«

Als ich sie fragte, woher sie das wisse, antwortete Julie:

»Wie du weißt, sind unsere Raumschiffe aus einem durchsichtigen Material hergestellt. Ich konnte also von meiner Position in der Mitte des Raumschiffs genau sehen, was außerhalb und innerhalb der Rakete geschah und ich sah, wie die beiden Gesteinsbrocken genau gleichzeitig einschlugen. Außerdem blieben meine beiden Uhren genau zum Zeitpunkt des Aufpralls stehen und das war in beiden Fällen um Punkt 12 Uhr. Da sie immer noch defekt sind, stehen beide noch immer genau auf 12 Uhr.« Nach einer kurzen Pause fügte sie hinzu: »Übrigens *sah* ich den Aufprall nicht um 12 Uhr, sondern etwas später, da das Licht ja etwas Zeit benötigt, um die Distanz vom vorderen bzw. hinteren Ende des Raumschiffs bis zur Mitte, wo ich stand, zurückzulegen.«

»Bitte erlaube mir noch eine Frage, aus reiner Neugier: Ein Vogel kann aufgrund der anatomischen Anordnung der Augen in seinem Kopf gleichzeitig in zwei Richtungen blicken. Aber du bist kein Vogel. Wie konntest du sehen, dass an entgegengesetzten Enden deines Raumschiffs gleichzeitig zwei Gesteinsbrocken einschlugen?«

Julie warf mir einen argwöhnischen Blick zu. »Tatsächlich brauchte ich nur geradeaus zu schauen«, erwiderte sie. »Ich beobachtete die Ereignisse in zwei kleinen Spiegeln, die genau vor meinem Gesicht angebracht waren. Sie sind exakt so ausgerichtet, dass ich die beiden Enden meines Raumschiffs mit einem Blick beobachten kann. Und dass es genau 12 Uhr war, sah ich, als Peter, der in der Mitte seines Raumschiffs stand, an mir vorbeiflog. Um genau 12 Uhr befanden sich nämlich unsere Raumschiffe exakt nebeneinander.«

»Und woher weißt du das?«, fragte ich.

»Es gibt noch eine dritte, kleinere Uhr, die genau in der Mitte meines Raumschiffs unter den Spiegeln angebracht ist. Als Peter und ich uns in unseren Raumschiffen genau gegenüberstanden, zeigte sie 12 Uhr. Diese dritte Uhr hatte ich erst an jenem Morgen mit den beiden anderen synchronisiert.«

»Merkwürdig«, entgegnete ich, »Peter nahm die Ereignisse nicht gleichzeitig wahr. Er sagte, dass für ihn zuerst der Gesteinsbrocken am hinteren Ende deines Raumschiffs, bzw. am vorderen Ende seines Raumschiffs einschlug (wir wollen dies als Ereignis A bezeichnen) und dann erst der Gesteinsbrocken am vorderen Ende deines Raumschiffs, bzw. am hinteren Ende seines Raumschiffs (Ereignis B).«

Julie wurde nachdenklich, aber nur für kurze Zeit. »Sieh mal«, erklärte sie, »als wir um genau 12 Uhr aneinander vorbeiflogen, hatte noch keiner von uns die Ereignisse A und B gesehen; schließlich fanden die Ereignisse erst um Punkt 12 Uhr statt und das Licht benötigt etwas Zeit, bis es von den entgegengesetzten Enden der beiden Raumschiffe in der jeweiligen Mitte eintrifft. Bis ich die Einschläge der beiden Gesteinsbrocken sah, standen Peter und ich uns schon nicht mehr gegenüber. Er befand sich inzwischen näher am hinteren Ende meines Raumschiffs, so dass das Licht von Ereignis A ihn früher erreichte als das Licht von Ereignis B. Da er sich näher an Ereignis A befand, brauchte das Licht weniger Zeit, bis es bei ihm eintraf. Und deshalb sah er es zuerst. Aber die zwei Ereignisse fanden wirklich gleichzeitig um 12 Uhr statt.«

»Tut mir Leid«, widersprach ich, »das stimmt nicht mit Peters Darstellung der Ereignisse überein. Zunächst einmal behauptete er, dass *er* sich in Ruhe befand, während *dein* Raumschiff sich mit großer Geschwindigkeit auf ihn zu bewegte. Wie du dich aus der speziellen Relativitätstheorie erinnern wirst, kann er mit ebenso viel

Recht für sich beanspruchen, im Ruhezustand zu sein wie du. Er sagte: ›Ich stand in der Mitte meines Raumschiffs, als die zwei Gesteinsbrocken einschlugen. Ereignis A sah ich zuerst, Ereignis B kurze Zeit später. Da ich genau in der Mitte zwischen beiden Ereignissen stand und mein Raumschiff sich im Ruhezustand befand, muss ich annehmen, dass Ereignis A wirklich früher stattfand als Ereignis B.‹«

Diesmal versank Julie für längere Zeit in Nachdenken. Schließlich sagte sie:»Was ist mit den beiden Uhren am vorderen und hinteren Ende seines Raumschiffes? Sie blieben stehen, als die Gesteinsbrocken einschlugen. Welche Zeit zeigen sie an?«

Als ich ihr antwortete, traute sie ihren Ohren kaum.»*Die Uhr im vorderen Teil seines Raumschiffs blieb einen Sekundenbruchteil vor 12 Uhr stehen; die Uhr im hinteren Teil einen Sekundenbruchteil nach 12 Uhr. Seinen Uhren zufolge gehörte Ereignis A um 12 Uhr bereits der Vergangenheit an, während Ereignis B noch nicht stattgefunden hatte.*«

Wie unsere Geschichte zeigt, folgt die Relativität der Gleichzeitigkeit aus den zwei grundlegenden Postulaten der speziellen Relativitätstheorie. Die Gesamtheit der Ereignisse, die die»Welt zum jetzigen Zeitpunkt« charakterisieren, ist in zwei Bezugssystemen, die sich relativ zueinander bewegen, nicht dieselbe.

Die Relativität der Länge

Um die Längenkontraktion und ihre Beziehung zur Relativität der Gleichzeitigkeit zu erklären, möchte ich die Geschichte meiner Unterhaltung mit Julie fortsetzen.

Als ich Julie sagte, dass die zwei Ereignisse A und B, die für sie gleichzeitig stattgefunden hatten, für Peter nicht gleichzeitig gewesen waren, reagierte sie schockiert. Noch einmal überprüfte sie sorgfältig die zugrunde liegende Beweisführung, um mögliche Fehler zu entdecken. Während ich sie dabei beobachtete, bemerkte ich, dass sie immer wieder meine beiden Zeichnungen betrachtete (Abb. S. 52 und Abb. S. 53). Schließlich wandte sie sich zu mir und sagte.»Schau Dir doch mal diese Zeichnungen an. Irgendetwas stimmt hier nicht. Sie widersprechen sich; sie können nicht beide richtig sein!«

»Warum nicht?«

»Weil in Abb. S. 52 mein Raumschiff ebenso lang ist wie Peters Raumschiff, während es in Abb. S. 53 kürzer ist. Unsere beiden Raumschiffe können nicht gleich lang und ungleich lang sein! Warum hast du mein Raumschiff in Abb. S. 53 so und nicht wie in Abb. S. 52 gezeichnet?«

»Weil ich keine andere Wahl hatte, Julie. Abb. S. 53 ist eine Momentaufnahme der Situation, so wie sie sich um 12 Uhr nach Peters Uhren darstellt (wir wollen dies als ›12 Uhr Peters Zeit‹ bezeichnen). Zu diesem Zeitpunkt hatte das Ereignis A bereits stattgefunden. Der Gesteinsbrocken, der das hintere Ende deines Raumschiffs und das vordere Ende seines Raumschiffs traf, war bereits eingeschlagen. Dies bedeutet, dass um 12 Uhr Peters Zeit das hintere Ende deines Raumschiffs das vordere Ende seines Raumschiffs bereits passiert hatte. Und da sich dein Raumschiff in der Zeichnung nach links bewegt, blieb mir nichts anderes übrig, als das hintere Ende deiner Rakete links vom vorderen Ende von Peters Rakete enden zu lassen.«

»Ich verstehe«, erwiderte Julie. »Jetzt wird mir auch klar, warum das vordere Ende meines Raumschiffs in der Zeichnung rechts von Peters vorderem Ende endet. Seinen Uhren zufolge hat Ereignis B noch nicht stattgefunden.«

»Genau.«

»Aber wie kann meine Rakete einmal ebenso lang sein wie Peters Rakete und einmal kürzer?«

Julies Stimme nahm einen gereizten Ton an.

»Wenn die beiden Raumfahrzeuge in Ruhe nebeneinander im Hangar stehen, sind sie dann gleich lang oder ist deine Rakete kürzer?«, fragte ich sie.

»Zufällig war ich heute Morgen gerade im Hangar und konnte unsere beiden Raketen sehen, die nebeneinander geparkt sind«, antwortete Julie. »Und tatsächlich fiel mir auf, dass meine Rakete geringfügig kürzer ist – aber nicht so viel wie in S. 53.«

»Wie erklärst du dir dann Abb. S. 52?«, fragte ich sie. »Du weißt, dass Abb. S. 52 korrekt ist. Du hast das vordere Ende deines Raumschiffes genau neben dem hinteren Ende von Peters Raumschiff gesehen, während du gleichzeitig das hintere Ende deines Raumfahrzeugs direkt neben seinem vorderen Ende gesehen hast!«

Julie war verwirrt. »Ich habe diese beiden widersprüchlichen Bilder vor Augen«, murmelte sie nach einer Weile. »Ich erinnere mich genau daran, wie unsere beiden Raumschiffe in dem Augenblick, als wir aneinander vorbeiflogen und die beiden Gesteinsbrocken einschlugen, exakt gleich lang waren; ich habe das Bild der beiden kleinen Spiegel in der Mitte des Raumschiffs genau vor Augen. Aber ich erinnere mich ebenso gut an meinen Besuch im Hangar vor einigen Stunden, als ich die beiden nebeneinander geparkten Raumschiffe sah und genau erkennen konnte, dass meine Rakete kürzer ist als Peters. Was ist hier nur los?«

Ich schwieg. Aus meiner langen Unterrichtserfahrung habe ich gelernt, dass es besser ist, den Studenten die Gelegenheit zu geben, selbst auf die Lösung zu kommen. Außerdem hatte ich vollstes Vertrauen in Julies Intelligenz. Eine ganze Weile dachte sie angestrengt über das Problem nach. Schließlich murmelte sie: »So könnte es sein, aber das ist doch nicht möglich!« In dem Augenblick wusste ich, dass sie die Lösung gefunden hatte. Sie drehte sich zu mir und sagte:»Ist es möglich, dass ich unterschiedliche Ergebnisse für die Länge eines Gegenstands erhalte, je nachdem, ob er sich bei der Messung relativ zu mir in Bewegung befindet oder in Ruhe verharrt?«

»Mal sehen«, antwortete ich. »Wie wir ein in Ruhe befindliches Raumschiff messen, wissen wir. Wir nehmen einfach einen Zollstock und messen seine Länge ab. Aber wie messen wir die Länge eines Raumschiffs, wenn es mit großer Geschwindigkeit an uns vorbeifliegt?«

Julie musste nicht lange nachdenken. »Mit Hilfe von Fotos«, erwiderte sie. »Wir bringen einfach über die gesamte Länge deines in Ruhe befindlichen Raumschiffs so viele kleine Kameras nebeneinander an, dass sie sich praktisch berühren. Diese Kameras werden mit einem Computer verbunden, der so programmiert ist, dass alle Kameras genau um 12 Uhr deiner Zeit auslösen. Dann brauchen wir nur noch nachschauen, welche Kamera das vordere Ende des vorbeifliegenden Raumschiffs und welche Kamera das hintere Ende fotografierte und aus der Distanz zwischen diesen beiden Kameras ergibt sich dann die Länge der vorbeifliegenden Rakete.«

»Gut«, antwortete ich. »Das Ergebnis deiner Messung hängt also entscheidend davon ab, dass alle Kameras im gleichen Augenblick auslösen, nicht wahr?«

»Natürlich. Wenn sie zu verschiedenen Zeiten auslösen, gibt die Entfernung zwischen den Kameras nicht die Länge des Raumschiffs wieder.« Julie hielt inne. Einen Augenblick später verzog sich ihr Gesicht zu einem breiten Lächeln. »Natürlich«, rief sie aus.

»Wie konnte ich nur so dumm sein! Da Gleichzeitigkeit ein relativer Begriff ist, ist das, was für mich gleichzeitig ist, für Peter natürlich nicht gleichzeitig. Kein Wunder, dass die Länge meines Raumschiffs, wenn sie von den Kameras seines Raumschiffs gemessen wird, einen anderen Wert annimmt, als wenn sie von meinen gemessen wird.«

»Genau«, bestätigte ich. »Wir müssen uns also nicht nur an die Relativität der Gleichzeitigkeit gewöhnen, sondern auch an die Relativität der Länge. Das Ergebnis der Längenmessung eines bewegten Objekts unterscheidet sich von der Länge desselben Objekts, wenn es in Ruhe gemessen wird. Und wie du soeben festgestellt hast, sind diese beiden Relativitäten, die der Gleichzeitigkeit und die der Länge, miteinander verknüpft. Außerdem gibt es noch andere Größen, wie zum Beispiel Zeitintervalle, die sich als relativ erweisen, obwohl wir uns gerne vorstellen, sie seien absolut und für alle Menschen gleich. Die spezielle Relativitätstheorie hatte also umwälzende Auswirkungen auf unser Verständnis von Raum und Zeit.«

2. Der Beweis der Bell'schen Ungleichungen

Die Beweise der von Clarissa Gill aufgestellten Ungleichungen wie auch der Bell'schen Ungleichungen sind nicht besonders kompliziert. Um sie hier wiederzugeben, gehen wir wie folgt vor: Zunächst werden bestimmte Symbole für Größen eingeführt, die beim Beweis der Gill'schen Ungleichungen eine Rolle spielen; dann werden wir eine der Gill'schen Ungleichungen beweisen (eine reicht aus, da der Beweis der übrigen Ungleichungen dazu analog ist) und zum Schluss folgt der Beweis einer der Bell'schen Ungleichungen.

Symbole

Mit A+ sei eine positive Antwort (ja) auf die Frage (a) bezeichnet, mit A– eine negative Antwort (nein); mit B+ eine positive Antwort auf die Frage (b) und so weiter. Der Ausdruck n(A+) gibt die Anzahl der Ehefrauen an, die die Prädisposition haben, auf die Frage (a) mit »ja« zu antworten, n(A–) gibt die Anzahl der Frauen an, die die

Prädisposition haben, die Frage mit »nein« zu beantworten, und so weiter. (Da sich die Prädispositionen der Ehemänner und Ehefrauen stets genau widersprechen, reicht es aus, die Prädispositionen der Ehefrauen zu zählen.) Der Ausdruck n(A+, B+) bezeichnet die Anzahl der Ehefrauen, die die Prädisposition haben, beide Fragen, (a) und (b), mit »ja« zu beantworten; dies gilt entsprechend für n(A+, B-), n(A+, C+), und so weiter. Der Ausdruck n(A+, B+, C+) gibt schließlich die Anzahl der Ehefrauen an, die die Prädisposition haben, alle drei Fragen mit »ja« zu beantworten, wobei für n(A+, B+, C-), n(A-, B-, C+) Entsprechendes gilt.

Die Symbole, die soeben definiert wurden, beziehen sich auf *Prädispositionen.* Prädispositionen können jedoch nicht experimentell bestimmt werden. Das, was in den Experimenten ermittelt wird, sind die tatsächlichen Antworten von Ehemännern und Ehefrauen auf die ihnen gleichzeitig gestellten Fragen. Um diese Ergebnisse auswerten zu können, benötigen wir einen weiteren Satz von Symbolen: Der Ausdruck n[A+, B+] (mit eckigen statt runden Klammern) bezeichnet die Anzahl der Fälle, in denen die Ehefrau die Frage (a) mit »ja«, und der Ehemann die Frage (b) mit »nein« beantwortete; analog dazu bezeichnet n[A+, C-] die Anzahl der Fälle, in denen die Ehefrau die Frage (a) mit »ja«, und der Ehemann die Frage (c) mit »nein« beantwortete, und so weiter.

Natürlich ist unser neues Symbol n[A+, B+] mit dem zuvor eingeführten Symbol n(A+, B-) eng verknüpft, denn schließlich haben wir es mit einander widersprechenden Eheleuten zu tun: Die Ja-Antwort des Ehemannes auf Frage (b) impliziert, dass die Ehefrau eine Prädisposition dafür besitzt, dieselbe Frage mit »nein« zu beantworten.

Beweis einer Gill'schen Ungleichung

Wir wollen mit den Prädispositionen beginnen und beweisen, dass die Größe n(A+, B+) kleiner oder gleich (aber niemals größer) als die Summe der Größen n(A+, C+) und n(B+, C-) ist. Der Beweis erfolgt in zwei Schritten.

Erster Schritt: Da jene Ehefrauen, die eine Prädisposition dafür besitzen, alle drei Fragen mit »ja« zu beantworten, offensichtlich dafür prädisponiert sind, die Fragen (a) und (c) mit »ja« zu beantworten, ist n(A+, B+, C+) kleiner oder gleich (aber niemals größer) als n(A+, C+). Ebenso gilt, dass n(A+, B+, C-) kleiner oder gleich (aber niemals größer) als n(B+, C-) ist.

Zweiter Schritt: Da n(A+, B+) die Anzahl der Frauen angibt, die eine Prädisposition dafür haben, die ersten beiden Fragen mit »ja« zu beantworten, ungeachtet ihrer Antwort auf die dritte Frage, muss n(A+, B+) gleich der Summe von n(A+, B+, C+) und n(A+, B+, C-) sein.

Dem ersten Schritt zufolge ist die Summe von n(A+, B+, C+) und n(A+, B+, C-) kleiner oder gleich (aber niemals größer) als die Summe der Größen n(A+, C+) und n(B+, C-). Dem zweiten Schritt zufolge ist diese Summe von n(A+, B+, C+) und n(A+, B+, C-) gleich n(A+, B+). Daraus folgt, dass n(A+, B+) kleiner oder gleich (aber niemals größer) als die Summe der Größen n(A+, C+) und n(B+, C-) ist, was zu beweisen war.

Nachdem wir zunächst eine Gill'sche Ungleichung bewiesen haben, die sich auf Prädispositionen bezog, können wir nun daran gehen, die auf die konkreten Antworten bezogene analoge Ungleichung zu beweisen. Wie bereits erwähnt, sind die Symbole n[A+, B+] und n(A+, B-) eng miteinander verknüpft, da wir es mit einander widersprechenden Eheleuten zu tun haben. Die Ja-Antwort des Ehemannes auf Frage (b) impliziert, dass die Ehefrau dieselbe Frage mit »nein« beantwortet hätte. Ebenso gilt, dass n[A+, C-] und n(A+, C+) sowie n[B+, C+] und n(B+, C-) eng miteinander verknüpft sind. Die auf Prädispositionen bezogene Gill'sche Ungleichung entspricht also der folgenden auf konkrete experimentelle Ergebnisse bezogenen Ungleichung:

»n[A+, B-] ist kleiner oder gleich (aber niemals größer) als die Summe der Größen n[A+, C-] und n[B+, C+].«

Der Beweis der Bell'schen Ungleichungen

Um die Bell'schen Ungleichungen zu formulieren und zu beweisen, benötigen wir neue Symbole – Symbole, die sich auf Teilchenpaare anstatt auf Paare sich widersprechender Eheleute beziehen. Dazu wollen wir die folgende Notation einführen: Jedes Mal, wenn ein Zufallsgenerator entscheidet, die Spinkomponente in der Richtung a zu messen und der Spin bei der Messung »nach oben« zeigt, bezeichnen wir die Messung und ihr Ergebnis mit dem Symbol a+.

Wird die Richtung a ausgewählt und der Spin weist bei der Messung »nach unten«, so verwenden wir das Symbol a-. Wenn b ausgewählt wird und der Spin nach oben zeigt, verwenden wir das Symbol b+, und so weiter. Insgesamt haben wir sechs Symbole: a+, a-, b+, b-, c+ und c-.

Nun führen wir zwei Arten von N-Symbolen ein: Symbole mit runden Klammern wie zum Beispiel N(a+, b+), und Symbole mit eckigen Klammern wie N[a+, b+]. Wenn das Bell-Experiment viele Male wiederholt wird, bezeichnet N(a+, b+) die Anzahl von A–Teilchen mit Spinkomponenten, die in den Richtungen a und b nach oben zeigen. Dieses Symbol und andere dieser Art entsprechen dem Symbol n(A+, B+) (und anderen dieser Art) bei den von Clarissa Gill aufgestellten Ungleichungen. Die zweite Art von Symbol, N[a+, b+], bezieht sich auf die gleichzeitige Messung beider Teilchen, A und B, und wird wie folgt definiert: Eine Messung, in der für Teilchen A von einem Zufallsgenerator die Richtung a ausgewählt wurde und bei der der Spin nach oben zeigt, während für Teilchen B die Richtung b ausgewählt wurde und der Spin ebenfalls nach oben zeigt, wird durch das Symbol [a+, b+] bezeichnet. Der erste Buchstabe in der eckigen Klammer bezieht sich stets auf Teilchen A und der zweite Buchstabe stets auf Teilchen B. Wenn nun das Bell-Experiment viele Male wiederholt wird, gibt das Symbol N[a+, b+] an, wie oft der Zufallsgenerator für Teilchen A Richtung a auswählte und der Spin nach oben zeigte, während für Teilchen B Richtung b ausgewählt wurde und der Spin auch nach oben zeigte. Entsprechendes gilt für die Symbole N[b-, c+], N[b-, c-] und so weiter. Wieder sind diese Symbole analog zu den bei Clarissa Gill verwendeten Symbolen: N[a+, b+] entspricht dem Gill'schen Symbol n[A+, B+], N[b-, c+] entspricht n[B-, C+] und so weiter.

Die Bell'schen Ungleichungen beschreiben Beziehungen zwischen den N-Größen mit eckigen Klammern. Sie beruhen auf Einsteins Annahme, dass in der EPR-Versuchsanordnung beide Teilchen, A und B, wohl definierte Spinkomponenten in allen Richtungen besitzen, auch wenn gemäß der Quantenmechanik immer nur eine Komponente jedes Teilchens gemessen werden kann. Wenn wir nun die Paare der sich widersprechenden Eheleute durch Teilchenpaare ersetzen, und den psychologischen Kontext in den Kontext des EPR-Versuchs »übersetzen«, dann werden dieselben logischen Schritte, die zur Gill-Ungleichung führten, auch zu den

Bell'schen Ungleichungen führen. Als typisches Beispiel sei die folgende Bell'sche Ungleichung angeführt:

»Die Größe N[a+, b-] ist kleiner oder gleich (aber niemals größer) als die Summe der Größen N[a+, c-] und N[b+, c+].«

Das heißt, wenn man die zwei Zahlen N[a+, c-] und N[b+, c+] addiert, erhält man eine Zahl, die entweder größer oder gleich der Zahl N[a+, b-] ist. Die notwendige »Übersetzung« der einen Beweisführung in die andere lautet nun wie folgt: Man ersetze die Fragen (a), (b) und (c) in der Geschichte der sich widersprechenden Eheleute durch die Spinkomponenten entlang der Richtungen a, b und c; dann ersetze man eine positive Antwort durch eine Messung, die einen nach oben gerichteten Spin ergibt und eine negative Antwort durch eine Messung, die einen nach unten gerichteten Spin ergibt; schließlich ersetze man die Annahme, dass Ehemänner und Ehefrauen prädisponiert sind, auf alle drei Fragen festgelegte Antworten zu haben durch die Annahme, dass die Teilchen A und B in den Richtungen aller drei Achsen, a, b und c, festgelegte Spinkomponenten besitzen. Und schon hat man den Beweis der Gill'schen Ungleichung in einen Beweis der Bell'schen Ungleichung »übersetzt«.

3. Die Quantentheorie: Interpretationen und Modifikationen

In diesem Anhang möchte ich verschiedene Interpretationen und Modifikationen des mathematischen Formalismus der Quantenmechanik vorstellen, deren Behandlung im Hauptteil des Buches den Argumentationsgang unterbrochen hätte.

Dieser Anhang gliedert sich in fünf Abschnitte. Der erste Abschnitt erklärt die Entstehung und den Ursprung des in diesem Buch vorgestellten Ansatzes zur Interpretation der Quantenmechanik. Dieser Ansatz beruht auf der von Heisenberg eingeführten und inzwischen allgemein etablierten Interpretation, enthält aber zwei neuartige Aspekte. Bei diesen handelt es sich um einen neuen Versuch, den Kollaps von Quantenzuständen zu begreifen, und um eine Auflösung der Dichotomie zwischen der ontologischen und der erkenntnistheoretischen Interpretation von Quantenzuständen.

Andere Interpretationen der Quantenmechanik werden in den Abschnitten S. 481–488 vorgestellt und einer kurzen kritischen Bewertung unterzogen. Eine umfassende Darstellung aller Interpretationen, die seit 1920 vorgeschlagen wurden, würde den Rahmen dieses Buches überschreiten. Dieser Anhang beschränkt sich daher auf jene Interpretationen, die große Aufmerksamkeit sowohl in Fachkreisen als auch in der allgemeinen Öffentlichkeit erregt haben.

Der vorliegende Ansatz: Eine Standardinterpretation mit neuen Aspekten

Die in Kapitel 4 dargestellte Interpretation der Quantenmechanik entspricht der von Heisenberg eingeführten und inzwischen wohl etablierten Interpretation. Ihr wesentliches Merkmal ist die Einführung des Begriffs des »Möglichkeitsfeldes« als einer neuen Seinskategorie – einer Kategorie, die für das Verständnis von Quantenwellen entscheidend ist. Wie wir in den Kapiteln 10 und 11 gesehen haben, beruht diese Interpretation auf dem Begriff des »Kollapses von Quantenzuständen«, einem Begriff, der den Übergang vom Möglichen zum Wirklichen bezeichnet. Dieser Begriff hat sich jedoch als problematisch erwiesen (siehe die folgenden Abschnitte S. 481–488). Ich glaube, dass mein in den Kapiteln 10 und 11 vorgestellter neuer Ansatz diese Schwierigkeiten löst.

Wie in Kapitel 11 erwähnt, wurde die vorliegende Interpretation des Kollapses von Quantenzuständen durch ein Gespräch angeregt, das ich im Jahre 1976 mit Paul Dirac führte. In der Tat betrachte ich meine Interpretation des Kollapses zum größten Teil als eine Erläuterung, Ausformulierung und Weiterführung der Dirac'schen Position. Wie Dirac selbst diese Weiterentwicklung beurteilt hätte, lässt sich heute natürlich nicht mehr beantworten. Erstmals veröffentlicht wurde meine Interpretation im Jahre 1993 in einem Aufsatz mit dem Titel: »The Collapse of Quantum States: A New Interpretation.«[1]

Dieser Veröffentlichung gingen etliche Fachartikel zur Bedeutung und Interpretation von Quantenzuständen voraus.[2] In diesen Artikeln wird die Kontroverse um die ontologische oder die erkenntnistheoretische Interpretation von Quantenzuständen auf gelöst. Es wird gezeigt, dass die in beiden Interpretationen enthaltenen Schwierigkeiten verschwinden, wenn man die Quantenzustände eines Quantensystems als Darstellung des *verfügbaren* oder *potenziellen Wissens* über das System begreift. Diese Vorstellung wurde in Kapitel 16, S. 346 ff., erläutert. Die oben erwähnten Veröffentlichungen behandeln diese Frage im relativistischen und nicht-relativistischen Kontext, was für die Thematik dieses Buches jedoch nebensächlich ist.

Die Vorstellung, dass Quantenzustände das verfügbare Wissen darstellen, steht in Einklang mit einer Bemerkung, die Bohr zugeschrieben wird: »Es ist falsch anzunehmen, die Aufgabe der Physik bestehe darin, herauszufinden, wie die Natur beschaffen ist. Die Physik beschäftigt sich vielmehr damit, was wir über die Natur aussagen können.«[3]

Die Viele-Welten-Interpretation

Der Ursprung der Viele-Welten-Interpretation geht auf einen Artikel zurück, den Hugh Everett III im Jahre 1957 veröffentlichte.[4] Während es in Everetts Artikel um viele Bewusstseinszustände ging, wurden diese später in viele Universen »übersetzt«. Die Vertreter dieser Interpretation lösen das Rätsel des Kollapses von Quantenzuständen, indem sie postulieren, ein Kollaps finde gar nicht statt. Nach ihrer Auffassung führt eine Messung nicht den Kollaps von Quantenzuständen herbei, sondern die Realisierung aller möglichen Messergebnisse, da sich das Universum, in dem die Messung stattfindet, in ebenso viele Paralleluniversen verzweigt wie es mögliche Ergebnisse gibt. Jedes der möglichen Ergebnisse wird demzufolge in einem anderen Universum verwirklicht.[5]

Nehmen wir zum Beispiel an, es wird ein Versuch vorbereitet, um die Spinkomponente eines Elektrons entlang einer Richtung zu messen. Das Messergebnis wird als ein Punkt an einem von zwei möglichen Orten auf einer fotografischen Platte aufgezeichnet. Der eine Ort entspricht einem nach oben gerichteten Spin, der andere Ort einem nach unten gerichteten Spin. Nach der Standardinterpretation würde bei jeder solchen Messung der Zustand des Elektrons kollabieren und der Spin würde entweder nach oben oder nach unten zeigen, was sich darin äußert, dass an einem der beiden Orte auf der fotografischen Platte ein Punkt erscheint. Die Verfechter der

Viele-Welten-Interpretation vertreten dagegen eine andere Auffassung. Sie behaupten, das Universum verzweige sich bei der Messung in zwei Universen. In dem einen Universum (Universum 1) zeige der Spin nach oben, in dem anderen Universum (Universum 2) zeige er nach unten. Wenn wir nun einen nach oben gerichteten Spin beobachten, heißt das nur, dass wir zufällig in Universum 1 leben. Unser anderes Ich, das in Universum 2 lebt, wird mit Sicherheit einen nach unten gerichteten Spin beobachten.

Die Viele-Welten-Interpretation ist eine kühne Theorie. Auf den ersten Blick scheint es so, als könne sie weder bestätigt noch widerlegt werden. Da zwischen den verschiedenen Universen vermutlich keine Möglichkeit der Kommunikation besteht, wird nur das Universum, in dem wir selbst uns befinden, experimentell verifiziert. Die Existenz der anderen Universen kann weder bewiesen noch widerlegt werden.

Bei näherer Betrachtung fallen jedoch einige schwer wiegende Schwächen der Theorie auf. Erstens sind die Universen, die laut Theorie durch Verzweigung erzeugt werden, nicht immer wohl definiert. Das oben beschriebene Beispiel der Messung einer Spinkomponente ist einfach. Was ist jedoch mit einer Messung, die den Ort eines Elektrons ungefähr bestimmen soll? Die Anzahl der möglichen Quantenzustände, die sich aus einer solchen Messung ergeben können, ist unendlich! Außerdem steht der Prozess der Verzweigung von Universen nicht in Übereinstimmung mit der speziellen Relativitätstheorie: Laut Theorie vollzieht sich der Prozess augenblicklich, aber das, was in einem Bezugssystem augenblicklich ist, muss in einem anderen nicht instantan sein.

Darüber hinaus ist darauf hingewiesen worden, dass die Viele-Welten-Interpretation die mit dem Kollaps verbundenen Schwierigkeiten nicht wirklich löst; sie verlagert sie nur. Die Frage, in welchem Stadium des Messprozesses der Kollaps stattfindet, wird lediglich durch eine andere Frage ersetzt, nämlich durch die Frage, in welchem Stadium des Messprozesses das Universum sich verzweigt.

Es gibt weitere Argumente gegen die Viele-Welten-Theorie, aber die genannten sollen an dieser Stelle genügen. Zwar übt die Viele-Welten-Interpretation in der allgemeinen Öffentlichkeit eine große Faszination auf die Vorstellungskraft aus, aber sie kann kaum als eine ernst zu nehmende Alternative zur Vorstellung des Kollapses betrachtet werden.

Die Frage, in welchem Stadium des Messprozesses der Kollaps stattfindet, ließ eine kleine, aber respektable Minderheit von Quantenphysikern vermuten, dass der Kollaps erst dann stattfindet, wenn sich ein menschliches Lebewesen des Ergebnisses einer Messung bewusst wird. Der Erste, der sich mit diesem Gedanken auseinander setzte, war J. von Neumann in seinem 1932 veröffentlichten Buch über die mathematische Formulierung der Quantenmechanik. Weiter ausgearbeitet wurde dieser Gedanke dann 1939 von F. London und E. Bauer. Selbst E. Wigner stand dieser Vorstellung durchaus nicht ablehnend gegenüber. In jüngerer Zeit wurde der Vorschlag erneut von N. D. Mermin aufgegriffen, der ihn als wesentlichen Bestandteil seiner neuen Interpretation der Quantenmechanik benutzt.[6]

Warum sollte irgendjemand das menschliche Bewusstsein mit der Frage des Kollapses von Quantenzuständen verknüpfen wollen? Eine mögliche Begründung ist die folgende: Da die materielle Welt aus Quantensystemen besteht, sollte jedes materielle Objekt, gleichgültig wie komplex es ist, im Prinzip durch die Gleichungen der Quantenmechanik beschrieben werden können. Diese Gleichungen sehen einen Kollaps nicht vor. In gewissem Sinne ist der Kollaps im mathematischen Formalismus der Quantenmechanik nicht enthalten. Es leuchtet daher ein, dass der Ort, an dem er sich manifestiert, nicht zur Welt der Objekte gehört. Die Welt der Objekte macht jedoch nicht die gesamte Wirklichkeit aus. Das Bewusstsein des Beobachters liegt außerhalb dieser Welt. Es ist daher nur natürlich anzunehmen, dass die Schnittstelle zwischen Bewusstsein und Materie, oder anders ausgedrückt der Akt der bewussten Beobachtung, der Ort ist, an dem der Kollaps mit dem materiellen System in Beziehung tritt.

Dies ist eine bestechende Vorstellung, die den Vorteil besitzt, in sich schlüssig zu sein. Leider hält sie einer kritischen Betrachtung nicht stand. Eine Reihe von Einwänden wurde 1963 von A. Shimony geäußert.[7] An dieser Stelle möchte ich meine eigene Kritik an dieser Vorstellung darlegen.

Angenommen, wir akzeptieren die Vorstellung, der Kollaps finde statt, wenn eine Person das Ergebnis eines Experiments bewusst wahrnimmt. Betrachten wir dazu das folgende Szenario: Eine Messung der Spinkomponente eines Elektrons entlang einer beliebigen Achse (etwa der z-Achse) wird automatisch, das heißt ohne Anwesenheit eines menschlichen Beobachters durchgeführt. Das Ergebnis wird vom Computer auf Papier ausgedruckt. Der Papierausdruck ist eine Überlagerung zweier Aussagen: (1) »Die z-Komponente des Spins ist nach oben gerichtet.« (2) »Die z-Komponente des Spins ist nach unten gerichtet.« Wenn der Kollaps des Quantenzustands erst durch das menschliche Bewusstsein herbeigeführt wird, dann kollabiert die Überlagerung vermutlich erst dann, wenn jemand den Papierausdruck liest und nicht vorher.

Nehmen wir nun Folgendes an: Die Farbpatrone des Druckers enthält nur noch genug Tinte, um die Aussage 1, aber nicht die etwas längere Aussage 2 drucken zu können. Das rote Licht, das auf die Notwendigkeit des Wechsels der Druckerpatrone hinweist, würde also nur dann erscheinen, wenn die Aussage 2 gedruckt werden soll. Nehmen wir weiter an, dass das Aufleuchten des Warnlichts von einem akustischen Signal begleitet ist. Wenn das akustische Signal ertönt, würde eine Sekretärin, die im benachbarten Raum sitzt, das Signal hören und hereinkommen, um die Patrone zu wechseln.

Betrachten wir nun die beiden Möglichkeiten: Erstens, die Sekretärin hört das Signal. In diesem Fall findet der Kollaps zweifellos zuerst statt und das menschliche Bewusstsein kommt mit dem Ergebnis des Experiments erst zu einem späteren Zeitpunkt in Berührung. Die andere Möglichkeit, bei der das Signal nicht gehört wird, ist noch interessanter: In diesem Fall gibt es einen Kollaps, ohne dass der Mensch überhaupt eine Rolle dabei spielt.

Bohms kausale Interpretation

David Bohms kausale Interpretation der Quantenmechanik ist in zweierlei Hinsicht bemerkenswert. Erstens widerlegt sie von Neumanns Theorem bezüglich der Theorien verborgener Parameter (siehe Kapitel 7, S. 142 ff.) und zweitens liefert sie eine Interpretation der Quantenmechanik, die sowohl kausal als auch realistisch ist.

Bohms Theorie kann als eine Weiterführung einer Idee von L. de Broglie betrachtet werden, die dieser 1927 im Rahmen der Solvay-Konferenz vorschlug. Allerdings kannte Bohm diesen Vorschlag nicht, als er seine Theorie entwickelte. Er veröffentlichte seine

Interpretation 1952 und arbeitete bis zu seinem Tod im Jahre 1992 gemeinsam mit V. Vigier, B. Hiley und anderen an ihrer Weiterentwicklung.[8]

Bohms Theorie ist der Quantenmechanik mathematisch äquivalent. Er gelangte zu ihr, indem er die Schrödinger-Gleichungen bestimmten mathematischen Manipulationen unterwarf. Diese Manipulationen führten zu einer neuen Interpretation des Welle-Teilchen-Dualismus. In der Standardinterpretation stellen die Wellen Möglichkeiten dar, während ein Teilchen das Ergebnis einer Messung ist. Bohms Interpretation kommt ohne den Begriff der Möglichkeit aus. Teilchen und Welle sind beide gleichermaßen wirklich. Die Welle ist eine Art »Führungs-« oder »Pilotwelle«, die das Teilchen durch die Wirkung einer winzigen »Quantenkraft« steuert, die durch ein »Quantenpotenzial« erzeugt wird. Jedes Teilchen ist zu jedem Zeitpunkt wirklich und folgt einer präzisen Bahn, die durch die vom Quantenpotenzial erzeugte Führungswelle vollständig determiniert wird. Dies ist der Grund, warum Bohms Interpretation als kausal betrachtet wird: Indeterminiertheit und Zufall sind aus ihr verschwunden!

Warum können *wir* dann diese Bahnen nicht exakt vorhersagen? Jede Bahn wird durch die Anfangsbedingungen, das heißt die präzisen Werte für den Ort und die Geschwindigkeit (oder den Impuls) zu einem gegebenen Zeitpunkt bestimmt. Das Unschärfeprinzip verhindert jedoch, dass wir diese Anfangsbedingungen kennen. Und da wir die Anfangsbedingungen nicht genau kennen, können wir die Bahnen nicht präzise berechnen.

Bohm zufolge ist also das Unschärfeprinzip ein erkenntnistheoretisches und kein ontologisches Prinzip. Es setzt unserem Wissen Grenzen, aber es beschränkt nicht die Eigenschaften der Teilchen. Jedes Teilchen besitzt in jedem beliebigen Augenblick einen präzisen Ort und einen präzisen Impuls. Diese präzisen Werte können jedoch nicht ermittelt werden; sie sind »verborgene Parameter«.

Wie bereits erwähnt, ist Bohms Interpretation eine bemerkenswerte Leistung. Sie wird jedoch teuer bezahlt. Betrachten wir die folgenden Schwächen:

(1) D. Wick wies darauf hin[9], dass das Wahrscheinlichkeitsgesetz für den Ort eines Teilchens bei der Berechnung der auf das Teilchen wirkenden Quantenkraft eine Rolle spielt. Wahrscheinlichkeiten beziehen sich jedoch stets auf eine große Anzahl von

Teilchen; warum sollten sie bei der Berechnung der Bahn eines einzelnen Teilchens eine Rolle spielen?

(2) Die Berechnung der Elektronengeschwindigkeit im Grundzustand des Wasserstoffatoms ergibt null. Das Elektron bewegt sich überhaupt nicht! Dieses Ergebnis steht zwar nicht in Widerspruch zu anderen Erkenntnissen, aber es widerspricht der Intuition.

(3) Die Lokalität ist verletzt. Die Kommunikation zwischen Quantenpotenzial und Teilchen findet instantan, das heißt mit Überlichtgeschwindigkeit, statt. Die Verletzung der Lokalität ist natürlich auch ein wichtiges Kennzeichen der Bell'schen Korrelationen. Im Kontext der Standardinterpretation der Quantenmechanik betrifft diese Verletzung jedoch den Übergang vom Möglichen zum Wirklichen (Kapitel 16, S. 349 ff.) und kann nicht zur Übermittlung von Signalen benutzt werden (Kapitel 7, S. 163 ff.). In Bohms Interpretation wird die Lokalität dagegen bei der Übertragung von Information zwischen zwei tatsächlichen Größen verletzt – ein klarer Verstoß gegen die Einstein'sche spezielle Relativitätstheorie.

(4) Bohms Interpretation steht nicht in Einklang mit dem Prinzip der Relativität: Im relativistischen Kontext kann es nicht für alle Inertialsysteme, sondern nur für ein »bevorzugtes« System gelten. Dies hat mit der Relativität der Gleichzeitigkeit zu tun (Kapitel 2, S. 49 ff.). Die Kommunikation zwischen Teilchen und Führungswelle soll instantan sein. Wie jedoch bereits erwähnt, ist das, was in einem Inertialsystem instantan ist, nicht auch in einem anderen solchen System instantan.

Der GRW-Ansatz

Im Jahre 1986 veröffentlichten G. C. Ghiraldi, A. Rimini und T. Weber (GRW) einen Artikel, in dem sie vorschlugen, das Problem des Kollapses durch eine Modifikation der Quantenmechanik zu lösen.[10] In dieser modifizierten Version bildet der Kollaps einen wesentlichen Bestandteil der Theorie.

Nach der GRW-Theorie entwickelt sich der Quantenzustand eines Quantensystems gemäß der Schrödinger-Gleichung. Zu bestimmten zufällig ausgewählten Zeitpunkten kommt diese Entwicklung jedoch zu einem Stillstand und der Quantenzustand kollabiert spontan in einen wohl lokalisierten Zustand. Für ein einzelnes Teilchen ist die Wahrscheinlichkeit eines solch spontanen Kollapses so gering, dass die Vorhersagen der Theorie praktisch mit denen der Quantenmechanik übereinstimmen. Für ein makroskopisches System, das heißt für ein System mit einer sehr großen Anzahl von Teilchen, wird der spontane Kollaps zu einem häufigen Ereignis. Dies erklärt, warum wir makroskopische Systeme nur in kollabiertem Zustand beobachten können.

Anziehend an dieser Theorie ist, dass sie den Kollaps als einen integralen Bestandteil in den Formalismus einbezieht. Aber die Theorie hat auch ihre Schwächen. Nach dem Unschärfeprinzip gilt erstens: Wenn ein Teilchen plötzlich einen wohl definierten Ort im Raum einnimmt, muss sein Impuls unscharf werden. Dies führt zu einer Verletzung der Erhaltungssätze von Impuls und Energie. Zweitens ist die Theorie ebenso wie Bohms Interpretation nicht mit dem Relativitätsprinzip vereinbar: Der spontane Kollaps findet instantan statt, aber Gleichzeitigkeit hängt vom Bezugssystem ab. Ein Kollaps, der in einem Inertialsystem instantan stattfindet, ist nicht auch in einem anderen solchen System instantan. Aus diesem Grund kann die Theorie nur in einem »bevorzugten« Bezugssystem gelten. Dies verletzt das Relativitätsprinzip, demzufolge die Theorie in allen Inertialsystemen gleichermaßen gilt. Drittens haben Albert und Vaidman darauf hingewiesen, dass der Kollaps in der GRW-Theorie ein Kollaps in einen wohl lokalisierten Ort ist.[11] Manche Messungen erfordern jedoch eine andere Art von Kollaps, zum Beispiel einen Kollaps in einen wohl definierten energetischen Zustand.

Im Jahre 1990 schlugen P. Pearle, G. C. Ghiraldi und A. Rimini eine alternative Theorie vor, die statt der von GRW postulierten zufälligen Kollapse einen kontinuierlichen Lokalisierungsprozess vorsieht.[12] Obwohl diese Theorie mit einer relativistischen Verallgemeinerung vereinbar ist, löst sie die von Albert und Vaidman vorgebrachten Einwande nicht.

Betrachtet man diese beiden Theorien (die ursprüngliche GRW-Theorie und jene, die auf einer kontinuierlichen Lokalisierung aufbaut) ebenso wie auch die übrigen Vorschläge zur Modifikation der Quantenmechanik aus einer allgemeineren Perspektive, so stimme ich mit Anton Zeilinger überein, der sich unlängst so äußerte:

»Vorschläge, die Quantenmechanik zu verändern, sind nicht nur Interpretationen, sondern alternative Theorien. In Anbetracht der sehr hohen Genauigkeit, mit der die Theorie [die Quantenmechanik] experimentell bestätigt wurde, und in Anbetracht ihrer außerordentlichen mathematischen Schönheit und Symmetrie, halte ich einen langfristigen Erfolg solcher Versuche für äußerst unwahrscheinlich.«[13]

1 S. Malin, *Foundations of Physics* 23 (1993), S. 881.

2 S. Malin, *Physical Review* D 26 (1982), S. 1330; *Physical Review* D 29 (1984), S. 1856; *Foundations of Physics* 14 (1984), S. 1083; *Foundations of Physics* 16 (1986), S. 1297.

3 Zitiert von A. Peterson in: H. Folse, *Philosophy of Niels Bohr*, S. 8.

4 H. Everett III, *Reviews of Modern Physics* 29 (1957), S. 454.

5 Siehe zum Beispiel B. DeWitt, *Physics Today* 23 (1970), S. 30.

6 J. von Neumann, *Mathematische Grundlagen der Quantenmechanik*, Teil VI; F. London und E. Bauer in: J. Wheeler und E. Zurek, Hrsg., *Quantum Theory and Measurement*, S. 217; »Remarks on the Mind-Body Problem«, in: E. Wigner, *Symmetries and Reflections*, S. 171; N. Mermin, *American Journal of Physics* 66 (1998), S. 753.

7 A. Shimony, Search *for a Naturalistic World View*, Band 2, S. 3.

8 D. Bohm und B. Hiley, *Undivided Universe*; F. D. Peat, *Infinite Potential: The Life and Times of David Bohm*.

9 D. Wick, *Infamous Boundary*, S. 73.

10 G. C. Ghiraldi, A. Rimini und T. Weber, *Physical Review* D 34 (1986), S. 470.

11 Siehe D. Z. Albert, *Quantum Mechanics and Experience*, S. 100-103.

12 G. C. Ghiraldi et al., *Physical Review* D 42 (1990), S. 78.

13 A. Zeilinger, *Foundations of Physics* 29 (1990), S. 631.

Bibliografie

Aichelberg, P. C. und R. U. Sexl (Hg.), *Albert Einstein. Sein Einfluss auf Physik, Philosophie und Politik,* Braunschweig/Wiesbaden 1979.

Albert, D. Z., *Quantum Mechanics and Experience,* Cambridge (Mass.) 1992.

Aristoteles, *Metaphysik,* übersetzt und herausgegeben von Franz F. Schwarz, Stuttgart 1970.

Augustinus, *Bekenntnisse,* übersetzt, mit Anmerkungen versehen und herausgegeben von Kurt Flasch und Burkhard Mojsisch, Stuttgart 1989.

Baumann, K. und R. U. Sexl, *Die Deutungen der Quantentheorie,* Braunschweig/Wiesbaden 1986.

Bell, J. S., *Speakable and Unspeakable in Quantum Mechanics,* Cambridge (Mass.) 1987.

Bohm, D. und B. Hiley, *The Undivided Universe,* New York 1993.

Brower, K., *The Starship and the Canoe,* New York 1978.

Brown, L. M. und H. Rechenberg, »Paul Dirac and Werner Heisenberg – a Partnership in Science«, in: B. M. Kursunoglu und E. P. Wigner (Hg.), *Paul Adrien Maurice Dirac,* Cambridge (Mass.) 1987.

Calaprice, A. (Hg.), *Einstein sagt,* Betreuung der deutschen Ausgabe und Übersetzungen von Anita Ehlers, München/Zürich 2001.

Campbell, J., *Die Kraft der Mythen. Bilder der Seele im Leben des Menschen,* in Zusammenarbeit mit Bill Moyers, aus dem Amerikanischen von Hans-Ulrich Möhring, Zürich/München 1994.

Carroll, L., *Alice im Wunderland,* aus dem Englischen übersetzt und mit einem Nachwort von Christian Enzensberger, Frankfurt 1973.

Damiani, A., *Standing in Your Own Way,* Burdett (New York) 1993.

Deck, J. N., *Nature, Contemplation, and the One,* Burdett (New York) 1991.

Dirac, P. A. M., *Die Prinzipien der Quantenmechanik,* Leipzig 1930.

Eddington, A. S., *Das Weltbild der Physik und ein Versuch seiner philosophischen Deutung,* aus dem Englischen übersetzt von

Marie Freifrau Rausch v. Traubenberg und H. Diesselhorst, Braunschweig 1931.

Eddington, A. S., *Die Naturwissenschaft und die Welt des Unsichtbaren*, aus dem Amerikanischen von Wilhelm Dening, Berlin 1930.

Albert Einstein – Max Born Briefwechsel 1916–1955, kommentiert von Max Born, München 1969.

Einstein, A., *Briefe*, aus dem Nachlass herausgegeben von H. Dukas und B. Hoffmann, Zürich 1981.

Eliot, T. S., *Vier Quartette*, deutsche Nachdichtung von Nora Wydenbruck, Wien 1948.

Fine, A., *The Shaky Game*, Chicago 1986.

Fisch, M. H. (Hg.), *Classic American Philosophers*, New York, 1951.

Fölsing, A., *Albert Einstein. Eine Biographie*, Frankfurt 1993.

Folse, H., *The Philosophy of Niels Bohr*, New York 1988.

Freeman, K., *Ancilla to the Pre-Socratic Philosophers*, Cambridge (Mass.) 1983.

French, A. P. und P. J. Kennedy (Hg.), *Niels Bohr: A Centenary Volume*, Cambridge (Mass.) 1985.

Hawking, S., *Eine kurze Geschichte der Zeit*, aus dem Englischen von Hainer Kober, Hamburg 1991.

Heisenberg, W., *Der Teil und das Ganze*, München 1991.

Heisenberg, W., *Physik und Philosophie*, Stuttgart 2000.

Heisenberg, W., *Quantentheorie und Philosophie*, herausgegeben von Jürgen Busche, Stuttgart 2000.

Holton, G., *Introduction to Concepts and Theories in Physical Science*, 2. Aufl., Reading (Mass.) 1973.

Holton, G., *Thematic Origins of Scientific Thought: Kepler to Einstein*, Cambridge (Mass.) 1973.

Huxley, A., *The Perennial Philosophy*, New York/London 1945.

Ingram, C., C. Wilson und M. Matousek, »Three Views of the Millenium«, in: *Quest* 6, Nr. 3, 1993.

James, W., *The Principles of Psychology*, New York 1950.

Jammer, M., *The Conceptual Development of Quantum Mechanics*, New York 1966.

Jammer, M., *Einstein and Religion*, Princeton 1999 (dt.: *Einstein und die Religion*, Konstanz 1995).

Kursunoglu, B. N. und E. P. Wigner, *Paul Adrien Maurice Dirac*, Cambridge 1987.

Lloyd, G. E. R., *From Polarity to Analogy*, Cambridge 1966.

London, F. und E. Bauer, *La Théorie de l'observation en mécanique quantique,* Paris 1939. (Englische Übersetzung in Wheeler und Zurek 1983, S. 217).

Lowe, V., »Introduction to Alfred North Whitehead«, in: M. H. Fisch (Hg.), *Classic American Philosophers,* New York 1951.

Lukrez, *Vom Wesen des Weltalls,* aus dem Lateinischen von Dietrich Ebener, Berlin/Weimar 1994.

Mansfeld, J. (Hg.), *Die Vorsokratiker* (griechisch-deutsch), Auswahl der Fragmente, Übersetzung und Erläuterungen von Jaap Mansfeld, Stuttgart 1987.

Merrell-Wolff, F., *Transformations in Consciousness,* Albany (New York) 1995.

Moore, W., *Schrödinger,* Cambridge 1989.

Nahm, M. C., *Selections from Early Greek Philosophy,* Englewood Cliffs (New Jersey) 1964.

Newton, I., *Optik oder Abhandlung über Spiegelungen, Brechungen, Beugungen und Farben des Lichts,* übersetzt und herausgegeben von William Abendroth, Braunschweig/Wiesbaden 1983 (Nachdruck der Ausgabe von 1898).

Pais, A., *»Raffiniert ist der Herrgott ...«: Albert Einstein eine wissenschaftliche Biographie,* aus dem Amerikanischen von Roman U. Sexl, Helmut Kühnelt und Ernst Streeruwitz, Heidelberg/Berlin 2000.

Pais, A., *Niels Bohr's Times: In Physics, Philosophy and Polity,* Oxford 1982.

Peat, F. D., *Infinite Potential: The Life and Times of David Bohm,* Reading (Mass.) 1996.

Platon, Werke in acht Bänden, griechisch und deutsch, 7. Band, *Timaios, Kritias, Philebos,* herausgegeben von Gunther Eigler, deutsche Übersetzung von Hieronymus Müller und Friedrich Schleiermacher, Darmstadt 1972.

Platon, *Der Staat,* übersetzt von Karl Vretska, Stuttgart 1958.

Platon, *Der Staat,* übersetzt von Rüdiger Rufener, herausgegeben von Thomas A. Szlezák, Düsseldorf 2000.

Plotins Schriften, Band I bis V, übersetzt von Richard Harder, Neubearbeitung mit griechischem Lesetext und Anmerkungen, fortgeführt von Rudolf Beutler und Willy Theiler, Hamburg 1960.

Plotin, *Ausgewählte Schriften,* herausgegeben, übersetzt und kommentiert von Christian Tornau, Stuttgart 2001.

Price, L., *Dialogues of Alfred North Whitehead,* Boston 1954.

Proust, M., *Auf der Suche nach der verlorenen Zeit, 7.* Teil, *Die wiedergefundene Zeit,* aus dem Französischen von Eva Rechel-Mertens, Frankfurt 1984.

Schilpp, P. A. (Hg.), *Albert Einstein als Philosoph und Naturforscher,* Braunschweig/Wiesbaden 1979.

Schrödinger, E., *Naturwissenschaft und Humanismus,* aus dem Englischen übersetzt von Erwin Schrödinger, Wien 1951.

Schrödinger, E., *Geist und Materie,* Wien/Hamburg, 1986.

Schrödinger, E., *Die Natur und die Griechen,* Zürich 1989.

Schrödinger, E., *Mein Leben, meine Weltsicht,* Zürich 1989.

Schrödinger, E., *Was ist Leben,* aus dem Englischen von L. Mazurczak, München/Zürich 1993.

Segal, W. C., *The Middle Ground,* Brattleboro (Vermont) 1985.

Segal, W. C., *Opening: Collected Writings of William Segal 1985 to 1997,* New York 1998.

Shimony, A., *Search for a Naturalistic World View,* 2 Bände, Cambridge 1993.

Tarnas, R., *Idee und Leidenschaft. Die Wege des westlichen Denkens,* aus dem Englischen von Eckhard E. Sohns, München 1999.

Thomas, L., *The Fragile Species,* New York 1992.

Von Neumann, J., *Mathematische Grundlagen der Quantenmechanik,* Berlin 1932.

Wheeler, J. A. und W. H. Zurek (Hg.), *Quantum Theory and Measurement,* Princeton 1983.

Weschler, L., *Shapinsky's Karma, Bogg's Bills,* San Francisco 1988.

Whitehead, A. N., *Prozess und Realität,* übersetzt und mit einem Nachwort versehen von Hans Günter Holl, Frankfurt 1979.

Whitehead, A. N., *Wissenschaft und moderne Welt,* übersetzt von Hans Günter Holl, Frankfurt 1984.

Whitehead, A. N., *Denkweisen,* herausgegeben, übersetzt und eingeleitet von Stascha Rohmer, Frankfurt 2001.

Wick, D., *The Infamous Boundary,* Boston 1995.

Wigner, E., *Symmetries and Reflections,* Woodbridge (Conn.) 1979.

Wilber, K. (Hg.), *Quantum Questions,* Boston/London 1985.

Danksagung

Den vielen Freunden, Kollegen und Angehörigen meiner Familie, die mir bei diesem Projekt geholfen haben, möchte ich meinen tiefen Dank aussprechen. Vor allem danke ich William C. Segal, dem dieses Buch gewidmet ist. Der wohltuende Einfluss, den unsere lange Bekanntschaft auf mich ausgeübt hat, und die Lebensanschauung, an der er mich dabei teilhaben ließ, prägen dieses Buch. Insbesondere die in Kapitel 18 vorgestellte Auffassung hinsichtlich unserer Stellung im Universum spiegelt seine Lebensphilosophie wider. Eine vollständige Darstellung seiner Auffassungen findet sich in dem Buch *Opening: Collected Writings of William Segal, 1985-1997*.

Anthony Damiani bin ich zu Dank verpflichtet, dass er mich in die Philosophie Plotins eingeführt hat. Meiner Frau Tova und meinen Söhnen Nadav und Yonatan danke ich für ihre Anregungen und kritischen Kommentare; besonderer Dank gilt meiner Tochter Daniella für ihre Hilfe bei den Abbildungen sowie für ihre kritischen Anmerkungen. Ich bedanke mich bei Jane Ehrlich für die abschließende Überarbeitung der Abbildungen. Ferner danke ich Professor Abner Shimony für seine Ermutigung und die anregenden Diskussionen. Auch mit Professor Anne Freire-Ashbaugh führte ich viele anregende Diskussionen über Platon, Plotin und Whitehead. Kirk Jensen von Oxford University Press danke ich für seine unerschütterliche Unterstützung und seine hilfreichen Vorschläge; India Cooper danke ich für ihre exzellente redaktionelle Bearbeitung des Manuskripts. Ich bedanke mich bei folgenden Freunden und Kollegen für die kritische Durchsicht des Manuskripts: Anthony Aveni, Jesse Carr, Jane Collister, Patricia Glazebrook, Martha Heyneman, John McVeigh, S. Chandu Ravela, Cynthia Reeves, Naomi Schwarz, Jonathan Swinchett, Frank Taplin jr. und Richard Thompson. Schließlich möchte ich noch Gabriel Greenberg für seine Hilfe bei den Abbildungen, Roger Williams für die Aufnahme des Doppelspalt-Experiments sowie Frank Smith III. für seine redaktionelle Unterstützung danken.

Technikphilosophie

Von der Antike bis zur Gegenwart

Herausgegeben von Peter Fischer
344 Seiten. RBL 1566. € 14,10
ISBN 3-379-01566-0

»Wie eine Wunderkammer wirkt dieses kleine Buch – weil es die gängigen Vorstellungen auf den Kopf stellt, die sich einfinden beim spröden Titel-Stichwort *Technikphilosophie, von der Antike bis zur Gegenwart.* In dem von Peter Fischer betreuten Band führt das Philosophieren über Technik jedenfalls schnell weiter zu den Fragen nach Lebenssinn und Lebenskunst. Man findet also nicht nur, wie zu erwarten, ausführliche Auszüge aus Aristoteles und Karl Marx, nicht nur Fontenelle und Vico, Arnold Gehlen und Hans Freyer, sondern bekommt mit verblüffender Evidenz vorgeführt, wie etwa Meister Ekkart die bekannte Bibelpassage von Martha und Maria liest und wie diese kühne Reflexion übers Tätigsein zum Thema gehört.«
Fritz Göttler, *Süddeutsche Zeitung*

RECLAM
LEIPZIG